EARTHQUAKE
SCIENCE

地震学

SATOSHI IDE
井出 哲

講談社

装丁……………………相京厚史（next door design）
本文イラスト……カモシタハヤト（図1-1、1-16、13-15、15-2）
本文写真…………毎日新聞社（図1-13左）
　　　　　　　　山下太（図8-3左）
　　　　　　　　高木秀雄（図8-13）

まえがき

　日本には地震が多い。地震によって国土が形作られ、震災によって社会の空気が変化する。地震についての教育レベルは高く、地震研究に対する社会のサポートも強力で、世界的に見ても水準の高い先端的な地震の研究がおこなわれている。地震に関する知識の需要は高いが、実際に地震に関して系統的に学ぼうとすると、適切な教科書は少ない。もっとも、国際的にも地震についての教科書は、さほど多くはない。

　地震についての教科書、というときの地震とは何か？　これは本書第1章で最初に扱う問いで、「破壊すべりから地震波の伝播を経て地震動にいたるまでの総合的な現象」が、本書が用意した答えとなる。この意味で地震を扱う教科書は、きわめて少ない。

　地震学、もしくは英語でSeismologyと名の付く教科書はそれなりにある。和書では宇津徳治先生によるロングセラーの『地震学』[1]、洋書では地震学のバイブルといわれる名著、Aki & Richards, *Quantitative Seismology*[2] は今も色あせない。これらの地震学＝Seismologyには、Seismic wave（地震波）について説明する学問という意味がある。必ずしも、本書が扱う総合的現象としての地震＝Earthquakeに、正面から向き合うものではない。比較的地震の少ない西洋文化圏では、地下を伝播する地震波を利用して、地下の構造を調べる研究が発達した。そのために役立つのがSeismologyである。

　それに対して、震源での物理プロセスを中心にEarthquakeのことを説明する学問は、地震科学（Earthquake Science）とでも呼ぼうか。とくに物理学的な側面に絞れば、地震物理学（Earthquake Physics）ということになる。本書もそういう題名をつければよかったかもしれないが、日本に住む多くの人にとって、地震とはEarthquakeを指すだろうと考え、本書のタイトルはあえて「地震学」とした。地震波伝播についての説明が少ない、とのご不満はご容赦いただきたい。

　地震波伝播の物理学は、要求する数学的知識のレベルも高い。Aki & Richards

1　宇津徳治 (2001), *地震学　第3版*, 共立出版.
2　Aki, K. & Richards, P. G. (1998; 2002), *Quantitative Seismology*, University Science Books.

で繰り広げられる、微分方程式と複素解析を駆使した実体波、表面波、自由振動の理論は、地球内部の地震波伝播プロセスを理解するには欠かせない。しかし、これらは本書のおもな対象ではない。地震波伝播についての説明は、実体波放射の基本と最低限の表面波についての議論にとどめる。より深く理解するには、Aki & RichardsやShearerの*Introduction to Seismology*[3]を読むことを勧める。これらの本で扱われる内容で、地震を理解するのに必要不可欠な知識、たとえば表現定理やモーメントテンソル、震源パラメターや基本的な震源モデルなどについては、本書では第II部の第3〜6章で説明する。

　地震波伝播プロセスは、地下の岩盤の破壊をともなう摩擦すべり＝破壊すべり、によって起動される。この破壊と摩擦すべりのプロセスの理解が、地震＝Earthquakeの理解には欠かせない。本書では第III部の内容にあたる。このプロセスの理解が急速に進んだのは、1990年代からである。また、その最初の教科書といえる名著、Scholz, *The Mechanics of Earthquakes and Faulting*[4]の初版が1990年に出版された。この通称「Scholz本」は、その後約30年間にわたって改訂され続けた。この事実が、直近の30年間に破壊と摩擦すべりのプロセスの理解が大幅に進んだことを示している。Scholz本に関連する内容は、本書の第8、9、11章にふくまれる。

　1990年ごろから地震に関心をもった私は、Aki & RichardsとScholz本を繰り返し読み勉強しながら、三十数年、地震の震源についてさまざまな研究をしてきた。2つの教科書はどちらも名著だが、両者のオーバーラップは必ずしも大きくない。というか、むしろ大きな隙間が空いている。具体的には、動的な破壊すべりプロセス、エネルギー論的な地震現象の取り扱い、複雑な震源プロセスとそのスケーリングなどであり、それぞれ私自身の研究履歴における主要トピックでもある。本書では第7、10、13章あたりが、自らの研究成果を題材に、2つの名著の隙間を埋めるつもりで準備した章になる。また、多数の地震の間の関係につい

3　Shearer, P. M. (2009), *Introduction to Seismology*, Cambridge University Press.
4　Scholz, C. H. (2019), *The Mechanics of Earthquakes and Faulting*, Third Edition, Cambridge University Press.

ての地震活動研究も、2つの教科書の隙間に入る話題である。統計的な地震活動研究の分野でも、近年大きな進展があったので、第12章でカバーした。

　この二十数年の地震学界でもっともホットなトピックは、スロー地震の発見と、その急速な理解進展である。つい最近、20世紀末まで、地震とは普段は定常的にゆっくりと変形しているプレート境界に起きる、過渡的かつ急激な変動と考えられていた。つまり中高生むけの教科書にも掲載されている、弾性反発説的な考え方である。この定常的低速変形と過渡的高速変形（ふつうの地震）の組み合わせに、割り込むように登場したのが、中間的な現象である過渡的低速変形、スロー地震だともいえる。スロー地震の理解が深まり、それがきわめて多様かつ普遍的な現象であることがわかってきた。地球内部の変形としては、地震より普遍的な現象かもしれない。地震学界では、いまスロー地震を中心とした地震学の再構築に忙しい。

　この重要なスロー地震については、すでにレビュー論文はいくつも出版されているが、教科書的な文献がまだほとんどない。現象論にとどまらないスロー地震の物理プロセスの深い理解には、本書の第13章までに説明するほとんどすべての知識を必要とする。そこで本書では、第1章でスロー地震を軽く紹介した後、第14章で改めて本格的に扱う。

　それでも本書で扱うのは、弾性体中のせん断すべり運動としての力学的な表現にとどまる。スロー地震をより深く理解するには、地質学や地球化学が扱う、物質についての深い洞察も必要である。この方面の解説は今後、別の教科書が出版されることに期待したい。

　最後の第15章は、将来の地震の予測について議論するために用意した。実際のところ、この話題に対して教科書的に説明できる内容は少ない。それでも、将来の地震に対する予測能力こそが、社会が地震研究にもっとも期待する能力である。その期待レベルと、地震学の実力レベルとの乖離は嘆かわしいことではあるが、それでも何ができるのか、考えられる範囲で用意したのがこの章である。将来的にこの章の内容が大きく見直されるのであれば、歓迎すべきことであろう。

本書は、東京大学理学部地球惑星物理学科4年生向けの講義「地震物理学」の内容を中心に構成されている。したがって対象レベルとしては学部後期から大学院レベルを想定している。基礎的な微分積分、複素解析、ベクトル・テンソル、確率論などは断りなく使用した。また図表は国際標準に従い英語で用意した。内容的にやや手ごわいと感じられた場合には、私が2017年に同じ講談社から出版した『絵でわかる地震の科学』も参照してみてほしい。こちらの本ではなるべく直感的な記述で、だいたい本書と同じような内容をカバーしている。絵ではわからないという方、数式を愛する方、より正確に理解したい方には本書が向いている。地震について研究したい場合にはもちろんお勧めである。

　本書が誰かの知的好奇心を刺激して、地震に関するなんらかの研究に新たな展開をもたらすことができれば、それ以上に喜ばしいことはない。

目 次

まえがき iii

第Ⅰ部 イントロダクション 1

第1章 地震とは？ 2

1-1 総合的地球科学現象としての地震 2

1-1-1 地震動・地震波・震源過程 2
1-1-2 地震の大きさ──震度とマグニチュード 3
1-1-3 地震のエネルギーの蓄積と解放──地震のシステム 4

1-2 地震動の観測 6

1-2-1 簡単な振動計測 6
1-2-2 周波数と振幅と計測機器 8
1-2-3 加速度・速度・変位 10
1-2-4 地震観測におけるノイズの特性 12

1-3 実体波と表面波 13

1-3-1 P波とS波 13
1-3-2 表面波 15
1-3-3 実体波と表面波の距離依存性 15
1-3-4 地球における地震波の伝播 16

1-4 震源とマグニチュード 18

1-4-1 震源決定 18
1-4-2 マグニチュード①──もともとの定義 19
1-4-3 マグニチュード②──さまざまな定義 19

1-5 地震と断層運動 21

1-5-1 地表地震断層と震源断層 21
1-5-2 正断層・逆断層・横ずれ断層 22
1-5-3 活断層 23

1-6 破壊すべりの時間空間的な広がり 24

1-6-1 破壊すべりの伝播 24

vii

1-6-2	破壊すべりの速度と継続時間	26
1-6-3	波動と破壊の伝播	27

1-7 プレートテクトニクスと地震活動概観　27

1-7-1	プレートテクトニクス	27
1-7-2	プレート境界と地震	28
1-7-3	地震の大きさと頻度	32
1-7-4	地震の深さと深発地震	33
1-7-5	本震・前震・余震・群発地震	34

1-8 スロー地震活動概観　36

1-8-1	スロースリップ	36
1-8-2	低周波地震とテクトニック微動	37
1-8-3	広帯域スロー地震	39
1-8-4	スロー地震の発生地域	41
1-8-5	スロー地震のさまざまな特徴	42

第2章　弾性体力学の基礎　44

2-1 ひずみ　44

2-1-1	有限物体のひずみ	44
2-1-2	連続体のひずみ	45
2-1-3	ひずみテンソル	46

2-2 応力　47

2-2-1	トラクション	47
2-2-2	応力テンソル	48
2-2-3	応力テンソルの対称性	49

2-3 テンソルの基底変換　50

2-3-1	ベクトルとテンソル基底の回転	50
2-3-2	主値と主軸	51
2-3-3	テンソルの不変量	51

2-4 ひずみと応力の絶対値　52

2-4-1	ひずみの大きさ	52
2-4-2	地震時の応力変化	53

2-5 線形弾性体の構成関係── Hookeの法則　54

2-5-1	線形弾性体	54

2-5-2	等方弾性体		55
2-5-3	さまざまな弾性定数		56

2-6 運動方程式と弾性波動方程式 · · · · · · 57

| 2-6-1 | 運動方程式の導出 | | 57 |
| 2-6-2 | ナビエの方程式 | | 59 |

2-7 一意性定理 · · · · · · · · · · · 60

2-7-1	変位場決定の必要条件		60
2-7-2	2つの変位場の一意性		61
2-7-3	一意性定理の意味		61

第Ⅱ部 破壊すべりと震源波動場 63

第3章 表現定理とグリーン関数 64

3-1 地震波動方程式の概要 · · · · · · · 64

| 3-1-1 | 表現定理の概要 | | 64 |
| 3-1-2 | 遠地地震波の概要 | | 65 |

3-2 グリーン関数 · · · · · · · · · 66

| 3-2-1 | 一般的定義 | | 66 |
| 3-2-2 | 線形弾性体の運動方程式のグリーン関数 | | 67 |

3-3 無限等方均質弾性媒質のグリーン関数 · · · 68

| 3-3-1 | Stokes解とグリーン関数 | | 68 |
| 3-3-2 | シングルフォースによる変位場 | | 69 |

3-4 表現定理 · · · · · · · · · · · 71

| 3-4-1 | 一般的な表現定理 | | 71 |
| 3-4-2 | 表現定理の説明 | | 72 |

3-5 グリーン関数の空間相反性 · · · · · · 73

| 3-5-1 | 空間相反性 | | 73 |
| 3-5-2 | 空間相反性を用いた表現定理の形 | | 74 |

3-6 断層面についての表現定理 · · · · · · 75

| 3-6-1 | 表現定理の単純化 | | 75 |
| 3-6-2 | 断層すべりの導入 | | 76 |

ix

3-7	複雑な媒質のグリーン関数	77
3-7-1	1次元グリーン関数	77
3-7-2	3次元グリーン関数	77

第4章 モーメントテンソルによる震源の表現 79

4-1 点すべりの等価体積力 79

4-1-1	「点すべり」の導入	79
4-1-2	等価体積力	80

4-2 ダブルカップルと地震モーメント 81

4-2-1	偶力	81
4-2-2	ダブルカップル	82
4-2-3	地震モーメント	82
4-2-4	モーメントマグニチュード	83
4-2-5	ダブルカップル、シングルカップル論争	83
4-2-6	回転する断層	84

4-3 モーメントテンソル 85

4-3-1	ダブルカップルの拡張	85
4-3-2	モーメントの主値と主軸	87
4-3-3	非ダブルカップル成分	87

4-4 さまざまなモーメントテンソル 88

4-4-1	点すべりとP軸、T軸	88
4-4-2	開口クラック	89
4-4-3	CLVD震源	90
4-4-4	モーメントテンソルダイアグラム	91

4-5 ダブルカップルによる変位場 92

4-5-1	ダブルカップルによる変位場の導出	92
4-5-2	遠地項と近地項	93
4-5-3	ダブルカップルの放射パターン	96

第5章 現実的な震源①——点震源 99

5-1 震源と観測点 99

5-1-1	観測方位と射出角	99
5-1-2	震源球と初動分布	101

5-2 断層運動の向きとパラメーター　102

5-2-1 矩形断層の断層パラメーター　102
5-2-2 ３タイプの断層運動　103
5-2-3 断層面ベクトルとすべり方向ベクトル　103
5-2-4 初動極性によるメカニズム解推定　104

5-3 断層運動のビーチボール　105

5-3-1 ビーチボール表示　105
5-3-2 断層タイプとビーチボール　106
5-3-3 モーメントテンソルのビーチボール　107
5-3-4 ビーチボールとテクトニクス　108

5-4 モーメントテンソルインバージョン　109

5-4-1 波形を使ったメカニズム推定　109
5-4-2 モーメントテンソルの基底展開　109
5-4-3 MTインバージョン　111
5-4-4 CMTインバージョン　112

5-5 震源時間関数　113

5-5-1 地震波の例　113
5-5-2 遠地地震波パルスと地震モーメント　114
5-5-3 震源時間関数のカタログ　114

5-6 震源スペクトル　115

5-6-1 オメガ２乗モデル　115
5-6-2 オメガ２乗モデルの時間関数　117

5-7 地震波エネルギー　119

5-7-1 地震波エネルギーの定義　119
5-7-2 点震源の地震波エネルギー　119
5-7-3 地震波エネルギーマグニチュード　120
5-7-4 オメガ２乗モデルのエネルギー　120
5-7-5 地震モーメントと地震波エネルギー　122

第6章　現実的な震源②──面的モデル　123

6-1 すべりの空間分布と遠地地震波　123

6-1-1 観測点に依存するモーメントレート関数　123
6-1-2 観測距離の線形近似　124

xi

6-2　1次元震源モデル──ハスケルモデル　　125

6-2-1　移動点震源　125
6-2-2　方位依存性　126
6-2-3　ライズタイムのあるハスケルモデル　127
6-2-4　ハスケルモデルのスペクトル　128
6-2-5　放射パターンと方位依存性　129

6-3　2次元断層モデル──佐藤・平澤モデル　　130

6-3-1　点からの破壊進展　130
6-3-2　一斉に止まるときの地震波　131
6-3-3　地震波の立ち上がりとストッピングフェーズ　133

6-4　震源と地震波のスケーリング　　134

6-4-1　震源面積と地震モーメントの関係　134
6-4-2　円形断層すべり（クラック）とスケーリング　135
6-4-3　Bruneの応力パラメーター　135
6-4-4　幾何学的相似スケーリング　136
6-4-5　規格化エネルギーのスケーリング　138
6-4-6　マグニチュードの飽和　139
6-4-7　幾何学的スケーリングの限界　140

第7章　現実的な震源③──複雑な震源像　　142

7-1　複合的な震源の表現　　142

7-1-1　サブイベント　142
7-1-2　サブイベントMT解析　143
7-1-3　バックプロジェクション　146

7-2　断層すべりインバージョン①──問題設定　　149

7-2-1　点震源から面へ　149
7-2-2　観測データ　149
7-2-3　面上のすべり分布の表現　150
7-2-4　グリーン関数の計算　152

7-3　断層すべりインバージョン②──解の推定　　153

7-3-1　ベイズ推定と拘束条件　153
7-3-2　実際の解析例──1995年兵庫県南部地震　155
7-3-3　さまざまな解析例　156
7-3-4　すべり分布の意味するもの　157

7-4 破壊すべりプロセスの周波数依存性 ······· 159

7-4-1 高周波地震動の励起源 ······· 159
7-4-2 高周波地震動発生地域 ······· 160
7-4-3 高周波波形合成 ······· 162

第Ⅲ部 震源近傍の物理学 165

第8章 巨視的な破壊と摩擦 166

8-1 破壊と摩擦 ······· 166

8-1-1 脆性と延性 ······· 166
8-1-2 破壊と地震 ······· 167
8-1-3 摩擦と地震 ······· 168
8-1-4 マクロな破壊強度 ······· 169

8-2 古典的摩擦則 ······· 171

8-2-1 クーロン摩擦 ······· 171
8-2-2 さまざまな物質の摩擦係数 ······· 172
8-2-3 凝着理論 ······· 173

8-3 モール円 ······· 175

8-3-1 モール円の描き方 ······· 175
8-3-2 最適角 ······· 176
8-3-3 ロックアップ角 ······· 177

8-4 断層の破壊と応力場 ······· 178

8-4-1 アンダーソン理論 ······· 178
8-4-2 背景応力場 ······· 180

8-5 天然断層の巨視的な破壊と水と熱 ······· 181

8-5-1 地下水と有効法線応力 ······· 181
8-5-2 その他の水の効果 ······· 182
8-5-3 注水人工地震 ······· 183
8-5-4 絶対応力レベルと発熱 ······· 183
8-5-5 断層加熱問題 ······· 184

第9章　クラックの破壊　187

9-1　2次元クラックのモード　187

9-1-1　3種類のモード　187
9-1-2　モードⅢの問題設定　188
9-1-3　モードⅠとⅡの問題設定　189

9-2　有限長クラック周辺の変位と応力　191

9-2-1　問題設定　191
9-2-2　複素関数を用いた解法　192
9-2-3　変位とせん断応力の分布　193

9-3　クラック先端での変位と応力　194

9-3-1　距離依存性　194
9-3-2　応力拡大係数　194
9-3-3　面内問題の解　195
9-3-4　ウイングクラック　197

9-4　グリフィスの破壊基準　198

9-4-1　大きなものは弱い　198
9-4-2　エネルギーバランスと破壊基準　198
9-4-3　エネルギー解放率　199
9-4-4　有限長クラックの臨界サイズ　201

9-5　破壊エネルギーと凝着力　202

9-5-1　クラック先端での最大応力　202
9-5-2　凝着力　203

第10章　破壊すべりの動的進展　205

10-1　一定速度でのクラック進展　205

10-1-1　モードⅢの解　205
10-1-2　モードⅡの解　208

10-2　動的破壊のエネルギー収支　209

10-2-1　弾性体中のエネルギーバランス　209
10-2-2　断層面における地震波エネルギー　211
10-2-3　佐藤・平澤モデルのエネルギー収支　213

10-3 動的破壊の数値的解法 215

10-3-1 モードⅢでの問題設定 215
10-3-2 有限差分法の例 215
10-3-3 境界積分法の例 217
10-3-4 2次元クラックの進展 218
10-3-5 円形クラックの進展 220
10-3-6 スーパーシア破壊 221

10-4 さまざまな断層破壊のシミュレーション 223

10-4-1 シミュレーションの例 223
10-4-2 断層面の配置と形状 225
10-4-3 背景応力場 226
10-4-4 摩擦則と非弾性変形 227
10-4-5 震源核と破壊開始 227
10-4-6 断層周囲の媒質の構造 228

第 11 章　全地震プロセスのモデル化 229

11-1 現実的な摩擦 229

11-1-1 静止摩擦の時間的変化 229
11-1-2 真実接触面積の増加 230
11-1-3 動摩擦の速度依存性 232

11-2 速度および状態依存摩擦則 233

11-2-1 法則の提案 233
11-2-2 時間と速度依存性 234
11-2-3 遷移プロセス 235
11-2-4 RSF則のさまざまな表現と問題点 235

11-3 摩擦すべりシステムの安定性 237

11-3-1 1次元ばねブロックの安定性 237
11-3-2 RSF則を用いた線形安定性解析 239

11-4 地震サイクルのモデリング 241

11-4-1 弾性反発説の現代的解釈 241
11-4-2 摩擦パラメーターの深さ依存性 243
11-4-3 4つのステージ 244
11-4-4 複雑な地震サイクルシミュレーション 245

11-5　震源核形成過程 · · · · · · 247

　11-5-1　RSF則による予測 · · · · · · 247

　11-5-2　2次元での震源核進展 · · · · · · 249

第IV部　地震現象の総合的理解　253

第12章　地震活動のモデル化　254

12-1　さまざまな地震活動 · · · · · · 254

　12-1-1　前震 · · · · · · 254

　12-1-2　本震による応力変化と余震 · · · · · · 255

　12-1-3　遠方の誘発地震 · · · · · · 257

　12-1-4　群発地震 · · · · · · 259

12-2　地震規模統計 · · · · · · 260

　12-2-1　Gutenberg–Richterの法則 · · · · · · 260

　12-2-2　b値の推定 · · · · · · 261

　12-2-3　大地震の重要性 · · · · · · 262

　12-2-4　応力パラメーターとしてのb値 · · · · · · 263

12-3　余震の統計 · · · · · · 265

　12-3-1　大森則の発見 · · · · · · 265

　12-3-2　大森・宇津法則 · · · · · · 266

　12-3-3　前震についての逆大森則 · · · · · · 267

　12-3-4　RSF則による大森則の説明 · · · · · · 267

12-4　確率過程としての地震活動 · · · · · · 270

　12-4-1　地震はポアソン過程か？ · · · · · · 270

　12-4-2　イベント間隔統計 · · · · · · 270

　12-4-3　イベントの誘発 · · · · · · 271

　12-4-4　ETASモデル · · · · · · 272

12-5　自己組織臨界と地震活動 · · · · · · 275

　12-5-1　べき法則としての地震現象 · · · · · · 275

　12-5-2　BKモデル · · · · · · 276

　12-5-3　自己組織臨界 · · · · · · 277

　12-5-4　地震的セルオートマトン · · · · · · 278

　12-5-5　SOCモデルの限界 · · · · · · 280

第 13 章　地震の固有性

13-1　巨大地震の繰り返し

13-1-1　沈み込み帯における巨大地震の繰り返し
13-1-2　南海トラフの巨大地震
13-1-3　日本海溝・千島海溝の巨大地震
13-1-4　Parkfield 地震

13-2　繰り返し地震

13-2-1　規則的な繰り返し地震
13-2-2　繰り返し地震のスケール法則
13-2-3　クリープメーターとしての繰り返し地震

13-3　地震破壊の階層性

13-3-1　破壊すべりのスケーリング
13-3-2　地震のはじまりと最終サイズ
13-3-3　階層的固有性地震
13-3-4　階層性と断層の形状

13-4　階層震源モデル

13-4-1　階層震源モデルの動的破壊
13-4-2　階層的破壊の繰り返し
13-4-3　地震活動の階層震源モデル的理解
13-4-4　比較沈み込み帯学と階層的固有性

第 14 章　スロー地震とファスト地震

14-1　スロー地震活動

14-1-1　繰り返しとセグメント構造
14-1-2　マイグレーション
14-1-3　スロー地震と潮汐
14-1-4　スロー地震のメカニズム

14-2　スロー地震のスケーリング

14-2-1　スロー地震の大きさ——地震モーメント
14-2-2　地震モーメントと継続時間
14-2-3　スロー地震とふつうの地震のギャップ
14-2-4　スロー地震の広帯域周波数特性
14-2-5　応力降下量と規格化エネルギー
14-2-6　頻度統計
14-2-7　繰り返し周期

14-3　スロースリップの物理モデル　　319

14-3-1　震源核の破壊未遂　319
14-3-2　すべりの抑制メカニズム　321
14-3-3　粘性による応力拡散　323

14-4　広帯域スロー地震のモデル　　325

14-4-1　脆性粘性パッチモデル　325
14-4-2　ブラウニアンスロー地震モデル　326
14-4-3　さまざまなスロー地震モデル　330

第 15 章　地震の予測　　332

15-1　地震予知と前兆現象　　332

15-1-1　地震の予測と地震予知　332
15-1-2　日本の地震予知小史　333
15-1-3　前兆現象のレビューとIASPEI決議　334
15-1-4　ダイラタンシーモデル　335
15-1-5　プレスリップモデル　337
15-1-6　地震活動の前兆　337
15-1-7　前兆と確率ゲイン　338

15-2　地震と地震動の確率予測　　340

15-2-1　基本的考え方　340
15-2-2　震源についての仮定　340
15-2-3　固有地震の発生確率評価　341
15-2-4　有限の震源とすべりの分布　343
15-2-5　地震動予測式　346
15-2-6　震源近傍の地震波動の予測　347
15-2-7　サイト増幅　348
15-2-8　地震動予測地図　349

15-3　緊急地震速報　　349

15-3-1　基本原理　349
15-3-2　震源を推定する緊急地震速報　351
15-3-3　震源を推定しない緊急地震速報　354
15-3-4　重力観測による地震速報　355

あとがき　357
引用文献　361
索引　377

第 I 部

イントロダクション

第 1 章　地震とは？

　本書では、地震の震源で進行する力学的なプロセスについて、現時点での理解を、なるべく物理学的、数学的に統一的に提示することを目指す。本章では、その準備として、まず地震に関する基礎的な知識をレビューする。地震とは何か？　その大きさはどう測るか？　地震波とは何か？　地震と断層の関係は？　などの事柄である。また、地震観測や震源決定についての基本的な知識で、必ずしも第2章以降の内容としてカバーできないことについても紹介する。さらに地震活動の多様性や、プレートテクトニクスとの関係、そして近年話題になっているスロー地震について、その基本的な知識を紹介する。これらの内容については、第IV部で再びより詳細に扱うことになる。

1-1　総合的地球科学現象としての地震

1-1-1　地震動・地震波・震源過程

「地震」とはどのような現象か？

　社会一般に地震とは、地面や建物の揺れを指す。この地表の揺れのことを専門的には地震動（ground shaking）という。まさに地震動を感じている最中には、地震動こそが地震だと感じるだろう。

　地震動は、地下の震源（seismic source）から放出された地震波（seismic wave）が地中を伝わった結果、地表で観察されるものである。したがって別の見方をすれば、地中を伝わる地震波こそが地震の正体だともいえる。

　地下の震源は、通常、岩盤の破壊をともなうすべり運動であり、それは岩盤中にある断層（fault）の周辺で起きる。この破壊をともなうすべり運動は、英語ではruptureといわれるが、本書では一貫して破壊すべり（rupture）と説明する。同じ運動を断層運動（fault motion）と呼ぶこともあり、より一般に震源過程（seismic source process）ともいう。地震はこの震源過程がなければはじまらな

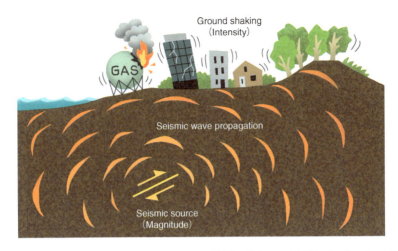

図 1-1 地震現象のさまざまな側面。震源の大きさと地震動の強さは、それぞれ「マグニチュード」と「震度」で表される。

いので、地震の原因は、破壊すべり≒断層運動≒震源過程だといえる。

これら、破壊すべりと地震波の伝播、そして地表の地震動は一連のプロセスであり、完全に区別することはできない。むしろ地震とは、破壊すべりから地震波の伝播を経て地震動にいたるまでの総合的な現象といえる（図1-1）。

地震波の伝播や地震動は、弾性体力学によって理解される。一方で、破壊すべりは破壊力学や摩擦の物理学を通じて理解される。古典的な連続体力学として完成度の高い弾性体力学に比べると、破壊力学や摩擦の物理学は、まだ発展の余地が大きい。したがって地震についての研究は、震源過程に注目することが多く、研究者は震源過程＝地震と説明しがちである。

1-1-2 地震の大きさ──震度とマグニチュード

大きな地震とは何か？　とは単純な質問だが、地震をどうとらえるかによって、その大きさの測り方は異なる。

地震動に着目するなら、激しい地面の揺れが大きな地震となる。物理学的には、揺れはある地点の変位（displacement）、速度（velocity）、加速度（acceleration）として計測される。

一般的な地震動の尺度としては、「震度（seismic intensity）」が有名である。震度もある地点で計測される尺度であり、日本では気象庁（Japan Meteorological

Agency, JMA）が決定する。1996年以前、気象庁の震度は体感や家具や建物の揺れ方にもとづいて決められていたが、現在は、震度計測用に校正された地震計（計測震度計）の観測記録をもとに、少々複雑な計算式を用いて**計測震度**（instru-mental seismic intensity）が算出される[1]。

伝播する地震波に着目すれば、力学的な量として波動のエネルギーが定義できる。この**地震波エネルギー**（seismic energy）（第5章）が大きければ、大きな地震といえる。

もしくは破壊すべりに着目するならば、大きな破壊すべりとは、広範囲の断層における大きなすべりを指す。断層の面積やすべりの量も定量的に測定できる。これらの量から導かれる**地震モーメント**（seismic moment）（第4章）が、現在、破壊すべりの大きさの尺度として定着している。

一方、ニュースなどで「地震の規模を表す**マグニチュード**（magnitude）」と説明されるように、一般的にはマグニチュードが有名である。マグニチュードは、地震波エネルギーや地震モーメントという物理量とも関係している。マグニチュードおよび物理量との関係については、1-4節、第4、5章でさらに説明する。

マグニチュードは最大で約9、震度は最大が7なので、この2つの量は混同されやすい。現象の始点である震源過程に着目するのがマグニチュード、現象の終点である地震動に着目するのが震度である。始点はひとつであり、マグニチュードもひとつでよいが、終点はいろいろな場所にある（地震動は多くの地点に届く）ため、震度は場所ごとに値が異なる。

1-1-3　地震のエネルギーの蓄積と解放——地震のシステム

破壊すべりは、地下の岩盤に蓄えられている弾性的なエネルギーを解放する。解放は一瞬で起こるが、そのエネルギーが蓄積されるには、それと比較にならない長い時間がかかる。

エネルギーの蓄積はプレート運動に起因する。プレートの運動は地球規模の対流現象の一部であり、**プレートテクトニクス**（plate tectonics）によって説明される。対流は地球内部と地球表面の温度の違いによって駆動され、その温度の違いが生じたのは、およそ45億年前の地球の誕生のとき。つまり、地震のエネル

---

[1] 気象庁の計測震度の階級は0から7まであるが、震度5と震度6を5弱、5強、6弱、6強と分けるので、計10階級ある。震度に相当する量は、国際的にはintensityと呼ばれる。大きさというより強さと訳すべきだろう。諸外国では、12階級に分けられた修正メルカリ震度階（Modified Mercalli intensity scale）を使うことが多い。

ギーのおおもとを遡れば、地球が誕生した際にもっていた熱エネルギーにほかならない。

地震発生時の条件のひとつとして、プレートテクトニクスに関連したエネルギー蓄積（**ローディング（loading）**）過程の理解は重要である。となり合う2つのプレートの相対運動中に、プレート境界の一部に弾性ひずみエネルギーが蓄積される。このエネルギーを解放するのが地震である。日本周辺では、おもに海洋プレートの沈み込みで、日本列島を載せた陸側のプレートが、引きずり込まれ、変形することで、エネルギーが蓄積される（図1-2）。

現実には、蓄積されたエネルギーがそのまま完全に解放されることはない。ある場所で中途半端にエネルギーが解放されると、それが周囲で再分配され、エネルギーの分布に空間的なばらつきが生じる。一地域におけるエネルギー解放が、別の地域でローディングに貢献し、地震を引き起こすこともある。長期のローディングに加えて、多数の大小の地震がエネルギーの解放と再分配を繰り返すことで、無数の地震が世界中で起こり続けることになる。

このたくさんの地震をまとめてとらえると、**地震活動（seismicity）**となる。地震活動を理解するには、弾性体力学、破壊力学と摩擦の物理に加えて、ローディングや地震間の相互作用など、地震を引き起こすシステム全体を理解する必

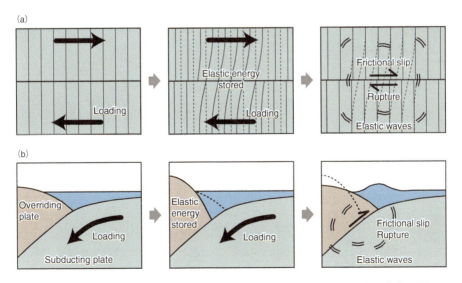

図1-2　長期間のローディングによって蓄積された弾性エネルギーを解放する地震。(a) 横ずれ断層を上から見た図、(b) 沈み込み帯の断面図。

要がある。したがって、本章で地震活動の概要を紹介するものの、本格的な説明は第12章まで待つことになる。

1-2　地震動の観測

1-2-1　簡単な振動計測

　地震動は1地点の運動である。点は3次元空間を運動するので、地震動を計測するには通常3方向（鉛直成分と水平2成分）で、加速度、速度、または変位を計測する。

　一番単純な機械式の地震計は、箱（筐体）の中のばねに支持されたおもり（鉛直動）、または振り子（水平動）の振動を検出する。鉛直動の地震計を例に、この振動計測の意味を考えよう。

　地震計の箱の内部に、おもりがばねで吊ってある（図1-3a）。知りたい量は地震計の箱が置いてある地面の動き$u(t)$であり、計測できる量は地震計の箱に対する箱内部のおもりの位置$x(t)$である。ともに時間tの関数である。おもりの質量をm、ばね定数をk、速度に比例した減衰の係数をDとする。どのような機械にも、摩擦などによる減衰はつきものだし、地震計の場合には後述する理由で、おもりの運動を減衰させる機構がついている。

　この運動の運動方程式は

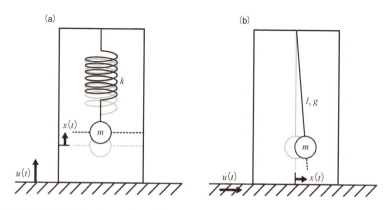

図1-3　機械式地震計。箱の中のおもりの変位を測定し、地面の変位を推定する。(a) ばねを使った鉛直地震計。(b) 振り子を使った水平地震計。

第Ⅰ部 ◆ イントロダクション

$$m(\ddot{x}(t) + \ddot{u}(t)) = -D\dot{x}(t) - kx(t) \tag{1-1}$$

となる。時間微分を・で表している。したがって、$\dot{x}(t)$ はおもりの速度、$\ddot{x}(t)$ はおもりの加速度である。なお水平動の場合には、振り子の微小振動として同様な式を導くことができる（図1-3b）。

地震動の観測では、振動の周波数にとくに注目することがある。そこで、この式を周波数領域にフーリエ変換する。時間の関数 $F(t)$ を角周波数 ω の関数 $\tilde{F}(\omega)$ へフーリエ変換すると、

$$\tilde{F}(\omega) = \int_{-\infty}^{\infty} F(t)e^{-i\omega t}dt \tag{1-2}$$

となる[2]。

式(1-1)の運動方程式をフーリエ変換すると、角周波数領域で、計測可能な量 $\tilde{x}(\omega)$ と知りたい量 $\tilde{u}(\omega)$ の間の関係は、

$$\frac{\tilde{x}(\omega)}{\tilde{u}(\omega)} = \frac{\omega^2}{-\omega^2 + \omega_0{}^2 - 2ih\omega\omega_0} \tag{1-3}$$

となる。$\omega_0 = \sqrt{k/m}$ は**固有角周波数（characteristic angular frequency）**であり、$h = D/2\sqrt{km}$ は**減衰定数（damping coefficient）**と呼ばれる。**固有周波数（characteristic frequency）**は $\omega_0/2\pi$、**固有周期（characteristic period）**は $2\pi/\omega_0$ と書ける。

この関数は複素数なので、さまざまな周波数について振幅と位相を示すと、図1-4 のようになる。固有周波数よりかなり高い周波数の振動（固有周期より短い振動）が箱を揺らしたとき（$\omega/\omega_0 \gg 1$）には、振幅が 1、位相が反転する。これは、箱の中のおもりが不動点とみなせるような状況である。一方、低周波数（長周期）では、位相が 0 で、振幅はとても小さい。つまり、おもりは箱と一緒に動いてしまって、箱の中の動きは計測できない。

また固有周期と同じ周期の振動の場合、h が小さいと、おもりはとても大きく揺れる。箱と干渉するほど大きく揺れると困るので、地震計には減衰機構が必要である。多くの地震計では、$h = 1/\sqrt{2} \sim 0.7$ 程度になるように減衰機構が設計されている。このような振り子を用いた地震計は、固有周期より短い振動しか計測できないので、固有周期が長い地震計ほど、広い周期の振動を計測でき、優れた

⋯⋯⋯⋯⋯⋯⋯⋯⋯⋯⋯⋯⋯⋯⋯⋯
2 地震学ではしばしば、式(1-2)の $-i\omega$ のところを $+i\omega$ としたフーリエ変換の定義が用いられるので要注意。なお f を周波数とすると、角周波数 $\omega = 2\pi f$ である。

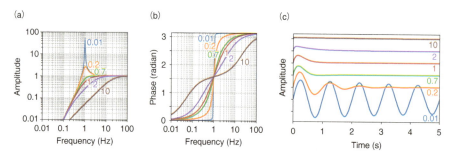

図 1-4　固有周波数 1 Hz の機械式地震計の応答。さまざまな減衰定数（h）についての応答を異なる色で示す。(a) 振幅、(b) 位相、(c) 加速度インパルスによる変位応答。

地震計といえる。

　19世紀末に地震観測がはじまってしばらくの間、実際にこれに近い機械式の地震計が使われた。当初は箱の中のおもりの位置を計測したが、20世紀半ばには、振動するおもりの動きを、電磁誘導によって電気的に検出する仕組みがポピュラーになった。電磁式地震計では、出力電圧をアナログの記録紙やフィルムに記録していた[3]。

　1980年代からは、出力電圧をそのままデジタル収録している。その場合、生の地震データのデジタル1ビットの単位はボルトである。地面の運動と結びつけるには、電圧（ボルト）と加速度、速度、変位との対応関係を理解する必要がある[4]。

1-2-2　周波数と振幅と計測機器

　地面の揺れには、さまざまな周期（周波数）の振動がふくまれる。周波数ごとの揺れの大きさもさまざまである（図1-5）。前述のように、地震計はすべての周波数の振動を観測できるわけではない。よく用いられている固有周波数 1 Hz の地震計は、1 Hz より高周波の振動を計測する。これは**短周期地震計（short-period seismometer）**、または電圧が速度に対応するので速度型地震計とも呼ばれる。

　地震計の出力電圧を一定の時間間隔でデジタル変換する。その際よく用いられ

---

[3]　1960年代に気象庁が全国に設置していた、59式地震計などがその代表例である。
[4]　地震計の特性は、入力と出力の関係を表す伝達関数（transfer function）をラプラス変換した際の極（pole）と零点（zero）によって表される［1］。伝達関数には機械的な特性だけでなく、デジタル変換に用いるフィルターの特性もふくまれる。

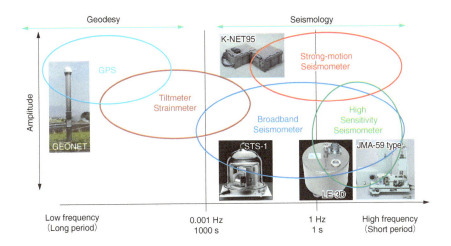

図 1-5 地震や地殻変動を観測するためのさまざまな観測機器。観測する周波数（周期）帯および振幅ごとに示す。

るサンプリング周波数は、100サンプル／秒である。この場合、おもに固有周波数 1 Hz から**ナイキスト周波数（Nyquist frequency）**[5] 50 Hz までの地震波を計測する。この周波数帯の地震動は、人が感じることができ、また建物の耐震設計などにとって重要な地震動をふくむ。速度型短周期地震計の中には、地震計自体のノイズが小さく、微小な振動でも検出できる、高感度地震計もふくまれる[6]。

高感度地震計は、大振幅の振動が届いた場合には振り切れてしまい、正確なデータを取得できない。大振幅の振動を計測するのが**強震計（strong-motion seismometer）**である。巨大地震の震源近傍の地震動は、強震計が記録する。強震計には、電子回路によるフィードバックで、振り子の動きを抑えるタイプの地震計が多い。この場合、電圧が加速度に比例するので、加速度計という。加速度計は小さなICチップ（micro electromechanical systems, MEMS）にすることも可能で、そのような装置はスマートフォンやゲーム機にも搭載されている。

さまざまな地震計の中で、もっとも精密で高価なものは、広い周波数帯域の地震波を記録することのできる**広帯域地震計（broadband seismometer）**である。広帯域地震計は、地震計筐体の内部のおもりの運動を、電子回路によるフィードバックで制御することで、広帯域観測を成し遂げている。世界最高性能の広帯域

---

5 デジタル収録において有効な最大周波数。サンプリング周波数の半分。
6 短周期地震計＝高感度とは限らず、廉価な地震計には感度が低いものもある。

地震計STS-1は約10Hz（0.1秒）から約360秒までの広周波数帯域で、地震動（速度）に対する電圧の応答がほぼ一定である。多くの広帯域地震計は120秒程度まで観測可能である。100秒周期の振動は人間にはほとんどわからないが、マグニチュードが9を超える超巨大地震の地震波エネルギー（5-7節で詳述）は、このような長周期の振動に多くふくまれる。

　地震計で計測できるのは、せいぜい周期1000秒までの揺れである。さらに長周期の揺れを測定するには、地殻変動の観測装置を使う。**傾斜計（tiltmeter）、ひずみ計（strainmeter）**はそれぞれ地面の変位の空間微分である傾斜（回転）、ひずみを計測する。

　また、GPSに代表される**全球測位衛星システム（GNSS）**でも、技術的には1秒程度の短い時間間隔で、連続的に地表のアンテナの位置を測定することができる。これくらい頻繁な計測ができるならば、地震計と大きな違いはない。実際にGPSは巨大地震の長周期地震波の計測に成功している[2]。

　一方で、地震計ではとらえられない、ゆっくりした変動（1-8節、第14章）を理解するためにも、長周期から短周期までシームレスな地面の動きを把握することが重要になってきている。地震計と地殻変動観測装置の境界は次第に曖昧になりつつある。

　地震計や地殻変動観測装置は、なるべく岩盤などの硬い地面に設置する。よい観測点をつくるためには、地表から**ボアホール（borehole）**や**横穴（vault）**を掘って、その内部に機器を設置する。このような穴の中はノイズが少なく、またとくに長周期のノイズの原因になる温度変化の少ない環境で観測ができる。

　2000年頃に完成した、日本の高感度地震観測網Hi-netは、約800点のボアホール高感度地震計ネットワークである[3]。各観測点でボアホールの深度は少なくとも100m、首都圏では約4kmにもなる観測点がある。広帯域地震計の観測網F-netは全国に約80点、横穴にSTS-1などの広帯域地震計を設置して観測している。さらに強震計観測網K-NET、KiK-net、海底地震計の観測網DONET、S-netもあり、上記の観測網は現在、防災科学技術研究所によって保守、データ公開されている[4]。また全国に1000点以上あるGPS観測点は国土地理院に、ひずみ計のネットワークは気象庁や産業技術総合研究所などによって維持されている。

1-2-3　加速度・速度・変位

　地震計の電圧は通常、速度か加速度に比例するので、デジタル記録のビット力

ウントに定数をかけると速度または加速度が得られる。その記録を数値的に微分、積分することで、自由に加速度、速度、変位の記録に変換することができる[7]。

図1-6は、2016年熊本地震をKiK-net益城観測点で観測した例である。もとのデータは（a）加速度記録である。これを積分すると（b）速度、（c）変位記録が得られる。最大振幅はそれぞれ約2 m/s/s、0.5 m/s、1 mであり、積分するたびにガタガタした周波数成分が少なくなることがよくわかる。加速度と速度は長時間経過後は0になるが、変位は必ずしも0にならない。この観測点は震源の近傍にあり、地震計は断層がずれたことによる永久変位も記録している。

巨大地震の際には、広い範囲で大きな強震動が記録される。2011年の東日本大震災では、岩手県から茨城県までの太平洋岸の多くの地点で、重力加速度（1 G＝9.8 m/s/s）を超えるような最大加速度振幅（peak ground acceleration, PGA）が観測された。これは、地表に固定されていない物体が飛び上がるような加速度である。また最大速度振幅（peak ground velocity, PGV）は1 m/sを超えた。震災を起こすような大振幅の地震動はおおむね、1 G、1 m/sというのがオーダー

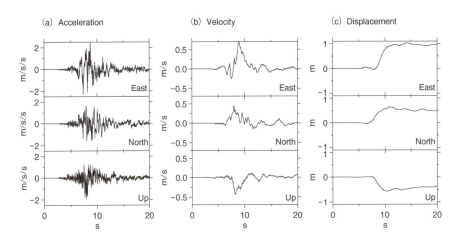

図 1-6　KiK-net益城 (Mashiki) 観測点で観測された2016年熊本地震の（a）加速度（オリジナル収録データ）、(b) 速度、(c) 変位を表す地震計。

---

[7] データに欠損や振幅の飽和、大きなノイズがないことが前提である。またデジタル記録には必ず量子化誤差がふくまれ、2回積分操作をすると大きなノイズとなりうる。

の目安になる。

1-2-4　地震観測におけるノイズの特性

地震観測の障害となるノイズには、自然起源のものと人為起源のものがあり、その境目はおおむね1秒である。

1秒より長周期の地震観測では、自然起源のノイズが目立つ。とくに大きいノイズは、海洋波浪がつくり出す振動、**脈動（microseism）**である。脈動の振幅は周期2-20秒くらい（0.05-1 Hz）で全体的に大きく、2-10秒（0.1-0.5 Hz）と10-20秒（0.05-0.1 Hz）に2つの卓越周波数をふくむ[5,6]（図1-7aの矢印）。脈動は気象条件に依存し、荒天時にはとくに大きくなる。脈動より長周期の20-50秒にややノイズの小さい周波数帯があり、100秒を超えると地球の固体部分が大気や海洋とカップリングして起こす固有振動、**常時地球自由振動（Earth's background free oscillations）**が大きくなる。

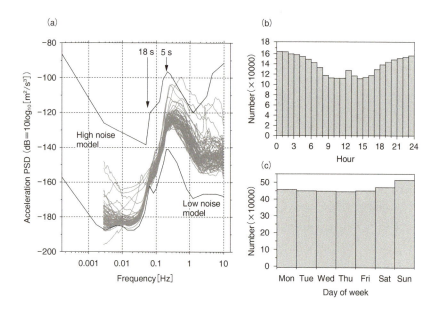

図 1-7　(a) 標準的な地震ノイズスペクトルモデル[5]。黒い線は高いノイズのモデルと低いノイズのモデル、灰色の線は2019年に全F-net観測点で5分ごとに測定された上下動スペクトル振幅の中央値を示す。(b) 2000年から2019年までの気象庁カタログの地震数を1時間単位で示したもの。(c) 同期間の曜日ごとの地震数。

第Ⅰ部 ◆ イントロダクション

1 Hzより高周波では、**人為起源ノイズ**（anthropogenic noise）が大きい。車や列車の走行音、工事現場や工場の騒音など、その周波数特性はノイズ源によってさまざまだが、振幅は人間の活動度に直結する。一般に夜間はノイズが小さく、昼間は大きい。また1週間では、週末のノイズは小さい。2020年に新型コロナウィルス感染症対策で、社会活動に制限がかかったときには、人為起源ノイズの大幅な減少が観測された[7]。

このようなノイズの変動は、地震の検出数にも反映される。検出数の大多数を占める小さい地震は高周波（>1 Hz）でしか観測できないからである。気象庁が1時間あたりに検出する地震数は、ノイズの大きな勤務時間帯（9-12時、13-17時）には、深夜（21-5時）に比べて2/3程度まで減少する（図1-7b）。また、1週間の中では日曜日の検出数が多い（図1-7c）。人工ノイズ源をうまく避けた、観測条件のよい高感度地震計のノイズ振幅は、10 nm/sより小さい[8]。

1-3　実体波と表面波

1-3-1　P波とS波

地震波は弾性波であり、無限等方均質弾性体の内部では、2種類の実体波として伝わる（詳細は第2章で扱う）。

P波は最初に伝わる疎密波（体積変化をともなう波）であり、波の進行方向に振動する縦波である。**S波**はせん断波、つまり波の進行方向とは直交方向に振動する横波である[9]。断層運動にともなう実体波の振幅は、S波のほうが数倍程度大きいので、S波を**主要動**と呼ぶ[10]。

多くの地震が発生する、深さ10 kmくらいの地下では、P波とS波の速さはそれぞれ6 km/sと3.5 km/s程度である。観測点の距離によって地震波を並べると、P波とS波の伝播を明瞭に観察できる（図1-8）。

8　すべての地震動（速度）を計測しようとすると、最大1 m/s、最小1 nm/s程度（9桁）の振動を計測しなければならず、1台の計器で観測することは技術的に困難である。

9　Pは1番目（primary）、Sは2番目（secondary）と到達順に振られた名前である。3番目の波（T波, tertiary wave）というものもあるが、これは水中の音波（P波と同じ）であり、海中の低速度層SOFAR channelに入ると遠くまで伝わる。海中の音波速度は1.5 km/s程度なので、S波よりだいぶ遅れて到達する。

10　S波が主要動になるのは、地震が破壊すべり＝せん断運動だからである。ほかの震源ではこの限りではない。たとえば等方爆発の場合にはS波は生じず、P波のみが放出される。

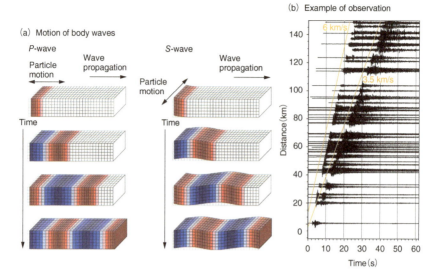

図 1-8 弾性媒体中の実体波（P波とS波）。(a) 実体波の運動と伝播を示す図。(b) 観測例。2011年11月25日 04:35:26.9（JST）に西日本で発生した深さ12.5 km、M4.7の地震の地震波。KiK-net観測点からの鉛直加速度記録を震源からの距離とともにプロットしたもの。各トレースは最大振幅で正規化されている。

　P波とS波の間の振動を初期微動、その時間を初期微動継続時間と呼ぶことがある。初期微動とはより正確には、P波およびその伝播過程における反射波、散乱波をふくむ波群であり、P**コーダ波（coda wave）**とも呼ばれる。同様にS波に続く波はSコーダ波である。

　P波とS波の間の時間（初期微動継続時間）を T_{S-P}（秒）と置いたとき、その値に8をかけると震源から観測点までの距離 R (km) になる[11]。P波とS波の速度をそれぞれ α と β とすれば、つまり

$$\frac{R}{\beta}-\frac{R}{\alpha}\sim\frac{R[\mathrm{km}]}{8[\mathrm{km/s}]}=T_{S-P}[\mathrm{s}] \tag{1-4}$$

という関係がある。地震を観測する際に、正確な時刻情報が利用できないときには、T_{S-P} を使って震源決定ができる。

11　この法則 [8] を発見したのは、明治から大正にかけて活躍した地震学者、大森房吉である。

1-3-2　表面波

　地震波が伝播する物体に表面があるとき、弾性波動（実体波）は表面での物理的境界条件、変位と力（第2章で紹介するトラクション）の連続条件を満たす。たとえば自由表面とみなせる地表面では、面にかかる力が0と近似できる。物体内の弾性的な変形が、この物理的境界条件を満たすことの帰結として、地表面に沿って伝播する波が生まれる。これが**表面波（surface wave）**である。

　鉛直方向にのみ速度が変化する1次元速度構造の場合、進行方向と鉛直方向をふくむ面内の回転運動を伝える**レイリー波（Rayleigh wave）**、その面に直交する振動を伝える**ラブ波（Love wave）**が存在する。レイリー波はP波および鉛直に振動するS波（SV波）が、ラブ波は水平方向に振動するS波（SH波）がつくり出す。大振幅の表面波はS波より遅れて伝わる。

　表面波は地表面から遠ざかると、深さに対して指数関数的に急速に振幅が小さくなる。また実体波と異なり、周波数によって伝播速度の異なる（**分散性の（dispersive）**）波動である。

　物体内部の速度構造の不連続面においても、同様に境界条件を満たすために、不連続面を伝わる波が存在し、境界波と呼ばれる。断層周辺においては、断層面を挟んだ物質の地震波速度が異なることが多いので、断層面を伝わる境界波が存在する。この波も、断層面から遠ざかると急速に振幅が小さくなる。

1-3-3　実体波と表面波の距離依存性

　実体波と表面波のとくに重要な違いは、それぞれの波の振幅の距離依存性である。

　等方均質無限媒質中の点震源から放出された実体波は、同心球面状に広がっていく。媒質中でエネルギーが減衰しないのであれば、点震源を中心とした球面でのエネルギーの積分は一定であり、そのまま無限遠まで届く。振幅の2乗がエネルギーに比例するので、距離rのところにある表面$4\pi r^2$で積分したエネルギーが保存するには、振幅が$1/r$で小さくなる必要がある。第3章では、点震源から無限遠まで伝わる実体波の表現を紹介し、その距離減衰がたしかに$1/r$となることを示す。

　一方で、表面波は円筒状に伝播するので、同様の考察から距離依存性は$1/\sqrt{r}$となる。したがって一般に遠方では表面波がより大きく見える。

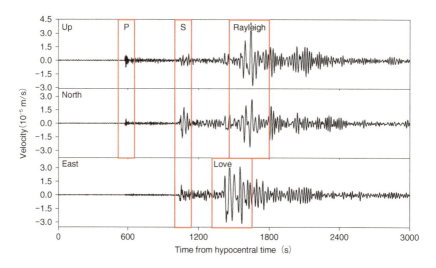

図 1-9　遠地における地震波（速度）の典型的な観測例。オーストラリアのCTAO観測点で記録された1995年兵庫県南部地震。

　たとえば1995年兵庫県南部地震の際、震源近傍ではS波によって大きな被害が出たが、遠方ではS波より表面波のほうが大きかった（図1-9）。オーストラリアで観測されたこの地震の地震波には、明瞭にP波、S波、表面波のうちレイリー波、ラブ波が見える。観測点が日本の真南なので、東西（East）成分ではP波やレイリー波の振幅は小さく、代わりにラブ波が大きいという特徴となる。

1-3-4　地球における地震波の伝播

　地球内部では一般に深くなるほど地震波速度が速く、また地殻、マントル、外核、内核の境界で、速度に大きなギャップがある。このうち外核のみが流体であり、そこではS波は伝播しない。
　これらの境界で実体波は反射、屈折する。波が境界を通過するごとに、入射P波から屈折P波、反射P波、屈折S波、反射S波が、S波からも同様に4つの波が生まれる。そのため、地球内部の層構造で反射、屈折を繰り返すことで、さまざまな波が伝播する。
　地震波速度が深さのみに依存する1次元構造を仮定し、地震の深さを仮定すると、その震源から地球内部をどのように実体波が伝播するか計算可能である[12]。速度構造モデルIASP91での計算例を図1-10に示す。任意の地点で、それぞれの

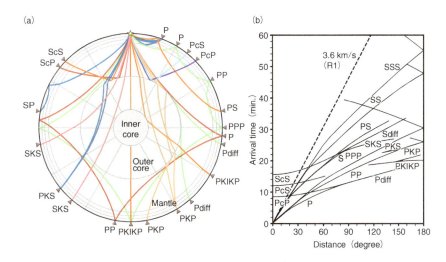

図 1-10　地球内部の地震波の伝播。(a) さまざまな実体波の波線経路。(b) IASP91 モデル[9]を用いて計算した伝播時間。

地震波の到達時刻（arrival time）も計算することができる。それぞれの波が実際に観測されるか否かは、地震の大きさ、震源断層の向きや、個々の観測点のノイズなど、さまざまな要因に左右される。おおむねマグニチュード5.5以上の地震であれば、世界中の多数の地震計で実体波を観測できる。

　表面波は遠方まで伝播するので、地球の裏側まで届くことも珍しくない。さらに、震源まで戻ってきたうえに何周もすることがある。速度が3-4 km/sくらいなので、1周には3時間くらいかかる。マグニチュード9クラスの超巨大地震が発生すると、丸1日くらいかけて地球を何周もする表面波が観察される[13]。

12　地殻とマントルを伝播するP波とS波をPおよびS、流体である外核を伝播するP波をK、内核を伝播するP波とS波をIおよびJという記号を用いて、震源から観測点までの波の種類によって、地震波に名前をつける。たとえば震源からマントルをP波で、外核をP波で、再びマントルをS波で通過した波はPKSと呼ばれる。外核での反射にc、内核での反射にiという記号も用いられる。

13　R1、R2、……とはレイリー波の到着順の名称である。同様にラブ波はG1、G2、……と呼ぶ。

1-4　震源とマグニチュード

1-4-1　震源決定

　観測された地震波の記録をもとに、地震波の発生源を推定することを**震源決定**（hypocenter determination）という。ここでいう震源は狭義の震源というべきものであり、破壊すべりが開始した場所＝**破壊開始点**（rupture initiation point）のことである。なお、**震央**（epicenter）という用語もあり、これは破壊開始点を地表に投影した場所を表す。一方で広義の震源とは、破壊すべりの発生地域全体である。

　この狭義の震源を表すには、地球内部における3次元的な位置（緯度、経度、深さ）と発生時刻（震源時）という4つの未知数（パラメーター）が必要である。これら4パラメーターを求めるには、4つ以上の地震波の到達時刻の情報が必要となる。地震波の到達時刻は地震波記録から読み取る。P波は上下動によく見え、S波は水平動によく見える。地下構造がわかっていれば、これらの観測されるP波、S波などの到着時刻をよりよく説明する場所を推定することができる。これはいわゆる**逆問題**（inverse problem）（インバージョン）であり、**最小二乗法**（least-square method）などを用いてパラメーターの推定値を求める。

　震源の3次元的な位置を $\mathbf{x}^0 = (x_1^0, x_2^0, x_3^0)$、地震発生時刻を t_0 とする（図1-11）。N 個の観測点 $\mathbf{x}^i$ $(i=1, \cdots, N)$ でP波とS波の到着時刻が t_i^P、t_i^S と推定されているならば、二乗誤差

$$\sum_{i=1, \cdots, N, c=P, S} (t_i^c - T^c(\mathbf{x}^i, \mathbf{x}^0) - t_0)^2 \tag{1-5}$$

を最小にするように、$\mathbf{x}^0$ と t_0 を推定できる。$T^c(\mathbf{x}^i, \mathbf{x}^0)$ は、$\mathbf{x}^0$ から $\mathbf{x}^i$ までP波またはS波が伝播するのにかかる時間である（$c = P$ or S）。この計算には、適切な地下構造を仮定する必要がある。

　より正確な推定をおこなうためには、到着時刻データの不確定性を考慮する必要がある。それぞれの到着時刻データ t_i^c が Δt_i^c の誤差をもつ[14]場合には、最小に

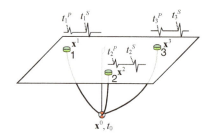

図 1-11　震源の決定。多数の観測点で測定されたP波とS波の到達時間を用いて、地震の位置と時刻を推定する。

すべき二乗誤差はこの不確定性の違いを考慮して、

$$\sum_{i=1, \cdots, N, c=P, S} \left(\frac{t_i{}^c - T^c(\mathbf{x}^i, \mathbf{x}^0) - t_0}{\Delta t_i{}^c} \right)^2 \tag{1-6}$$

とすべきである。

　計算機を用いて最小二乗法のような最適化問題を解くツールは現在広く普及しており、$\mathbf{x}^0$ と t_0 の推定自体は難しくはない。しかし、推定された震源位置や時刻は、観測点配置や地下構造の情報不足のために、真の位置からずれる。震源の位置や時刻の推定値だけでなく、推定誤差もふくめて震源決定する必要がある。

1-4-2　マグニチュード①──もともとの定義

　地震の情報として場所とともに重要となるのが、大きさである。現在広く用いられているマグニチュードは、1935年に発明された[15][10]。そのマグニチュード（**ローカルマグニチュード（local magnitude）**）M_L は、南カリフォルニアの標準地震計（Wood–Anderson 地震計）で計測した振幅 A（μm）を変換したもので、

$$M_L = \log_{10} A + f(\Delta) \tag{1-7}$$

という式で与えられる。ここで $f(\Delta)$ は、震応からの距離 $\Delta = 100\,\mathrm{km}$ でゼロとなる振幅補正関数である。つまり、距離 100 km のところにある標準地震計で観測した振幅の対数がマグニチュードである。マグニチュードは対数なので、マイナスの値となりうる。

　後で詳しく説明するが、現在、高感度地震計で観測可能な地震のマグニチュードの下限は、ほぼ 0 である。0-3 くらいまではあまり人が感じない小さな地震（微小地震、小地震）、3-5 くらいが中規模な地震、6-7 で大地震、8 で巨大地震、9 で超巨大地震、とおおむね 1 桁の数字におさまる。

1-4-3　マグニチュード②──さまざまな定義

　オリジナルなマグニチュード M_L を南カリフォルニア以外のさまざまな地域の

14　より正確には、平均 $t_i{}^c$、標準偏差 $\Delta t_i{}^c$ の正規分布に従う。

15　カリフォルニア工科大学の教授だった C. Richter によって発明された。Richter の発音はリクターに近いが、日本ではリヒターという読み方がポピュラーである。米国では地震のマグニチュードを Richter scale と呼ぶことがある。

地震について同様に推定するために、これまでにマグニチュードにはさまざまな異なる定義が提案されている。

国際的に長期間用いられてきたものは、米国地質調査所（USGS）が決定している**表面波マグニチュード（surface wave magnitude）** M_S、**実体波マグニチュード（body wave magnitude）** m_b である。

M_S は 50 km より浅い地震について、

$$M_S = \log_{10}\left(\frac{A}{T}\right) + 1.66 \log_{10} D + 3.30 \tag{1-8}$$

と計算される。ここで、A は 20 秒程度のレイリー波の鉛直成分の振幅（μm）、T はその周期で 20（s）程度、D は観測点から震央までの角距離（度）で 20 から 160 の範囲で計算される。

表面波が観測されにくい深い地震の場合には、実体波マグニチュードが、

$$m_b = \log_{10}\left(\frac{A}{T}\right) + Q(D, h) \tag{1-9}$$

と計算される。A と T は M_S 同様に振幅と周期、$Q(D, h)$ は M_S 同様の角距離 D、さらに震源の深さ h に依存する補正項である。

日本国内では気象庁が**気象庁マグニチュード（JMA magnitude）** M_{JMA} を決める。2003 年以前、気象庁では、深さ 60 km までの地震に対して坪井の式[11]

$$M_{Tsuboi} = \log_{10} A + 1.73 \log_{10} \varDelta - 0.83 \tag{1-10}$$

を用いていた。A は水平動二乗平方根の最大振幅（μm）、$\varDelta$ は震央までの距離（km）である。

一方で大学を中心とした観測では、比較的小さな地震に対して渡辺の式[12]

$$M_{Watanabe} = \frac{\log_{10} A + 1.73 \log_{10} R + 2.5}{0.85} \tag{1-11}$$

が用いられる。A は鉛直速度の最大値（cm/s）[16]、R は震源までの距離（km）という点がほかのマグニチュードと微妙に異なる。現在では、式(1-10)や(1-11)によく似て、さらに震源の距離と深さに依存する補正項をふくむマグニチュードが定義され、M_{JMA} とされている[13]。

現代では、物理学的な意味のはっきりした量にもとづくマグニチュードが参照可能である[17]。とくに重要なのが、地震モーメントにもとづく**モーメントマグニ**

16　元論文に単位の誤記があるので注意。

チュード（moment magnitude）[14]M_wであり、また地震波エネルギーにもとづくマグニチュードも定義可能である。これらについては、第4章および第5章で紹介する。

1-5 地震と断層運動

1-5-1 地表地震断層と震源断層

地震の際に破壊すべりが生じる場所は点ではなく、面に近い地下の断層[18]である。地震と断層のかかわりが注目されたのは、1891年の濃尾地震や1906年のSan Francisco地震などが起きた1900年前後からである。この2つの地震はM8級の内陸地震であり、地表に数メートルの食い違いを生みだした（図1-12）。ただし当時はまだ、地震の原因が断層運動とは断定されていなかった。

一般に内陸の浅いところで起きる大きな地震では、地表で観察できるような断層のずれが起きる。このような、地震時に地表で観察される地盤のずれをとくに

(a) The 1891 Nobi Earthquake Neodani Fault

(b) The 1906 San Francisco Earthquake San Andreas Fault

Koto (1893, The Journal of the College of Science, Imperial University, Japan)

Gilbert (1906, Popular Science Magazine)

図 1-12　(a) 1891年濃尾地震の際の根尾谷断層沿いの地表地震断層、(b) 1906年San Francisco地震の際のSan Andreas断層沿いの地表地震断層。

17　それに比べ、歴史的な経緯もあって開発されてきたさまざまなマグニチュードは、物理学的な根拠がわかりにくいこともあり、定量的議論の場では参照しにくい。それでも、長期の観測が本質的に重要な地震学において、過去との比較のために、これらのマグニチュードは引き続き参照される。
18　断層とはもともと地層の食い違いを表す言葉であり、必ずしも地震の源という意味はない。

図 1-13　地表地震断層の観測。(左) 2016年熊本地震における布田川 (Futagawa) 断層沿いの右横ずれ。(右) 1999年台湾集集 (Chi-Chi) 地震における車籠埔 (Chelungpu) 断層沿いの逆断層運動。

地表地震断層（surface rupture）という。

　田畑のあぜ道などがあると、横ずれの地表地震断層がよく見える。日本の内陸の地震——兵庫県南部地震や熊本地震など——では、田畑を横切る断層が観察された（図1-13）。地表地震断層の多くは、地表の比較的柔らかい部分に生じるずれ運動を表しており、破壊というより土の中のずるずるとしたすべり運動にみえる。

　地表地震断層は、地下に広がる**震源断層**（earthquake fault）のごく一部に過ぎない。地表から土を数kmも掘れば岩盤にあたる。大きな地震の際には、地下深部の震源断層に沿って岩盤を破壊しながら、すべり運動が起きる。1999年の台湾集集地震（$M7.6$）では、地表地震断層が川底の岩盤を破壊して現れ、8 mもの垂直変動によって滝を生み出した。この場合、土のずれよりは岩の破壊に近いイメージとなる。地下深部は高圧高温環境で、岩盤の破壊をともなうすべり運動が起きる。

　断層サイズとすべりの量、マグニチュードなどは、この後の本書の中心的な話題のひとつである。第6章からの詳細な説明の前に、断層サイズの相場を紹介しておこう。$M6$では断層の差し渡しが10 km程度、$M7$で30 km程度、$M8$で100 km程度、$M9$で300 km程度となる。地中で地震がよく発生する深さは10 km程度であるから、$M6.5$あたりから、断層サイズと深さが同程度になり、地表地震断層の観察例が増える。

1-5-2　正断層・逆断層・横ずれ断層

　断層はその運動の方向によって分類される（図1-14）。

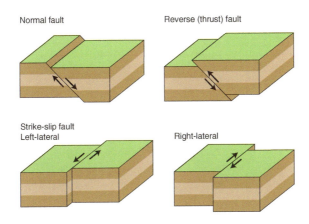

図 1-14　3つのタイプの断層運動：正断層、逆断層（または衝上断層）、横ずれ断層。

　正断層（normal fault）は、斜めになった断層の上側のブロック（上盤（hanging wall））が下にすべり落ちる運動を表す。全体的に地面が伸長している地域で多い。

　逆断層（reverse fault）は、上盤が下側のブロック（下盤（foot wall））の上に乗り上げる断層で、衝上断層（thrust fault）ともいう。全体的に地面が収縮している東日本の内陸には、逆断層がよくみられる。

　横ずれ断層（strike-slip fault）では2つのブロックがすれ違う。断層面は鉛直に近いことが多い。片方のブロックからもう片方を見たときにどちらに動くかによって、右横ずれ（right-lateral）と左横ずれ（left-lateral）に区別される。正断層または逆断層に横ずれ成分をふくむようなものも多い。

　断層運動の方向によって、放射される地震波の方位依存性が変化する。また断層運動の種類は、その地震が発生した地域の長期のローディングの性質を反映する。したがって、ある地震が起きたときに、震源位置、マグニチュードの次に研究者が知りたいのは、この断層運動のタイプ、別名震源メカニズム（source mechanism）とか発震機構（focal mechanism）と呼ばれる情報である。観測される地震波と震源メカニズムの関係は第II部の重要なテーマとなる。

1-5-3　活断層

　日本では、数十万年前以降に繰り返し活動し、将来も活動すると考えられる断

層のことを「活断層（active fault）」と呼ぶ[19]。同じ活断層で地震が繰り返し発生すると、断層を横切る山の尾根や河川が、断層によって屈曲する。また断層は数学的な平面ではなく凹凸があるので、地震の際にはその凹凸の不整合によって、隆起や沈降などの変形が起きる。

変形が浸食によって消えなければ、もしくは何度も急激に起これば、地形に残る。そのような地形を残す断層は、将来地震の震源断層となる可能性が高い。米国カリフォルニア州のSan Andreas断層は、間違いなくそのような断層である。

大きな変形の痕跡がみられる断層を活断層というのはわかりやすいが、変形が小さくなると同定は困難であり、研究者によって見解が分かれることも少なくない。活断層の指定は、防災対策の面が強いので、大きなものを指定すれば、目的にはかなう。

ただし前述のとおり、M6.5未満の地震では地表地震断層が現れないことがふつうで、そのような場合には、活断層の証拠は地表に現れない。「未知の活断層」という言葉があるが、小さいものをふくめたら、ほとんどの活断層は未知である。また本書では何度も強調することになるが、地震には特徴的なサイズはない。ということは本来、活断層のサイズにも下限はなく、その数はほぼ無限といえる。

1-6 　破壊すべりの時間空間的な広がり

1-6-1　破壊すべりの伝播

地震時の断層運動は、地下の断層面上の1点——破壊開始点——においてはじまった破壊すべりが、弾性体の運動方程式と、摩擦や破壊の法則を満たしながら、断層面に沿って空間的に広がる運動である。この破壊すべりの広がりを地震の**破壊伝播（rupture propagation）**ともいう。

ある瞬間に、断層面の一部では破壊すべりが起きている。つまり、その断層のその地点で**すべり速度（slip rate）**は0より大きい。破壊すべりが起きた場所と、まだ起きていない場所との境界を**破壊フロント（rupture front）**と呼ぶ。

破壊すべりの時空間分布の推定法は第7章で扱う。推定結果の一例を図1-15

....

19　必ずしも国際的に普及している定義ではない。米国では過去1万年間を考える。

第Ⅰ部 ◆ イントロダクション

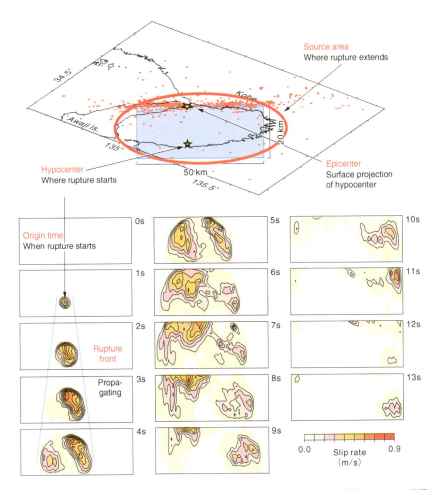

図 1-15　1995年兵庫県南部地震のすべりの時空間分布[15]。破壊すべりプロセスを説明するための用語とともに示す。（上）断層の位置図。赤い点は余震の震央。（下）破壊開始時刻から1秒ごとのすべり速度の連続スナップショット。

に示す[15]。1995年兵庫県南部地震（〜$M7$）では、明石海峡の下、深さ約15 kmの地点（図中星印）で破壊が開始し、最初にやや北東、次に南西（淡路島）で地表の野島断層まで破壊すべりが進展した。その後、北東（神戸）側の破壊すべりは数秒進展したが、地表には到達しなかった、と推定されている。50×20 kmの範囲に十数秒で広がるのが$M7$級の地震の破壊すべりである。

　2011年東北地方太平洋沖地震（東北沖地震、〜$M9$）においては、宮城県沖のプレート境界の深さ約20 kmの地点で破壊が開始し、最初は震源近傍から深部を

25

破壊した[16]。日本海溝の海底で、一番大きな破壊すべりが起こったのは約1分後、すべり量は30 mを超え、この変形が巨大津波を励起した。最終的には東北地方の面積に近い、400×200 kmもの範囲を2分くらいかけて破壊した。このような現象をひとつの点で近似するのは無理がある。

1-6-2　破壊すべりの速度と継続時間

　一般的に、破壊フロントの移動速度（**破壊伝播速度（rupture propagation velocity）**）はS波速度よりやや遅く、3 km/sくらいと推定されている。かなり速いが、それでも大きな地震の場合、広大な断層面全体に破壊すべりが届き、すべてのすべり運動が停止するまでには、ある程度の時間——M7の地震の場合、10秒から20秒——がかかる。これが**破壊継続時間（rupture duration）**である。東北沖地震クラス（M9）の場合には、破壊継続時間は2-3分にもなる。

　破壊フロントの後方では、すべり運動がある程度の時間にわたって継続する。ある一地点での破壊の継続時間を**ライズタイム（rise time）**と呼ぶ。このとき断層を挟んだ岩盤のすべり速度は、前項で見た兵庫県南部地震の例のように、1 m/sのオーダーだと考えられている[20]。

　破壊すべりはどのように伝播するのか？　ライズタイムはとても小さく、すべりは破壊フロントのすぐ後方で、ただちに停止するのか？　もしくはライズタイムは破壊継続時間と同程度で、ある一地点のすべりは長時間継続するのか？　これは現代の地震の物理学が解明できていない問題のひとつである。前者だと破壊すべりは**パルス的（pulse-like）**、後者だと**クラック的（crack-like）**と呼ばれる。

　断層面内の破壊伝播の方向は、同心円状とか一方向というように単純には表せない。それでも、近似的に一方向（**ユニラテラル（unilateral）**）に伝わるものや、両側に（**バイラテラル（bilateral）**）均等に広がるようなものと考えることができる。破壊伝播の方向が地震動に影響することもあるので、ある程度大きな地震について、詳細な破壊すべりの様子を明らかにすることは重要である。

---

[20] データの分析によって推定されるイメージは、分析手法に内在する分解能不足の問題を抱えている。現実のすべりが、より短時間、より高速であっても、必ずしもそれを検出することはできない。イメージはある程度平均化されたものになる。同じような理由で、ライズタイムを正確に推定することも簡単ではない。

1-6-3　波動と破壊の伝播

破壊すべりは断層面上を進展し、地震波は媒質中を伝播する。この2つの時間発展プロセスは少々混乱されがちである。

破壊すべりの伝播速度は通常、地震波（S波）速度よりは遅いので、破壊フロントがP波とS波の先端（フロント）を追うような形になる。それぞれの時刻で、破壊フロントの後方のすべり領域全体から地震波が生まれ、弾性体中を伝わる。この地震波によって、さらに破壊すべりが促進される。

破壊と地震波が相互作用しながら進展していくのが、地震のおおもととなる破壊すべりプロセスである。このプロセスの物理的理解こそ本書の中心課題である。

1-7　プレートテクトニクスと地震活動概観

1-7-1　プレートテクトニクス

地震を引き起こす弾性エネルギーの蓄積（ローディング）は、プレートテクトニクス[21]によって進行する（図1-16）。地表には厚さが数十〜100 km程度の岩石の層、**リソスフェア**（lithosphere）があり、それぞれはあまり変形しないかたま

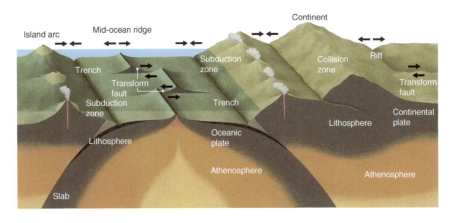

図 1-16　プレートテクトニクスの概念図。

---

[21] テクトニクス（tectonics）とは構造をつくるような運動を表す。造構論という訳語がある。

りとして数十個に区分される。その区分されたリソスフェアを**プレート**（plate）という。

プレートどうしは相対運動し、**プレート境界**（plate boundary）およびその周辺に、地震や火山噴火、地形の形成などさまざまな地球科学的現象を引き起こす。これがプレートテクトニクスの基本的な考え方である。プレートテクトニクスは、1960年代に作業仮説として構築されて以来、数多くの証拠に支えられ、現在では、地震学に限らず固体地球科学全体の土台となっている。

プレートには**大陸プレート**（continental plate）と**海洋プレート**（oceanic plate）があり、前者はおもに花崗岩からなる地殻をもつ厚くて軽いプレート、後者はおもに玄武岩・斑れい岩からなる地殻をもつ薄くて重いプレートである。

またプレート境界には拡大型、収束型、横ずれ型がある。**拡大型境界**（divergent margin）には**中央海嶺**（mid-ocean ridge）と**地溝帯**（rift）が、**収束型境界**（convergent margin）には**沈み込み帯**（subduction zone）と**衝突帯**（collision zone）がある。拡大型もしくは収束型の2つのプレート境界をつなぐ横ずれの境界は、**トランスフォーム断層**（transform fault）[22]と呼ばれる。

海洋プレートは中央海嶺で生まれてから、ほぼ一定速度で水平に広がり、沈み込み帯で海溝から地球内部に入る。拡大型のプレート境界には正断層がよく見られ、沈み込むプレートの上面のプレート境界は巨大な逆断層である。

プレートの分割の仕方は研究者によって異なる。図1-17aには、Bird（2003）[17]によって分割された、52個のプレートを示した。ユーラシア、アフリカ、北米、南米、オーストラリア、南極などの大陸と対応した大陸プレートや、太平洋プレート、ココス、ナスカ、フィリピン海プレートなどの海洋プレートは、ほとんどの研究者が同じように区分するが、小さなプレートの解釈はさまざまである[23]。

1-7-2　プレート境界と地震

プレートの分布と地震の分布はとてもよく対応しており、ほとんどの地震はプレート境界とその周辺で起きる（図1-17b）。そしてプレート境界のタイプによっ

----

[22] 正断層と逆断層をつなぐことがあるので、トランスフォーム（変換）と呼ばれる。ただし、正断層と正断層、逆断層と逆断層をつなぐこともある。

[23] とくに日本列島が乗っているプレートについては、研究者によって解釈が異なる。もともと北米、ユーラシアと考えられていたが、現在ではそれぞれオホーツク、アムールとされることが多い。またBird（2003）［17］では南九州と沖縄を、本州とは別のプレートとしている。

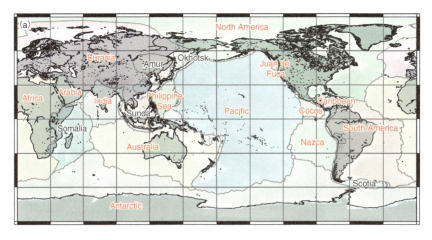

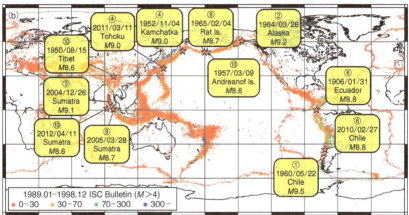

図 1-17　(a) Bird (2003) のプレートモデル[17] と (b) 世界の地震分布。International Seismological Centre のカタログにある震源を深さ別に色分けした。2023年以前に発生した M_w8.6以上の巨大地震は黄色でハイライトされている。

て、発生する地震の性質が異なる。

　拡大型境界（海嶺または地溝帯）には正断層型の地震が多い。中央海嶺は太平洋、大西洋、インド洋などに存在する。海嶺では大きな地震は少なく、最大でも M6 を少々超える程度である。深さ数kmの浅いものが多く、震央の位置は中央海嶺の位置をよく表す。地溝帯としてはアフリカ大陸東部[24]が有名である。

　横ずれ境界のトランスフォーム断層では、横ずれ地震が起きやすい。M8程度

24　図1-17のアフリカとソマリアプレートの境界に相当する。

の地震も起きる。内陸にあるトランスフォーム断層である米国の San Andreas 断層、ニュージーランドの Alpine 断層、トルコの Anatolia 断層では、たびたび巨大地震が発生し、震災を引き起こしている（図1-18）。トランスフォーム断層は垂直に近いものが多く、地震の深さも 10 km 程度までに限られる。したがって地図上での震央と断層の対応はよい。

　収束型境界（沈み込み帯または衝突帯）では多種多様な地震が起きる。大局的なプレートの収束を反映した逆断層型が多いが、逆断層は図1-2（b）に示した典型的なプレート境界だけでなく、その周囲のプレート内部でも発生する（図1-19）。さらにその周辺では正断層型、横ずれ型の地震も起きる。震源は地図上のプレート境界の位置だけでなく、周囲の広い範囲に分布する。

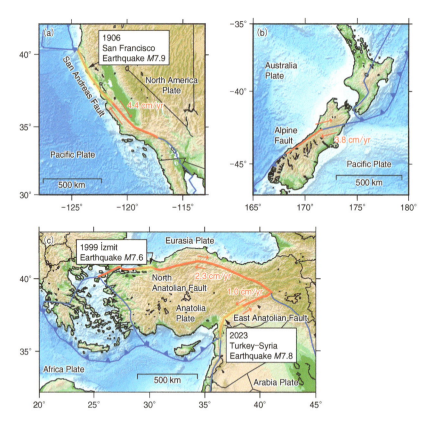

図 1-18　内陸のおもなトランスフォーム断層。(a) San Andreas 断層。(b) Alpine 断層。(c) North Anatolia 断層と East Anatolia 断層。赤またはオレンジの線は断層位置を示す。海溝（青）とその他のプレート境界（黒）は、Bird (2003)[17] による。

プレート境界で発生している地震を**プレート境界型**（interplate）地震として、**プレート内部型**（intraplate）地震と区別することも多い。沈み込み帯では、プレート内部型をさらに内陸の活断層型や、海溝の外側の**アウターライズ**（outer rise）型[25]などと分類することもある。

沈み込み帯では$M9$を超える超巨大地震が発生する。これまで近代的な地震観測で計測された最大の地震は1960年のチリ地震（$M_w9.5$）である。1964年のアラスカ地震（$M_w9.2$）、2004年のスマトラ地震（$M_w9.1$）も最大級の地震であった。ほかにも2011年東北沖地震（$M_w9.0$）など、ほとんどの超巨大地震が環太平洋の沈み込み帯[26]で発生している。

衝突帯の代表例はヒマラヤである。ここで起きた地震では、1950年のチベットの地震（$M_w8.6$）がとくに大きかった。これらの地震はすべて逆断層である。横ずれ断層で発生した最大の地震は、2004年スマトラ地震の近くで発生した2012年のスマトラ地震（$M_w8.6$）である。

地震の最大サイズをおもに決めているのは、プレート境界の温度である。プレートは海嶺で形成された時点が一番熱く、海溝に向かって移動していく間に次

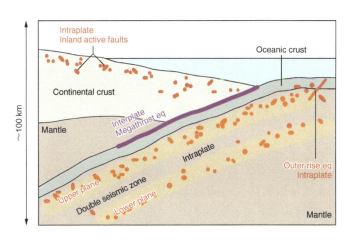

図 1-19　沈み込み帯浅部における地震発生の概念図。プレート間巨大地震は、プレート境界で50 km程度までの深さで発生する。多くのプレート内地震も発生する。内陸の活断層やアウターライズ断層での地震は、しばしば大きな災害をもたらす。

25　アウターライズでは正断層の地震が多く、1933年の昭和三陸地震のように、$M8$近い巨大地震が発生することもある。
26　環太平洋以外の沈み込み帯の例は、バルバドス（大西洋）、マクラン（インド洋）、エーゲ海などである。これらの地域では巨大地震は珍しい。

第1章 ◆ 地震とは？

第に冷えていく。したがって、沈み込み帯では海溝から冷たいプレートが地球深部に入っていくので、プレート境界の温度が下がる。地震の破壊すべりは高温では起きにくいので、震源の大きさには深さ方向に限界がある。深さ限界は、海嶺＜トランスフォーム断層＜海溝の順となっており、この順で最大地震のサイズが大きくなっていく。

　なお、プレートの境界から遠く離れた内部でも、地震がまったく起きないわけではない。ハワイやタヒチのような**ホットスポット（hotspot）**と呼ばれる火山地域では、マントルの深部から上昇するマグマにより、火山活動が活発で、火山に関連した地震が多発する。

　じつのところ、リソスフェアは傷だらけで、いたるところに古い断層があり、地震を起こすことがある。19世紀初頭のアメリカのNew Madrid地震群[27]は有名な例である。また、近年では人間活動によって引き起こされる地震が注目されており、それらはプレート境界から遠く離れた場所でも発生する。

1-7-3　地震の大きさと頻度

　大きな地震はめったに起きないが、小さな地震はたくさん起きる。この地震の大きさと頻度の関係は**Gutenberg–Richterの法則**[18]と呼ばれ、本書では第12章で詳細に紹介する。この法則は定式化されていて、ある地域、ある期間のマグニチュードMより大きな地震の発生数を$N(M)$としたとき、

$$\log_{10} N(M) = A - bM \tag{1-12}$$

という関係がよく成り立つ（図1-20a）。A、bは定数で、bはほぼ1である。

　この法則は簡単にいえば、Mが1小さい地震は10倍起きやすいというルールである。だから、あるサイズの地震の発生確率を知っていれば、ほかのすべてのサイズの地震がどれくらい起こりやすいか見当をつけることはたやすい。

　過去50年くらいの地震の履歴から、地震の大きさと起こりやすさに関する常識として知っておくべきことは、「世界では$M8$の地震が年に1回」というのが標準ということである。世界の1割以上の地震が発生する日本[28]では、これは「日本では$M7$の地震が年1回」または「$M6$の地震がほぼ毎月」起こると言い換える

27　1811-12年にM7-8級の地震が3回起きた。現在でも、周辺に比べて地震活動度が高い。

28　排他的経済水域程度の海もふくむ範囲を指す。

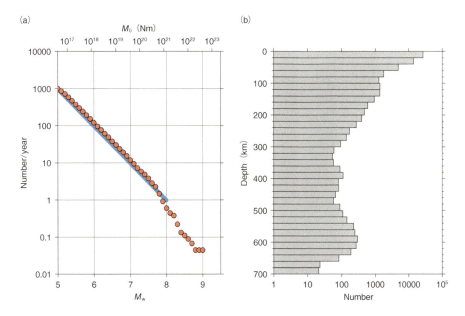

図 1-20 2種類の地震統計。(a) Gutenberg-Richterの法則として知られる規模別頻度分布。青線は$\log_{10}$ Number/yr$=-M_\mathrm{w}+8$の関係を示す。(b) 震源の深さ分布。両図とも1976-2020年のGlobal CMT Catalogのデータを用いている。

ことができる。

1-7-4 地震の深さと深発地震

　ほとんどの地震は、地下の浅いところ（深さ10 km未満）で発生する。地球の平均的な地殻の厚さである30 kmの深さで起こる地震ともなると、だいぶ少なくなる。

　例外的に深い地震が発生する場所が、沈み込み帯である。沈み込み帯のプレート内地震は沈み込むプレートに沿って、マントル遷移層の下部、深さ700 km程度まで分布する（図1-20b、図1-21）。この**深発地震（deep-focus earthquake）**[29]、およびその面的な広がりは、1930年頃に和達清夫によって発見された[19]。その後に同様の深発地震の発生帯を1950年頃に米国で報告[20]したHugo Benioffと和達の名前をつけて、この地震発生地域は**和達・ベニオフ帯（Wadati-**

29　深さ150 kmくらいまでを、やや深発地震（intermediate depth earthquake）と区別することがある。

第1章 ◆ 地震とは？

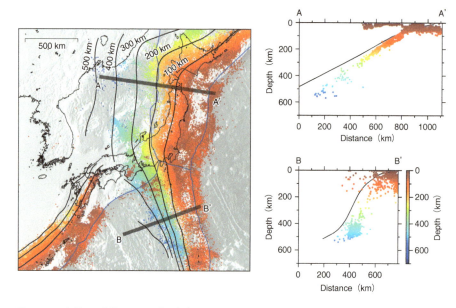

図 1-21　日本周辺の地震の深さ分布。気象庁が決定した震源を深さによって色分けしている。地図中の青線はプレート境界[17]を示す。地図中の黒い等深線と断面図中の黒線は沈み込むプレートの上面を示す[21]。

Benioff zone）と呼ばれる。

　深発地震の発生数は深さとともに指数関数的に減少するが、深さ 300-400 km で最小となった後で、600 km あたりで少し増える。沈み込み帯によっては、深さ 100 km くらいの深発地震が 2 つの面に分かれて発生している場所がある。この **二重深発地震面**（double seismic zone）もやはり日本で、1970 年代に発見された[22]（図 1-19）。特徴的な深さ分布や二重深発地震面の成因については、いまだ謎が多い。

1-7-5　本震・前震・余震・群発地震

　地震活動については第 12 章でより詳細に説明する。ここでは発生順序に注目した用語を紹介しておく。

　大きな地震が発生した後には、その破壊すべり領域の周辺で多数の地震が発生する。これらは **余震**（aftershock）と呼ばれる。大地震の破壊開始点の周辺で、少し前に地震が発生していることもある。これらは **前震**（foreshock）と呼ばれ

る。どちらも万人が納得する厳密な定義は存在しない[30]。それでも大まかに地震活動が本震–余震型であるとか、前震–本震–余震型などと呼ばれることがある（図1-22a）。

余震活動は、時間に対して地震のマグニチュードを示した図（**MT図**）を見るとわかりやすい。2016年の熊本地震（図1-22b）では当初、4月14日に発生したM_w6.2の地震が本震だと思われた。しかし4月16日にM_w7.0の地震が発生したために、M_w6.2の地震は前震と呼ばれることになった[31]。

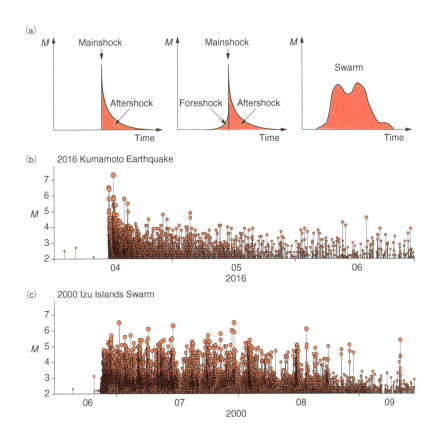

図1-22 地震活動のさまざまなパターン。(a) 左から本震–余震、前震–本震–余震、群発地震の系列を示す概念図。(b) 2016年熊本地震の前後の地震活動を示すMT図。(c) 2000年の伊豆諸島における群発地震を示すMT図。

---

[30] 後述（12-4節）する地震の誘発の性質を使って統計的に定義することは可能である。
[31] このような呼び方の違いは、単に大きさと時間の関係を説明するだけで、それ以上の意味はない。

同じような大きさの地震が数個、時間空間的に近接して発生した場合には、群発型（**群発地震**（earthquake swarm））と呼ばれる。図1-22cには群発地震の例として、2000年の夏に新島・神津島・三宅島近海で発生した群発地震のMT図も示す。ほかの地震と比較して明らかに大きな地震がひとつあるわけでなく、数ヵ月の間に多数の$M6$程度の地震が発生しているのが、この活動の特徴である。

1-8　スロー地震活動概観

1-8-1　スロースリップ

　プレート境界において、プレート相対運動によって起きる現象は地震だけではない。20世紀には、プレート境界のうち地震を起こさない場所は、定常的にゆっくりすべっていると考えられていた。しかし2000年頃から、地殻変動観測によって、地震でもなく、定常的なすべりでもない、過渡的な現象が発見されはじめた。

　国内では南海トラフの豊後水道、東海地方などで、海外では米国・カナダ国境のカスケード地域、メキシコで、数ヵ月から1年にわたるゆっくりした変動が、GPSによって検出された[23]。その変動は、プレート境界のすべり運動でよく説

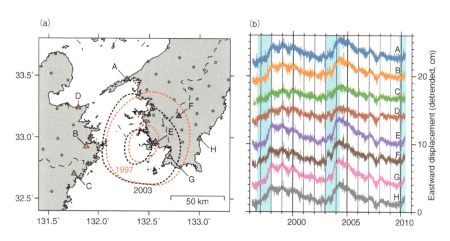

図 1-23　豊後水道のスロースリップイベント（SSE）の震源域と観測記録。(a) 1997-1998年と2003-2004年に発生した2つのSSEのすべり分布とGPS観測点の分布（三角形）。(b) (a)で示した8つのGPS観測点で記録された変位。変位データは東向き成分で長期トレンドを除去してある。

明される。この現象は**スロースリップイベント**（slow slip event, SSE）と呼ばれるようになった。豊後水道のSSEはその後も、ほぼ同じ場所で何度も繰り返している（図1-23）。

SSEの大きさは、地震同様にモーメントマグニチュードで計測できる。M_w6.5から、大きいものではM_w7.5にもなる。M_w7といえば大地震だが、すべりはゆっくりなので、震災につながるような揺れは起きない。

SSEは特定の場所で、同じような大きさで準周期的に発生し、長期的にはその場所のプレート相対運動の大部分を担っている。

1-8-2　低周波地震とテクトニック微動

SSEは揺れを起こさないと書いたが、まったく地震波が発生していないわけではない。SSE発生中に、ふつうの地震が発生することはある。しばしば群発地震も起こる。また、ふつうの地震とは異なる奇妙な地震波も観測される。

SSEの発見とほぼ同時期に、気象庁によって**低周波地震**（low-frequency earthquake, LFE）という現象が発見された[24]。振幅のわりに周期が長く、数Hz

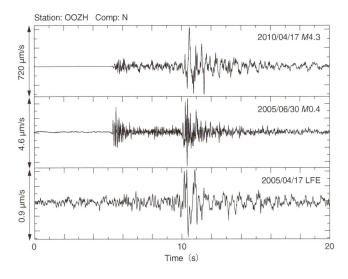

図1-24　中規模地震（M4.3）、微小地震（M0.4）、低周波地震（LFE）の典型的な波形例。西日本のHi-net観測点OOZH（北向き成分）で観測された速度波形。3つの地震は近接して発生した。LFEの波形は、周波数成分は中規模地震の波形に似ているが、振幅はM0.4よりも小さい。LFEにともなうP波は区別が難しい。

くらいの周波数で観測される。まるで$M4$程度の地震のような揺れだが、$M1$の地震より振幅が小さい（図1-24）。その発生地域は、SSEの発生地域と重複が大きく、発生時期にも重なりが多い。また、沈み込み帯の地震と同じような、逆断層の運動をともなう地震であり[25]、沈み込むプレートの境界面で発生している[26]ので、プレート境界のすべり運動であると考えられる。

なお火山の周辺にも、振幅のわりに周期が長い低周波地震が発生する。しかし、火山性のものと沈み込み帯の非火山性（テクトニックな）低周波地震には、地震波の特徴的周波数や大きさ頻度分布に明らかな違いがある。これら**火山性低周波地震（volcanic low-frequency earthquake）**はテクトニックなLFEとは異なる現象と考えるべきである[27]（図1-25）[32]。

さらに同じ頃に発見された現象に、**非火山性微動（non-volcanic tremor）**がある[28]。これはやはり数Hzくらいの地震波であるが、同じような地震波が数分から数時間、数日と断続的に長時間続く現象である（図1-26）。非火山性微動の中には多数の低周波地震がふくまれていることから、この現象は、おもに低周波地震の断続的な発生であり[29]、やはりプレート境界のすべり運動を反映していると考えられる。プレートテクトニクスに関する運動、テクトニックな運動によって引き起こされることがわかったので、**テクトニック微動（tectonic tremor）**とも呼ばれる[33]。

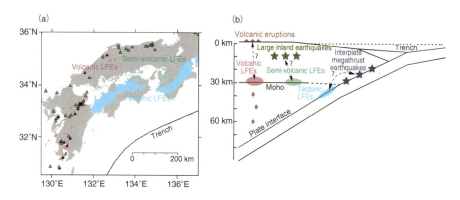

図1-25　西日本における3種類の低周波地震の分布。(a) 地図上の分布、(b) それぞれの現象の位置を概略する断面図。（Aso et al., 2013[30]；Aso & Ide, 2014[31]を改変）

---

[32] 地表での火山活動が見られない場所でも、火山性低周波地震のような活動が見られることがある。これらを準火山性低周波地震という。

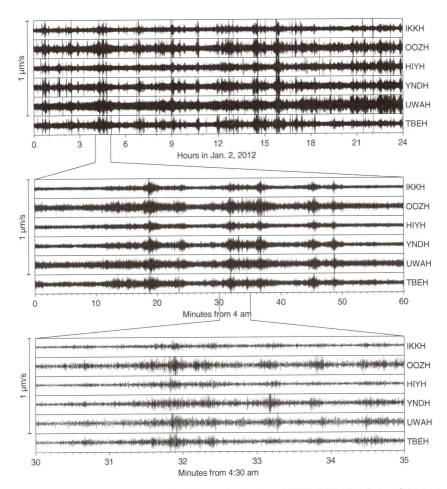

図 1-26　テクトニック微動の典型的な波形例。2012年1月2日に四国西部で観測されたもの。6点のHi-net観測点における、2-8 Hzのバンドパスフィルターをかけた鉛直方向速度記録。

1-8-3　広帯域スロー地震

　スロースリップは数日より長く続く現象であり、地殻変動観測で検出できる。一方、低周波地震やテクトニック微動は数 Hz という短い周期の波として観測される。この間、つまり 1 秒くらいから 1 日くらいまでの間は、地震観測、地殻変

33　国内では低周波微動と呼ぶことがあるが、高周波の微動は存在せず、この現象はじつは広帯域現象なので、適切な名称とはいえない。

動観測のどちらでも観測が困難な周期帯である。

しかし20秒から300秒くらいまでの現象として、**超低周波地震（very low-frequency earthquake, VLFE）**が発見され[32]、さまざまな地域で観測されている。VLFEもプレート境界のすべりであり、SSEと同じような場所、時間に発生する。

VLFEは多くの場合、微動と同時に発生しており、微動とVLFEの周波数帯の中間の信号も検出される。したがって、微動から少なくともVLFEまで、つまり0.1秒から300秒くらいまではひとつながりの広帯域現象、**広帯域スロー地震（broadband slow earthquake）**と考えられる[33]（図1-27）。この一部が、ノイズ（図1-7a）の少ない周波数帯域でそれぞれ微動、VLFEとして観測されている。

300秒から1日くらいまでの間は、地震学的にも測地学的にも観測が非常に困難な周期帯である。地震学的に検出される広帯域スロー地震が、300秒よりさらに長周期、測地学的周波数帯までのひとつながりの広帯域現象として考えられるのかは、まだわからない。しかし、微動、低周波地震、超低周波地震、スロースリップなどの異なる現象を、ふつうの地震と異なる**スロー地震**（slow earth-

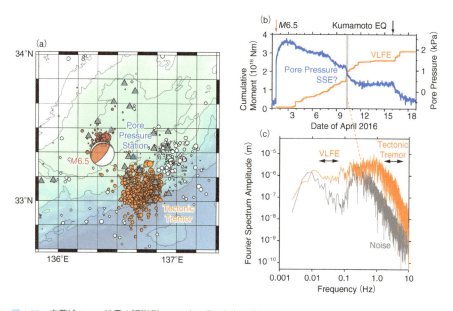

図1-27 広帯域スロー地震の観測例。2016年4月に紀伊半島沖で観測されたもの。(a) M_w6.5の地震の震源をビーチボール表示とともに示した地図。丸印は地震発生位置を示し、赤丸とオレンジ丸はそれぞれ余震とテクトニック微動を表す（Araki et al., 2017[34]を改変）。(b) M_w6.5地震後の間隙水圧の変化（青）と超低周波地震（VLFE）の累積地震モーメント（Nakano et al., 2018[35]を改変）。(c) オレンジの線はテクトニック微動とVLFEの両方をふくむ広帯域信号のスペクトル、灰色の線はノイズレベルを示す。

quake）として、統一的に理解することが重要である[36]。

1-8-4　スロー地震の発生地域

　スロー地震は、南海トラフ、カスケード、メキシコなどで最初に発見され研究された。その後、世界各地で観測網が改善されると、スロー地震の発見報告も増加した。国内でも南海トラフだけでなく、東北沖でも発見されている[37]34（図1-28）。

　スロー地震とふつうの地震35の空間的な分布は、大局的には相補的といえる[38]（図1-29）。南海トラフでは、将来の地震の想定震源域を取り囲むようにスロー地震が発生し、東北でも、東北沖地震の震源ではスロー地震活動が低調である。ただし、もっと細かく見ると、近距離でスロー地震とふつうの地震が発生している場所もある。このような場所では、両者の活動が互いに影響しあっていることが

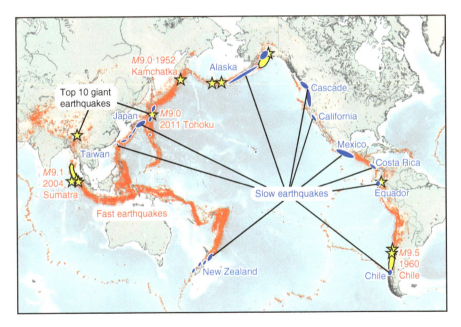

図1-28　世界のスロー地震とふつうの（ファスト）地震の分布。小さな赤い点はファスト地震の震源を示す。青い楕円は、顕著なスロー地震が発生した地域を示す。黄色の星と多角形は、1900年以降に記録された大地震の上位10イベントを示す。

34　超高品質の観測網があれば、ほとんどのプレート境界、もしくは比較的速いテクトニックな運動が起きている場所で発見できるのかもしれない。
35　比較するなら、ふつうの地震はファスト地震ともいえる。

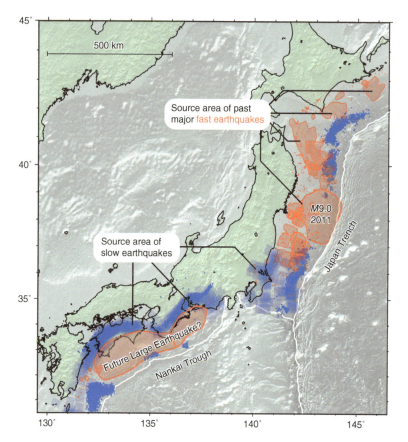

図 1-29　南海トラフと日本海溝におけるスロー地震とふつうの（ファスト）地震の分布。赤のポリゴンは過去の大地震の震源域を、青のポリゴンはスロー地震の震源域を示す。（Nishikawa et al., 2023[38] を改変）

想像される。

1-8-5　スロー地震のさまざまな特徴

　スロー地震もふつうの地震と似たすべり運動だと考えられているが、違いも多い。たとえば、スロー地震のすべり領域も拡大するが、ふつうの地震と同様に破壊フロントの速度を見積もると、ふつうの地震の拡大速度（数 km/s）よりはるかに遅く、0.1-10 m/s くらいにしかならない。そもそも地震波としてのエネルギー放出が小さいので、局所的なすべり速度もはるかに遅いと考えられる。

　スロー地震は、ふつうの地震と異なり、潮汐力などの影響を強く受ける。これ

らの特徴と、その物理的な意味については、第14章で詳しく説明する。

　本書ではカバーしきれない部分、とくに現象論的な理解のためには、Beroza & Ide (2011)[39]、Obara & Kato (2016)[40]、Nishikawa et al. (2023)[38] などのレビュー論文を読むことを勧める。近年では、スロー地震を発生する断層構造などについての物質科学的な考察も多くおこなわれており、Behr & Bürgmann (2021)[41]のレビュー論文が参考になる。

第 2 章 弾性体力学の基礎

　地震時の岩盤の破壊や変形、地震波動の放射や伝播を力学的に記述するためには、弾性体力学の知識が基本となる。具体的にはひずみ（歪）や応力の定義、弾性体の構成関係や弾性定数、弾性体の運動方程式、波動方程式などである。その記述には、基本的なベクトル解析や微分方程式など、大学教養課程レベルの物理数学が必要となる。弾性体力学は、地震に関する教科書のほとんどで説明されており、専門的に扱った書籍もあるので、本章では簡単な説明にとどめる。すでに理解している読者は飛ばしても問題ない。それでも、本章を一読すれば、本書を通じて用いられる数式の記載方法に慣れることができる。なお、この数式の記載方法は、Aki & Richards (1980; 2002)[1]に準拠している。

2-1　ひずみ

2-1-1　有限物体のひずみ

　サイズが有限な物体の**ひずみ（strain）** は、直方体を使うと視覚的に理解しやすい（図2-1）。

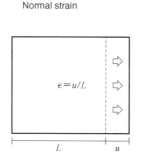 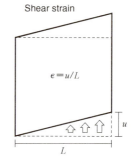

図2-1　有限物体の直ひずみとせん断ひずみ。

ある方向に長さLをもつ直方体の変形を考える。この方向に一様な伸び縮みが生じる場合、その変形は**直ひずみ**（normal strain）で定量化できる。伸びの量がuであれば、直ひずみは$\epsilon = u/L$となる。直ひずみの符号は、物体が伸びた場合に正、縮んだ場合に負の値をとると定義する。

一方、長さLの方向に直交する方向の変形は、**せん断変形**（shear deformation）と呼ぶ。変形量uを用いて、**せん断ひずみ**（shear strain）は$\epsilon = u/L$と定量化される。

2-1-2 連続体のひずみ

次に一般的な物体を考える。物体全体は**連続体**（continuum）と呼ばれ、形状は任意であり、内部の物性もさまざまである。変形は一様に起きるわけではない。この物体の内部の変形にひずみの概念を当てはめるには、その物体中の個々の点（粒子）の位置を基準に計算する。

3次元連続体中の近い2点、$\mathbf{x} = [x_1\ x_2\ x_3]^t$と$\mathbf{x} + \delta\mathbf{x}$を考える[1]。$\delta\mathbf{x}$は微小量である。連続体に変形が生じ、この2点が変形後に$\mathbf{x} + \mathbf{u}(\mathbf{x})$と$\mathbf{x} + \delta\mathbf{x} + \mathbf{u}(\mathbf{x} + \delta\mathbf{x})$へ移動したと考える（図2-2）。この変形の量、$\mathbf{u}$を**変位**（displacement）と呼ぶ。変位は物体の位置によって変化する。つまりベクトル場（変位場）$\mathbf{u}(\mathbf{x})$である。

物体中の位置の違いによって、変位がどれだけ変化するかを考える。この2点（$\mathbf{x} + \delta\mathbf{x}$と$\mathbf{x}$）での変位の違いを$\delta\mathbf{u} = \mathbf{u}(\mathbf{x} + \delta\mathbf{x}) - \mathbf{u}(\mathbf{x})$とする。テイラー展開の1次項までとると、

$$\begin{aligned}
\delta\mathbf{u} &= \mathbf{u}(\mathbf{x} + \delta\mathbf{x}) - \mathbf{u}(\mathbf{x}) \\
&\approx \mathbf{u}(\mathbf{x}) + (\delta\mathbf{x} \cdot \nabla)\mathbf{u}(\mathbf{x}) - \mathbf{u}(\mathbf{x}) \\
&= (\delta\mathbf{x} \cdot \nabla)\mathbf{u}(\mathbf{x})
\end{aligned} \quad (2\text{-}1)$$

と書ける。地震学では一部の例外を除き、微小変形しか考えないので、このような近似が可能である。ここで$\nabla = [\partial/\partial x_1\ \partial/\partial x_2\ \partial/\partial x_3]^t$（ナブラ）は、空間微分を表す記号である。この表現をも

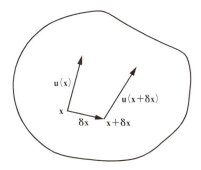

図2-2 連続体内の2点における変位の測定。

---

1 上付きのtは転置を表す。本書ではベクトルは基本的に縦ベクトルと考え、太字のフォントで表現する。

第2章 ◆ 弾性体力学の基礎

う少し詳しく見てみる。

本書では、ひとつの式を表すのに何通りかの方法を用いる。ベクトル表記で表された式

$$\delta \mathbf{u} = (\delta \mathbf{x} \cdot \nabla) \mathbf{u}(\mathbf{x}) \tag{2-2}$$

を、3次元デカルト座標系の成分を用いて表記すると、$\delta \mathbf{u}$ の成分表示 $[\delta u_1 \ \delta u_2 \ \delta u_3]^t$ に対して

$$\begin{bmatrix} \delta u_1 \\ \delta u_2 \\ \delta u_3 \end{bmatrix} = \left(\delta x_1 \frac{\partial}{\partial x_1} + \delta x_2 \frac{\partial}{\partial x_2} + \delta x_3 \frac{\partial}{\partial x_3} \right) \begin{bmatrix} u_1 \\ u_2 \\ u_3 \end{bmatrix} \tag{2-3}$$

となる。この成分 δu_i を

$$\delta u_i = \sum_{j=1,2,3} \delta x_j \frac{\partial u_i}{\partial x_j} = \delta x_j \frac{\partial u_i}{\partial x_j} = \delta x_j u_{i,j} \tag{2-4}$$

と書くこともできる。式(2-2)〜(2-4)は、同じ式の異なる表現法である。

式(2-4)の2番目の等号の後ろでは、繰り返す文字 j に対して、$j = 1, 2, 3$ の総和をとるものとして、総和記号を省略する。これは和の規約（summation convention)と呼ばれる表記法で、物理学でよく用いられる。さらに3番目の等号の後ろでは、カンマ記号を用いて微分記号を省略している。和の規約と組み合わせることで、前式の成分表記から大幅に省略される。本書では、これらの表記法を適宜使い分けて説明する。

2-1-3　ひずみテンソル

式(2-2)の変位の空間変化量は、以下のように書き表すことができる。

$$\delta u_i = \delta x_j u_{i,j} = \delta x_j \left\{ \frac{1}{2} (u_{i,j} + u_{j,i}) + \frac{1}{2} (u_{i,j} - u_{j,i}) \right\} \tag{2-5}$$

{ }内の第1項を微小ひずみテンソル（infinitesimal strain tensor)、第2項を微小回転テンソル（infinitesimal rotation tensor)という。ただし、以下の説明では、基本的に微小変形を考えるので、その前提が満たされている限り、あえて「微小」とは付記しない。

ひずみテンソルは ϵ で表す。その成分は以下のとおり。

$$\epsilon_{ij} = \frac{1}{2}\left(\frac{\partial u_i}{\partial x_j} + \frac{\partial u_j}{\partial x_i}\right) = \begin{bmatrix} \dfrac{\partial u_1}{\partial x_1} & \dfrac{1}{2}\left(\dfrac{\partial u_1}{\partial x_2}+\dfrac{\partial u_2}{\partial x_1}\right) & \dfrac{1}{2}\left(\dfrac{\partial u_1}{\partial x_3}+\dfrac{\partial u_3}{\partial x_1}\right) \\[2mm] \dfrac{1}{2}\left(\dfrac{\partial u_1}{\partial x_2}+\dfrac{\partial u_2}{\partial x_1}\right) & \dfrac{\partial u_2}{\partial x_2} & \dfrac{1}{2}\left(\dfrac{\partial u_2}{\partial x_3}+\dfrac{\partial u_3}{\partial x_2}\right) \\[2mm] \dfrac{1}{2}\left(\dfrac{\partial u_1}{\partial x_3}+\dfrac{\partial u_3}{\partial x_1}\right) & \dfrac{1}{2}\left(\dfrac{\partial u_2}{\partial x_3}+\dfrac{\partial u_3}{\partial x_2}\right) & \dfrac{\partial u_3}{\partial x_3} \end{bmatrix}$$

$$(2\text{-}6)$$

または、前述の省略法を用いるなら

$$\epsilon_{ij} = \frac{1}{2}\left(u_{i,j} + u_{j,i}\right) \tag{2-7}$$

となる。これは2階対称テンソルである。対角成分がそれぞれの方向への直ひずみ、非対角成分がせん断ひずみに対応する。対角成分の和、つまりトレースは**体積ひずみ（volumetric strain）**であり、

$$\mathrm{tr}(\epsilon_{ij}) = \epsilon_{ii} = \boldsymbol{\nabla} \cdot \mathbf{u} \tag{2-8}$$

とも表す。**偏差ひずみ（deviatoric strain）**という量を使うこともある。これは、各成分から体積ひずみの1/3を引いたものであり、

$$\epsilon'_{ij} = \epsilon_{ij} - \frac{1}{3}\delta_{ij}\epsilon_{kk} \tag{2-9}$$

と書ける。δ_{ij} はクロネッカーのデルタ[2]である。

2-2　　　応力

2-2-1　トラクション

　連続体の内部にかかる力を、一般に**応力（stress）**という。応力もひずみ同様のテンソル場であるが、それを考える前に、ある面に働く力、**トラクション（traction）**を考える。これは力なのでベクトルである[3]。

---

[2]　i と j が等しいときには1、異なるときには0となる。
[3]　トラクションを応力ベクトルと説明する流儀もあるが、本書では応力はテンソル、トラクションはベクトルと区別する。

連続体の小さな面[4]に力がかかっている（図2-3）。この面の外向きの単位法線ベクトル $\mathbf{n}$、力ベクトル $\delta\mathbf{f}$、面の（微小）面積を δs とすると、ある点に作用するトラクションは、この微小面積を0にした極限として定義される。

$$\mathbf{T}(\mathbf{n}) = \lim_{\delta s \to 0} \frac{\delta \mathbf{f}}{\delta s} \quad (2\text{-}10)$$

連続体内部の点の場合、トラクションは任意に仮定した面の方向に依存するので、その方向性を強調し、$\mathbf{n}$ の関数として表し

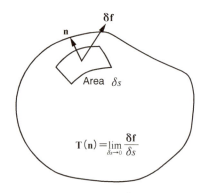

図2-3 トラクションの定義。

ている。また、外向きを正としているので、面を押す圧力とは向きが反対であることに注意すること[5]。面の外に吸盤をつけて引っ張るような力が正である。このため日本語では牽引力と呼ばれることもある。内部面では作用反作用の法則より、$\mathbf{T}(\mathbf{n}) = -\mathbf{T}(-\mathbf{n})$ が成り立つ。

トラクションの次元は力を面積で割ったものなので、SI単位系ではパスカル（Pa, N/m²）で計測される[6]。

2-2-2 応力テンソル

応力は、コーシー三角錐（図2-4）を用いて導入される。面積 dS、単位法線ベクトル $\mathbf{n}$ の斜めの面と、ほかの3つの面にかかる力のバランスから、以下の式が得られる。

$$\mathbf{T}(\mathbf{n})dS + \mathbf{T}(-\mathbf{e}_1)dS_1 + \mathbf{T}(-\mathbf{e}_2)dS_2 + \mathbf{T}(-\mathbf{e}_3)dS_3 = \mathbf{0} \quad (2\text{-}11)$$

ここで作用反作用の法則より、

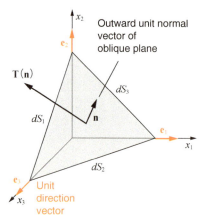

図2-4 コーシー三角錐。連続体のある点における応力テンソルの成分を導出するために使用される。

---

[4] 内部面でもよいが、どちらが「外」かは決めておく。
[5] 第8章のクーロン摩擦の説明など、岩石力学的には、慣例的にこの向きを反対にする場合があるので注意。
[6] キロパスカル kPa（10^3 Pa）、メガパスカル MPa（10^6 Pa）、ギガパスカル GPa（10^9 Pa）がよく用いられる。

$$\mathbf{T}(\mathbf{n})dS = \mathbf{T}(\mathbf{e}_1)dS_1 + \mathbf{T}(\mathbf{e}_2)dS_2 + \mathbf{T}(\mathbf{e}_3)dS_3 \tag{2-12}$$

となる。各面の面積は斜面の面ベクトル $\mathbf{n}dS$ と基本ベクトル $\mathbf{e}_i$ との内積

$$dS_i = n_i dS = (\mathbf{e}_i \cdot \mathbf{n})dS \tag{2-13}$$

で表されるので、トラクションは

$$\mathbf{T}(\mathbf{n}) = [\mathbf{T}(\mathbf{e}_1) \otimes \mathbf{e}_1 + \mathbf{T}(\mathbf{e}_2) \otimes \mathbf{e}_2 + \mathbf{T}(\mathbf{e}_3) \otimes \mathbf{e}_3] \cdot \mathbf{n} = \boldsymbol{\sigma} \cdot \mathbf{n} \tag{2-14}$$

と書ける。ここで $\mathbf{T}(\mathbf{e}_1) \otimes \mathbf{e}_1$ はテンソル積を表す。

式(2-14)において、[ ]の中身が応力テンソル $\boldsymbol{\sigma}$ である。トラクションと応力の関係を成分表記で表すと、

$$T_i(\mathbf{n}) = \sigma_{ij} n_j \tag{2-15}$$

である。たとえば $\mathbf{n} = \mathbf{e}_j$ とすると、$T_i(\mathbf{e}_j) = \sigma_{ij}$ となる。トラクション、面の向きの成分と対応させると、σ_{ij} は j 方向の面に働く i 方向の力と解釈することができる。

応力を外側に引き伸ばすような力と定義しているので、圧力（スカラー量）は平均直応力の正負を反転したもの、すなわち $-\sigma_{ii}/3$ である。平均直応力を応力テンソルから除くと、**偏差応力**（deviatoric stress）

$$\sigma'_{ij} = \sigma_{ij} - \delta_{ij}\sigma_{ii}/3 \tag{2-16}$$

が求められる。

応力の単位もトラクションと同じ、パスカル（Pa）である。

2-2-3 応力テンソルの対称性

ひずみテンソルの対称性は、その定義から自明であったが、応力テンソルの対称性は、物理的な考察から導かれる。

たとえば x_1-x_2 面内にある正方形の各面が座標軸に垂直だとする（図2-5）。このとき右側の面に上向き σ_{21}、左側の面に下向き σ_{21} のトラクションが生まれ、反時計回りのトルクが生じる。一方、上下の面ではそれぞれ右

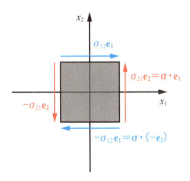

図2-5 小さなブロックの表面に作用する応力とトラクション。応力テンソルの対称性を示す。

第2章 ◆ 弾性体力学の基礎

向き σ_{12}、左向き σ_{12} のトラクションから時計回りのトルクが生じる。無限小の正方形では、この2つのトルクが打ち消しあう必要があるので、$\sigma_{12}=\sigma_{21}$ でなければならない。この関係はすべての方向に成り立つので、応力テンソルは対称となる[7]。

2-3　テンソルの基底変換

2-3-1　ベクトルとテンソル基底の回転

ひずみと応力は、どちらも非負定値対称テンソルなので、適当な基底座標を設定することで対角化し、固有値と固有ベクトルに分けることができる。これらは、今後の説明にとって重要なので、以下に概説する。

簡単のために、2次元ベクトル $\mathbf{v}$ を考える。$\mathbf{v}$ が、ある直交基底の基本ベクトル $\mathbf{e}_i$ を使って $\mathbf{v}=v_1\mathbf{e}_1+v_2\mathbf{e}_2$ と表されているとき、角度 θ だけ回転した別の直交基底の基本ベクトル $\mathbf{e}_i'$ を使って $\mathbf{v}=v_1'\mathbf{e}_1'+v_2'\mathbf{e}_2'$ と表すことを考える。$\mathbf{e}_i$ と $\mathbf{e}_i'$ の間には、

$$\mathbf{e}_1'=\mathbf{e}_1\cos\theta+\mathbf{e}_2\sin\theta$$
$$\mathbf{e}_2'=-\mathbf{e}_1\sin\theta+\mathbf{e}_2\cos\theta \tag{2-17}$$

という関係があり、それぞれの成分表示の関係は

$$\begin{bmatrix} v_1 \\ v_2 \end{bmatrix}=\begin{bmatrix} \cos\theta & -\sin\theta \\ \sin\theta & \cos\theta \end{bmatrix}\begin{bmatrix} v_1' \\ v_2' \end{bmatrix} \tag{2-18}$$

となる。より一般に

$$\mathbf{e}_1'=A_{11}\mathbf{e}_1+A_{21}\mathbf{e}_2$$
$$\mathbf{e}_2'=A_{12}\mathbf{e}_1+A_{22}\mathbf{e}_2 \tag{2-19}$$

のとき、

$$\begin{bmatrix} v_1 \\ v_2 \end{bmatrix}=\begin{bmatrix} A_{11} & A_{12} \\ A_{21} & A_{22} \end{bmatrix}\begin{bmatrix} v_1' \\ v_2' \end{bmatrix} \tag{2-20}$$

となる。ベクトル表記で $\mathbf{v}=\mathbf{A}\mathbf{v}'$、成分表記で $v_i=A_{ij}v_j'$ となる。$\mathbf{v}'=\mathbf{A}^t\mathbf{v}$ である。

2階テンソル T_{ij} に対して基底変換をすると、成分表記では $T_{ij}=A_{ik}A_{jl}T_{kl}'$、ベクトル表記では $\mathbf{T}=\mathbf{A}\mathbf{T}'\mathbf{A}^t$ または $\mathbf{T}'=\mathbf{A}^t\mathbf{T}\mathbf{A}$ つまり

$$\begin{bmatrix} T_{11}' & T_{12}' \\ T_{21}' & T_{22}' \end{bmatrix}=\begin{bmatrix} A_{11} & A_{21} \\ A_{12} & A_{22} \end{bmatrix}\begin{bmatrix} T_{11} & T_{12} \\ T_{21} & T_{22} \end{bmatrix}\begin{bmatrix} A_{11} & A_{12} \\ A_{21} & A_{22} \end{bmatrix} \tag{2-21}$$

----

[7] この説明は簡易的なものである。より厳密には、時間変化する連続体変形について角運動量保存則を適用して証明される。

となる。3次元ベクトル、3次元テンソルの場合にも、$\mathbf{A}$ が3行3列の行列になるだけで、ほかは同じである。

2-3-2 主値と主軸

　一般的に N 次元の対称行列は、固有値と固有ベクトルに分解することができ、たとえば行列 $\mathbf{T}$ に対して、$\mathbf{TD} = \mathbf{D\Lambda}$ となるような固有ベクトル行列 $\mathbf{D}$ と対角行列 $\mathbf{\Lambda}$ を求めることができる。ここで

$$\mathbf{D} = \begin{bmatrix} \mathbf{v}_1 & \cdots & \mathbf{v}_N \end{bmatrix} \tag{2-22}$$

$$\mathbf{\Lambda} = \begin{bmatrix} \lambda_1 & 0 & 0 \\ 0 & \ddots & 0 \\ 0 & 0 & \lambda_N \end{bmatrix} \tag{2-23}$$

であり、$\mathbf{v}_i$ は固有ベクトル、λ_i は固有値である。

　ひずみと応力は2階対称テンソルだから、3次元の場合、固有値 $\lambda_1 \geq \lambda_2 \geq \lambda_3$ と対応する固有ベクトル $\mathbf{v}_1$、$\mathbf{v}_2$、$\mathbf{v}_3$ が求められる。

　ひずみと応力については、とくに固有値を主値（principal value）、固有ベクトルの方向を主軸（principal axis）と呼ぶ。主値はひずみなら主ひずみ（principal strain）、応力なら主応力（principal stress）である。ひずみの主軸の場合、$\mathbf{v}_1$ は最大伸長、$\mathbf{v}_3$ が最大短縮方向を表し、応力では $\mathbf{v}_1$ が最大引張応力、$\mathbf{v}_3$ が最大圧縮応力を表す。

　したがって、地中のひずみと応力は、しかるべき方向の座標系で表現すれば、3つの対角成分だけ、つまり非対角（せん断）成分なしで表記できる。こうして対角化された応力の最大値と最小値の差を差応力（differential stress）と呼ぶ。

2-3-3 テンソルの不変量

　テンソルには、基底のとり方によらない不変量が存在する。行列のトレースや行列式などである。3次元の場合には3つある。応力テンソル $\boldsymbol{\sigma}$ を使って書くと、

$$I_1 = \sigma_{11} + \sigma_{22} + \sigma_{33} = \sigma_{ii} = \text{tr}(\boldsymbol{\sigma}) \tag{2-24}$$

$$I_2 = \begin{vmatrix} \sigma_{22} & \sigma_{23} \\ \sigma_{32} & \sigma_{33} \end{vmatrix} + \begin{vmatrix} \sigma_{33} & \sigma_{31} \\ \sigma_{13} & \sigma_{11} \end{vmatrix} + \begin{vmatrix} \sigma_{11} & \sigma_{12} \\ \sigma_{21} & \sigma_{22} \end{vmatrix} \tag{2-25}$$

$$I_3 = \begin{vmatrix} \sigma_{11} & \sigma_{12} & \sigma_{13} \\ \sigma_{21} & \sigma_{22} & \sigma_{23} \\ \sigma_{31} & \sigma_{32} & \sigma_{33} \end{vmatrix} = \det(\boldsymbol{\sigma}) \tag{2-26}$$

| |は行列式を表す。第1不変量I_1は圧力pと関連し、$p = -I_1/3$が圧力である。第2不変量I_2は、たとえば弾性体近似の限界に関連するvon Mises応力（偏差応力の第2不変量を用いて、$\sigma_{vm} = \sqrt{3I_2}$）として用いられる。

2-4 ひずみと応力の絶対値

2-4-1　ひずみの大きさ

　地震現象を扱う際に、考えるべきひずみはどの程度の大きさだろうか。そもそも地球は常時変形している。1日に2周期程度で繰り返す潮汐（固体地球潮汐、海洋潮汐）による変形は、精密な地殻変動観測をした場合に一番目立つシグナルで、その大きさは10^{-7}程度である（図2-6）。0.1マイクロストレイン、100ナノストレインなどと単位をつけることもある[8]が、長さの空間微分なので、無次元

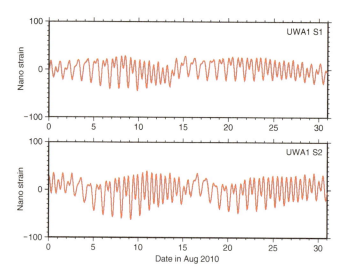

図2-6　ひずみの観測例。産業技術総合研究所のUWA1観測点における1ヵ月間の2方向のひずみ測定値[2]。

8　マイクロは10^{-6}、ナノは10^{-9}。

量である。潮汐変形には、1万秒単位の時間がかかるので、ひずみの時間変化、つまりひずみ速度は 10^{-11}（s^{-1}）程度になる。

地震にともなうひずみの変化は、震源近傍で 10^{-4} 程度である。潮汐変形に比べると、数桁大きい。地震による変形は短時間で発生するので、ひずみ速度としては、さらに数桁大きい。この値は地震断層から、断層のすべり量の数倍程度離れた、見た目には破砕などのない場所での値と考えられる。

地震時に破壊すべりが生じた断層のごく周辺では、岩盤の破断、破砕などをともなって大変形が起きる。この変形は微小とはみなせないし、そもそも弾性変形ではない。断層が破壊した場合、破壊面という不連続面を挟んで連続体のひずみを計算することに、あまり意味はない。

2-4-2　地震時の応力変化

地球内部には、深さに応じて**静岩圧（lithostatic pressure）**がかかっている。これは、ある位置より浅いところにある岩による加重で、深さ10 kmで200-300 MPa程度である。

地下に深さ数kmのボアホールを掘って、その場所の応力測定をした研究によれば、差応力もかなり大きく、その地点の静岩圧と同オーダーの大きさをもつ[3]（図2-7）。しかし、まさに地震が発生する場所・時刻における応力の絶対値については、まだわからないことが多い。

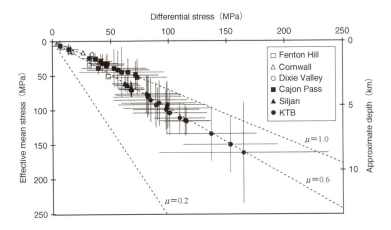

図2-7　世界の掘削プロジェクトで観測された大深度での応力の原位置測定[3]。破線はクーロン破壊基準（第8章、$\mu=0.2$、0.6、1.0）を用いて予測される関係を示す。

第2章 ◆ 弾性体力学の基礎

地震時には、断層のすべりによって、断層周辺でせん断応力が平均的に数MPa変化することが知られている。第6章でより詳細に説明するが、この変化は地震の大きさにはあまり依存しない。

ただしこれは、単純な形の震源を仮定した場合の平均的な変化であり、局所的にはより大きな変化があるはずである。地下の岩石はGPaオーダーの応力を受けると、破壊や塑性変形を引き起こし、もはや線形弾性体として考えられない。

潮汐による10^{-7}程度のひずみが生み出す応力変化は、kPaオーダーである。この程度の変化は日常的に起こっているが、潮汐の地震への影響は小さい。ただし、潮汐はスロー地震に大きな影響をおよぼす（14-1-3項参照）。したがって、地震の発生に関連して考慮すべき応力の大きさは、おおむねkPaからGPaのオーダーとなる。

2-5　線形弾性体の構成関係——Hookeの法則

2-5-1　線形弾性体

弾性（elasticity）とは、力をかけると変形し、かけるのをやめると変形がもとに戻る性質である。連続体の場合には、力＝応力であり、変形＝ひずみである。応力とひずみの関係を**構成関係**（constitutive relation）という。構成関係は一般に非線形であるが、小さな変形に対しては、線形性が保たれていると仮定することができる。

応力とひずみの線形関係、

$$\sigma_{ij} = C_{ijkl}\epsilon_{kl} \tag{2-27}$$

が成り立つのが、**線形弾性体**（linear elastic material）である。C_{ijkl}は**弾性定数**（elastic constant）といい、4階のテンソルである。3次元の場合には、$3^4 = 81$の成分をもつ。

弾性定数の独立成分はもっと少ない。まず、ひずみと応力の対称性から$C_{ijkl} = C_{jikl} = C_{ijlk}$は明らかであり、この対称性により独立成分は81から36まで減る。また、**弾性ひずみエネルギー**（elastic strain energy）を考えると、その密度eを

$$e = \frac{1}{2}\sigma_{ij}\epsilon_{ij} = \frac{1}{2}C_{ijkl}\epsilon_{ij}\epsilon_{kl} \tag{2-28}$$

54

と表すことができる。ばね定数kのばねの場合、自然長からの伸びがxのときの弾性エネルギーが$kx^2/2$であるのと似ている。式(2-28)でeが定義できるためには、$C_{ijkl}=C_{klij}$でなければならない。したがって独立成分が36から21まで減る。これが一般的な弾性定数の独立成分の数である。

応力の6成分、ひずみの6成分についてすべて書くと、次のような形になる。

$$
\begin{bmatrix} \sigma_{11} \\ \sigma_{22} \\ \sigma_{33} \\ \sigma_{12} \\ \sigma_{13} \\ \sigma_{23} \end{bmatrix} = \begin{bmatrix} C_{1111} & C_{1122} & C_{1133} & C_{1112} & C_{1113} & C_{1123} \\ & C_{2222} & C_{2233} & C_{2212} & C_{2213} & C_{2223} \\ & & C_{3333} & C_{3312} & C_{3313} & C_{3323} \\ & & & C_{1212} & C_{1213} & C_{1223} \\ & & & & C_{1313} & C_{1323} \\ & & & & & C_{2323} \end{bmatrix} \begin{bmatrix} \epsilon_{11} \\ \epsilon_{22} \\ \epsilon_{33} \\ 2\epsilon_{12} \\ 2\epsilon_{13} \\ 2\epsilon_{23} \end{bmatrix} \tag{2-29}
$$

ここで、ひずみのせん断成分の前に2がついているのは、総和をとることを考慮しているためである。これが独立な21成分である。対称なので、下三角領域は省略してある。

2-5-2　等方弾性体

もっとも単純な弾性体は、基底ベクトルの任意の回転に対して弾性定数の成分が変化しないものである。この性質を**等方弾性**（isotropic elasticity）という。この条件を適用すると、等方弾性体の弾性定数は、独立変数の数が21成分からさらに減り、

$$
C_{ijkl} = \lambda \delta_{ij}\delta_{kl} + \mu(\delta_{ik}\delta_{jl} + \delta_{il}\delta_{jk}) \tag{2-30}
$$

となる[9]。

等方弾性体の弾性定数は2個である。λ、μは**ラメ定数**（Lame's constants）と呼ばれ、そのうちμは特別に**剛性率**（rigidity）と呼ばれる。せん断応力とせん断ひずみの成分間の比例定数がμとなるので、**せん断弾性率**（shear modulus）などとも呼ばれる。式(2-27)に(2-30)を代入すると、

$$
\sigma_{ij} = \lambda \epsilon_{kk}\delta_{ij} + 2\mu\epsilon_{ij} \tag{2-31}
$$

となり、書き下すと、等方弾性体の応力とひずみの関係式は

9　4階の弾性定数テンソルの基底を任意の軸に回転させても、値が変化しないという条件から導かれる。

第 2 章 ◆ 弾性体力学の基礎

$$
\begin{bmatrix} \sigma_{11} \\ \sigma_{22} \\ \sigma_{33} \\ \sigma_{12} \\ \sigma_{13} \\ \sigma_{23} \end{bmatrix} = \begin{bmatrix} \lambda+2\mu & \lambda & \lambda & 0 & 0 & 0 \\ \lambda & \lambda+2\mu & \lambda & 0 & 0 & 0 \\ \lambda & \lambda & \lambda+2\mu & 0 & 0 & 0 \\ 0 & 0 & 0 & \mu & 0 & 0 \\ 0 & 0 & 0 & 0 & \mu & 0 \\ 0 & 0 & 0 & 0 & 0 & \mu \end{bmatrix} \begin{bmatrix} \epsilon_{11} \\ \epsilon_{22} \\ \epsilon_{33} \\ 2\epsilon_{12} \\ 2\epsilon_{13} \\ 2\epsilon_{23} \end{bmatrix} \tag{2-32}
$$

となる。

2-5-3　さまざまな弾性定数

　等方弾性体の独立な弾性定数は 2 個であるが、必ずしもラメ定数で記述する必要はない。地震学で式を書き下す際には、ラメ定数が都合のよい場合が多いが、弾性体を扱う実験では別の定数がよく使われる。具体的に見ていこう。

　体積弾性率（bulk modulus）は

$$
\kappa = \frac{3\lambda+2\mu}{3} \tag{2-33}
$$

で与えられる。この名前は、体積ひずみ ϵ_{ii} と応力のトレース σ_{ii} の間の比例関係、

$$
\sigma_{ii} = 3\kappa\epsilon_{ii} \tag{2-34}
$$

に由来する。

　ヤング率（Young's modulus）は、物体を一方向に変形させるときの弾性定数である。

$$
E = \frac{\mu(3\lambda+2\mu)}{\lambda+\mu} \tag{2-35}
$$

　ポアソン比（Poisson's ratio）は、物体を一方向に押したときに、どれくらいその方向に垂直な方向に広がるかを表す指標で、

$$
\nu = \frac{\lambda}{2(\lambda+\mu)} \tag{2-36}
$$

である。ポアソン比は無次元量で、それ以外の前記の弾性定数はみな、応力と同じ次元をもつ。

　2 つのラメ定数は物質によってさまざまな値をとるが、地中の岩石の場合には同じような値をとる。したがってもっとも簡単な力学を考えたい場合には、しばしば $\lambda=\mu$ を仮定する。このような媒質を**ポアソン媒質**（Poissonian material）

56

第Ⅰ部 ◆ イントロダクション

表2-1 地震が発生する深さにおける物性定数の例[4]。

Depth (km)	V_p (m/s)	V_s (m/s)	Density (kg/m³)	λ (GPa)	μ (GPa)
0–3.0	1450	0	1020	0	2.14
3.0–15.0	5800	3200	2600	26.6	34.2
15.0–24.4	6800	3900	2900	44.1	45.9
24.4–220	8020–7800	4400–4440	3380–3360	65.3–66.3	86.9–71.9
220–400	8560–8910	4640–4770	3440–3540	74.1–80.6	103.5–119.8
400–600	9130–10160	4930–5520	3720–3980	90.6–121.0	129.5–168.3
600–670	10160–10270	5520–5570	3980–3990	121.0–123.9	168.3–173.0
670+	10750	5940	4380	154.8	196.7

という。ポアソン媒質のポアソン比は0.25である。

地震発生帯の岩石は、地殻の深さ30 kmくらいまでで30-50 GPa程度、マント
ルの深さ700 kmまでで70-170 GPa程度の剛性率をもつ。この値は、地球内部の
地震波速度構造（1-3-4項参照）がわかれば計算できる。そのような構造モデル
のひとつ、Preliminary reference Earth model（PREM）[4]の例を表2-1に示す。地
震はおもに地殻浅部で発生するので、剛性率を何かひとつ仮定する必要がある場
合には、30 GPaを仮定しておくのが無難である。

2-6 運動方程式と弾性波動方程式

2-6-1 運動方程式の導出

線形弾性体の運動方程式（equation of motion of linear elastic material）を導
出するために、3次元デカルト座標系の原点に置いた直方体を考える（図2-8）。

この直方体に対して、x_1方向にかかる力を考える。力は6個の面それぞれにか
かっている。たとえばx_1に垂直な面だと、$x_1 = dx_1$の面に力

$$\sigma_{11}(dx_1\mathbf{e}_1)dx_2dx_3 \tag{2-37}$$

がかかり、もう片方の$x_1 = 0$の面に力

$$-\sigma_{11}(\mathbf{0})dx_2dx_3 \tag{2-38}$$

57

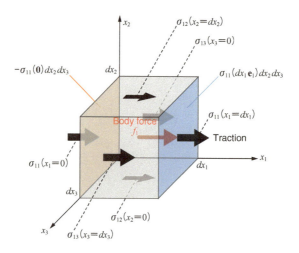

図 2-8 立方体の表面に作用する x_1 方向の力。

がかかる。面ベクトルは外向きであることに注意する。

この2つの力の和は

$$[\sigma_{11}(dx_1\mathbf{e}_1) - \sigma_{11}(\mathbf{0})]dx_2dx_3 \approx \frac{\partial \sigma_{11}}{\partial x_1}dx_1dx_2dx_3 = \frac{\partial \sigma_{11}}{\partial x_1}dV \tag{2-39}$$

と近似できる。dV は直方体の体積である。同様に x_2, x_3 に垂直な面の力はそれぞれ

$$[\sigma_{12}(dx_2\mathbf{e}_2) - \sigma_{12}(\mathbf{0})]dx_1dx_3 \approx \frac{\partial \sigma_{12}}{\partial x_2}dV \tag{2-40}$$

$$[\sigma_{13}(dx_3\mathbf{e}_3) - \sigma_{13}(\mathbf{0})]dx_1dx_2 \approx \frac{\partial \sigma_{13}}{\partial x_3}dV \tag{2-41}$$

となる。

これらを慣性項、および作用している体積力 $\mathbf{f}$ とバランスさせると、x_1 方向について、

$$\rho \frac{\partial^2 u_1}{\partial t^2}dV = \frac{\partial \sigma_{11}}{\partial x_1}dV + \frac{\partial \sigma_{12}}{\partial x_2}dV + \frac{\partial \sigma_{13}}{\partial x_3}dV + f_1 dV \tag{2-42}$$

となる。dV はすべての項で共通なので省略することができる。ほかの方向にもまったく同じ計算が可能である。

すなわち一般的に x_i 方向について、

$$\rho \frac{\partial^2 u_i}{\partial t^2} = \frac{\partial \sigma_{i1}}{\partial x_1} + \frac{\partial \sigma_{i2}}{\partial x_2} + \frac{\partial \sigma_{i3}}{\partial x_3} + f_i \tag{2-43}$$

第Ⅰ部 ◆ イントロダクション

が成り立つ。さらに和の規約や積分記号の省略を用いると、線形弾性体の運動方程式は、

$$\rho\frac{\partial^2 u_i}{\partial t^2}=\frac{\partial \sigma_{ij}}{\partial x_j}+f_i \tag{2-44}$$

$$\rho\ddot{u}_i=\sigma_{ij,j}+f_i \tag{2-45}$$

となる。

静的な問題（$\rho\ddot{u}_i=0$）で体積力を考えなくてよい（$f_i=0$）場合、この式はさらに簡単で、$\sigma_{ij,j}=0$となる。これが、体積力の働かない線形弾性体の釣り合いの式（equation of equilibrium）である。

2-6-2　ナビエの方程式

ひずみの定義式（式(2-7)）、構成関係式（式(2-27)）、等方弾性体の弾性定数（式(2-31)）の3つの式から以下の式が得られる。

$$\sigma_{ij}=\frac{1}{2}(\lambda\delta_{ij}\delta_{kl}+\mu(\delta_{ik}\delta_{jl}+\delta_{il}\delta_{jk}))(u_{k,l}+u_{l,k}) \tag{2-46}$$

ここでクロネッカーのデルタの意味を考えて整頓すると、

$$\sigma_{ij}=\lambda\delta_{ij}u_{k,k}+\mu(u_{i,j}+u_{j,i}) \tag{2-47}$$

となる。

このx_j方向の微分は、均質媒質では、

$$\sigma_{ij,j}=\lambda\delta_{ij}u_{k,kj}+\mu(u_{i,jj}+u_{j,ij})=(\lambda+\mu)u_{j,ji}+\mu u_{i,jj} \tag{2-48}$$

であり、これを運動方程式に代入すると、変位u_iについての式が得られる。

$$\rho\ddot{u}_i=(\lambda+\mu)u_{j,ji}+\mu u_{i,jj}+f_i \tag{2-49}$$

これがナビエの方程式（Navier's equation）である。

この式をベクトル形式で書くと、

$$\ddot{\mathbf{u}}=\alpha^2\boldsymbol{\nabla}(\boldsymbol{\nabla}\cdot\mathbf{u})-\beta^2\boldsymbol{\nabla}\times\boldsymbol{\nabla}\times\mathbf{u}+\mathbf{f}/\rho \tag{2-50}$$

と書ける。ここで、

59

$$\alpha = \sqrt{(\lambda + 2\mu)/\rho} \quad (2\text{-}51)$$

$$\beta = \sqrt{\mu/\rho} \quad (2\text{-}52)$$

は、それぞれP波およびS波速度である。式(2-50)の発散（div）を計算するとP波のみについての運動方程式、回転（rot）を計算するとS波のみについての運動方程式となる。

2-7　一意性定理

2-7-1　変位場決定の必要条件

本書ではこの先、地震の波動場や破壊すべりプロセスを理解するために、運動方程式を利用して、弾性体の変形問題を解くことになる。その際、方程式と同時に必要となるのが、初期条件と境界条件である。どのような条件を与えると、弾性体の内部の変位場を一意に決定できるのか？　その答えを与えるのが、**一意性定理（uniqueness theorem）**である。

一意性定理では、体積Vの弾性体において、内部の変位場を一意に決定するための必要十分条件は、以下のとおり。

初期条件：時刻t_0における、弾性体内部のすべての点$\mathbf{x}$の変位$\mathbf{u}(\mathbf{x}, t_0)$と速度$\dot{\mathbf{u}}(\mathbf{x}, t_0)$。

境界条件：時刻$t > t_0$における、すべての境界での変位$\mathbf{u}(\mathbf{x}, t)$、またはトラクション$\mathbf{T}(\mathbf{x}, t)$。このとき、変位を与える境界を$S_u$、トラクションを与える境界を$S_t$とすると、$S_u + S_t = S$は全表面となる（図2-9）。

体積力があるときには、時刻$t > t_0$におけるすべての点$\mathbf{x}$に作用する体積力$\mathbf{f}(\mathbf{x}, t)$。

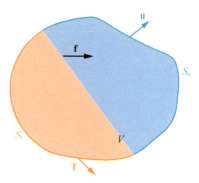

図2-9　一意的な変位場をもつ弾性体の境界条件。

第 I 部 ◆ イントロダクション

2-7-2　2つの変位場の一意性

　もし上記の条件を満たす、2通りの変位場 $\mathbf{u}_1(\mathbf{x}, t)$ と $\mathbf{u}_2(\mathbf{x}, t)$ が存在したと仮定し、その差 $\mathbf{U} = \mathbf{u}_1 - \mathbf{u}_2$ という変位場を考える。線形問題であるから、この変位場が満たす初期条件は、2つの初期条件の差、つまり時刻 t_0 で変位も速度も0というものである。時刻 $t > t_0$ での境界条件も、2つの変位場の境界条件の差になるから、この弾性媒質の表面では、変位もしくはトラクションが0となる。

　変位とトラクションの積が仕事になるから、どちらかが0なら、表面からなされる仕事はない。さらに体積力どうしも打ち消しあうので、体積力による仕事もない。もともと全点で変位も速度も0の弾性媒質に、まったく仕事が作用しないなら、変位場は永遠に $\mathbf{U} = \mathbf{0}$ のままである。したがって $\mathbf{u}_1(\mathbf{x}, t)$ と $\mathbf{u}_2(\mathbf{x}, t)$ はつねに等しいことになる。

2-7-3　一意性定理の意味

　地震に関する変形を考えるときには、地球表面という弾性体の外部境界は自由表面、つまりトラクションを与える境界 S_t に相当する。さらに、地球内部の断層面は、弾性体の中の内部境界面と考えられるので、その面において、変位かトラクションを指定する必要がある。

　これらの境界条件が与えられれば、あとは任意の初期条件から、運動方程式に従って時間発展を追うことで、地震現象を記述することができる。このときひとつの面において、ある方向の変位とトラクションを、同時に指定することはできないことに注意すべきである。

第 II 部

破壊すべりと震源波動場

第3章 表現定理とグリーン関数

第Ⅱ部では震源と波動場の関係について説明する。地震時には、地下で破壊すべりが発生する。破壊すべりは周囲の弾性体のエネルギーを解放し、そのエネルギーが地震波として遠方へ伝播し、観測地点で変位・速度・加速度などの地震動として観測される。本章では、この一連のプロセスを、震源近傍のプロセスとそこから先、すなわち弾性体の中の波動伝播のプロセスに分ける。地下の波動伝播については、一般性を考慮しつつも、具体例では無限等方均質媒質中の伝播を検討する。波動伝播を記述するグリーン関数を紹介するとともに、震源近傍のプロセスと波動伝播のプロセスを結びつける表現定理を導出する。この章の内容は、第2章に引き続き Aki & Richards (1980; 2002)[1]にならっている。

3-1　地震波動方程式の概要

3-1-1　表現定理の概要

ここから先、震源過程と波動伝播、それぞれのプロセスを別々に扱い、2つの章にまたがる説明が続く。そこで説明の前に、少し先の到着点を概観しておく。

本章の目標は、ある地点 $\mathbf{x}$ における時刻 t の変位（ベクトル量）$\mathbf{u}(\mathbf{x}, t)$ を、地下の断層面 Σ 上の点 $\boldsymbol{\xi}$ において、時刻 τ に起きる断層面の破壊すべり（ベクトル量）$\Delta\mathbf{u}(\boldsymbol{\xi}, \tau)$ を用いて、

$$u_n(\mathbf{x}, t) = \int_{-\infty}^{\infty} d\tau \int_{\Sigma} dS(\boldsymbol{\xi}) \left\{ \Delta u_i(\boldsymbol{\xi}, \tau) C_{ijkl} \nu_j \frac{\partial}{\partial \xi_l} G_{nk}(\mathbf{x}, t-\tau; \boldsymbol{\xi}, 0) \right\} \quad (3\text{-}1)$$

という式で表すことである（図3-1）。これが断層面のすべり運動による**表現定理**（representation theorem）の一般的な形である。ここで C_{ijkl} は弾性定数、$\boldsymbol{\nu}$ は断層面の向きを表す単位法線ベクトルである。本書では断層面ベクトルとして説明する。G_{nk} は媒質の中の地震波の伝播の性質を表す**グリーン関数**（Green's function）であり、次節で扱う。

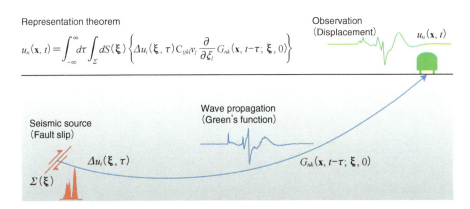

図 3-1　表現定理の概念図。観測される変位は、断層すべり関数とグリーン関数の畳み込みを断層面上で積分したものである。

3-1-2　遠地地震波の概要

　式(3-1)は、空間については断層面 $\Sigma(\boldsymbol{\xi})$ 上での面積積分、時間についての**畳み込み積分（convolution integral）**[1]をふくむので、複雑にみえる。そこで、震源過程は点で表せるような微小な体積中のプロセスとし、波動伝播を無限等方均質媒質中で考える。この場合、震源から十分遠方で観測した地震動は、比較的シンプルになる（導出は4-5-2項に譲る）。

$$\mathbf{u}(\mathbf{x}, t) \approx \frac{\mathbf{R}^P}{4\pi\rho\alpha^3 r}\dot{M}_0\left(t - \frac{r}{\alpha}\right) + \frac{\mathbf{R}^S}{4\pi\rho\beta^3 r}\dot{M}_0\left(t - \frac{r}{\beta}\right) \quad (3\text{-}2)$$

α と β はそれぞれP波速度とS波速度、ρ は密度、r は震源から観測点までの距離である。

　第4章で得られるこの式は、観測される変位をたった2つの項（P波項とS波項）で表す。それぞれの振動方向は $\mathbf{R}^P$ と $\mathbf{R}^S$ という**放射パターン（radiation pattern）**ベクトルで与えられる。この中身は第4章で説明する。$\dot{M}_0(t)$ は**モーメントレート（moment rate）**関数という、震源における破壊すべりの時間変化を表す関数である。この式の意味と、必要な仮定や近似を理解することが当面の目標である。

---

[1] 関数 $f(t)$ と $g(t)$ の畳み込み積分とは、$(f*g)(t) = \int_{-\infty}^{\infty} f(\tau)g(t-\tau)d\tau$ である。

第 3 章 ◆ 表現定理とグリーン関数

3-2　　　　　　　　　　　　　　　　　　　　　グリーン関数

3-2-1　一般的定義

　グリーン関数は、地震学においては、しばしば地下構造応答の別名で用いられる。より一般的な物理学では、さまざまな問題に用いられるツールである。その一般的な定義を紹介する。

　ある境界条件の下で、線形微分方程式

$$[\text{linear differential operators}]u(\mathbf{x}) = f(\mathbf{x}) \tag{3-3}$$

で記述される場 $u(\mathbf{x})$ がある。$f(\mathbf{x})$ はこの場に変化を与える入力と考えられる。$f(\mathbf{x}) = \delta(\mathbf{x} - \boldsymbol{\xi})$ として、

$$[\text{linear differential operators}]G(\mathbf{x}; \boldsymbol{\xi}) = \delta(\mathbf{x} - \boldsymbol{\xi}) \tag{3-4}$$

の解となる関数 $G(\mathbf{x}; \boldsymbol{\xi})$ を、そのシステムのグリーン関数という。ここで $\delta(\mathbf{x})$ はデルタ関数[2]であり、式(3-4)は $\mathbf{x} = \boldsymbol{\xi}$ の位置に、震源過程に相当するデルタ関数的な入力があることを意味する。線形問題は重ね合わせが可能なので、上式の解 G を知っていれば、どのような入力 $f(\mathbf{x})$ に対しても、その関数形になるように G を線形に重ね合わせる、つまりは $f(\mathbf{x})$ との畳み込み積分をとることで、その入力に対する解が得られる。

　簡単な例として、ポアソン方程式 $\Delta\phi(\mathbf{x}) = f(\mathbf{x})$[3] のグリーン関数は、

$$G(\mathbf{x}; \boldsymbol{\xi}) = -\frac{1}{4\pi}\frac{1}{|\mathbf{x} - \boldsymbol{\xi}|} \tag{3-5}$$

であり、この形は静電ポテンシャルや重力ポテンシャルとしておなじみのものである。これが実際に $\Delta G(\mathbf{x}; \boldsymbol{\xi}) = \delta(\mathbf{x} - \boldsymbol{\xi})$ を満たすことを示すには、$\boldsymbol{\xi} = 0$ とおいて、

----

[2]　デルタ関数は、原点をふくむ範囲で積分すると 1、ふくまない範囲だと 0 になる。

$$\int_a^b \delta(x)\,dx = \begin{cases} 1 & a < 0 < b \\ 0 & \text{otherwise} \end{cases}$$

これは、時刻 0 で 0 から 1 に変化するヘビサイド（ステップ）関数 $H(x)$ の微分と考えることができる。

$$\delta(x) = \frac{d}{dx}H(x)$$

[3]　Δ はラプラシアン記号で、$\frac{\partial^2}{\partial x_1^2} + \frac{\partial^2}{\partial x_2^2} + \frac{\partial^2}{\partial x_3^2}$ を表す。

66

第Ⅱ部 ◆ 破壊すべりと震源波動場

$$\int_V -\frac{1}{4\pi}\Delta\frac{1}{|\mathbf{x}|}dV = \begin{cases} 1 & \text{the origin is in } V \\ 0 & \text{otherwise} \end{cases} \tag{3-6}$$

となることを示せばよい。

原点以外では、

$$\Delta\frac{1}{|\mathbf{x}|} = \nabla\cdot\left(\nabla\frac{1}{|\mathbf{x}|}\right) = -\nabla\cdot\left(\frac{\mathbf{x}}{|\mathbf{x}|^3}\right) = 0 \tag{3-7}$$

なので、積分領域が原点をふくまない場合は明らかに0である。

原点中心の球Vでの積分を考えると、

$$\int_V -\frac{1}{4\pi}\Delta\frac{1}{|\mathbf{x}|}dV = \frac{1}{4\pi}\int_V \nabla\cdot\left(\frac{\mathbf{x}}{|\mathbf{x}|^3}\right)dV = \frac{1}{4\pi}\int_S \frac{\mathbf{x}}{|\mathbf{x}|^3}\cdot\mathbf{n}dS$$

$$= \frac{1}{4\pi}\frac{\mathbf{x}}{|\mathbf{x}|^3}\cdot\frac{\mathbf{x}}{|\mathbf{x}|}4\pi|\mathbf{x}|^2 = 1 \tag{3-8}$$

となり、デルタ関数の性質を満たす。ここでSはVの表面積であり、その外向き単位法線面ベクトルを$\mathbf{n}$とする。式(3-8)では、体積積分を面積分に変換するために、**ガウスの発散定理（Gauss divergence theorem）**[4]を用いている。

3-2-2　線形弾性体の運動方程式のグリーン関数

2-6節で紹介した線形弾性体の運動方程式やナビエの方程式は、変位の各成分u_iについて式(3-3)の形をしている。そこで体積力の項を、インパルス的なn方向を向いた力

$$f_i^n(\mathbf{x}, t) = \delta_{in}\delta(\mathbf{x} - \boldsymbol{\xi})\delta(t - \tau) \tag{3-9}$$

だとする。

この入力に対する運動方程式の解を、インパルス力に対する線形弾性波動方程式のグリーン関数と呼び、$\mathbf{G}(\mathbf{x}, t; \boldsymbol{\xi}, \tau)$または$G_{in}(\mathbf{x}, t; \boldsymbol{\xi}, \tau)$と書く。変位は$i$方向を考え、インパルス的な力は$n$方向を考えているので、$G_{in}$はその2つの方向からなるテンソルとなる。したがって、この関数はグリーンテンソル関数、**グリーンテンソル（Green's tensor）**などとも呼ばれる。

4　ガウスの発散定理を用いると、ある媒質中の体積Vについての体積積分を、Vの表面（外向き単位法線ベクトル$\mathbf{n}$）についての面積分に変換することができる。すなわち、ベクトル場$\mathbf{A}$について

$$\int_V \nabla\cdot\mathbf{A}dV = \int_S \mathbf{A}\cdot\mathbf{n}dS$$

となる。

67

グリーン関数 $G_{in}(\mathbf{x}, t; \boldsymbol{\xi}, \tau)$ は運動方程式を満たすので、直接式(2-45)に代入すれば、

$$\rho \ddot{G}_{in}(\mathbf{x}, t; \boldsymbol{\xi}, \tau) = (C_{ijkl} G_{k,l}(\mathbf{x}, t; \boldsymbol{\xi}, \tau))_{,j} + \delta_{in} \delta(\mathbf{x} - \boldsymbol{\xi}) \delta(t - \tau) \quad (3\text{-}10)$$

となる。グリーン関数の物理量としての次元は単位インパルス力あたりの変位である[5]。

ある境界条件の下で定義されたシステムに対して、グリーン関数は不変である。したがって地震のような過渡的な振動現象の場合、入力となる地震の場所が同じなら、変位場は地震発生時刻からの経過時間のみにより、発生時刻そのものには依存しない。言い換えれば、$\mathbf{G}(\mathbf{x}, t; \boldsymbol{\xi}, \tau)$ の時刻、t と τ に同じ値を足しても変わらない。つまり

$$\mathbf{G}(\mathbf{x}, t; \boldsymbol{\xi}, \tau) = \mathbf{G}(\mathbf{x}, t - \tau; \boldsymbol{\xi}, 0) = \mathbf{G}(\mathbf{x}, -\tau; \boldsymbol{\xi}, -t) \quad (3\text{-}11)$$

という関係が成り立つ。

3-3　無限等方均質弾性媒質のグリーン関数

3-3-1　Stokes解とグリーン関数

前節で導入したグリーン関数は、一般的な媒質について成り立つ考え方だが、少々見通しが悪い。そこで、単純な具体例として、無限等方均質媒質の弾性体について考える。このような問題の、インパルス的な力による変位の表現の歴史は古く、Stokes (1849)[2] によって導かれている[6]。

時刻 0 に場所 $\boldsymbol{\xi}$ に j 方向の点単位体積力が働く。この力による時刻 t、場所 $\mathbf{x}$ における変位場（図3-2）が、この場合のグリー

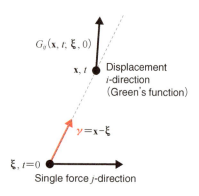

図3-2　シングルフォースと観測変位（グリーン関数）の関係。

5　式(3-9)のように力を定義すると、次元は[長さ]/[力]/[時間]になる。
6　導出については Aki & Richards (1980; 2002)[1]、長谷川ほか (2015)[3] などに詳しい。

ン関数に相当する。

$$G_{ij}(\mathbf{x}, t; \boldsymbol{\xi}, 0) = \frac{3\gamma_i\gamma_j - \delta_{ij}}{4\pi\rho r^3} t \left\{ H\left(t - \frac{r}{\alpha}\right) - H\left(t - \frac{r}{\beta}\right) \right\}$$
$$+ \frac{\gamma_i\gamma_j}{4\pi\rho\alpha^2 r} \delta\left(t - \frac{r}{\alpha}\right) - \frac{\gamma_i\gamma_j - \delta_{ij}}{4\pi\rho\beta^2 r} \delta\left(t - \frac{r}{\beta}\right) \quad (3\text{-}12)$$

$r=|\mathbf{x}-\boldsymbol{\xi}|$ は2地点の距離、$\gamma_i=(x_i-\xi_i)/r$ は $\boldsymbol{\xi}$ から $\mathbf{x}$ への単位方向ベクトルである。α、β、ρ はP波速度、S波速度、密度である。なお、このような点に作用する1方向の力を**シングルフォース**（single force）と呼ぶ。式(3-12)はシングルフォースに対する変位場を表す。

3-3-2　シングルフォースによる変位場

　式(3-12)のグリーン関数は3つの項からなる。最初の項の時間依存性は、$t\{H(t-r/\alpha)-H(t-r/\beta)\}$ である。すなわち、P波到達前とS波到達後の振幅は0であり、P波到達からS波到達まで、時間に比例して振幅が増大する（図3-3）。この項の距離依存性は、ほかの2項より高次であり、振幅は距離 r とともに r^{-2} に比例して減少する[7]。したがって遠方では急激に小さくなる。このような項を**近地項**（near-field term）と呼ぶ。

　ほかの2項は距離 r とともに r^{-1} に比例して減少する項で、**遠地項**（far-field term）（遠地P項と遠地S項）と呼ばれる。遠地項の時間依存性は、もともと仮定した力の時間依存性（デルタ関数）と同じである。振幅比には α^{-2} と β^{-2} の寄与が大きい。この比はポアソン媒質の場合1：3なので、S波の振幅を大きくする効果がある。

　式(3-12)は、j 方向の力による i 方向の変位を表すとすると、j を固定したときに指数 i で表されるベクトルと考えてもよい。近地項を構成する $3\gamma_i\gamma_j-\delta_{ij}$、遠地P項の $\gamma_i\gamma_j$、遠地S項の $-\gamma_i\gamma_j+\delta_{ij}$ は、観測方向によって変化する変位の方向と大きさを表す。これを放射パターンという。近地項の放射パターンは、遠地P項と遠地S項の放射パターンの重ね合わせで表せる。

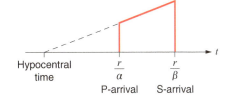

図 3-3　グリーン関数の近地項の時間関数。

7　式(3-12)の第1項は分母に r の3乗があるが、t が r とともに増加するので、距離 r の−2乗に比例する。

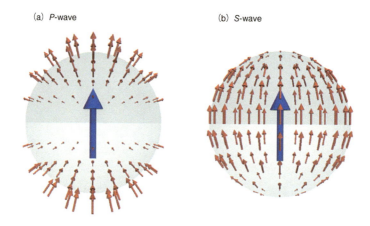

図3-4 シングルフォース（青いベクトル）からの震源球面上の（a）P波と（b）S波の放射パターン（赤いベクトル）。

　シングルフォースの放射パターンは、シングルフォースの方向に軸対称となっている。この向きを震源から等距離にある球面（**震源球（focal sphere）**）上で表すとわかりやすい（図3-4）。力がx_3方向を向いているとき（つまり$j=3$）を考える。

　このとき、遠地P項の放射パターンは、

$$\gamma_i \gamma_3 = \cos\theta \gamma_i \tag{3-13}$$

となる。θはシングルフォースの方向と観測方向がなす角である。P波は観測方向ベクトルの方向（つまり波の伝播方向）に振動する。つまり振動方向が伝播方向と平行な縦波である。大きさは力の方向（$\theta=0$）と逆方向（$\theta=\pi$）に最大となるようなパターンを描く。力と直交する方向の面内（$\theta=\pi/2$）では0である。このような面を**節面（nodal plane）**と呼ぶ。

　一方、遠地S項の放射パターンは、力と直交する面内に角度ϕをとり、$\boldsymbol{\gamma}$を

$$\boldsymbol{\gamma} = \begin{bmatrix} \sin\theta\cos\phi \\ \sin\theta\sin\phi \\ \cos\theta \end{bmatrix} \tag{3-14}$$

とおくと

$$-\gamma_i\gamma_3 + \delta_{i3} = \begin{bmatrix} -\cos\theta\cos\phi \\ -\cos\theta\sin\phi \\ \sin\theta \end{bmatrix} \sin\theta \tag{3-15}$$

となる。このベクトルはつねに観測方向 $\boldsymbol{\gamma}$ と直交し、震源球に接する方向を向く。伝播方向と直交する振動、横波となっている。シングルフォースの方向（$\theta=0$）と逆方向（$\theta=\pi$）で0となる。この点が**節点（nodal point）**である。

無限等方均質媒質中のシングルフォースによる振動は、この遠地P項と遠地S項の振動パターンを保ったまま、無限遠方までそれぞれの波の速度で伝わる。

3-4　表現定理

3-4-1　一般的な表現定理

再び一般的な弾性体の問題に戻る。体積 V と表面 S をもつ弾性体[8]を考える（図3-5）。表面は弾性体の内部にあってもよい。

この弾性体のある点 $\boldsymbol{\xi}$ には、時刻 τ に、体積力 $f_i(\boldsymbol{\xi},\tau)$、変位 $u_i(\boldsymbol{\xi},\tau)$、応力 $\sigma_{ij}(\boldsymbol{\xi},\tau)$ $=C_{ijkl}u_{k,l}$ がかかっているとする。これらは運動方程式

$$\rho \ddot{u}_i = \sigma_{ij,j} + f_i \tag{3-16}$$

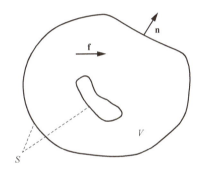

図3-5　表面S、体積Vの弾性体。

を満たす。

ここで「静かな過去」の存在を仮定する。静かな過去とは、ある時刻以前、もしくは $t=-\infty$ に変位と速度が0、つまり $u_i(\boldsymbol{\xi},-\infty)=\dot{u}_i(\boldsymbol{\xi},-\infty)=0$ ということである。過渡的な地震現象の場合には、無理なく仮定できる。

このとき、上記の体積力と変位の間には、

$$\begin{aligned}u_n(\mathbf{x},t) = &\int_{-\infty}^{\infty} d\tau \int_V f_i(\boldsymbol{\xi},\tau) G_{in}(\boldsymbol{\xi},t-\tau;\mathbf{x},0) dV(\boldsymbol{\xi}) \\ &+ \int_{-\infty}^{\infty} d\tau \int_S \sigma_{ij}(\boldsymbol{\xi},\tau) n_j(\boldsymbol{\xi}) G_{in}(\boldsymbol{\xi},t-\tau;\mathbf{x},0) dS(\boldsymbol{\xi}) \\ &- \int_{-\infty}^{\infty} d\tau \int_S u_i(\boldsymbol{\xi},\tau) C_{ijkl}(\boldsymbol{\xi}) n_j(\boldsymbol{\xi}) G_{kn,l}(\boldsymbol{\xi},t-\tau;\mathbf{x},0) dS(\boldsymbol{\xi})\end{aligned} \tag{3-17}$$

---

[8] 異方性媒質でもかまわない。もっとも一般的なものは21個の弾性定数をもつ。

第3章 ◆ 表現定理とグリーン関数

という関係が成り立つ。これが表現定理と呼ばれる式である。

　式(3-17)の左辺は任意の点$\mathbf{x}$、時刻tにおけるn方向の変位であり、それが右辺の3つの項と関係している。第1項は、体積力にグリーン関数をかけ、弾性体の体積で積分すると、変位が得られることを示す。第2項の$\sigma_{ij}n_j$はトラクションである。面にかかるトラクションは第1項と同じように、グリーン関数をかけ、表面積で積分すると変位となる。この2項に比べると第3項はやや異質である。第3項には面上の変位場がふくまれるが、グリーン関数の微分($\partial/\partial\xi_l$)とかけて積分する点で、ほかの2項と異なる。この微分の意味については、第4章で説明する。

3-4-2　表現定理の説明

　なぜ表現定理が成り立つか見ていこう[9]。任意の$(\boldsymbol{\xi},\tau)$で、仮定した変位、応力、体積力について、以下の運動方程式が満たされる。

$$\rho(\boldsymbol{\xi})\ddot{u}_i(\boldsymbol{\xi},\tau)-\sigma_{ij,j}(\boldsymbol{\xi},\tau)-f_i(\boldsymbol{\xi},\tau)=0 \tag{3-18}$$

または、応力を変位で書き表して、

$$\rho(\boldsymbol{\xi})\ddot{u}_i(\boldsymbol{\xi},\tau)-(C_{ijkl}(\boldsymbol{\xi})u_{k,l}(\boldsymbol{\xi},\tau))_{,j}-f_i(\boldsymbol{\xi},\tau)=0 \tag{3-19}$$

である。

　一方で、力が$(\mathbf{x},t)$におけるインパルスという特殊ケースでは、グリーン関数の定義より、

$$\rho(\boldsymbol{\xi})\ddot{G}_{in}(\boldsymbol{\xi},\tau;\mathbf{x},t)-(C_{ijkl}(\boldsymbol{\xi})G_{kn,l}(\boldsymbol{\xi},\tau;\mathbf{x},t))_{,j}-\delta_{in}\delta(\boldsymbol{\xi}-\mathbf{x})\delta(\tau-t)=0 \tag{3-20}$$

が成り立つ。この式(3-19)と式(3-20)から明らかに、

$$\int_{-\infty}^{\infty}\int_V \{[\rho\ddot{G}_{in}-(C_{ijkl}G_{kn,l})_{,j}-\delta_{in}\delta(\boldsymbol{\xi}-\mathbf{x})\delta(\tau-t)]u_i(\boldsymbol{\xi},\tau)$$
$$-[\rho\ddot{u}_i-(C_{ijkl}u_{k,l})_{,j}-f_i]G_{in}(\boldsymbol{\xi},\tau;\mathbf{x},t)\}dV(\boldsymbol{\xi})d\tau=0 \tag{3-21}$$

なる関係が導かれる。それぞれ[　]の中が式(3-20)と式(3-19)である。

　ガウスの発散定理を用いて式(3-21)を整頓し[10]、デルタ関数についての積分を実行すると、

・・・・・・・・・・・・・・・・・・・・・・・・・・・・・・・・・・

9　Bettiの定理とも呼ばれている式である。ここでは簡易的な説明をしている。

72

第 II 部 ◆ 破壊すべりと震源波動場

$$\int_{-\infty}^{\infty}\int_{V}\rho\left(\ddot{G}_{in}u_i - \ddot{u}_i G_{in}\right)dVd\tau - \int_{-\infty}^{\infty}\int_{S}n_j C_{ijkl}\left(G_{kn,l}u_i - u_{k,l}G_{in}\right)dSd\tau$$

$$-u_n(\mathbf{x},t) + \int_{-\infty}^{\infty}\int_{V}f_i G_{in}dVd\tau = 0 \tag{3-22}$$

となる。ここで、時間積分に対して部分積分を実行すると、

$$\ddot{G}_{in}u_i - \ddot{u}_i G_{in} = \left[\dot{G}_{in}u_i\right]_{-\infty}^{\infty} - \left[\dot{u}_i G_{in}\right]_{-\infty}^{\infty} = 0 \tag{3-23}$$

という関係が得られる。右辺は静かな過去の仮定によりゼロになる。式(3-22)の残った項を整頓すると、表現定理の一般形（式(3-17)）が得られる。

3-5　　　　　　　　　　　　　　グリーン関数の空間相反性

3-5-1　空間相反性

表現定理に関連して、グリーン関数の重要な性質を示すことができる。

式(3-19)は一般的な変位についての式なので、別の位置および時刻($\mathbf{x}',t'$)のインパルス力と、それに対応する変位として、$u_i(\boldsymbol{\xi},\tau) = G_{im}(\boldsymbol{\xi},\tau;\mathbf{x}',t')$、$f_i(\boldsymbol{\xi},\tau)$ $= \delta_{im}\delta(\boldsymbol{\xi}-\mathbf{x}')\delta(\tau-t')$ と置く。この後、3-4-2項と同じように式変形をすると、

$$G_{nm}(\mathbf{x},t-t';\mathbf{x}',0)$$

$$= \int_{-\infty}^{\infty}d\tau\int_{V}\delta_{im}\delta(\boldsymbol{\xi}-\mathbf{x}')\delta(\tau-t')G_{in}(\boldsymbol{\xi},t-\tau;\mathbf{x},0)dV(\boldsymbol{\xi})$$

$$+ \int_{-\infty}^{\infty}d\tau\int_{S}G_{km,l}(\boldsymbol{\xi},\tau-t';\mathbf{x}',0)C_{ijkl}(\boldsymbol{\xi})n_j(\boldsymbol{\xi})G_{in}(\boldsymbol{\xi},t-\tau;\mathbf{x},0)dS(\boldsymbol{\xi})$$

$$- \int_{-\infty}^{\infty}d\tau\int_{S}G_{im}(\boldsymbol{\xi},\tau-t';\mathbf{x}',0)C_{ijkl}(\boldsymbol{\xi})n_j(\boldsymbol{\xi})G_{kn,l}(\boldsymbol{\xi},t-\tau;\mathbf{x},0)dS(\boldsymbol{\xi})$$

$$\tag{3-24}$$

という形に帰着する。

10　$(C_{ijkl}G_{kn,l})_{,j}u_i = (C_{ijkl}G_{kn,l}u_i)_{,j} - C_{ijkl}G_{kn,l}u_{i,j}$、$(C_{ijkl}u_{k,l})_{,j}G_{in} = (C_{ijkl}u_{k,l}G_{in})_{,j} - C_{ijkl}u_{k,l}G_{in,j}$ として、これらの共通項を除いた後、$\int_{V}(C_{ijkl}G_{kn,l}u_i)_{,j}dV = \int_{S}n_j C_{ijkl}G_{kn,l}u_i dS$ とガウスの定理を用いる。$\mathbf{n}$ は表面の外向き単位法線ベクトルである。

第3章 ◆ 表現定理とグリーン関数

　この第2項と第3項は、それぞれ異なる場所にあるインパルス力がつくり出す変位場と、そのトラクション[11]の積である。ここまで、境界条件になんらの制約も与えていないので、一般的には、これら2項は0とは限らない。しかしこの媒質の全表面で、変位またはトラクションが0という条件が成り立つとすれば、これらの2項の積分は0となる。これは、この媒質に外部からエネルギーの流入がないという条件であり、たとえば地球全体では成り立つと仮定できる。

　これらの条件が満たされる場合には、

$$G_{nm}(\mathbf{x}, t-t'; \mathbf{x}', 0) = G_{mn}(\mathbf{x}', t-t'; \mathbf{x}, 0) \tag{3-25}$$

が成り立つ。これがグリーン関数の**空間相反性（spatial reciprocity）**と呼ばれる性質である。$\mathbf{x}$ と $\mathbf{x}'$ が入れ替わっており、m と n も入れ替わっている。これらはもともとグリーン関数を計算する際の、インパルス力の入力位置と入力方向、そして変位観測位置と観測方向を表している。式(3-25)が意味するのは、この位置と方向は交換が可能である、ということである。この性質は複雑な弾性媒質でも成り立つ。

　空間相反性は、最先端の地震波動モデリングでもしばしば用いられる。数値計算手法を用いると、複雑な構造中のある地点（震源）でのインパルス力から生じる地震波動場を、空間のすべての点について計算可能である。計算コストをかければ精度は高まる。1つの震源による、多数の観測点の観測記録を説明するには、この方法は効果的である。

　ただし、現実の震源は、空間的に広がりをもつ断層システムであり、1点での近似は粗すぎる。時間空間に広がる破壊すべりの影響を正確に見積もるには、有限の断層を細かく分割し、それぞれの位置に震源を仮定し、地震波を計算し合成する。場合によっては、分割した震源の数が、観測点の数より桁で多い可能性もあり、この場合、震源の数だけの繰り返し計算のコストが膨大になる。このような問題に対して、上記の空間相反性を用いて、入力位置・方向と観測位置・方向を入れ替えると、計算コストが激減する[4]。

3-5-2　空間相反性を用いた表現定理の形

　グリーン関数の空間相反性が成り立つ条件であれば、この形を利用して、表現

11　$G_{km,l}(\boldsymbol{\xi}, \tau-t'; \mathbf{x}', 0) C_{ijkl}(\boldsymbol{\xi}) n_j(\boldsymbol{\xi})$ は単位インパルス力あたりのトラクションである。

定理（式(3-17)）を

$$u_n(\mathbf{x}, t) = \int_{-\infty}^{\infty} d\tau \int_V f_i(\boldsymbol{\xi}, \tau) G_{ni}(\mathbf{x}, t-\tau; \boldsymbol{\xi}, 0) dV(\boldsymbol{\xi})$$
$$+ \int_{-\infty}^{\infty} d\tau \int_S \sigma_{ij}(\boldsymbol{\xi}, \tau) n_j(\boldsymbol{\xi}) G_{ni}(\mathbf{x}, t-\tau; \boldsymbol{\xi}, 0) dS(\boldsymbol{\xi})$$
$$- \int_{-\infty}^{\infty} d\tau \int_S u_i(\boldsymbol{\xi}, \tau) C_{ijkl}(\boldsymbol{\xi}) n_j(\boldsymbol{\xi}) \frac{\partial}{\partial \xi_l} G_{nk}(\mathbf{x}, t-\tau; \boldsymbol{\xi}, 0) dS(\boldsymbol{\xi}) \quad (3\text{-}26)$$

と書き直すことが可能である。

この場合、右辺は第1項が$(\boldsymbol{\xi}, \tau)$における力、第2項が同じくトラクション、第3項が同じく変位を震源とする項である。これらの震源に相当する表現が、それぞれ$(\boldsymbol{\xi}, \tau)$から$(\mathbf{x}, t)$への波動伝播を表すグリーン関数との畳み込み積分にふくまれている。なお、第3項は微分をとるべき変数について誤解のないように$\partial/\partial \xi_l$と書いている。

3-6　断層面についての表現定理

3-6-1　表現定理の単純化

ここまで一般的な表現定理を扱ってきた。本書ではおもに、断層面の破壊すべりとしての震源過程を考えるので、表現定理はもう少し単純化できる。

まず断層面を導入する。今までSとしてきた表面を、弾性体の外表面S_0と内部表面、すなわち断層面Σに分割する。断層面はΣ_+とΣ_-の二重面とし、Σ_-からΣ_+へ向かう方向に、Σの単位法線ベクトル$\boldsymbol{\nu}$をとる（図3-6）。これを**断層面ベクトル（fault plane vector）**と呼ぶ。Σ_+とΣ_-の間で、隙間をつくらずに変位の食い違い（すべり運動）が起きる。

地球内部で発生する地震を考えるときに、S_0は地表面に相当し、面にかかるトラクションは0だと考えてよい。また内部面Σを挟んだ食い違いはあるものの、面が接触してい

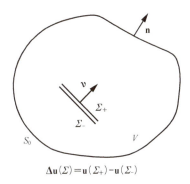

$\Delta \mathbf{u}(\Sigma) = \mathbf{u}(\Sigma_+) - \mathbf{u}(\Sigma_-)$

図3-6　断層面と断層すべり、断層面ベクトルの定義。

第3章 ◆ 表現定理とグリーン関数

る限り、トラクションは連続になっているので、Σ_+とΣ_-の積分は打ち消しあう。したがって表現定理の右辺第2項は0となる。

表現定理の右辺第1項、すなわち体積力に関する項も0としてよい。現実的な地球であれば重力が働いているが、重力による釣り合い状態の変位場を計算して、それを差し引くことで重力の一次的影響は無視できる[12]。

3-6-2 断層すべりの導入

ここまでの考察で、断層面の場合、表現定理の右辺第3項のみを考えればよいとわかる。この項の被積分関数のうち、

$$C_{ijkl}(\boldsymbol{\xi})\,n_j(\boldsymbol{\xi})\,G_{kn,l}(\boldsymbol{\xi}, t-\tau; \mathbf{x}, 0) \tag{3-27}$$

とは、グリーン関数（変位）が生み出すトラクションにほかならない。積分範囲のうち、外表面S_0上での積分については、地表面を考えると、トラクションは0と仮定できる。

残るのは、第3項の断層面Σの上での積分のみである。符号に注意が必要で、$\Sigma_-(\boldsymbol{\xi}^-)$上では$\mathbf{n}(\boldsymbol{\xi}^-)=\boldsymbol{\nu}(\boldsymbol{\xi})$であり、$\Sigma_+(\boldsymbol{\xi}^+)$上では$\mathbf{n}(\boldsymbol{\xi}^+)=-\boldsymbol{\nu}(\boldsymbol{\xi})$である。また、断層すべりを$\Sigma_+(\boldsymbol{\xi}^+)$と$\Sigma_-(\boldsymbol{\xi}^-)$の間の変位の食い違いとして、次式で定義する。

$$\Delta\mathbf{u}(\boldsymbol{\xi}, t)=\mathbf{u}(\boldsymbol{\xi}^+, t)-\mathbf{u}(\boldsymbol{\xi}^-, t) \tag{3-28}$$

これらを式(3-26)に代入して整頓すると、

$$u_n(\mathbf{x}, t)=\int_{-\infty}^{\infty}d\tau\int_{\Sigma}dS(\boldsymbol{\xi})\left\{\Delta u_i(\boldsymbol{\xi}, \tau)\,C_{ijkl}\nu_j\frac{\partial}{\partial\xi_l}G_{nk}(\mathbf{x}, t-\tau; \boldsymbol{\xi}, 0)\right\} \tag{3-1再}$$

と、本章で最初に紹介した式が得られた。これが断層運動についての表現定理である。

この式は、時間的、空間的に変動する複雑な破壊すべりと、やはり複雑な構造を伝播する地震波を、さまざまな観測位置で観測または予測する際に役立つ。第7章で紹介する断層すべりインバージョンや、第15章で紹介する地震動モデリングの出発点である。

....

[12] 逆断層や正断層の地震では重力方向の変形による重力エネルギーの変化は大きく、テクトニクスの議論には重要だという指摘もある［5］。

3-7　複雑な媒質のグリーン関数

3-7-1　1次元グリーン関数

　本書では、震源の問題に集中するために、地球内部の地震波伝播については、一部の例外を除いて等方均質媒質を仮定する。しかし、現実の地震を対象にした議論では、より正確なグリーン関数 G_{nk}、またはその空間微分の計算が必要となる。残念ながら、複雑な媒質についての解析解は、あまり知られていない。

　より正確に地球内部の構造を表現するには、地震波速度と密度が深さとともに変化する1次元層構造がよい近似となる。半無限媒質の上に地震波速度の異なる層を重ね合わせ、それぞれの境界で、変位とトラクションの連続条件を満たすような波動場を求める。1980年代に開発が進んだreflectivity法と呼ばれる計算手法である。

　この手法では、計算は以下の手順でおこなわれる。

①地震波動場を周波数・波数領域で離散的に表現する。
②震源から上下に放射される波動場が、観測点に到達するまでに、すべての層境界で満たすべき境界条件を掛け合わせる。
③その結果を波数積分で評価した後で、時間領域に戻す。

　詳細は、Kennett (2009)[6] や纐纈 (2018)[7] を参考にされたい。fk法[8]、AXITRA[9]などの名前で、利用可能なソースコードも公開されている。

3-7-2　3次元グリーン関数

　3次元的な地球内部の構造不均質を取り入れた地震波動の計算は、2000年ごろから現実的になってきた。基本的には、シンプルな震源に対して、第2章で紹介した弾性体の微分方程式系を離散化して数値的に解くことで得られる。有限差分法、スペクトル要素法などの数値計算方法が用いられる[10]。

　複雑な構造について、解析的な式の離散化の工夫によってより精度を高めたり、境界条件を工夫し計算領域以外の影響を減らしたり、粘弾性や減衰の取り入れ方を工夫したり、さまざまな改良がなされている。さらに、大型計算機による計算のための効率的なコードの開発や、利用しやすいインターフェースの開発など、実用上の工夫も進歩している。一方で、計算精度と釣り合うだけの、正確な

第 3 章 ◆ 表現定理とグリーン関数

地下構造の情報を得ることは簡単ではなく、とくに高周波数[13] の波動計算にとっ
て課題となっている。

---

13 多くの場合、1 秒程度が限界となっており、それより高周波の計算に耐えられる地下構造を推定することは困難
である。

第 **4** 章 モーメントテンソルによる
震源の表現

地震の震源は、モーメントテンソルという 2 階対称テンソルで一般化される。モーメントテンソルの特殊形のひとつが、ダブルカップルと呼ばれるもので、これは一点に集中した断層すべりに対応する。このダブルカップルの大きさが、地震モーメントである。これは、物理学的に意味が明確な地震の大きさとして、広く用いられている。等方均質媒質中のダブルカップルによる地震波動の表現式を導出することで、観測される地震波の P 波と S 波の特徴的な振動パターンを理解することができる。この章では、引き続き Aki & Richards (1980; 2002)[1] を参考にしつつ、これらの概念について説明する。

4-1 点すべりの等価体積力

4-1-1 「点すべり」の導入

断層面についての表現定理（第 3 章）

$$u_n(\mathbf{x}, t) = \int_{-\infty}^{\infty} d\tau \int_{\Sigma} dS(\boldsymbol{\xi}) \left\{ \Delta u_i(\boldsymbol{\xi}, \tau) C_{ijkl} \nu_j \frac{\partial}{\partial \xi_l} G_{nk}(\mathbf{x}, t - \tau; \boldsymbol{\xi}, 0) \right\} \quad \text{(3-1再)}$$

において、震源の項[1]の意味について考える。

等方弾性体中に点とみなせるような小さな面のせん断すべり、**点すべり**（**point dislocation**）[2]を考える（図 4-1）。面とすべりの方向を仮定しても、一般化に問題はないので、ここでは断層面は ξ_1-ξ_2 面内の原点にあり、すべりは ξ_1 方向に起きるものとする。断層面ベクトル $\boldsymbol{\nu}$ は $[0 \quad 0 \quad 1]^t$ となる。最終すべり量を $\overline{\Delta u}$、その単位方向ベクトルを $\bar{\mathbf{u}} = [1 \quad 0 \quad 0]^t$、$f(t)$ を 0 から 1 まで単調増加する任意の関数とすると、すべりベクトルは

---

1 震源の項は、$\Delta u_i(\boldsymbol{\xi}, \tau) C_{ijkl} \nu_j$ に見えるが、その次の $\partial/\partial \xi_l$ までふくめて震源の項と考えることもできる。なぜなら、これが震源の座標系 $\boldsymbol{\xi}$ についての微分だからである。

2 dislocation は結晶学などで扱い、日本語では転位と呼ぶ。小さな食い違いである。

79

$$\Delta \mathbf{u}(\boldsymbol{\xi},\tau)=\overline{\mathbf{u}}\overline{\Delta u}f(\tau)\delta(\xi_1)\delta(\xi_2)S \quad (4\text{-}1)$$

となる。この点すべりは小さいながらも、面積 S をもつと考える[3]。

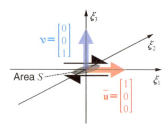

図 4-1　面積 S をもつ点すべり。ベクトル $\overline{\mathbf{u}}$ と $\boldsymbol{\nu}$ はそれぞれ単位すべり方向ベクトルと断層面ベクトルを表す。

4-1-2　等価体積力

上記の設定では、$i=1$, $j=3$ のみを考えればよい。この場合、等方弾性体の弾性定数 $C_{ijkl}=\lambda\delta_{ij}\delta_{kl}+\mu(\delta_{ik}\delta_{jl}+\delta_{il}\delta_{jk})$ において、0 でないものは $C_{1313}=C_{1331}=\mu$ のみとなる。

これらを表現定理に代入すると、

$$u_n(\mathbf{x},t)=\mu\overline{\Delta u}S\int_{-\infty}^{\infty}d\tau f(\tau)\int_{\Sigma}\delta(\xi_1)\delta(\xi_2)\left\{\frac{\partial}{\partial\xi_3}G_{n1}+\frac{\partial}{\partial\xi_1}G_{n3}\right\}d\xi_1 d\xi_2 \quad (4\text{-}2)$$

となる。ここで、

$$\frac{\partial}{\partial\xi_q}G_{np}(\mathbf{x},t-\tau;\boldsymbol{\xi},0)=-\int_{V}G_{np}(\mathbf{x},t-\tau;\boldsymbol{\eta},0)\frac{\partial}{\partial\eta_q}\delta(\boldsymbol{\eta}-\boldsymbol{\xi})dV(\boldsymbol{\eta}) \quad (4\text{-}3)$$

を代入し、$\boldsymbol{\xi}$ についての積分を実行したのちに、変数を $\boldsymbol{\eta}$ から $\boldsymbol{\xi}$ に戻すと、

$$u_n(\mathbf{x},t)=\mu\overline{\Delta u}S\int_{-\infty}^{\infty}d\tau f(\tau)\int_V\left\{-\delta(\xi_1)\delta(\xi_2)\frac{d\delta(\xi_3)}{d\xi_3}G_{n1}\right.$$
$$\left.-\delta(\xi_2)\delta(\xi_3)\frac{d\delta(\xi_1)}{d\xi_1}G_{n3}\right\}dV \quad (4\text{-}4)$$

が得られる。

式(4-4)は、一般的な表現定理（式(3-15)）の右辺第1項と同じ形をしている。つまり、体積力震源に相当する部分を $\mathbf{f}^{eq}(\boldsymbol{\xi},\tau)$ として、

$$u_n(\mathbf{x},t)=\int_{-\infty}^{\infty}d\tau\int_V f_i^{eq}(\boldsymbol{\xi},\tau)G_{ni}(\mathbf{x},t-\tau;\boldsymbol{\xi},0)dV \quad (4\text{-}5)$$

$$\mathbf{f}^{eq}(\boldsymbol{\xi},\tau)=\mu\overline{\Delta u}f(\tau)S\begin{bmatrix}-\delta(\xi_1)\delta(\xi_2)\dfrac{d\delta(\xi_3)}{d\xi_3}\\ 0\\ -\delta(\xi_2)\delta(\xi_3)\dfrac{d\delta(\xi_1)}{d\xi_1}\end{bmatrix} \quad (4\text{-}6)$$

---

[3]　デルタ関数は積分して1（無次元）になるので、次元調整のためにも必要となる。

を代入したものになっている。

$\mathbf{f}^{\mathrm{eq}}(\boldsymbol{\xi}, \tau)$ は体積力とみなせるので、これを点すべりの**等価体積力**（equivalent body force）と呼ぶ[2]。点すべりとは、その場所に、この「力のようなもの」が働くのと力学的に等価である。ただし以下に見るように、等価体積力はシングルフォースではない。

4-2　ダブルカップルと地震モーメント

4-2-1　偶力

等価体積力 $\mathbf{f}^{\mathrm{eq}}$ の ξ_1 方向成分

$$f_1^{\mathrm{eq}} \propto -\delta(\xi_1)\delta(\xi_2)\frac{d\delta(\xi_3)}{d\xi_3} \tag{4-7}$$

について考える。これは、ξ_1-ξ_2 面内の原点に集中した、ξ_1 方向の力に関する量である。この式にはデルタ関数がふくまれているので、ある地点での値としては測定できない。ξ_1 軸、ξ_2 軸で積分すると、それぞれ 1 となる。ξ_3 軸については、そのまま積分できないが、

$$\int_{-\infty}^{\infty} -\xi_3 \frac{d\delta(\xi_3)}{d\xi_3} d\xi_3 = -[\xi_3 \delta(\xi_3)]_{-\infty}^{\infty} + \int_{-\infty}^{\infty} \delta(\xi_3) d\xi_3 = 1 \tag{4-8}$$

である。つまり ξ_3 をかけて積分して得られる量である。

デルタ関数の意味を考えれば、この関数は原点に集中し、ξ_3 軸方向に少しだけ

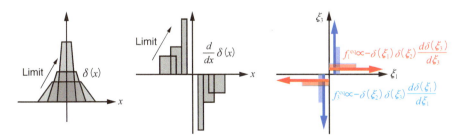

図 4-2　等価体積力の概念。(a) デルタ関数は原点に集中する。(b) デルタ関数の微分は原点に集中する偶力を表す。(c) 偶力による等価体積力の表現。

第4章 ◆ モーメントテンソルによる震源の表現

ずれた ξ_1 軸の正負の方向をもつ力の組、ξ_2 軸回りに正方向の回転を引き起こすような力の組だと考えられる（図4-2）。力の値は測定できないが、力と軸の積、**モーメント**（moment）（もしくはトルク）は測定できる。このような力の組を**偶力**（force couple）という。

4-2-2 ダブルカップル

等価体積力 $\mathbf{f}^{eq}$ の ξ_3 方向成分は、同様の考察により、ξ_1 軸方向に少しだけずれた、ξ_3 軸の正負の方向をもつ偶力だと考えらえる。この偶力は ξ_2 軸回りに、負方向の回転を引き起こす。等価体積力の ξ_1 方向と ξ_3 方向の2成分は、同じ大きさで反対方向のモーメントをもつ2つの偶力に対応する。したがって、等価体積力全体では、正味のモーメントは打ち消しあう。

すなわち、1つの等価体積力とは、モーメントを打ち消しあう2つの直交した偶力の組を意味する。これを**ダブルカップル**（double couple）という。これに対して、ダブルカップルのうち片方の偶力のみを指して**シングルカップル**（single couple）という概念を考えることもある。点すべりはダブルカップルに相当する。

4-2-3 地震モーメント

ここで、等価体積力（式(4-6)）の［　］の外に出ている量 $\mu\overline{\Delta u}f(\tau)S$ について考える。$f(\tau)$ は最終的に1になる関数だから、$f(\tau)$ が1になる極限、つまりすべての運動が終わった時点での断層運動の大きさ[4] としては、$\mu\overline{\Delta u}S$ を考えればよい。これは剛性率と平均的なすべり量と面積を掛け合わせたもので、**地震モーメント**（seismic moment）M_0 と呼ばれる。

モーメントとは、今説明したダブルカップルにおいて、打ち消しあっているそれぞれの偶力が回転を引き起こす能力の大きさを表す。力と軸の長さの積なので、単位はSI系でNmとなる[5]。一般的にエネルギー（仕事）も力と長さの積であるが、モーメントはあくまで偶力の大きさを表すもので、エネルギー（仕事）とは明確に区別すべきである。

4　静的な断層運動の大きさともいえる。

5　2007年ペルージャで開催された国際地震学・地球内部物理学協会の総会では、地震モーメントの発明者・安芸敬一の功績に報いて、地震モーメントの単位として 10^{18} Nm を 1 Aki とするという決議を採択したが、普及はしていない。

この量はAki（1966）[3]によって定義された。初めて適用されたのは1964年に発生した新潟地震で、$M_0 = 3 \times 10^{20}$ Nmと推定された。

4-2-4　モーメントマグニチュード

現実的な地震について検討するとき、地震モーメントは物理的に意味のある値だが、桁数が大きく、直感的にイメージすることが難しい。そこで、地震の大きさとして普及している、マグニチュードと関係づけられるとよい。このための変換式はKanamori（1977）[4]によって提案されている。

地震モーメントを変換して得られるモーメントマグニチュードM_wは、Nmを単位とした地震モーメントM_0との間に、

$$\log_{10} M_0 = 1.5 M_w + 9.1 \tag{4-9}$$

$$M_w = \frac{2}{3} \log_{10} M_0 (\text{Nm}) - 6.1 \tag{4-10}$$

という関係がある。新潟地震のM_0を代入すると、M_w7.6となる。

4-2-5　ダブルカップル、シングルカップル論争

地震の波を生み出す震源での運動が、断層のすべり運動、数学的にはダブルカップルで近似できるということは、1960年代にMaruyama（1963）[5]やBurridge & Knopoff（1964）[2]によって明らかにされた。現在ではこれが常識となっているが、その数学的な理解が完成する以前には、震源とは何か？　について長い論争があった。

とくに米国San Andreas断層のように横ずれが何百kmも続いている場所では、そのすべり運動はダブルカップルというより、むしろシングルカップルでよく近似できるような気がする。そこで1930年代には、地震の震源としてシングルカップルが適当か、ダブルカップルが適当かという論争が起きた。

後述するように、シングルカップルとダブルカップルの2種類の震源からの地震波の違いは、S波の放射パターンを比較すれば明らかである。しかし、現実の地震観測においては、地下構造の影響を受けない単純なS波を観測することが困難であり、放射パターンの決定的な証拠を示すことは難しかった。

4-2-6　回転する断層

　角運動量の保存をふまえて物理学的考察をすれば、地球の内部にある震源の運動だから、モーメントを打ち消しあう、ダブルカップルのような運動が必要であることは明らかである。しかし、あまり直感的ではない。

　現在では、地震の後に断層周辺の変位場が地殻変動観測によって精密に推定できるようになった。その観測結果は、断層が食い違う向きの回転運動と打ち消しあうような、断層の向きを変えるような運動が、たしかに地震時に発生していることを示す[6]（図4-3）。断層はすべることによって、回転もする[7]。このような変形を遠方で見れば、2つの打ち消しあう回転運動となる。

　個々の地震による変動量は小さくても、同じような運動が長い時間にわたって続くと、断層にはすべりと回転が蓄積していく。小さな断層が時間とともに長大な断層に成長する過程、または断層の運動がテクトニックな大変形を起こしていく過程において、この回転運動は無視できない。とくに平行な複数の断層が、すべりと回転運動をともなって起こすbookshelf型断層運動[8]（図4-4）は、広域の大規模な変形を説明するためによく用いられている。これらもダブルカップルという地震のメカニズムの帰結である。

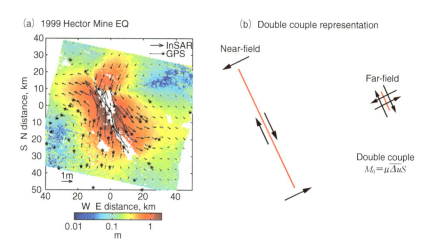

図4-3　ダブルカップルの観察。(a) 1999年Hector Mine地震の測地観測[6]。色は水平変位の大きさ（単位：m）、矢印はInSARデータから得られた変位の方向と大きさを示す。(b) 近距離と遠距離で観測されるダブルカップルの模式図。

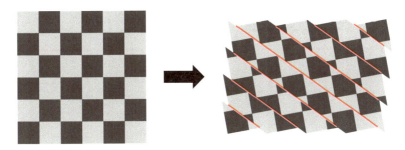

図 4-4 bookshelf型断層運動の概念図。右ずれの断層すべりは反時計回りの回転で補われる。

4-3 モーメントテンソル

4-3-1 ダブルカップルの拡張

ξ_3軸と直交する面に起きるξ_1軸方向の点すべりには、力の方向ξ_1軸、軸の方向ξ_3軸のモーメントと、力の方向ξ_3軸、軸の方向ξ_1軸のモーメントの組が対応する。対称性から、ξ_1軸と直交する面に起きるξ_3軸方向の点すべりも、同じモーメントの組が対応することは明らかである。

モーメントの軸と力を別々に考えると、力は3方向どちらでもよく、軸も3方向にとることができる。震源をすべり運動に限定しなければ、3次元では3×3の9成分のモーメントが考えられる（図4-5）。

このモーメントは表現定理（式(3-17)）の震源部分と対応しており、

$$m_{kl}(\boldsymbol{\xi}, \tau) = \Delta u_i(\boldsymbol{\xi}, \tau) C_{ijkl} \nu_j \tag{4-11}$$

と書くことができる。これはC_{ijkl}の対称性から明らかなように、対称テンソルである。**地震モーメント密度（seismic moment density）**テンソルという[6]。

表現定理は、地震モーメント密度を用いると

$$u_n(\mathbf{x}, t) = \int_\Sigma m_{kl}(\boldsymbol{\xi}, t) * \frac{\partial}{\partial \xi_l} G_{nk}(\mathbf{x}, t; \boldsymbol{\xi}, 0) dS \tag{4-12}$$

と書ける。ここで*は時間に関する畳み込み積分を表す。

---

[6] 対角成分には、回転を引き起こすという意味のモーメントはふくまれない。個々の対角成分はリニアベクトルダイポールと呼ばれる。

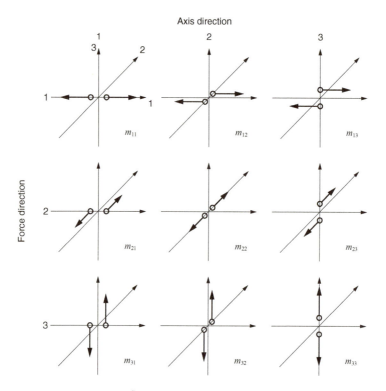

図 4-5　モーメントテンソルの9つの成分、それぞれが力の組で表される。

　もし地震モーメント密度が点とみなせるくらい空間的に集中しているなら、さらに

$$m_{kl}(\pmb{\xi}, t) = \delta(\pmb{\xi}) M_{kl}(t) \tag{4-13}$$

と置いて

$$u_n(\mathbf{x}, t) = M_{kl}(t) * \frac{\partial}{\partial \xi_l} G_{nk}(\mathbf{x}, t; \mathbf{0}, 0) \tag{4-14}$$

と書ける。ここで $M_{kl}(t)$ は**地震モーメントテンソル**(seismic moment tensor)であり、ここでは時間変化するものとして導入する。終了時($t \to \infty$)の大きさが、現象の最終的な（静的な）大きさを表す。

第Ⅱ部 ◆ 破壊すべりと震源波動場

4-3-2 モーメントの主値と主軸

地震モーメントテンソルから、地震の大きさである地震モーメントを求めるには、テンソルの主値と主軸を考える必要がある。地震モーメントテンソルも2階対称テンソルなので、第2章でひずみと応力について、主値と主軸を計算したのと同様に扱うことができる。

地震モーメントテンソル[7]

$$\mathbf{M} = \begin{bmatrix} M_{11} & M_{12} & M_{13} \\ M_{21} & M_{22} & M_{23} \\ M_{31} & M_{32} & M_{33} \end{bmatrix} \tag{4-15}$$

は、固有ベクトル行列 $\mathbf{D} = \begin{bmatrix} \mathbf{v}_1 & \mathbf{v}_2 & \mathbf{v}_3 \end{bmatrix}$ を使って対角化して、

$$\mathbf{D}^t \mathbf{M} \mathbf{D} = \begin{bmatrix} \lambda_1 & 0 & 0 \\ 0 & \lambda_2 & 0 \\ 0 & 0 & \lambda_3 \end{bmatrix} \tag{4-16}$$

となる。$\lambda_1 \geq \lambda_2 \geq \lambda_3$ とする。震源がダブルカップルであれば、中間固有値 $\lambda_2 = 0$ であり、3つの固有値の和（トレース）も0になる。しがたって、$\lambda_1 = -\lambda_3 = M_0$ が地震モーメントを表す。固有ベクトルのうち、$\mathbf{v}_1$ を T（tension）軸、$\mathbf{v}_3$ を P（pressure）軸、$\mathbf{v}_2$ を N（null）軸と呼ぶ。

4-3-3 非ダブルカップル成分

震源がダブルカップルでない場合、モーメントテンソルは**非ダブルカップル成分**（**non-double couple component**）をもつという。非ダブルカップル成分のうち、トレースと中間固有値は、震源の物理プロセスを推定するのに役立つ[9]。

トレースは震源の**等方成分**（**isotropic component**）を表し、その成分を $M^{ISO} = (\lambda_1 + \lambda_2 + \lambda_3)/3$ と表す。$M^{ISO} > 0$ なら膨張するような、$M^{ISO} < 0$ なら収縮するような運動を示唆する。等方成分は、火山地域でしばしば観測される。たとえば、火山活動によってできた地下の空隙が陥没すると、大きな収縮成分が観測されるはずである。逆に大きな正の等方成分が観測される例としては、地下核実験による爆発波源が挙げられる[8]。

---

7 $t \to \infty$ での静的な量を考える。

8 このため地震観測は、核実験検知にきわめて有効である。その運用と改善は、国連の包括的核実験禁止条約機関準備委員会（CTBTO）の重要な仕事となっている。

第4章 ◆ モーメントテンソルによる震源の表現

等方成分が0で、中間固有値 λ_2 が0でない場合がある。たとえば、向きの異なる複数の断層面が同時にすべった場合には、等方成分は0でも、中間固有値が0にならないことがある[10]。固有値の偏差成分 $\lambda'_i = \lambda_i - M^{ISO}$ を用い、

$$\frac{-\lambda'_2}{\max(|\lambda'_1|, |\lambda'_3|)} \tag{4-17}$$

という量を定義して、ダブルカップルでない程度を定量化すると便利である[9]。$\lambda'_2 \neq 0$ の場合、地震モーメントの定義に曖昧さが生じる。この場合、L∞ノルムを基準とした $M_0^{L\infty} = \max(|\lambda'_1|, |\lambda'_3|)$、またはL2ノルムを基準とした、

$$M_0^{L2} = \sqrt{(\lambda_1'^2 + \lambda_2'^2 + \lambda_3'^2)/2} \tag{4-18}$$

などの異なった定義が用いられる。通常、両者に大きな違いはないが、λ'_2 が大きい場合には要注意である。

　地震の震源はモーメントテンソルと説明したが、必ずしも地球上に発生する地震動のすべての震源が、モーメントテンソルで表されるわけではない。たとえば、隕石の衝突は明らかにシングルフォースだし、地すべりが引き起こす振動もシングルフォース震源を仮定するとよく近似できる[11]。

　シングルフォースはモーメントテンソルで表すことはできない。隕石や地すべりのように、地球と切り離せる運動の場合はともかく、地球内部の運動は全体での運動量と角運動量の保存が必要なので、震源は通常モーメントテンソルで表現される[12][10]。

4-4 さまざまなモーメントテンソル

4-4-1 点すべりとP軸、T軸

　まずは、点すべりのモーメントテンソルの復習をする。面積 S の断層面として、断層面ベクトルが $\mathbf{v} = [0 \quad 0 \quad 1]^t$、すべりの単位方向ベクトルが $\bar{\mathbf{u}} = [1 \quad 0 \quad 0]^t$ で与えられるとき[11]、モーメントテンソル $M_{kl} = \bar{u}_i C_{ijkl} v_j M_0$（地震モーメント $M_0 = \mu \overline{\Delta u} S$）を用いて

----

[9] 非ダブルカップル成分の定義は研究ごとに微妙に違いがある。どのような定義を用いているのか、注意が必要である。

[10] この例外については Takei & Kumazawa (1994)［13］を参照。地球内部での質量分布の変化は別に考える必要がある。

[11] 定義から明らかなとおり、すべりの方向と面ベクトルの方向を入れ替えても同じ。

$$\mathbf{M} = \begin{bmatrix} 0 & 0 & M_0 \\ 0 & 0 & 0 \\ M_0 & 0 & 0 \end{bmatrix} \quad (4\text{-}19)$$

と表される。

このテンソルは 13 と 31 の成分のみをもつものだが、これを固有ベクトル行列

$$\mathbf{D} = \frac{1}{\sqrt{2}} \begin{bmatrix} 1 & 0 & 1 \\ 0 & 1 & 0 \\ 1 & 0 & -1 \end{bmatrix} \quad (4\text{-}20)$$

を用いて対角化すると

$$\mathbf{D}^t \mathbf{M} \mathbf{D} = \begin{bmatrix} M_0 & 0 & 0 \\ 0 & 0 & 0 \\ 0 & 0 & -M_0 \end{bmatrix} \quad (4\text{-}21)$$

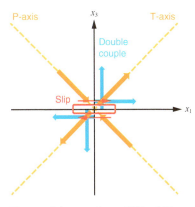

図 4-6　ダブルカップルの 2 種類の表現。

となる。つまり、ダブルカップルは、T軸 $[1\ 0\ 1]^t/\sqrt{2}$ の外向きのベクトルの組み合わせと、P軸 $[1\ 0\ -1]^t/\sqrt{2}$ の内向きのベクトルの組み合わせという、2つのベクトルの組み合わせを用いて表すこともできる（図 4-6）。

4-4-2　開口クラック

地震学的に観測機会の多い現象として、**開口クラック**（open crack）がある。もともと重なっていた 2 つの面が離れ、すき間をつくるような動きを開口クラックという。火山でマグマが上昇するときの通路は、円筒状のパイプというより、むしろ一方向に伸びた板状[12]であることが多く、開口クラックで近似できる。

この開口クラックの面積を S とし、$\mathbf{v} = [0\ 0\ 1]^t$ と置くと、すべりベクトルに相当する食い違いベクトルは、$\mathbf{v}$ と同じ方向成分をもち、$\overline{\mathbf{u}} = [0\ 0\ 1]^t$ という形になる。このとき、等方弾性体の弾性定数のうち、0 でないものは $C_{3311} = C_{3322} = \lambda$ と $C_{3333} = \lambda + 2\mu$ のみになる。したがってモーメントテンソルは

$$\mathbf{M} = S \begin{bmatrix} \lambda \overline{\Delta u} & 0 & 0 \\ 0 & \lambda \overline{\Delta u} & 0 \\ 0 & 0 & (\lambda + 2\mu) \overline{\Delta u} \end{bmatrix} \quad (4\text{-}22)$$

という形になる（図 4-7a）。

12　ダイク（dyke）とか、ここで考えるような水平に近いものはシル（sill）などと呼ばれる。

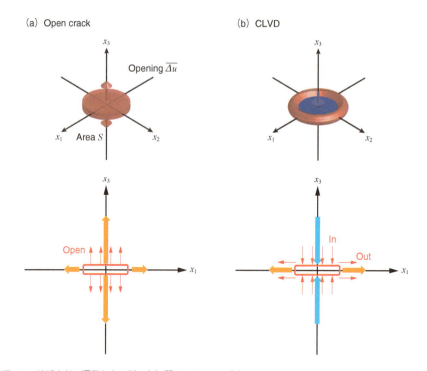

図 4-7 地球内部の運動と力の例。(a) 開口クラック、(b) Compensated linear vector dipole (CLVD)。運動は x_3 軸を中心に対称。

ポアソン媒質では $\lambda = \mu$ なので、固有値の比は $1:1:3$ になる。このモーメントテンソルは等方成分をふくめ、非ダブルカップル成分ももつ。実際に火山近傍では、これに近いモーメントテンソルをもつ地震現象が観測されることがある。

4-4-3 CLVD震源

式(4-22)のモーメントテンソルから等方成分を差し引くと、

$$\mathbf{M} = M^{CLVD} \begin{bmatrix} -0.5 & 0 & 0 \\ 0 & -0.5 & 0 \\ 0 & 0 & 1 \end{bmatrix} \tag{4-23}$$

という形で表される。このような震源を **compensated linear vector dipole (CLVD)** 震源[14]と呼ぶ。

CLVD成分は、1方向の力もしくは変位を、それに直交する方向の力もしくは

変位で補償するような運動を表す。火山地域で山頂または火口を取り囲むように、中心が陥没するような環状の断層運動が起こった際には、図4-7（b）に近いモーメントテンソルが観測される[15]。

ダブルカップル成分、等方成分、CLVD成分はそれぞれ異なる力学系を表す。しばしば任意のモーメントテンソルをこれら3つの端成分に分け、震源での物理プロセスを考察する[13]。

4-4-4 モーメントテンソルダイアグラム

単純な断層運動のモーメントテンソルは、純粋なダブルカップルである。もし等方成分や非ダブルカップル成分が大きいとしたら、震源で特殊、または複雑な現象が起きていることを示唆する。ただし3×3のテンソルのままでは、その意味を理解するには少々時間がかかる。

ある地域で多数のモーメントテンソルが得られているときや、ひとつの地震に対して誤差をふくむ多数のモーメントテンソルが得られているときなど、多数のモーメントテンソルの特徴を抽出するには、等方成分やCLVD成分の大きさにもとづいて分類し、図示することが役に立つ。

そのひとつ、Hudsonダイアグラム（図4-8）[16][14]では、モーメントテンソルの固有値（$\lambda_1 \geq \lambda_2 \geq \lambda_3$）から横軸$u$と縦軸$v$を、

$$u = \frac{-2(\lambda_1 - 2\lambda_2 + \lambda_3)}{3\max(|\lambda_1|, |\lambda_3|)} \tag{4-24}$$

$$v = \frac{\lambda_1 + \lambda_2 + \lambda_3}{3\max(|\lambda_1|, |\lambda_3|)} \tag{4-25}$$

と計算して、その場所に点を打つ。まずvは等方成分を表す。さらに式(4-23)と比べると、等方成分がない（$v = 0$）場合には、uがCLVD成分と対応する。つまり、おおむねCLVD成分と等方成分によるプロットになっている。地震について推定されたモーメントテンソルの場合、点は原点付近に集中する。

CLVDが多くふくまれる地震や、地下の爆発震源、空隙の崩壊などによる収縮

....

13　ただし、軸のとり方に依存するので、一意に分解できるわけではないことには注意。また、等方成分と2つのダブルカップルを考えても同じような分解は可能である。

14　Hudsonダイアグラムはよく使われるが、可能なモーメントテンソルの範囲をすべて表示すると、独特の平行四辺形の領域になり、分布に偏りが生じる可能性がある。3つの固有値の平面上への投影は、地図投影と同じでさまざまな方法がある [17]。

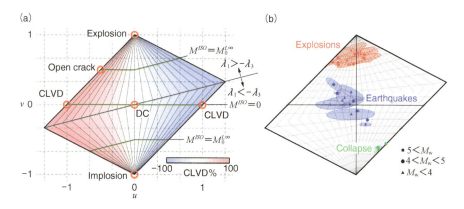

図 4-8 モーメントテンソルダイアグラム[16]の例。(a) Hudsonダイアグラム。CLVD成分を色で示す。爆発（explosion）、開口クラック、純粋なCLVD、ダブルカップル、爆縮（implosion）などの代表的なメカニズムを赤丸で示す。(b) 実データ[18]を用いたダイアグラム。ネバダ試験場での爆発、近隣の地震、崩落（collapse）イベント。各楕円はモーメントテンソルの誤差から算出した95％信頼区間を示す。

運動は、このダイアグラムのさまざまなところに位置する。図4-8 (b) にFord et al. (2009)[18]による例を示す。彼らは、ネバダ実験場およびその周辺で発生した現象のそれぞれについてモーメントテンソルを推定し、その固有値から式(4-24)(4-25)を用いて、ダイアグラム上にプロットした。異なる現象間の違いを視覚的に示すのに効果的である。

4-5　ダブルカップルによる変位場

4-5-1　ダブルカップルによる変位場の導出

ダブルカップルによる変位場の詳細を調べるために、再び断層面についての表現定理

$$u_n(\mathbf{x}, t) = \int_{-\infty}^{\infty} d\tau \int_{\Sigma} dS(\boldsymbol{\xi}) \left\{ \Delta u_i(\boldsymbol{\xi}, \tau) C_{ijkl} \nu_j \frac{\partial}{\partial \xi_l} G_{nk}(\mathbf{x}, t-\tau; \boldsymbol{\xi}, 0) \right\} \quad \text{(3-1再)}$$

からはじめる。任意のすべり方向、断層面方向について考える。

ダブルカップル点震源（点すべり）のすべり分布は、

$$\Delta u_i(\boldsymbol{\xi}, \tau) = \delta(\boldsymbol{\xi}) \overline{\Delta u} S \bar{u}_i f(\tau) \quad (4\text{-}26)$$

となる。$\bar{\mathbf{u}}$ はすべり方向の単位ベクトルである。断層面の単位法線ベクトルを $\boldsymbol{\nu}$ と置くと、面に沿ってすべる限りは、$\bar{\mathbf{u}} \cdot \boldsymbol{\nu} = 0$ がつねに成り立つ。

ここで等方弾性体を考えると、弾性定数は剛性率 μ のみを考えればよく、モーメントテンソルは以下のように表される。

$$\Delta u_i(\boldsymbol{\xi}, \tau) C_{ijkl} \nu_j = \delta(\boldsymbol{\xi}) \overline{\Delta u} S f(\tau) \mu (\bar{u}_k \nu_l + \bar{u}_l \nu_k)$$
$$= \delta(\boldsymbol{\xi}) M_0(\tau) (\bar{u}_k \nu_l + \bar{u}_l \nu_k) \tag{4-27}$$

$M_0(\tau)$ が地震モーメントの時間変化を表す地震モーメント関数であり、この関数の値は時刻無限大で地震モーメント M_0 に達する。

表現定理に上記モーメントテンソル（式(4-27)）と、無限等方均質媒質に対するグリーン関数（式(3-12)）を代入し、$\partial/\partial \xi_l$ を計算する。計算においては、$r = |\mathbf{x} - \boldsymbol{\xi}|$ として、

$$\frac{\partial r}{\partial \xi_l} = -\gamma_l, \qquad \frac{\partial \gamma_n}{\partial \xi_l} = \frac{\gamma_n \gamma_l - \delta_{nl}}{r} \tag{4-28}$$

という関係を使い、ヘビサイド関数やデルタ関数についても微分をおこなうことに気をつける。たとえば遠地P項の微分は、

$$\frac{\partial}{\partial \xi_l}\left[\frac{\gamma_n \gamma_k}{4\pi\rho\alpha^2 r} \delta\left(t - \frac{r}{\alpha}\right)\right]$$

$$= \left[\frac{1}{4\pi\rho\alpha^2 r}\left(\frac{\partial \gamma_n}{\partial \xi_l}\gamma_k + \frac{\partial \gamma_n}{\partial \xi_l}\gamma_k\right) - \frac{\gamma_n \gamma_k}{4\pi\rho\alpha^2 r^2}\frac{\partial r}{\partial \xi_l}\right]\delta\left(t - \frac{r}{\alpha}\right)$$

$$+ \frac{\gamma_n \gamma_k}{4\pi\rho\alpha^2 r}\left[-\frac{1}{\alpha}\frac{\partial r}{\partial \xi_l}\dot{\delta}\left(t - \frac{r}{\alpha}\right)\right]$$

$$= \frac{3\gamma_n \gamma_k \gamma_l - \delta_{nl}\gamma_k - \delta_{kl}\gamma_n}{4\pi\rho\alpha^2 r^2}\delta\left(t - \frac{r}{\alpha}\right) + \frac{\gamma_n \gamma_k \gamma_l}{4\pi\rho\alpha^3 r}\dot{\delta}\left(t - \frac{r}{\alpha}\right) \tag{4-29}$$

となる。この結果と $\delta(\boldsymbol{\xi}) M_0(t) (\bar{u}_k \nu_l + \bar{u}_l \nu_k)$ のコンボリューションをとって、面積分を実行する。たとえば式(4-29)の右辺第2項は、以下のようになる。

$$\frac{\gamma_n \gamma_k \gamma_l}{4\pi\rho\alpha^3 r}\dot{\delta}\left(t - \frac{r}{\alpha}\right) * M_0(t)(\bar{u}_k \nu_l + \bar{u}_l \nu_k) = \frac{2\gamma_n \gamma_k \gamma_l \bar{u}_k \nu_l}{4\pi\rho\alpha^3 r}\dot{M}_0\left(t - \frac{r}{\alpha}\right) \tag{4-30}$$

この式では、もともと $r = |\mathbf{x} - \boldsymbol{\xi}|$ だったが、面積分の結果 $r = |\mathbf{x}|$ となっている。

4-5-2　遠地項と近地項

すべての式を整頓すると、ダブルカップルによる変位場が以下のように求めら

れる。

$$u_n(\mathbf{x}, t) = \frac{30\gamma_n\gamma_k\gamma_l\bar{u}_k\nu_l - 6\gamma_k\bar{u}_k\nu_n - 6\gamma_k\bar{u}_n\nu_k}{4\pi\rho r^4}\int_{\frac{r}{\alpha}}^{\frac{r}{\beta}}\tau M_0(t-\tau)d\tau$$

$$+ \frac{12\gamma_n\gamma_k\gamma_l\bar{u}_k\nu_l - 2\gamma_k\bar{u}_k\nu_n - 2\gamma_k\bar{u}_n\nu_k}{4\pi\rho\alpha^2 r^2}M_0\left(t - \frac{r}{\alpha}\right)$$

$$- \frac{12\gamma_n\gamma_k\gamma_l\bar{u}_k\nu_l - 3\gamma_k\bar{u}_k\nu_n - 3\gamma_k\bar{u}_n\nu_k}{4\pi\rho\beta^2 r^2}M_0\left(t - \frac{r}{\beta}\right)$$

$$+ \frac{2\gamma_n\gamma_k\gamma_l\bar{u}_k\nu_l}{4\pi\rho\alpha^3 r}\dot{M}_0\left(t - \frac{r}{\alpha}\right)$$

$$- \frac{2\gamma_n\gamma_k\gamma_l\bar{u}_k\nu_l - \gamma_k\bar{u}_k\nu_n - \gamma_k\bar{u}_n\nu_k}{4\pi\rho\beta^3 r}\dot{M}_0\left(t - \frac{r}{\beta}\right) \tag{4-31}$$

　右辺の5つの項は、距離rの依存性で3つのグループに分けられる。

　第1項は近地項（near-field term）と呼ばれる。r^{-4}に依存するように見えるが、積分からrに依存した寄与があるので、実際にはr^{-3}に比例して距離とともに小さくなる。すべての項の中で一番早く距離減衰する。次の2つの項は中間項（intermediate term）で、r^{-2}に比例する。最後の2項が遠地項（far-field term）で、r^{-1}に比例して距離とともに小さくなる。これらの距離依存性から、無限遠方では遠地項のみが観察される。

　中間項の時間依存性は地震モーメント関数と同じであり、遠地項はその微分、つまり地震モーメントレート関数（seismic moment rate function）に比例する（図4-9）。近地項は時間積分を用いて表され、P波到達からS波到達までなだらかに変化し、一定値になるような関数形になる。この形状から、近地項を近地ランプ（near-field ramp）と呼ぶことがある。

　中間2項、遠地2項は、それぞれP波とS波として伝わる項に分けられる。近地項と中間2項[15]は時刻無限大になっても0にならない。これが、地震による永久変位（permanent deformation）である。無限遠方まで伝わる遠地項は永久変位をもたない。

　式(4-31)の各項の分数の分子部分は、振動の方向と大きさを表すベクトルであり、放射パターン（radiation pattern）と呼ばれる。これを近地、中間P、中間S、遠地P、遠地Sの意味でそれぞれ、$\mathbf{R}^N$、$\mathbf{R}^{IP}$、$\mathbf{R}^{IS}$、$\mathbf{R}^{FP}$、$\mathbf{R}^{FS}$と書いて整頓すると、

....

[15] 近地項と中間項をまとめてすべて近地項とする場合もある。

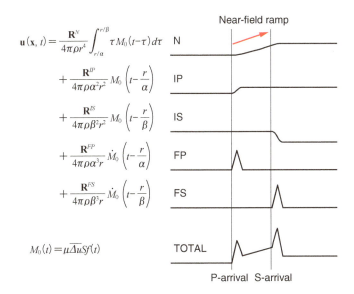

図 4-9 ダブルカップル震源から生じる変位場に寄与する5つの項。

$$\mathbf{u}(\mathbf{x}, t) = \frac{\mathbf{R}^N}{4\pi\rho r^4} \int_{\frac{r}{\alpha}}^{\frac{r}{\beta}} \tau M_0(t-\tau) d\tau + \frac{\mathbf{R}^{IP}}{4\pi\rho\alpha^2 r^2} M_0\left(t-\frac{r}{\alpha}\right) + \frac{\mathbf{R}^{IS}}{4\pi\rho\beta^2 r^2} M_0\left(t-\frac{r}{\beta}\right)$$

$$+ \frac{\mathbf{R}^{FP}}{4\pi\rho\alpha^3 r} \dot{M}_0\left(t-\frac{r}{\alpha}\right) + \frac{\mathbf{R}^{FS}}{4\pi\rho\beta^3 r} \dot{M}_0\left(t-\frac{r}{\beta}\right) \qquad (4\text{-}32)$$

というシンプルな形になる。

式(4-32)は、遠方では近地項がなくなって、

$$\mathbf{u}(\mathbf{x}, t) \approx \frac{\mathbf{R}^P}{4\pi\rho\alpha^3 r} \dot{M}_0\left(t-\frac{r}{\alpha}\right) + \frac{\mathbf{R}^S}{4\pi\rho\beta^3 r} \dot{M}_0\left(t-\frac{r}{\beta}\right) \qquad (3\text{-}2\text{再})$$

となる。これが3-1-2項で予告した形である。

この式から、P波とS波の相対的な大きさの違いが明らかである。放射パターンは方向によって変化するが、これを考慮しなければ、P波とS波の振幅比は β^3 : α^3、ポアソン媒質なら $1:3\sqrt{3}$ となる。このように、S波のほうが振幅は5倍程度大きい。波動のエネルギーは、おおむねこの2乗に比例するので、20倍以上違うことになる。P波とS波の振幅の違いはシングルフォースより顕著であり、すべり運動はよりS波を強調するような運動であることがわかる。

4-5-3　ダブルカップルの放射パターン

5つの項の放射パターンは独立ではない。$\mathbf{R}^{FP}$と$\mathbf{R}^{FS}$を用いてほかを表せば、$\mathbf{R}^N = 9\mathbf{R}^{FP} - 6\mathbf{R}^{FS}$, $\mathbf{R}^{IP} = 4\mathbf{R}^{FP} - 2\mathbf{R}^{FS}$, $\mathbf{R}^{IS} = -3\mathbf{R}^{FP} + 3\mathbf{R}^{FS}$ となる。そこで以下では、遠地P波と遠地S波についてのみ放射パターンを検討する。図4-10にこれらの項の放射パターンを、震源球上の振動の方向と大きさとして図示する。

遠地P波の放射パターンは、ベクトル表記すれば$\mathbf{R}^{FP} = 2(\boldsymbol{\gamma} \cdot \bar{\mathbf{u}})(\boldsymbol{\gamma} \cdot \boldsymbol{\nu})\boldsymbol{\gamma}$となる。伝播方向$\boldsymbol{\gamma}$に平行な振動で、その大きさ$2(\boldsymbol{\gamma} \cdot \bar{\mathbf{u}})(\boldsymbol{\gamma} \cdot \boldsymbol{\nu})$は振動方向とすべり方向ベクトル$\bar{\mathbf{u}}$、および断層面ベクトル$\boldsymbol{\nu}$との内積で決まる。極座標において、$\boldsymbol{\gamma}$が3軸となす角を$\theta$、1-2軸平面中、1軸から測った角度を$\phi$と置くと、

$$\boldsymbol{\gamma} = \begin{bmatrix} \sin\theta\cos\phi \\ \sin\theta\sin\phi \\ \cos\theta \end{bmatrix} \tag{4-33}$$

とおける。

すべり方向ベクトルが1軸、断層面ベクトルが3軸に直交するとき、$\mathbf{R}^{FP}$は$\sin 2\theta \cos\phi \boldsymbol{\gamma}$となる。断層面ベクトルに直交する方向、つまり断層面内（$\theta = \pi/2$; $0 \leq \phi < 2\pi$）と、すべり方向ベクトルに直交する方向（$0 < \theta < \pi$; $\phi = \pi/2$, $3\pi/2$）では、振幅が0となる。この2つの面を節面という。振動方向は直交する2つの節面によって4象限に分かれる。

断層面とすべりの方向から2つの節面は求められるが、逆に2つの節面がわかっていたとしても、どちらが断層面かはわからない。断層面ベクトルとすべり

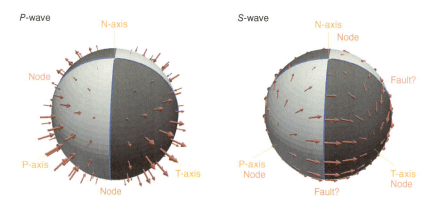

図4-10　P波とS波の放射パターン。赤矢印は震源球の各点における運動を示す。P軸、T軸、N軸も示す。黒と白の部分はそれぞれP波の極性の押しと引きを示す。

方向ベクトルを入れ替えても、放射パターンは同じだからである。振幅が最大になるのは、モーメントテンソルのT軸とP軸に対応する方向である。断層面でない節面を**補助面**（auxiliary plane）と呼ぶ。

遠地S波の放射パターンは$\mathbf{R}^{FS} = -2(\boldsymbol{\gamma}\cdot\bar{\mathbf{u}})(\boldsymbol{\gamma}\cdot\boldsymbol{v})\boldsymbol{\gamma} + (\boldsymbol{\gamma}\cdot\bar{\mathbf{u}})\boldsymbol{v} + (\boldsymbol{\gamma}\cdot\boldsymbol{v})\bar{\mathbf{u}}$である。$\boldsymbol{\gamma}$と内積をとれば0になり、たしかに直交する（横波である）ことがわかる。つまり振動方向はつねに震源球上であり、モーメントテンソルのP軸からT軸に向かう曲線の方向に並ぶ。P波と同様に極座標表示で表すと、$\phi = 0$の面内では大きさが$\cos 2\theta$となる。これも4象限的であるが、P波の放射パターンの4象限とは45度ずれており、P波振幅が0になる、断層面法線方向とすべりの方向で、S波振幅は最大化する。

ダブルカップルの放射パターンについての理解を深めるために、シングルカップルの放射パターンと比較する（図4-11）。ダブルカップルを構成する2つのシングルカップルは共通のP波の放射パターンをもつ。したがってダブルカップルの放射パターンは、単純に振幅が2倍になり、形は変わらない。

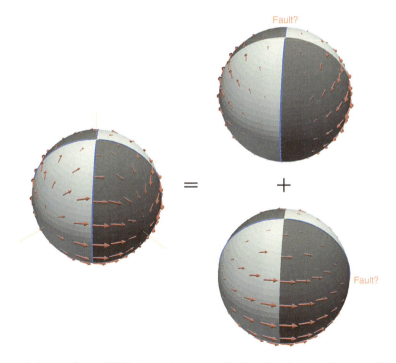

図4-11　ダブルカップルのS波放射パターンを2つのシングルカップルの和として示したもの。青い線はとりうる断層面。

第4章 ◆ モーメントテンソルによる震源の表現

　ダブルカップルとシングルカップルの違いは、断層面に沿う方向でとくに大きい。シングルカップルのS波放射パターンは、仮定した断層面内では振幅が 0 になる。ただし、組になるもうひとつのシングルカップルの最大振幅方向は、この面内にふくまれるので、ダブルカップルの場合、断層面内に最大振幅の方向がふくまれる。断層に沿った地点の揺れの大きさは、地震防災に直結する問題であり、この違いは無視できない。

第 **5** 章　　**現実的な震源①**
　　　　　　　　——点震源

　ここまで、震源と地震動の数学的な表現について考えてきた。この章では、その表現と実際の自然現象としての地震を対応づける。地下の地震を定量化するために、まず地震を地理的な座標系に位置づける。観測点での地震波観測から、震源位置と大きさ、さらにどのような方向の運動が起きたか（震源メカニズム解、発震機構[1]）がわかる。メカニズム解は、地下の断層運動の方向や大きさと関連する。断層運動の方向は、その地震の発生場所（たとえばプレート境界なのか、内陸の断層なのか）の判断や、地域的な応力場の状態を考察するのにも役立つ。さらに点震源という制約の中で、地震の破壊すべりの時間変化や地震波エネルギーの表現を導出する。

5-1　　　　　　　　　　　　　　　　　　　　　　　震源と観測点

5-1-1　観測方位と射出角

　現実的な地震の震源過程の分析の第一歩は、地震を検出し、その震源位置を決定することである。地下構造を仮定して、P波とS波の観測点への到達時刻から震源位置を決定する手法については、第1章で紹介した。ここでは緯度、経度、深さという震源の位置情報、および観測点の緯度、経度、標高が既知だとする。

　P波とS波は、震源から観測点まで、地下を最短時間で到達する経路（**波線（ray-path）**）を通って伝播する。この波線および到達にかかる時間（**走時（travel time）**）は、震源と観測点、地下構造を仮定することで計算可能である[2]。ここで

1　広く震源の運動という意味で発震機構という用語が古くから使われてきた。現在ではこの用語はおもに発震機構解（focal mechanism solution）、もしくはメカニズム解として、ダブルカップル（もしくはモーメントテンソル）を用いた断層運動方向表示の意味で用いられる。

2　地下構造がわかっているときに任意の2地点間の波線および走時を計算するには、片方の地点から波線をたどるshooting法［1］、2地点間の直線経路を仮定しそれを最適化するように変形するbending法［2］などの手法がよく用いられる。

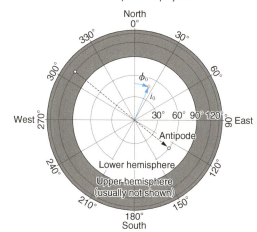

図 5-1 NED（North-East-Down）座標での観測方向ベクトル。(a) 方位角と射出角の極座標における表現。(b) 上向きの地震波と下向きの地震波の波線経路。(c) ランベルト正積方位図法による観測方向の震源球上への投影。

は、この波線がわかっているとして、震源から出た直後の波線の方向を考える。

地図上に（North, East, Down）という右手系の NED 座標系を用意する（図5-1a）。震源から**観測方位（azimuth）**[3] ϕ_0（北から東回り（時計回り）に測る）、**射出角（take-off angle）** i_0（真下から測る）で地震波線が出るとすると、観測方位ベクトル $\boldsymbol{\gamma}$ を NED 座標系で

$$\boldsymbol{\gamma} = \begin{bmatrix} \cos\phi_0 \sin i_0 \\ \sin\phi_0 \sin i_0 \\ \cos i_0 \end{bmatrix} \tag{5-1}$$

と表すことができる[4]。

---

[3] 観測方位は震源と観測点の位置（緯度と経度）から計算する。地域的な観測であれば、地表を平面と仮定しても誤差は小さいが、球面三角法を用いるのが正確である。
[4] 下向きを基準としているのは、ある程度震源から離れた観測点では、下向きに射出された地震波を観察することが多いからである（図5-1b）。地球内部は深くなるほど地震波速度が速いので、波線は下に凸の曲線を描いて観測点に到達する。

5-1-2 震源球と初動分布

各観測点で観測される上下動の地震波記録から、P波の初動極性が押し（膨張、上下動で上向き、正）か引き（収縮、同下向き、負）か、という情報が得られる。初動極性は、断層面やすべりの方向を推定するために重要な情報である。その空間的なパターンは、「押し」と「引き」で四象限に分かれる[5]。

現代の日本には多数の観測点があるために、この押し引きの分布はとてもよく見える（図5-2ab）。この分布は前章で示したように、P波の放射パターンの四象限にほかならず、地震の震源が断層運動であることの強い証拠となっている。

観察された初動極性を、震源から見た観測点の方向へ図示する。まず震源を中心とした単位球、震源球を考える。震源球の下半球（$0° \leq \phi_0 < 360°$[6]、$0° \leq i_0 < 90°$）を**ランベルト正積方位図法（Lambert azimuthal equal area projection）**で投影する[7]。この図法では方位はそのまま、射出角は中心から$\sqrt{2}\sin(i_0/2)$の距離に表示すると、半径1の円内に各観測点のP波初動極性情報を表示することがで

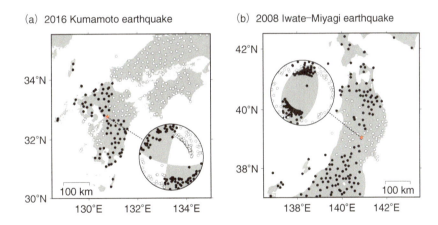

図 5-2 地図および震源球面上のP波初動の分布。上向きの初動を黒、下向きの初動を白で表す。P波の放射パターンは灰色と白のビーチボールで表されている。(a) 2016年熊本地震。(b) 2008年岩手宮城内陸地震。

---

5 最初に発見したのは、1917年に京都大学教授であった志田順である［3］。
6 方位や、この後出てくるさまざまな角度には、360°の任意性がある。負の角度を用いても計算上は問題ない。たとえば西経60°は、−60°でも300°でも数学的には同じである。
7 放射パターンは、原点に対して対称なので、上半球にある観測点は、原点に対して対称な下半球の点として表示する（図5-1c）。

きる（図5-1c）。

2016年熊本地震（図5-2a）のような横ずれ断層については、地理的なP波初動極性の分布と震源球上の分布を対応づけることは簡単である。一方で2008年岩手宮城内陸地震（図5-2b）は、逆断層地震であり、震源球上の極性分布と地図上の極性分布の対応はややわかりにくい。ただし、この場合でも四象限的な分布は見える。

5-2　断層運動の向きとパラメター

5-2-1　矩形断層の断層パラメター

断層のすべり運動は、矩形（長方形）の面上の一様のすべり運動と考えると、説明しやすい。この章では震源を点震源として扱うので、震源を微小の矩形断層と考え、その性質を表すために以下の9個の断層パラメターを用意する（図5-3）。地下に参照点を一点設定し、そこから水平方向に上辺をとり、長さを測る。さらにその方向から右手傾斜方向に、幅を測ることにする。

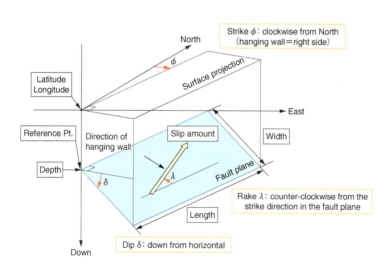

図5-3　矩形断層のすべり運動を定義するパラメター。断層方向を表すパラメター（走向・傾斜・すべり角）をふくむ。

位置に関するパラメター：参照点の緯度（latitude）、経度（longitude）、深さ（depth）

大きさに関するパラメター：長さ L、幅 W、すべり量 D （地震モーメント $M_0 = \mu LWD$）

方向に関するパラメター：**走向（strike）** ϕ、**傾斜（dip）** δ、**すべり角（rake）** λ

　方向に関する3つのパラメターの定義はAki & Richards (1980; 2002)[4]に従う。走向方向は矩形断層の上辺の向きであり、断層によって分けられる媒質の上盤が右手になる方向とする。これは長さ L を測る方向となる。その角度は北を0として東向き（時計回り）に測る。傾斜は断層面の最大傾斜方向へ、水平面から下向きに測った角度である。すべり角は、断層の上盤の下盤に対する運動のベクトル（すべりベクトル）と走向方向のなす角である。走向方向を0とし、断層面内上向き（反時計回り）に角度を測る。

5-2-2　3タイプの断層運動

　断層運動には3つの種類（正断層、逆断層、横ずれ断層）がある（1-5節）。この種類は断層の方向に関するパラメターと関係している。断層運動のタイプはおもにrakeで決められる。

　rakeが90°もしくは−90°の場合[8]、それぞれ純粋な逆断層、正断層である。dipの大きさによって低角（正・逆）断層、高角（正・逆）断層ともいわれる。

　rakeが0°もしくは180°（−180°）であれば、純粋な横ずれ断層である。0°のとき左横ずれ、180°（−180°）のとき右横ずれとなる。dipが90°だと一見、上盤と下盤の区別はないが、この場合、strikeを測るときに右手にした側が、上盤に相当する。

5-2-3　断層面ベクトルとすべり方向ベクトル

　まず、断層面ベクトルが真上、すべり方向ベクトルが北を向くような断層運動を考える。NED座標系では、断層面ベクトルは $\mathbf{v} = [0 \quad 0 \quad -1]^t$、すべり方向ベクトルは $\bar{\mathbf{u}} = [1 \quad 0 \quad 0]^t$ である。この面を、上記の走向、傾斜、すべり角の方向

8　dipが90°でなければ。

へ回転させると、

$$\mathbf{v} = \begin{bmatrix} -\sin\delta\,\sin\phi \\ \sin\delta\,\cos\phi \\ -\cos\delta \end{bmatrix} \tag{5-2}$$

$$\bar{\mathbf{u}} = \begin{bmatrix} \cos\lambda\,\cos\phi + \cos\delta\,\sin\lambda\,\sin\phi \\ \cos\lambda\,\sin\phi - \cos\delta\,\sin\lambda\,\cos\phi \\ -\sin\delta\,\sin\lambda \end{bmatrix} \tag{5-3}$$

となる。

等方均質媒質において、モーメントテンソルは $M_{ij} = M_0(\bar{u}_i\nu_j + \bar{u}_j\nu_i)$ であるから、この $\bar{\mathbf{u}}$ と $\mathbf{v}$ の表現を用いると、前章で紹介した任意の断層運動のモーメントテンソルを断層パラメター ϕ、δ、λ で表すことができる。つまり、$M_{ij}(\phi, \delta, \lambda)$ と書ける。たとえば、一番簡単な M_{DD} 成分は

$$M_{DD}(\phi, \delta, \lambda) = 2M_0 \sin\delta\,\cos\delta\,\sin\lambda \tag{5-4}$$

である。

地震波の放射パターンは、$\bar{\mathbf{u}}$ と $\mathbf{v}$ に加えて、式(5-1)の $\boldsymbol{\gamma}$ を用いて表されているので、$\mathbf{R}^C(\phi, \delta, \lambda, \phi_0, i_0)$ と書ける。たとえば、遠地P波の振幅は、$\boldsymbol{\gamma}$ との内積をとって、

$$\begin{aligned}
\mathbf{R}^{FP}\cdot\boldsymbol{\gamma} = &\cos\lambda\,\sin\delta\,\sin^2 i_0\,\sin 2(\phi_0-\phi) - \cos\lambda\,\cos\delta\,\sin 2i_0\,\cos(\phi_0-\phi) \\
&+ \sin\lambda\,\sin 2\delta(\cos^2 i_0 - \sin^2 i_0\,\sin^2(\phi_0-\phi)) \\
&+ \sin\lambda\,\cos 2\delta\,\sin 2i_0\,\sin(\phi_0-\phi)
\end{aligned} \tag{5-5}$$

となる。

5-2-4　初動極性によるメカニズム解推定

ある地震のメカニズム解を、観測されたP波の初動極性から推定する。推定されたメカニズムが正しければ、式(5-5)の $\mathbf{R}^P(\phi, \delta, \lambda, \phi_0, i_0)\cdot\boldsymbol{\gamma}(\phi_0, i_0)$ の正負は、ほとんどの観測点の観測値と一致するはずである。したがってメカニズム解の推定方法としてもっとも単純なものは、この一致具合を最大化するというものである。

具体的には、k 番目の観測点で観測された極性（1または -1）を $p(\phi_0^k, i_0^k)$ として、

$$\sum_k |p(\phi_0^k, i_0^k) - \mathrm{sgn}(\mathbf{R}^P(\phi, \delta, \lambda, \phi_0^k, i_0^k) \cdot \boldsymbol{\gamma}(\phi_0^k, i_0^k))| \qquad (5\text{-}6)$$

を最小化する ϕ、δ、λ の組を求める[9]。3つの角度それぞれについて網羅的に調べれば簡単な計算であるが、式(5-6)を最小化するパラメーターはある範囲に分布し、一意には決定できない。そこで、個々のデータの信頼性や、観測方向（とくに i_0）の正確さを取り入れて、解を一意に絞り込む推定方法がよく利用されている[5]。

　P波についての例を挙げたが、S波についても同様の処理は原理的に可能である。とくに観測点数が少ない場合には、S波の情報は貴重である。ただし、S波の前には、地下の浅部構造で変換されたP波が観察されるのがふつうであり、またS波スプリッティング[10]の影響を受ける。そのため、極性がそのまま利用されることは少ない。

　極性だけではなく、振幅を用いてメカニズム解を推定することも可能である。この場合、観測点ごとに異なる表層地盤の増幅効果を別に推定し、補正しないと信頼性のある解は得られない。それでも、表層地盤の増幅効果はP波とS波で大きくは変わらないと仮定するならば、P波とS波の振幅比を用いることで、比較的簡便にメカニズム解を推定することができる[6]。

5-3　　　　　　　　　　　　　　　　断層運動のビーチボール

5-3-1　ビーチボール表示

　断層運動の情報を図5-1と同じように震源球上に表現する（図5-4）。

　断層運動（＝ダブルカップル震源）の場合、断層面（と補助面）は、断層面ベクトル $\boldsymbol{v}$ とすべり方向ベクトル $\bar{\mathbf{u}}$ のそれぞれに直交する2つの面である。これはP波放射パターンの2つの節面に対応する（4-5節）。この原点を通る2つの面が、震源球面と交差する円を、5-1節で観測点を投影したのと同様に、正積投影する（図5-1c）。面だけでなく、$\boldsymbol{v}$ と $\bar{\mathbf{u}}$ の方向、そしてモーメントテンソルのT

9　sgn( )は( )内の値の正負の符号によって+1または−1をとる関数。

10　等方均質媒質中では、S波は振動方向に直交する1方向に振動する。地下構造に異方性があると、速く伝播する方向と遅く伝播する方向に分離する。これをS波スプリッティングという。短周期の地震波ではこの影響が顕著である。

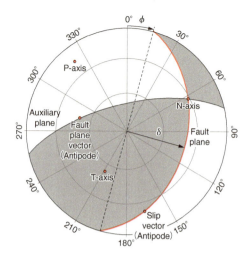

図 5-4　モーメントテンソルのビーチボール表示（下半球投影）。ダブルカップル震源（走向15°、傾斜40°、すべり角35°）。主軸、すべり、断層面ベクトルも示す。

軸、P軸（それぞれ、$\boldsymbol{\nu}+\bar{\boldsymbol{u}}$方向、$\boldsymbol{\nu}-\bar{\boldsymbol{u}}$方向）も同様に図示することができる。

節面の位置はP波の振動方向が変わる場所でもある。式(5-5)を用いて、震源球の下半球全域で正を黒、負を白と色分けすることができる。このような表示法を、**ビーチボール（beachball）**表示と呼ぶ。ダブルカップルの場合、白黒の境界は断層面と補助面に完全に一致しており、白と黒の面積は等しい[11]。メカニズム解が適切に推定されていれば、ビーチボールの白と黒は、観測点の引きと押しの分布とほぼ一致する。

5-3-2　断層タイプとビーチボール

代表的なビーチボールを図5-5に示す。正断層は中央が白、逆断層は中央が黒のビーチボールになる。鉛直な横ずれ断層の地震のビーチボールは十字の線をふくむ。白から黒の方向が、断層のすべり方向である。

ひとつのビーチボールが2つの断層面候補を表すという点は、再度強調しておく。P波初動だけではもちろん、S波の振動方向を使ったとしても、2つの節面のどちらが断層面かを判断することはできない。この2つの面を区別するために

---

[11] ダブルカップルだけでなく、一般に震源が等方成分をふくまない場合、白と黒の面積は等しい。

第Ⅱ部 ◆ 破壊すべりと震源波動場

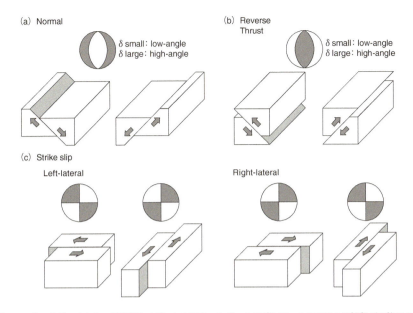

図 5-5 ビーチボールと3つの断層タイプ。1つのビーチボールに対して、つねに2つの解釈が可能であることに注意。

は、すべりが空間的にどのように広がっているか、明らかにしなければならない。

5-3-3 モーメントテンソルのビーチボール

非ダブルカップル成分をふくむ、一般的なモーメントテンソルについても、同じように震源球上に、P波の振動方向を白と黒の範囲として表示することができる（図5-6）。4-3節で説明したように、モーメントテンソルをダブルカップルで

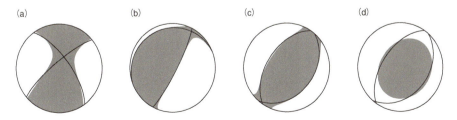

図 5-6 モーメントテンソルのビーチボールの例。(a) 1995年兵庫県南部地震。(b) 2003年十勝沖地震。(c) 2024年能登半島地震。(d) 1996年鳥島CLVD地震。それぞれの地震について、灰色の領域はP波初動の押し方向を示し、2本の曲線は近似したダブルカップル震源の節面を示す。

107

近似して、その節面を表示することができるが、その2つの節面と白黒の境界は一致しない。

モーメントテンソルの等方成分が0より大きいと、黒い領域が多くなり、等方爆発ではすべて黒になる。等方収縮であれば逆である。鉛直軸に対称なCLVDの場合には、ビーチボールというよりは目玉のような図になる（図5-6d）。

5-3-4 ビーチボールとテクトニクス

過去に起きた多数の地震のビーチボールを表示すると、その地域のテクトニクスの理解に役立つ。図5-7は、5-4節で説明する手法を用いて、世界各地の地震について求められたモーメントテンソルを図示したものである。

中央海嶺では、正断層的なメカニズムの地震が、海嶺の軸方向に列をなす。さらに、複数の中央海嶺セグメントをつなぐ、トランスフォーム断層に対応する十字型の横ずれ断層のビーチボールが並ぶ。このように直線状に並んだビーチボールの場合、2つの節面のうち、直線に平行な方向の面が断層面である可能性が高い。

沈み込み帯では、低角逆断層型のメカニズムが多い。もうひとつの面、高角逆

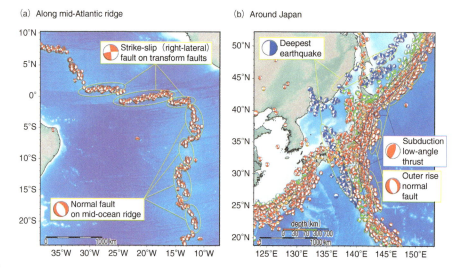

図5-7 Global CMT Project[7]が1977年から2020年までに決定したモーメントテンソル。(a) 大西洋中央海嶺に沿った海嶺トランスフォーム断層系。おもに横ずれ断層と正断層で特徴づけられる。(b) 日本周辺の沈み込み帯。低角逆断層地震とアウターライズ正断層地震が特徴的である。

断層の可能性もあるが、プレート沈み込みの力学との対応から、低角の面を断層として仮定することに違和感はないだろう。第8章で説明するアンダーソン理論からも、低角逆断層が示唆される。また沈み込み帯の深部では、プレートが下部マントルから押し返されるような、鉛直と水平な節面をもつ地震が発生している。広域的な応力場と発震機構解の対応がわかりやすい。

5-4　モーメントテンソルインバージョン

5-4-1　波形を使ったメカニズム推定

　P波初動極性やP波とS波の振幅比を用いて、ダブルカップルのメカニズムを推定する方法については、5-2節で説明した。これは観測データの情報の、ごく一部のみを使った推定法である。P波やS波はもちろん、表面波や近地項もふくんだ、観測地震波形データのすべての情報を用いることができれば、より正確にメカニズムを推定できる。

　一般に、データを利用して未知量を推定する方法をインバージョンという。観測地震波形データを用いて、震源のモーメントテンソルを推定する方法を、**モーメントテンソル（MT）インバージョン**（moment tensor inversion）という。P波初動極性が多数の観測点の情報を必要とするのに対して、MTインバージョンでは、たった数点の観測データでも信頼性の高い解が得られる。また基本的なMTインバージョンの手法は、統計学的意味が明瞭で、より複雑な有限断層のすべり分布推定の基礎ともなる方法なので、以下に詳しく説明する。

5-4-2　モーメントテンソルの基底展開

　モーメントテンソルの独立成分は6個であるから、独立な6種類の基底モーメントテンソルを用いると、任意のモーメントテンソルをその重ね合わせで表現できる。たとえば、以下のような基底 $\hat{\mathbf{M}}^1$, $\hat{\mathbf{M}}^2$, $\cdots$, $\hat{\mathbf{M}}^6$[8] がよく用いられる（図5-8）。

$$\left\{ \begin{bmatrix} 0 & 1 & 0 \\ 1 & 0 & 0 \\ 0 & 0 & 0 \end{bmatrix} \begin{bmatrix} 1 & 0 & 0 \\ 0 & -1 & 0 \\ 0 & 0 & 0 \end{bmatrix} \begin{bmatrix} 0 & 0 & 0 \\ 0 & 0 & 1 \\ 0 & 1 & 0 \end{bmatrix} \begin{bmatrix} 0 & 0 & 1 \\ 0 & 0 & 0 \\ 1 & 0 & 0 \end{bmatrix} \begin{bmatrix} -1 & 0 & 0 \\ 0 & 0 & 0 \\ 0 & 0 & 1 \end{bmatrix} \begin{bmatrix} 1 & 0 & 0 \\ 0 & 1 & 0 \\ 0 & 0 & 1 \end{bmatrix} \right\} \quad (5\text{-}7)$$

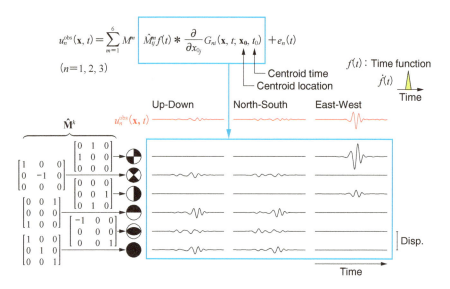

図 5-8 MT（CMT）インバージョンの実行プロセスの説明図。観測データは、仮定した時間関数をもつ 5 つまたは 6 つの基底モーメントテンソルからの地震波の和によってモデル化される。

任意のモーメントテンソル $\mathbf{M}$ は、これらの基底と重み（展開係数）M^m を使って、以下のように表現できる。

$$\mathbf{M} = \sum_{m=1}^{6} M^m \hat{\mathbf{M}}^m \tag{5-8}$$

なお、地震が断層運動だと仮定するのであれば、等方成分（$\hat{\mathbf{M}}^6$）を計算から除外することができ、総和は $m=1,\cdots,5$ でとればよい。

震源位置・時刻 $(\mathbf{x_0}, t_0)$ におけるひとつの基底モーメントテンソル $\hat{\mathbf{M}}^m$ から、観測位置・時刻 $(\mathbf{x}, t)$ へ届く地震波は、2 点間のグリーン関数 $G_{ni}(\mathbf{x}, t; \mathbf{x_0}, t_0)$ を用いて、

$$u_n^{\text{base}}(\mathbf{x}, t; \hat{\mathbf{M}}^m, T, \mathbf{x_0}, t_0) = (\hat{M}_{ij}^m f(t; T)) * \frac{\partial}{\partial x_{0j}} G_{ni}(\mathbf{x}, t; \mathbf{x_0}, t_0) \tag{5-9}$$

と書ける。現実的な地震の場合、グリーン関数は仮定した地下構造について、数値的な方法で計算される（第 3 章）。$f(t; T)$ は震源時間関数である。その微分 $\dot{f}(t; T)$ が、底辺 T、高さ $2/T$ の二等辺三角形となる関数型などがよく用いられる。

5-4-3 MTインバージョン

任意のモーメントテンソル $\mathbf{M}$ から、さまざまな観測点 $\mathbf{x}^k$ ($k=1, \cdots, K$) で時刻 t_l ($l=1, \cdots, L^k$) に観測される地震波 $u_n^{\mathrm{obs}}(\mathbf{x}^k, t_l)$ は、上記の基底モーメントテンソルによる地震波の重ね合わせであり、

$$u_n^{\mathrm{obs}}(\mathbf{x}^k, t_l) = \sum_{m=1}^{6} M^m u_n^{\mathrm{base}}(\mathbf{x}^k, t_l; \widehat{\mathbf{M}}^m, T, \mathbf{x_0}, t_0) + e_{kln} \tag{5-10}$$

と表される。これが MT インバージョンの基本の式、観測方程式（observation equation）である。

上式では e_{kln} が、観測値と計算値の不一致を表す。この不一致が小さいように、重み（モーメント成分値）M^m および継続時間 T を推定する。多くの場合、e_{kln} の2乗和が最小になるように、これらのパラメーターを推定する。つまり最小二乗法である[12]。この場合、$\Sigma e_{kln}^2 \to 0$ となるように、M^m と T を推定する。最小二乗法をふくむパラメーター推定法の詳細については、Menke (2012)[9] などを参照するとよい。

このインバージョンを実行するためには、データと誤差の性質を慎重に検討する必要がある。たとえば観測地震波のうち、どの周波数のデータを使うべきか。地震の規模が小さいと、比較的高周波数の地震波が観測され、低周波数の地震波はノイズに隠されてしまう。ノイズの大きさは観測条件ごとに異なり、その違いは誤差、つまり式(5-10)の e_{kln} に影響する。現実のパラメーター推定法では、この影響を補正する必要がある。

一般に高周波数の地震波ほど、構造不均質の影響を受けやすい。構造不均質の影響が強いと、正確なグリーン関数の計算は難しくなる。誤差の大きなグリーン関数を用いて推定された解には、大きなバイアスがふくまれる場合がある。たとえば、沈み込み帯で、沈み込むプレートの構造を無視して、水平成層1次元構造を仮定し、比較的高周波数までをふくむグリーン関数を用いてモーメントテンソルを推定すると、断層面の傾斜角に大きなバイアスが生まれる。結果として、地震がプレート境界で起きたか、プレートの内部で起きたか、という判定を誤る可能性が高い[10]。

したがって、ノイズに比べて十分なシグナルが得られるならば、より低周波の

---

12 より正確には、最尤法というべきである。最尤法では、誤差 e_{kln} がある確率分布に従うとして、得られたデータがその確率分布を最大化するように未知量を推定する。多くの場合、確率分布として正規分布が仮定され、その場合に最尤法は最小二乗法へと帰着する。

第5章 ◆ 現実的な震源① ──点震源

地震波形を用いたほうが、モーメントテンソルは少ない誤差で推定可能になる。この点でとくに有効なのは、**W-phase**[11]と呼ばれる低周波地震波を利用することである。W-phase は大地震の遠地地震変位波形のP波とS波の間に、0.001-0.01 Hz（100-1000秒）程度の帯域で観測され[13]、モーメントテンソルの推定に利用されている[12]。

5-4-4　CMTインバージョン

　本章では、震源を点で考えられるような状況を扱う。地震波の到達時刻を用いた震源決定で求められる震源位置・時刻は、あくまでも破壊すべりの開始点・開始時刻としての意味しかもたない。したがって、有限の広がりをもつ震源の代表値として式(5-9)(5-10)に代入するには、必ずしも適当ではない。

　式(5-10)を用いて、M^m、T、$\mathbf{x_0}$、t_0を同時に変化させると、破壊開始点・開始時刻より誤差を小さくする震源の位置・時刻を推定することができる。この位置と時刻は、その地震の震源過程の代表値、いうなれば震源の重心と考えられるので**セントロイド（centroid）**と呼ばれる。

　セントロイドの位置と時刻まで推定するMTインバージョンをとくに**セントロイドモーメントテンソル（Centroid Moment Tensor, CMT）インバージョン**、その解を**CMT解**と呼ぶ[13]。破壊開始点とセントロイドの関係は、その地震の破壊すべりの時間空間的な広がりを表す情報として貴重である。

　この手法を用いて、ハーバード大学（その後コロンビア大学に移動）が世界中の地震のモーメントテンソルを決定し続けている。Global CMT Project という。デジタル地震記録が普及しだした1970年代後半から、約$M5.5$以上の地震のCMT解は自動的に推定されている[7]。

　日本国内でも防災科学技術研究所が、約$M3.5$以上の地震についてモーメントテンソルを自動決定している[14]。気象庁はP波初動を用いてダブルカップル解を求めると同時に、独自にモーメントテンソルを計算し、地震がどのような性質のものだったか、判定するために使用している。これらのカタログが、5-3節で紹介したような、地域的なテクトニクスとの比較に役立っている。

13　W-phase は基本モードおよび3次程度までの高次モードのレイリー波の重ね合わせと理解される。S波より早く観測されるので早期警報の観点からも有効である。

5-5 震源時間関数

5-5-1 地震波の例

　CMTインバージョンの震源時間関数（モーメントレート関数）は、三角形を仮定することが多いが、現実の地震の時間関数は、より複雑な時系列となる。この関数は遠地の地震波から、ある程度推定可能である。

　震源から遠方で観測する地震波には、P波とS波の遠地項がよく見える。ただし観測地震波には、地球内部の構造不均質による反射波や屈折波がふくまれる。とくに浅い地震の場合には、地表近傍の影響を強く受ける[14]。深い地震の場合には、この影響が少ないので、震源での破壊プロセスを反映した遠地の実体波パルスが見える。

　2015年の小笠原西方沖、深さ約680 kmで発生したM8級の地震を検討する。この地震は、深さと大きさの点で、地震観測史上珍しい現象であった。図5-9は、この地震の九州の観測点における広帯域地震記録を変位に変換したものである。10秒程度のP波パルス、S波パルスが顕著に見える。この地震は巨大地震なので、

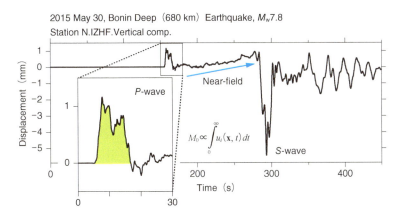

図5-9　モーメントレート関数で近似した遠地変位地震波パルスの例。N.IZHF観測点における広帯域変位記録の鉛直成分。

14　P波より少し遅れて、地表面で反射した波（pP波、sP波）がよく観測される。これらは震源の深さについての重要な情報を与えるが、震源過程の複雑さによる震源時間関数の変化と区別する必要がある。

1000 km以上離れた点でも、P波とS波の間に近地ランプも観察される。

この地震波は

$$\mathbf{u}(\mathbf{x}, t) \approx \frac{\mathbf{R}^P}{4\pi\rho\alpha^3 r}\dot{M}_0\left(t - \frac{r}{\alpha}\right) + \frac{\mathbf{R}^S}{4\pi\rho\beta^3 r}\dot{M}_0\left(t - \frac{r}{\beta}\right) \tag{3-2再}$$

とよく近似できる例である。P波とS波の変位パルスはそれぞれ、モーメントレート関数に比例し、パルスの面積は地震モーメントに比例する。

5-5-2 遠地地震波パルスと地震モーメント

遠地の地震波パルスのデータが得られれば、それから地震モーメントを計算することが可能である。無限等方均質媒質でP波、S波の観測波形と地震モーメントは、

$$M_0^C = \frac{4\pi\rho c^3 r}{|\mathbf{R}^C|}\int_0^\infty |\mathbf{u}^C| dt \tag{5-11}$$

という関係を満たす。$(C, c) = (P, \alpha)$または(S, β)である。

実際には地球は無限等方均質媒質ではないし、地表面では地震波の増幅も起きる。それらを無視して図5-9の地震波のパルスから地震モーメントを推定してみよう。放射パターンとして0.5を仮定、深さ600 kmくらいのP波速度は約10 km/s、密度は約4000 kg/m³、震源距離は1500 km、パルスは幅12秒、高さ1 mmの台形と仮定すると、

$$M_0 \approx 4\pi \times 4000 \times 10000^3 \times 1500000 \times 0.001 \times 12/0.5 = 2\times 10^{21}~\mathrm{Nm}$$

となる。少々数字を合わせすぎたかもしれないが、これは$M_\mathrm{w}8.1$に相当する。$M8$級という意味ではまずまずの推定だろう。

5-5-3 震源時間関数のカタログ

図5-9の地震波パルスは、破壊すべりが時間とともに進展して停止するまでの時間変化を表す。この地震の破壊すべりは最初急激にはじまった後、約5秒でいったん弱まり、その後再び大きくなって10秒少々で停止したことが、時間変化から推察される。

個々の地震についてこのような情報を得るには、震源から観測点までの経路の情報、すなわちグリーン関数を適切に設定する必要がある。グリーン関数が適切であれば、それを観測地震波からデコンボリューション[15]することで、震源時間

関数を推定することができる。現在、世界中の地震を対象に、ルーチン的な解析によって震源時間関数を推定するプロジェクトが進行している。これは、おそらくCMT解の次に有用な破壊すべりの情報となる。

実体波の場合、震源からの角距離が30度から100度程度の観測点では、比較的信頼できるグリーン関数を計算することが可能である[15]。M5.8以上の多くの地震について、この手法を用いてルーチン的に実体波パルスから震源時間関数を決定しているのが、SCARDECプロジェクト[16]である。次章で詳しく説明するように、点震源を仮定したときに推定される震源時間関数は、観測点ごとに異なる。この観測点ごとに異なる震源時間関数を平均したもの、もしくは観測点ごとの震源時間関数のうち平均に一番近いものが、地震ごとの代表として求められている（図5-10）。

地震ごとの震源時間関数はさまざまな形をしている。M7とM9の違いがきわめて大きいこともよくわかるだろう。ほとんどの地震の震源時間関数は、第6章で扱う地震のスケーリングで説明される典型的な長さと高さをもつが、2種類の異なるグループがある。深発地震は地震モーメントのわりに長さが短い。また、**津波地震（tsunami earthquake）**[17][16]という海溝近傍の沈み込み帯で発生する地震の場合、地震モーメントのわりに継続時間がとても長い。

5-6 震源スペクトル

5-6-1 オメガ2乗モデル

ここまで、震源を点と仮定したときの振る舞いについて、時間領域の関数として説明してきた。一方で、地震動の周波数成分が問題になる場合も多い。そこで次に、変位地震動のフーリエスペクトル

$$\tilde{u}(\omega) = \int_{-\infty}^{\infty} u(t) e^{-i\omega t} dt \tag{5-12}$$

....

15 畳み込み積分（コンボリューション）の逆の操作に対応する。

16 津波地震とは、地震の揺れのわりに大きな津波を発生する地震であり、単に津波をともなう地震（tsunamigenic earthquake）とは異なる意味で用いられる。事例が少ないために、そのメカニズムには未知の点も多い。多くは継続時間がとても長いという特徴がある。国内では、1896年に三陸に大津波を引き起こした明治三陸地震が有名である。揺れが小さいために、警戒が不十分で大災害につながることのある、防災的に警戒すべき地震である。

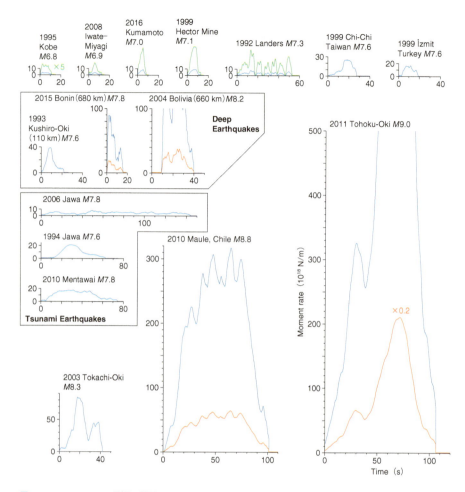

図 5-10　SCARDECの震源時間関数の例。青い線はすべての地震に共通。オレンジと緑の線は、それぞれ振幅を0.2倍と5倍した後の震源時間関数を表す。

について検討する。

　これまでに観測された膨大な数の地震波から、このスペクトル（**変位スペクトル（displacement spectrum）**）は、低周波数で一定値に漸近し、高周波数では周波数とともに急激に減少することが経験的にわかっている。変位と地震のモーメントレートは比例するので、変位スペクトルは**モーメントレートスペクトル（moment rate spectrum）**に比例する。モーメントレートスペクトルの低周波数での極限が、地震モーメントとなる。

$$\widetilde{M_0}(0) = \int_{-\infty}^{\infty} \dot{M}_0(t)\,dt = M_0 \tag{5-13}$$

変位スペクトルの高周波数での減少は、おおむね周波数の2乗程度となる[17]。そこでAki (1967)[18]、Brune (1970)[19]は**オメガ2乗（omega-square）**スペクトルモデルを考えた。それは、モーメントレートスペクトルを

$$|\widetilde{\dot{M}_0}(\omega)| = \frac{M_0}{1 + \left(\dfrac{\omega}{\omega_0}\right)^2} \tag{5-14}$$

と書くものである。ω_0 はコーナー角周波数である。これは角周波数 ω についての表現だが、もちろん周波数 f について

$$|\widetilde{\dot{M}_0}(f)| = \frac{M_0}{1 + \left(\dfrac{f}{f_c}\right)^2} \tag{5-15}$$

と書いてもよい。f_c は**コーナー周波数（corner frequency）**といわれる。

多くの地震の遠地地震波のスペクトルは、減衰などを補正すれば、おおむねこの形になると考えられている。比較的減衰が無視できる観測環境での地震波のスペクトルを、図5-11 に示す。

5-6-2 オメガ2乗モデルの時間関数

オメガ2乗モデルは、周波数領域でスペクトルの振幅の形状のみから経験的に提案された、もっとも単純なスペクトル形のひとつである。その物理学的意味は必ずしも明らかではない。オメガ2乗モデルに厳密に対応する、フーリエスペクトル（複素数）には、

$$\frac{M_0}{\left(1 + i\,\dfrac{f}{f_c}\right)\left(1 - i\,\dfrac{f}{f_c}\right)}, \quad \frac{M_0}{\left(1 + i\,\dfrac{f}{f_c}\right)^2}, \quad \frac{M_0}{\left(1 - i\,\dfrac{f}{f_c}\right)^2} \tag{5-16}$$

の3種類がある。複素平面での極の位置が3通りあるからである。

それぞれの逆フーリエ変換から、対応するモーメントレート関数は

$$\frac{M_0}{2t_c}\exp\left(-\frac{|t|}{t_c}\right), \quad \frac{M_0 t}{t_c^2}\exp\left(-\frac{t}{t_c}\right)H(t), \quad -\frac{M_0 t}{t_c^2}\exp\left(\frac{t}{t_c}\right)H(-t) \tag{5-17}$$

---

[17] 現実的なデータには地中のエネルギー減衰の影響が強いので、正確な減少傾向の推定は簡単ではない。

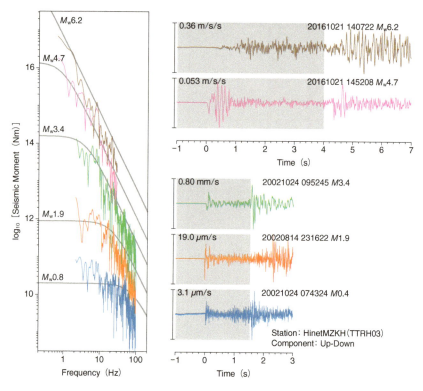

図 5-11　変位スペクトルをモーメントレートスペクトルに変換したもの。右側には、$M_w6.2$ と $M_w4.7$ の地震の加速度記録と、それより小さい3つの地震の速度記録（生データ）が表示されている。グレーの曲線は対応するオメガ2乗モデルスペクトル。

となる。ここで $t_c = (2\pi f_c)^{-1}$ である。その形を図5-12に示す。どの関数も時刻 $-\infty$ から、または ∞ まで継続するという点で、有限断層の破壊プロセスとしては実現不可能である。地震現象の性質から、時刻 $t<0$ で 0 で、$t>0$ で $t\exp(-t/t_c)$ に比例する、2番目の関数形がしばしば用いられる。

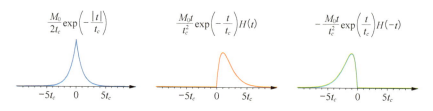

図 5-12　オメガ2乗のスペクトルをもつ3つのモーメントレート関数。

これらの関数形は厳密にオメガ2乗を満たすが、現実の地震のスペクトルは厳密にオメガ2乗になるわけではない。オメガ2乗はあくまで近似である。第6章で、有限の断層の破壊すべりを考え、どのようにオメガ2乗に近い震源過程が実現されるか紹介する。

5-7　地震波エネルギー

5-7-1　地震波エネルギーの定義

地震についての推定値として、地震モーメントと同様に重要なのは、地震波エネルギー[18]E_sである。地震波エネルギーの定義は「地震波によって震源から放射され、無限遠にまで伝わるエネルギー」となる。これは現実には推定不可能な量である。地球は有限であり、地震波は地球内部で減衰し、最終的にすべてのエネルギーを失うからである。そこで、震源の周辺での地震波を推定し、それがまったく減衰のない均質弾性体の中を無限遠まで伝わった場合の波動エネルギーの総量を地震波エネルギーとみなす。無限遠での近似なので、考慮するのは遠地項のみでよい。

震源を囲む表面S_0を基準として、遠地項$\dot{\mathbf{u}}^C(\mathbf{x}, t)$がこの面を超えて外部に運ぶエネルギーを積分すると、P波とS波それぞれ、$(C, c) = (P, \alpha)$または(S, β)として

$$E_s^C = \int_0^\infty \int_{S_0} \rho c \, \boldsymbol{\gamma} \cdot \mathbf{n} |\dot{\mathbf{u}}^C(\mathbf{x}, t)|^2 dSdt \tag{5-18}$$

となる。ここで$\boldsymbol{\gamma}$は波線の方向、$\mathbf{n}$は考える表面S_0の外向き法線ベクトルである。

5-7-2　点震源の地震波エネルギー

無限均質媒質中の点震源を考える。S_0を震源から等距離r_0にある球とすると、$\boldsymbol{\gamma} = \mathbf{n}$である。式(5-18)に、点震源による遠地地震波の式(3-2)を代入すると

$$E_s^C = \int_0^\infty \int_{r = r_0} \rho c \left(\frac{|\mathbf{R}^C(\mathbf{x})|}{4\pi \rho c^3 r} \ddot{M}_0 \left(t - \frac{r}{c} \right) \right)^2 dSdt \tag{5-19}$$

18　地震波放射エネルギーとも呼ばれる。

となる。時間微分にともなって、モーメントレート関数が、モーメント加速度関数$\ddot{M}_0(t)$となっている。点震源を考えているから、モーメント加速度関数は、空間積分の外に出る。また放射パターンの空間積分は、

$$\frac{1}{4\pi r_0{}^2}\int_{r=r_0}|\mathbf{R}^P(\mathbf{x})|^2 dS = \frac{4}{15} \tag{5-20}$$

$$\frac{1}{4\pi r_0{}^2}\int_{r=r_0}|\mathbf{R}^S(\mathbf{x})|^2 dS = \frac{2}{5} \tag{5-21}$$

と簡単な値になる。

これらを整頓すると

$$E_s = E_s^P + E_s^S = \left(\frac{1}{15\pi\rho\alpha^5}+\frac{1}{10\pi\rho\beta^5}\right)\int_0^\infty |\ddot{M}_0(t)|^2 dt \tag{5-22}$$

となる。E_s^PとE_s^Sは、それぞれ地震波速度の5乗という強い依存性をもつ。$\alpha:\beta=\sqrt{3}:1$のポアソン媒質の場合、E_s^SがE_s^Pより約23倍大きい計算になる。地震波速度の不確定性を考慮すると、地震波エネルギーのうちP波の成分、E_s^Pは誤差より小さいだろう。$E_s \sim E_s^S$と考えてよい。

5-7-3　地震波エネルギーマグニチュード

モーメントマグニチュードほどポピュラーではないが、地震波エネルギーにもとづくマグニチュードも参照されることがある[19]。Jの単位で表した地震波エネルギーE_sを用いて、**地震波エネルギーマグニチュード**（seismic energy magnitude）

$$M_e = \frac{2}{3}\log_{10} E_s - 2.9 \tag{5-23}$$

がさまざまな地震に対して推定されている[20]。

5-7-4　オメガ2乗モデルのエネルギー

オメガ2乗モデルを一般化し、オメガn乗モデルを

---

[19]　マグニチュードを定義したGutenbergとRichterは、もともとM_Lを地震波エネルギーと関係する量としていた[21]。現在では、地震モーメントと関係づけたM_wのほうがよく使われる。

第Ⅱ部 ◆ 破壊すべりと震源波動場

$$|\widetilde{\ddot{M}_0}(f)| = \frac{M_0}{\left(1 + \left(\dfrac{f}{f_c}\right)^a\right)^b} \tag{5-24}$$

と表して、この地震波エネルギーを求める。$a = 2$、$b = 1$ が、オメガ2乗モデルである。S波のエネルギーのみを考える。

式(5-22)の時間積分は、Parsevalの定理[20] を用いて周波数積分に置き換えられ、

$$E_s \sim E_s^S = \frac{1}{10\pi\rho\beta^5}\int_0^\infty |\dddot{M}_0(t)|^2 dt = \frac{1}{10\pi\rho\beta^5}\int_{-\infty}^\infty |\dddot{M}_0(f)|^2 df \tag{5-25}$$

となる。式(5-24)を代入すると、

$$\int_{-\infty}^\infty |\dddot{M}_0(f)|^2 df = 8\pi^2 M_0^2 \int_0^\infty \left| \frac{f}{\left(1 + \left(\dfrac{f}{f_c}\right)^a\right)^b} \right|^2 df$$

$$= 8\pi^2 M_0^2 f_c^3 \frac{1}{a}\mathrm{Beta}\left(\frac{3}{a}, \frac{2ab - 3}{a}\right) \tag{5-26}$$

ここで登場したベータ関数Beta( )は a と b によって決まる定数で、結局、地震波エネルギーは

$$E_s = \frac{4\pi M_0^2 f_c^3}{5\rho\beta^5}\frac{1}{a}\mathrm{Beta}\left(\frac{3}{a}, \frac{2ab - 3}{a}\right) \tag{5-27}$$

となる。オメガ2乗の場合、Beta$(3/2, 1/2) = \pi/2$ より、

$$E_s = \frac{\pi^2 M_0^2 f_c^3}{5\rho\beta^5} \tag{5-28}$$

となる。

　上記表現から、地震波のスペクトルについて重要な事実がわかる。ベータ関数の2つの変数はともに正でなければならない。a が正なのは当然として、ab は1.5より大きくなくてはならない。ab は高周波でのスペクトル振幅が周波数の何乗で小さくなるかを表す。2乗はもちろん1.6乗でも問題ないが、1.5乗だと解はない。つまり地震波エネルギーの周波数積分が発散してしまう。これは、スペクトルの高周波数での減少の仕方に対する物理的制約となる。

　このように、地震波エネルギーの見積もりには、スペクトルの高周波での振幅

....

[20] 任意の関数 $F(t)$ とそのフーリエ変換 $\tilde{F}(f)$ について、それぞれの2乗を時間領域と周波数領域で積分した値は等しい。つまり

$$\int_{-\infty}^\infty |F(t)|^2 dt = \int_{-\infty}^\infty |\tilde{F}(f)|^2 df$$

が成り立つ。

第 5 章 ◆ 現実的な震源① ──点震源

が重要になる。低周波極限で推定できる地震モーメントとは大きく異なる。たとえばオメガ 2 乗モデルを仮定した場合、コーナー周波数以下の周波数帯にふくまれるエネルギーは総エネルギーの 20 ％程度にすぎず、十分に広帯域のデータを用いないと、深刻な過小推定となる[22]。

5-7-5 　地震モーメントと地震波エネルギー

　本節の最後に、地震モーメントと地震波エネルギーを比較してみよう。

　地震モーメントは断層の最終すべり量に比例するので、静的な地震サイズである。一方、地震波エネルギーは、その途中の破壊すべり過程に依存する動的な量であり、動的な地震サイズを表す。地震モーメントは観測地震動（変位）スペクトルの低周波極限から推定できる（式(5-13)）のに対し、地震波エネルギーの推定には、全周波数にわたる積分が必要である（式(5-25)）。放射パターンさえわかれば、地震モーメントは 1 地点でも推定できる。一方、次章で見るように、地震波エネルギーは観測点の方位に強く依存するので、原理的には全方位のモーメントレート関数またはスペクトルが必要になる。このような推定の難しさのため、地震波エネルギーの推定誤差は大きく、ときには 1 桁近くなる。

　地震波エネルギーと地震モーメントの比 E_s/M_0 を規格化エネルギー（(moment-) scaled energy）と呼ぶ。この値は多くの地震で推定されており、おおむね 10^{-6} から 10^{-4} の間におさまる。もしこの値が一定であれば、式(5-27)より $M_0 \propto f_c^{-3}$ を意味し、地震が相似的な現象であることを示唆する。この問題について、次章で地震のスケーリングに関連して詳しく説明する。

第 6 章 現実的な震源② —— 面的モデル

　点震源をより現実的な震源に近づけるために、本章では線状、および面状に広がる震源を考え、その震源から放出される地震波動の数学的表現を導く。広がりをもつ震源からの地震波動は、観察する方向によって異なる。この性質を地震波動の方位依存性と呼ぶ。本章では、面的な広がりをもつ2つの震源モデルを用いて、典型的な方位依存性を紹介する。面的な広がりを考慮することで、地震のすべり量や継続時間なども評価可能になり、大きな地震と小さな地震は何が違うか、という議論につながる。規模による現象の違いを説明することをスケーリングという。本章では地震のスケーリングの基本についても紹介する。

6-1　すべりの空間分布と遠地地震波

6-1-1　観測点に依存するモーメントレート関数

　再び点震源からの遠地地震波の表現に立ち帰る。

$$\mathbf{u}(\mathbf{x}, t) \approx \frac{\mathbf{R}^{FP}}{4\pi\rho\alpha^3 r}\dot{M}_0\left(t - \frac{r}{\alpha}\right) + \frac{\mathbf{R}^{FS}}{4\pi\rho\beta^3 r}\dot{M}_0\left(t - \frac{r}{\beta}\right) \tag{3-2再}$$

ここで地震モーメント関数 $M_0(t) = \mu S \Delta u(t)$ は、すべり関数 $\Delta u(t)$ に比例し、0から最終的には地震モーメントの値まで時間とともに増大する関数であった。遠地地震波はその微分のモーメントレート関数 $\dot{M}_0(t)$ に比例する。

　すべりが断層面 $\Sigma(\boldsymbol{\xi})$ 上で、時間的・空間的に $\Delta\dot{u}(\boldsymbol{\xi}, t)$ と変化するとき、上記のような点震源が $\Sigma(\boldsymbol{\xi})$ 上に分布していると考え、面積分を計算する。すると等方均質媒質においては、

$$\mathbf{u}(\mathbf{x}, t) = \frac{\mu}{4\pi\rho\alpha^3}\int_\Sigma \frac{\mathbf{R}^{FP}}{r}\Delta\dot{u}\left(\boldsymbol{\xi}, t - \frac{r}{\alpha}\right)dS + \frac{\mu}{4\pi\rho\beta^3}\int_\Sigma \frac{\mathbf{R}^{FS}}{r}\Delta\dot{u}\left(\boldsymbol{\xi}, t - \frac{r}{\beta}\right)dS \tag{6-1}$$

と書ける。ここで r は、$r = |\mathbf{x} - \boldsymbol{\xi}|$ と震源の位置 $\boldsymbol{\xi}$ にも依存していることに注意する。震源中に代表点 $\boldsymbol{\xi}_0$ を設定し、そこから観測点までの距離を $r_0 = |\mathbf{x} - \boldsymbol{\xi}_0|$ とす

る（図6-1）。

$\mathbf{R}^{FP}/r$ の変化が小さく無視できる場合、これを式(6-1)の面積分の外に出して、

$$\mathbf{u}(\mathbf{x}, t) \approx \frac{\mathbf{R}^{FP}}{4\pi\rho\alpha^3 r_0}\dot{M}_0^P\left(\mathbf{x}, t-\frac{r_0}{\alpha}\right)$$
$$+ \frac{\mathbf{R}^{FS}}{4\pi\rho\beta^3 r_0}\dot{M}_0^S\left(\mathbf{x}, t-\frac{r_0}{\beta}\right) \quad (6\text{-}2)$$

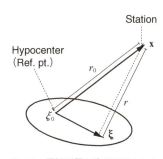

図 6-1　震源断層と遠地観測点との幾何学的関係。

と書ける。この式は式(3-2)と似ているが、

$$\dot{M}_0^C(\mathbf{x}, t) = \int_{\Sigma} \mu \Delta \dot{u}\left(\boldsymbol{\xi}, t-\frac{r}{c}+\frac{r_0}{c}\right)dS \quad (6\text{-}3)$$

が観測点 $\mathbf{x}$ で見た震源時間（モーメントレート）関数である点が異なる。$(C, c) = (P, \alpha)$ または (S, β) である。$\dot{M}_0^C(\mathbf{x}, t)$ は、震源におけるすべりの時空間分布 $\Delta u(\boldsymbol{\xi}, t)$ と、観測方向 $\mathbf{x}-\boldsymbol{\xi}_0$ で決まる。点震源では、モーメントレート関数は全観測方向で共通だが、すべりの空間分布がある場合には観測方向ごとに異なる、というのがこの式の意味である。

6-1-2　観測距離の線形近似

式(6-3)には $r = |\mathbf{x}-\boldsymbol{\xi}|$ がふくまれている。これは震源座標系 $\boldsymbol{\xi}$ についての非線形関数であるが、余弦定理とテイラー展開を用いて、

$$r = |\mathbf{x}-\boldsymbol{\xi}| = r_0\left[1+\frac{|\boldsymbol{\xi}|^2}{r_0^2}-\frac{2(\boldsymbol{\xi}\cdot\boldsymbol{\gamma})}{r_0}\right]^{1/2}$$
$$= r_0\left[1-\frac{\boldsymbol{\xi}\cdot\boldsymbol{\gamma}}{r_0}+\frac{1}{2}\frac{|\boldsymbol{\xi}|^2}{r_0^2}-\frac{1}{2}\frac{(\boldsymbol{\xi}\cdot\boldsymbol{\gamma})^2}{r_0^2}+O\left(\frac{|\boldsymbol{\xi}|^3}{r_0^3}\right)+\cdots\right]$$
$$\approx r_0 - \boldsymbol{\xi}\cdot\boldsymbol{\gamma} \quad (6\text{-}4)$$

と線形近似が可能である。この近似は**フラウンホーファー（Fraunhofer）近似**と呼ばれ、震源の空間的な広がりのうち、観測方向 $\boldsymbol{\gamma}$ にそった広がりのみを評価するものである。この近似を使うと、上記観測点に依存したモーメントレート関数を、

$$\dot{M}_0^C(\mathbf{x}, t) = \int_{\Sigma} \mu \Delta \dot{u}\left(\boldsymbol{\xi}, t+\frac{\boldsymbol{\xi}\cdot\boldsymbol{\gamma}}{c}\right)dS \quad (6\text{-}5)$$

と書き直すことができる。以降の節で紹介する震源モデルでは、この仮定を用い、モーメントレート関数の観測点依存性を説明する。

式(6-4)の近似は、震源からある程度離れた観測点でしか成立しない。その距離は、考える地震波の波長 λ にも依存する。震源の空間的広がり（差し渡し）が L くらいあるとすると、近似によって無視した項の大きさが、波長の 1/4（山谷がずれない程度）より小さいとして

$$\frac{|\boldsymbol{\xi}|^2 - (\boldsymbol{\xi} \cdot \boldsymbol{\gamma})^2}{2r_0} \approx \frac{L^2}{2r_0} \ll \frac{\lambda}{4} \tag{6-6}$$

が近似の成立する条件となる。たとえば $M_w 4$ ($L \sim 1 \, \mathrm{km}$)、$M_w 6$ ($L \sim 10 \, \mathrm{km}$) の震源で数秒 ($\lambda \sim 10 \, \mathrm{km}$) の地震波を観察する場合には、震源からそれぞれ 200 m、20 km より相当離れないといけない。

6-2　1次元震源モデル──ハスケルモデル

6-2-1　移動点震源

空間的な広がりをもつ震源として、もっとも単純なもののひとつは、等速直線運動する点震源だろう。震源座標系の ξ_1 軸方向に、原点から長さ L まで、一定速度で移動する震源を考える（図 6-2）。**移動転位（moving dislocation）モデル**と呼ばれることも多い[1]。また、このような震源の振る舞いは、Haskell (1964)[1] が初めて議論したので、**ハスケル（Haskell）モデル**とも呼ばれる。

現実的な断層運動は面で起きるので、震源座標系の ξ_2 軸方向にも広がりを考えるべきである。しかしここでは、ξ_2 軸方向の広がり W は、ξ_1 軸方向の広がり L に比べて十分小さいものとし、ξ_2 依存性を無視する。すべり関数 $\Delta u(\boldsymbol{\xi}, t)$ は、$0 < \xi_1 < L$ にお

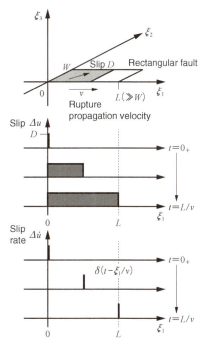

図 6-2　ハスケルモデルの概念図。

1　転位とは、結晶中の線状の結合のずれであり、弾性体中のすべりと同様に扱われる。

第 6 章 ◆ 現実的な震源② ——面的モデル

いては $DH(t-\xi_1/v)$、つまり原点から1軸方向に震源の破壊フロントが届いた瞬間に、すべりが0から最終すべり量Dにステップ状に変化すると仮定する。

観測点方位に依存したモーメントレート関数の計算には、すべりレート関数が必要である。すべり関数を微分すると、$0<\xi_1<L$においては

$$\Delta\dot{u}(\boldsymbol{\xi},t)=D\delta\left(t-\frac{\xi_1}{v}\right) \tag{6-7}$$

となる。これを式(6-5)に代入し、ξ_1軸方向（伝播方向）と観測方向のなす角をΨと置くと

$$\begin{aligned}
\dot{M}_0^c(\mathbf{x},t) &= \int_\Sigma \mu\Delta\dot{u}\left(\boldsymbol{\xi},t+\frac{\boldsymbol{\xi}\cdot\boldsymbol{\gamma}}{c}\right)dS \\
&\approx \mu DW\int_0^L \delta\left(t+\frac{\xi_1\gamma_1}{c}-\frac{\xi_1}{v}\right)d\xi_1 \\
&= \mu DW\int_0^L \delta\left(t-\xi_1\left(\frac{1}{v}-\frac{\cos\Psi}{c}\right)\right)d\xi_1 \\
&= \begin{cases} \dfrac{\mu DW}{\left(\dfrac{1}{v}-\dfrac{\cos\Psi}{c}\right)}, & 0<t<\left(\dfrac{1}{v}-\dfrac{\cos\Psi}{c}\right)L \\ \\ 0 & , \text{ otherwise} \end{cases}
\end{aligned}$$

$$\tag{6-8}$$

となる。

6-2-2 方位依存性

この関数の特徴は、角度Ψに依存するパラメーター

$$A(\Psi)=\frac{1}{v}-\frac{\cos\Psi}{c} \tag{6-9}$$

に集約されている。$A(\Psi)$は震源の移動方向（$\Psi=0$）で最小、反対方向で最大となる。モーメントレート関数は、$0<t<AL$の間、一定値$\mu DW/A$をとるボックスカー型の関数[2]となる（図6-3）。震源の移動方向ではボックスカーの幅が最短で、振幅が最大になる。反対方向では幅が最長で、振幅が最小となる。これは、移動する音源がつくり出すドップラー効果と似たような効果である。当然であるが、

2 ある時間だけ一定値をとる関数。

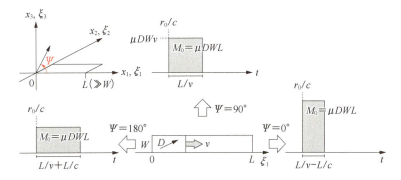

図 6-3　ハスケルモデルのモーメントレート関数と方位依存性のパターン。c はP波またはS波の地震波速度を表す。

どの方向でもモーメントレートの時間積分は、地震モーメント $M_0 = \mu DWL$ となる。

このように、観測方向によって震源過程の見え方が異なることを、震源の**方位依存性（directivity）**という。方位依存性は、現実の多くの地震で観察される。

6-2-3　ライズタイムのあるハスケルモデル

地震モーメントは方位に依存しないが、地震波エネルギーは方位によって大きく異なる。これを理解するには、このままのハスケルモデルだと都合が悪い。前節でみたとおり、地震波エネルギーはモーメント加速度の 2 乗に比例する。モーメントレート関数がボックスカー関数のときに、その微分（デルタ関数）の 2 乗を積分することはできないからである。

このような問題が起きるのは、一瞬ですべりが開始・完了するという非現実的な仮定のためである。現実的な破壊すべりでは、すべりの開始から完了までに一定の時間がかかる。これがライズタイムである。ライズタイムは断層のどこでも一定で、T_r だとしよう。

この場合、すべり関数はステップ関数ではなくランプ関数[3]となり、その微分は継続時間 T_r のボックスカー関数となる。

$$\Delta \dot{u}(\boldsymbol{\xi}, t) = \frac{D}{T_r} H\!\left(t - \frac{\xi_1}{v}\right) H\!\left(T_r - t + \frac{\xi_1}{v}\right) \tag{6-10}$$

---

[3]　ある時間かけて 0 から最終値まで一定レートで変化する関数。ボックスカー関数を積分したものと考えられる。

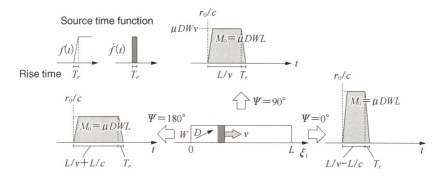

図 6-4　ライズタイムをもつハスケルモデルのモーメントレート関数と方位依存性のパターン。c は P 波または S 波の地震波速度を表す。

このような破壊すべりの伝播による地震波を求めるには、単純に式(6-8)に継続時間 T_r、振幅 $1/T_r$ のボックスカーをコンボリューションするだけでよい。数式で表すと面倒だが、要は式(6-8)のボックスカー関数の最初を T_r だけ斜めに削って、削った分を後ろに伸ばすだけである（図6-4）。モーメント加速度は $1/A$ で変化するので、その2乗に比例するエネルギーは $1/A^2$ に比例する。幅の短いパルスが、強いエネルギーを放射する。

6-2-4　ハスケルモデルのスペクトル

ライズタイムのないハスケルモデルでは、エネルギーが求められない。このことはスペクトルからも説明できる。長さ T、高さ M_0/T のボックスカー関数をフーリエ変換すると、

$$\int_{-\frac{T}{2}}^{\frac{T}{2}} \frac{M_0}{T} e^{i\omega t} dt = \frac{M_0}{T} \left[\frac{1}{i\omega} e^{i\omega t} \right]_{-\frac{T}{2}}^{\frac{T}{2}} = \frac{M_0}{T} \frac{2}{\omega} \sin\left(\frac{\omega T}{2}\right) = \frac{M_0 \sin X}{X} \quad (6\text{-}11)$$

となる。$X = \omega T/2$ である。関数 $(\sin X)/X$[4] の包絡線は低周波でフラット、高周波で1乗で減少する。包絡線が交わるところがコーナー周波数 $f_c = \pi/T$ となる（図6-5）。高周波の減少の傾き（−1乗）は、エネルギーの積分の収束のために許される傾き −1.5 乗（5-7節）より小さいので、エネルギーの推定ができない。

ライズタイムがある場合には、すべりレート関数もボックスカー関数なので、

---

[4] sinc関数とも呼ばれ、信号処理でよく出てくる。

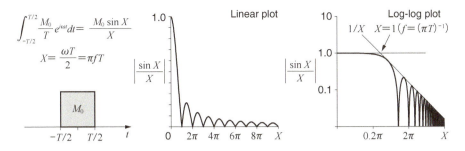

図 6-5　ボックスカー関数のフーリエスペクトル。$|\sin X/X|$ 関数の形状を線形プロットと両対数プロットで示す。

そのフーリエスペクトル振幅は

$$\frac{M_0 \sin X \sin Y}{XY} \tag{6-12}$$

（$Y = \omega T_r/2$）と、もう1乗だけ傾きが増す。この場合は、モーメント加速度の2乗の周波数積分は収束し、前述のようなエネルギーの推定ができる。ただしここまでみてきたように、ハスケルモデルは基本的に1次元断層モデルなので、現実的な2次元震源での地震波放射について得られる知見は少ない。

6-2-5　放射パターンと方位依存性

とくに長い横ずれ断層で発生する地震については、方位依存性の評価が重要になる。長い横ずれ断層では、鉛直方向の幅に対して水平方向の長さが大きな地震が発生しやすい。その理由のひとつは、断層面の凹凸が鉛直方向に比べて水平方向（＝すべり方向）で、より平滑化されている（第13章）からである。

たとえば、米国San Andreas断層は、1906年San Francisco地震の際に、水平方向に500 kmも広がる破壊すべりを引き起こした[2]。鉛直方向の幅 W はせいぜい20 kmであり、これは水平方向の長さ L に対して1桁以上短い。1次元の点震源移動というハスケルモデルがよく適用できる例である。

もうひとつの理由は、S波の放射パターンが最大になる方向のひとつが、方位依存性の強い方向と一致するからである。図6-4のような震源モデルを仮定し、横ずれ断層に垂直な面（つまり地表面）での地震波エネルギーのパターンと大きさが、破壊進展速度によって変わる様子を図6-6に示す。破壊進展方向には放射パターンと方位依存性によって、強いエネルギーが放出される。

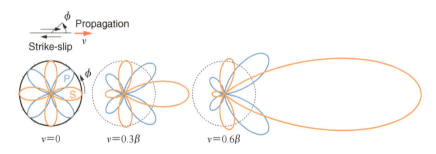

図 6-6　横ずれ断層地震による実体波の放射パターンと方位依存性。青線はP波、オレンジ線はS波の地震エネルギー量（方位密度）を表す。横ずれ断層に垂直な平面上に、S波の伝播速度の0%、30%、60%の場合について示す。

将来San Andreas断層で発生する巨大地震の際には、その進行方向によって被害状況が大きく異なることが想像される。同様の考察は、1995年の兵庫県南部地震についても可能である。この地震でとくに被害が集中した「震災の帯」の形成には、ハスケルモデル的な方位依存性がかかわったと考えられている[3]5。

6-3　2次元断層モデル──佐藤・平澤モデル

6-3-1　点からの破壊進展

ハスケルモデルは1次元的に伝播する破壊すべりの特徴をよく表すが、現実的破壊すべりは2次元的な断層面で発生する。したがって、破壊開始点でスタートした破壊すべりが、2次元的に広がっていくプロセスを適切に表現する必要がある。

このプロセスを単純化すると、等方無限一様媒質中の円形領域で破壊すべりが発生し、一定速度vで同心円状に広がるという問題となる（図6-7）。円形領域内のすべりとして、ハスケルモデルと同様に、ステップ関数やランプ関数のようなすべり関数を仮定してもよいが、この問題については、より物理的解釈のしやすい解が利用可能である。すなわち、Kostrov (1964)[4]によって導かれた、円形領

5　ただし、震源の方位依存性だけで震災の帯をすべて説明できるわけではなく、この地域の堆積盆地構造の影響も無視できない。

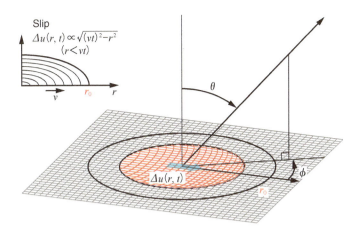

図 6-7 佐藤・平澤モデル[5]の構成。一様な応力降下をもつ円形のすべり領域は、一定の速度 v で同心円状に拡大する。

域内で一様に、応力変化 $\Delta\sigma$ が生じる場合の解である。このすべり関数は、破壊開始点からの距離 r と時間 t の関数として

$$\Delta u(r,t) = K\sqrt{(vt)^2 - r^2}\, H\!\left(t - \frac{r}{v}\right) \tag{6-13}$$

$$K = \frac{24}{7\pi}\frac{\Delta\sigma}{\mu} \tag{6-14}$$

と表される。この形は、第9章で紹介する2次元クラックのすべり分布と似た、半楕円のような形である。

6-3-2　一斉に止まるときの地震波

　Kostrov (1964)[4] の解は時刻無限大まで続くので、有限時間で完了する地震現象の表現にはならない。これをある時刻で止めるのが、**佐藤・平澤（Sato & Hirasawa）モデル**である。Sato & Hirasawa (1973)[5] は、すべっている断層の運動が、ある時刻に断層面のすべての場所で一斉に停止すると仮定する。これは、因果関係からあり得ない仮定である。それでも、地震の破壊すべりがどのように停止するかという問題は、最先端の地震物理学でもあまり理解できていない。したがって単純な例として一斉停止というのは、悪くない仮定である。

　この設定では、すべりの時空間分布は、

と表現できる。この式を式(6-5)に代入する。座標系 r, θ, ϕ で書き換えると、

$$\dot{M}_0^C(\theta, t) = \int_0^{r_0} \int_0^{2\pi} \mu \Delta \dot{u}\left(r, t + \frac{r \sin\theta \cos\phi}{c}\right) r dr d\phi \quad (6\text{-}16)$$

となる。この積分は解析的に実行することが可能で、その解は、

$$\dot{M}_0^C(k, \bar{t}) = \begin{cases} \dfrac{3M_0 v}{r_0} \dfrac{\bar{t}^2}{(1-k^2)^2} & 0 \leq \bar{t} < 1-k \\ \dfrac{3M_0 v}{r_0} \dfrac{1}{4k}\left(1 - \dfrac{\bar{t}^2}{(1+k)^2}\right) & 1-k \leq \bar{t} < 1+k \end{cases} \quad (6\text{-}17)$$

となる。ここで $\bar{t}=vt/r_0$ は無次元化した時間、$k=v\sin\theta/c$ は観測点方位依存するパラメーターで、断層面に鉛直な方向（$\theta=0$）では、$k=0$ となり、式(6-17)の下式の範囲は存在しない。

モーメントレート関数は、開始時刻からの時間の2乗に比例して増大し、$\bar{t}=1-k$ で最大値に達した後、やはり時間の2次の関数として減少する（図6-8）。式

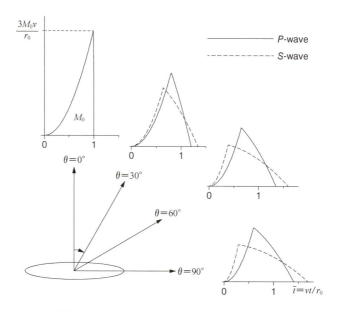

図6-8　佐藤・平澤モデル[5]のモーメントレート関数と方位依存性のパターン。

第Ⅱ部 ◆ 破壊すべりと震源波動場

(6-17)の積分が地震モーメントとなる。これはすべり分布式(6-15)の積分からも計算でき、

$$M_0 = \frac{2\pi}{3}\mu K r_0{}^3 \qquad (6\text{-}18)$$

となる。

6-3-3 地震波の立ち上がりとストッピングフェーズ

佐藤・平澤モデルの特徴は、地震波のはじまりと終わりにある。まずはじまりは、Kostrov（1964）[4]の解で記述されるように、変位波形が時間の2乗に比例して増加する。したがって、速度波形は時間の1乗に比例し、加速度波形はステップ関数のようにスタートする。これは、実際に観察される地震波の特徴をよく表している。実際の地震波の詳細についての説明は第13章でおこなう。

破壊の停止は一斉に起きるが、断層のそれぞれの地点で破壊が停止したという情報（停止情報）は、異なるタイミングで観測点に届く。断層面上の全点から一斉に停止情報が届くのは、断層と直交する方向のみである。それ以外の方向では、最初に、観測点に一番近いすべり領域の端からの停止情報が届き、その後、断層面上各点の停止情報が届いた後、最後に一番遠い端の停止情報が届く。

この停止情報が届く最初と最後のタイミングで、モーメントレート関数（変位地震波）には折れ曲がりが生じる。この折れ曲がりは、速度地震波ではステップ、加速度ではインパルスに相当する。したがって、この2つの時刻に高周波の地震波動が集中しているように見える。これを**ストッピングフェーズ（stopping phase）**と呼ぶ。一般に2つのストッピングフェーズはヒルベルト変換[6]の関係になるので、それを利用して現実の断層でストッピングフェーズを検出する試みもおこなわれている[6]。ただし必ずしも明瞭に検出できるわけではない。

このモデルでも、観測される地震波は方位依存性を示す。ただし、その様子はハスケルモデルとは大きく異なる。エネルギーが一番集中するのは、断層と直交する方向であり、ちょうどS波の放射パターンが最大の方向である。現実の地震を観察すると、その方位依存性はハスケルモデル的であることも、佐藤・平澤モデル的であることもある。どちらも一種の典型といえる。

・・・・・・・・・・・・・・・・・・・・・・・・・・・・・・・・
6　関数$f(t)$のヒルベルト変換は$H(f)(t) = \dfrac{1}{\pi}\displaystyle\int_{-\infty}^{\infty}\dfrac{f(\tau)}{t-\tau}d\tau$

6-4　震源と地震波のスケーリング

6-4-1　震源面積と地震モーメントの関係

　大きな地震と小さな地震は何が違うのか？　これは地震物理学の根源的な問題のひとつである。ある物質、現象などについて、ひとつのスケールを変えたときに、ほかのスケールがどのように変化するか、これを調べるのが**スケーリング**（scaling）という問題である。

　地震について地震モーメントが定量的に推定されるようになった1970年代から、それ以外の震源パラメーターと地震モーメントの関係を調べる研究が盛んになった。Kanamori & Anderson (1975)[7]は、M6以上の多数の地震について、地震モーメントM_0と、余震分布などから推定された震源の面積Sとを比較し、この範囲の地震については、

$$\log_{10} M_0 = \frac{3}{2} \log_{10} S + \text{const.} \tag{6-19}$$

という関係があることを示した（図6-9）。定数の値は、プレート内部で発生する

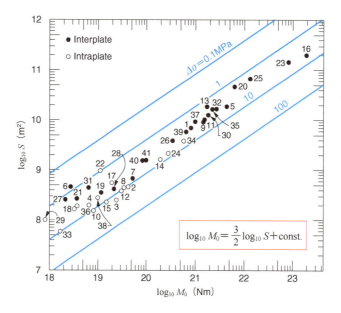

図 6-9　地震モーメントと断層面積の関係[7]。

地震のほうが、プレート境界で発生する地震より多少大きい傾向にある。

6-4-2 円形断層すべり（クラック）とスケーリング

この関係の意味は、佐藤・平澤モデルで考えたような、円形のすべり領域（クラック）を考えるとわかりやすい。周辺より $\Delta\sigma$ だけ、一様に応力が降下した半径 r_0 の円形領域のすべり分布は

$$\Delta u(r) = \frac{24}{7\pi} \frac{\Delta\sigma}{\mu} \sqrt{r_0{}^2 - r^2} \tag{6-20}$$

であり、このとき

$$M_0 = \frac{16\Delta\sigma}{7} r_0{}^3 \tag{6-21}$$

となる。一方 $S = \pi r_0{}^2$ より、r_0 を消去すると、

$$\log_{10} M_0 = \frac{3}{2}\log_{10} S + \log_{10} \Delta\sigma - 0.4. \tag{6-22}$$

となる。これは式(6-19)とよく似ている。

このように Kanamori & Anderson (1975)[7] の観察事実は、応力変化が一定の円形領域を考えると説明できる。つまり、地震が大きくても小さくても、震源近傍で起こる応力の変化はほぼ同じ、ということが示唆される。式(6-19)で const. と書いた部分は、応力変化量の対数から一定値を引いたものであるから、比較すると応力降下量を推定することが可能である。実際にデータをよく説明するのは、プレート間地震について 3 MPa 程度、プレート内地震は少し大きくて 10 MPa 程度となる。

6-4-3 Brune の応力パラメーター

応力降下量は断層サイズと関連し、断層サイズはスペクトルのコーナー周波数（5-6節）と対応する。したがって、観測される地震波のスペクトルからコーナー周波数を推定し、震源における応力降下量を推定する研究が多数おこなわれている。一般に、コーナー周波数 f_c と震源のサイズ、たとえば半径 r_0 の間には、媒質の S 波速度 β を用いて、

$$r_0 = \frac{k\beta}{f_c} \tag{6-23}$$

という関係が仮定できる。ここで、kが考える震源モデルに依存する定数である。Brune（1970; 1971）[8]は、アドホックな仮定を用いて$k=2.34/2\pi$という値を提案し、これがその後の多くの研究で用いられている。ほかのいくつかの震源モデルについてkが計算されている[9]。

式(6-21)と(6-23)から、応力降下量とコーナー周波数の間の関係が、

$$\Delta\sigma = \frac{7}{16}\left(\frac{f_c}{k\beta}\right)^3 M_0 \tag{6-24}$$

と書ける。ただしkの値は任意であり、そもそも震源での応力降下量は空間的に一様ではない。したがって、式(6-24)の応力降下量が、震源のどのような応力の変化を表しているのかは明瞭ではなく、応力降下量という名前は適切でない。むしろ応力パラメーター（stress parameter）と呼ぶべきである。

6-4-4　幾何学的相似スケーリング

佐藤・平澤モデルのもととなったKostrovの解は、自己相似クラックの解と呼ばれる。どこまで大きくなっても、応力変化量やすべり量の形状が変化しない解である。観察される地震は大きくても小さくても、おおむねこの相似性を満たしている[7]。地震の大きさの1次元スケールには長さL、幅W、すべり量D、継続時間Tなどがある。これらの1次元スケールがすべて比例関係

$$L \propto W \propto D \propto T \tag{6-25}$$

を満たすなら、地震モーメントはL^3、断層面積はL^2だから、式(6-22)のM_0とSの関係が説明できる。現実のさまざまな地震について、この関係はおおむね満たされており、地震は時間軸もふくめて、幾何学的に相似だといえる。

幾何学的に相似な震源には、応力降下量のようにスケールによらない量がいくつかある。ひずみ変化量は約D/Wであって、典型的な値は約10^{-4}。破壊伝播速度L/Tは、地震波速度に規定されて3 km/s程度、ある地点でのすべり速度D/Tは1 m/s程度の値となる。これらの量は地震の震源プロセスに関するスケール不変ということができる。

これまでにさまざまな地震について、その空間スケールが測定されている。大きな地震であれば、断層すべりインバージョン（第7章）やスペクトルのコー

7　この関係からのずれがどの程度か推定することは、現在の地震物理学の重要な課題となっている。

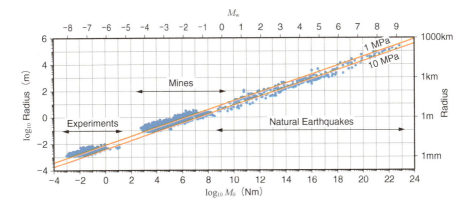

図 6-10 典型的な地震の規模。青い点は、Selvadurai (2019)[10] がまとめたさまざまな地震の地震モーメントと対応する震源半径の推定値。オレンジ色の線は、円形断層を仮定した場合の 1 MPa と 10 MPa の一定の応力降下を示す。

ナー周波数と式(6-23)を用いて、1次元的な大きさが推定される。図6-10 は、これまでのさまざまな研究をコンパイルし、サイズの大きく異なる地震について、地震モーメントと、円で近似したときの断層半径を表示したものである。

この図からも明らかなように、地震には M_w ごとに典型的なサイズがある。たとえば M_w 8 だと断層直径が 100 km ですべり量が平均約 5 m、M_w 6 だと 10 km と 50 cm、M_w 4 で 1 km と 5 cm と、M_w が 2 変わるごとに、直径もすべり量も 1 桁小さくなる。いわゆる天然の断層で発する現象としては、M_w 0 くらいまでしか観測できない。これが地上に設置された地震観測網で観察される最小サイズで、だいたい 10 m くらいの震源だと考えられる。

それ以下、M_w −4 くらいまでの現象は、鉱山の内部で採掘と関連して観察できる。いわゆる「山はね」と呼ばれる現象である。M_w −4 で断層は 10 cm、手のひらサイズである。さらに小さい現象としては、室内岩石実験で観察されるパチッという音を発する破壊がある。この**アコースティックエミッション（acoustic emission, AE）**は M_w −10 くらいまで観測される[8]。これまでの説明を延長すると、この断層は 0.1 mm くらいの大きさをもつはずである。

地震モーメントで 30 桁近い現象が、すべて応力降下量約 3 MPa の円形の破壊で近似できるというのは驚くべきことだが、なぜ 3 MPa なのかという問いに対して、明瞭な答えは現在でも与えられていない。

---

8 山はねやAEもせん断破壊として発生するが、開口破壊的な成分が大きい場合もある。

6-4-5 規格化エネルギーのスケーリング

地震波エネルギーと地震モーメントの比、規格化エネルギーも、大局的には、スケール不変量とみなせる[11](図6-11)。M_w −4から9まで、地震モーメントの20乗にわたって、規格化エネルギーはほぼ10^{-5}となる。ただし個々の研究では、研究対象の地震グループごとに弱いサイズ依存性が報告されることが多い。典型的には、地震モーメントが3-4桁増加する間に、規格化エネルギーも約1桁増加する。この傾向は、大局的なスケール不変性とはつじつまが合わない。この原因究明は、現在の地震学的課題のひとつである。

地震波エネルギーの推定は、さまざまな仮定をふくみ、その推定誤差は、地震モーメントの推定誤差よりはるかに大きい。規格化エネルギーの推定誤差は、1桁程度にもなる。それでも10^{-6}から10^{-4}まで、2桁にもなる規格化エネルギーのばらつきのすべてを、誤差だけでは説明できない。

M_w7を超える大地震の場合、深発地震の規格化エネルギーは10^{-4}程度である。また沈み込み帯で発生する地震には、10^{-6}程度の極端に小さな値をもつものがある。これらは第5章でも紹介した津波地震である。沈み込み帯の海溝近傍で発生する、継続時間が極端に長い地震である。

震源時間関数(図5-10)で確認したように、深発地震と津波地震は、どちらもふつうの地震のエンドメンバーとして考えられるくらい特殊な地震である。同程度に大きな違いが、中小地震や岩石実験のAEの中にもみられるのか、それとも規格化エネルギーのばらつきは単なる誤差なのか、今後明らかにする必要がある。

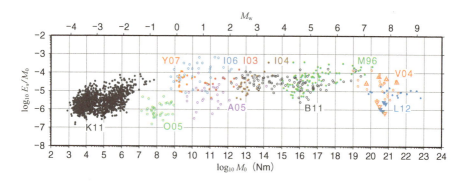

図6-11 地震モーメントと規格化エネルギーの比較。Ide & Beroza (2001)[11]に最近の研究[12]における推定値を追加したもの。L12とV04の逆三角形は津波地震を表し、V04の正三角形は深発地震を表す。

6-4-6 マグニチュードの飽和

ここまで震源の大きさとスケーリングについて理解が進むと、歴史的に地震学にとって重要だった、**マグニチュードの飽和（saturation of magnitude）**という現象について考えることができる。

本章の地震の大きさの説明には、地震モーメントもしくはモーメントマグニチュードを用いたが、歴史的にはさまざまなマグニチュードが用いられてきた（第1章）。現在も、日本社会で広く普及しているマグニチュードは、気象庁が決める気象庁マグニチュードであり、モーメントマグニチュードではない。東北地方太平洋沖地震の際には、気象庁マグニチュードを当初7.9と推定し、防災対応をとったことが、M_w9の超巨大地震への対応を遅らせたという批判もあった。その後、この地震の気象庁マグニチュードは訂正されたが、8.4でしかない。その理由を説明するのが、マグニチュードの飽和という現象である。

多くのマグニチュードは、ある特徴的な周波数での地震の大きさを測定する。たとえば表面波マグニチュードM_Sは20秒、実体波マグニチュードm_bは1秒程度である。モーメントマグニチュードは、地震の静的な大きさである地震モーメントから推定するので、ゼロ周波数、または周期∞での値といえる。

第5章で説明したように、地震波の周波数特性、もしくはモーメントレートスペクトルは、オメガ2乗スペクトルでよく近似できる。

$$|\widetilde{M_0}(f)| = \frac{M_0}{1+\left(\dfrac{f}{f_c}\right)^2} \quad (5\text{-}15\text{再})$$

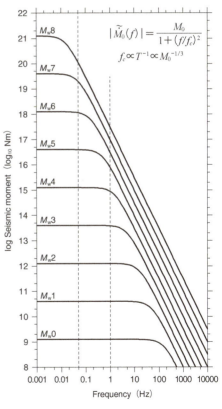

図 6-12 幾何学的に相似な地震のモーメントレートスペクトル。1秒（m_bの場合）と20秒（M_Sの場合）で計測したマグニチュードは飽和する。

コーナー周波数は継続時間の逆数に比例するので、幾何学的相似が成り立つなら、$M_0 \propto T^3 \propto f_c^{-3}$ という関係がある。図6-12 に、それぞれの地震のスペクトルがオメガ2乗で、さらに幾何学的相似が成り立つときの、サイズの異なる地震のスペクトルを示す。

　この図で、たとえば M_S に利用される周期20秒（周波数0.05 Hz）の地震波を用いて、地震の大きさを計測することを考える。スペクトルは M_w6 くらいまでは等間隔だが、その先は詰まってくる。もし M_w6 までの振幅を基準として、地震の大きさのスケールをつくると、M_w7 より大きな地震はサイズが過小評価されることになる。つまり、M_w8 の地震が M_w7 少々にみえてしまう。周期1秒での計測では、問題はより深刻になる。これがマグニチュードの飽和現象のメカニズムである。ゼロでない特定の周波数で見ている限り、ある大きさで飽和が起きる。

6-4-7　幾何学的スケーリングの限界

　地震波の観測で、幾何学的なスケールの下限はよく見えない。より高周波になると減衰の影響が大きくなるので、震源について調べるには、震源に近づく必要がある。先述のように、M_w-10 くらいまでは地震的な現象が観察される。メカニズムがダブルカップルで、さまざまなスケール関係を満たす現象である。

　一方、大きな地震には、地震発生層による明らかな限界がある（図6-13）。深発地震を除けば、地震発生層はせいぜい深さ50 km程度である。深発地震にしても、スラブ内の地震発生層の厚みは数十km程度しかない。沈み込み帯では、50 kmの厚みを低角で横切るので、幅の上限が大きい。2011年の東北沖地震では200 km、1964年アラスカ地震では400 kmという幅が推定されている。このあたりが上限である。

　つまり3次元の大きさのうち、傾斜方向の制約によって、幾何学的スケーリングは破綻する。これまでの $M_0 \propto L^3$ から、W を一定として $M_0 \propto WL^2$ へとスケーリングが変化する。さらに、地震の応力降下量が一定の場合、すべり量 D は W によって制約される[9]ので、最終的には $M_0 \propto W^2L$ と長さだけが伸びることになる。つまり、地震モーメントは長さの3乗から2乗、さらには1乗へと変化する。

　もっとも、このスケーリングの変化と W の関係については、1990年代よりさまざまな説明がなされている[13]。応力降下量が一定であることに加えて、第10

....

9　すべり量 D の細長い（$W \ll L$）断層では、ひずみと応力の変化量は D/W に比例する。

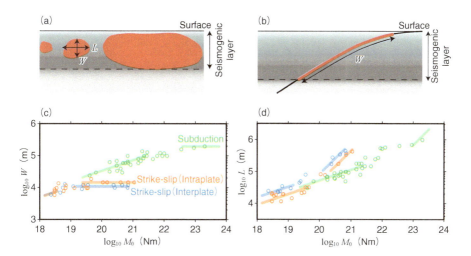

図 6-13 地震発生層の有限性に起因する幾何学的相似性の破綻。(a) 地震発生層の有限性による W の飽和を示す模式図。(b) 沈み込み帯の W の測定。(c) Fujii & Matsu'ura (2000)[14] による W の推定値の比較。青丸はプレート間横ずれ地震、オレンジ丸はプレート内横ずれ地震、緑丸は沈み込み帯の地震を表す。(d) L についての同様の比較。色の薄い太線は、0 (一様)、1/3 (幾何学的相似)、1 (比例) のいずれかの傾きを示している。

章で説明するような地震の動的な破壊プロセスによって、スケーリングが多少変化することが指摘されている[15]。

 実際に、1960年チリ地震や2004年スマトラ地震は、走向方向に1000 km近い長さの震源であったが、幅はせいぜい200 km程度であった。また、先述の1906年のSan Francisco地震では、長さ L が幅 W に比べて10倍以上にもなる。このような幾何学的なスケーリングから外れる地震はたしかに発生するが、きわめてまれなので、統計的議論には十分でない。

第 7 章 現実的な震源③ ——複雑な震源像

　現在、世界中で高品質の地震・地殻変動データが大量に得られている。大量のデータを用いて震源過程を分析する手法も発展してきた。過去約30年間、震源の複雑さを調べるために、断層すべりインバージョンをはじめとする、さまざまな分析法が提案されている。それらの分析によって得られた震源のイメージは、地震の物理プロセスにおいて、検討すべきいくつかの要素を明らかにしている。破壊の伝播速度や、断層破壊のエネルギーバランス、地震波の周波数依存性、複雑さのスケーリングなどである。本章では、震源の複雑さを調べるための代表的な手法を紹介し、現在の地震現象理解において重要な要素を検討する。

7-1　複合的な震源の表現

7-1-1　サブイベント

　観測される地震波は複雑であり、表現定理（式(3-2)）にハスケルモデルや佐藤・平澤モデルの震源表現（第6章）を直接代入したような、単純な形をしていない。構造の影響が小さい場合には、P波のパルスそのものが、その観測点で見たモーメントレート関数を表す（図5-9）。実際の地震のモーメントレート関数は、必ずしも単一の極大値をもつような単純な形ではない。しばしば複数の極大値をもつ、多峰性の関数形をもつ（図5-10）。

　明らかに同じようなサイズの地震が、同じような場所で2回以上連続して発生することもある。そうした地震は連発地震（multiplet）と呼ばれ、とくに2つ連続する地震をダブレット（doublet）、3つの場合をトリプレット（triplet）などと呼ぶ。2016年の熊本地震（M_w6.5の28時間後にM_w7.3）や、2023年のトルコ・シリア地震（M_w7.8の9時間後にM_w7.7）のように数時間以上離れた地震は、それぞれ別の地震と考えられ、それぞれの地震に対応するP波やS波が観測されれば、2つの地震の震源位置や大きさを推定することが可能である。しかしこの間

隔が短くなってくると、どこまでが「ひとつの地震」か判別できない。ひとつの地震の中に複数の地震がふくまれているように見える。このプロセスの震源時間関数は複数の極大値をもつ。

このように、一連の地震の破壊すべりプロセスが、複数の小プロセスの集合として表される場合、個々のプロセスを**サブイベント**（subevent）と呼ぶ。サブイベントからなる複合的な震源の分析手法は、1980年代から開発適用され、大小さまざまな地震に適用されている。

7-1-2　サブイベントMT解析

個々のサブイベントを、点震源で近似してみよう。この場合、点震源の位置決定やMTインバージョンを利用して、サブイベントの地震モーメントやメカニズム（モーメントテンソル）を推定できる（第5章）。さまざまな観測点 $\mathbf{x}^k$（$k=1$, $\cdots$, K）で、時刻 t_l（$l=1$, $\cdots$, L^k）に地震波 $\mathbf{u}^{obs}(\mathbf{x}^k, t_l)$ が観測されたとする。この地震波を、N個のサブイベントのモデルで説明する。n番目のサブイベントは、位置 $\mathbf{x}_0^n$、時刻 t_0^n に発生し、T^n の継続時間と、モーメントテンソル $\mathbf{M}^n$ をもつ。

観測される地震波とモデル（上記パラメーターの集合）の間には、式(5-10)と同様に、

$$\mathbf{u}^{obs}(\mathbf{x}^k, t_l) = \mathbf{u}^{cal}(\mathbf{x}^k, t_l) + \mathbf{e}(\mathbf{x}^k, t_l) \tag{7-1}$$

$$\mathbf{u}^{cal}(\mathbf{x}^k, t_l) = \sum_{n=1}^{N} \sum_{m=1}^{6} = M_m^n \mathbf{u}^{base}(\mathbf{x}^k, t_l; \hat{\mathbf{M}}^m, T^n, \mathbf{x}_0^n, t_0^n) \tag{7-2}$$

という形の観測方程式が成り立つ。M_m^nは、n番目のサブイベントのm番目の基底モーメント成分[1]の大きさを表す。$\mathbf{e}(\mathbf{x}^k, t_l)$は、観測とモデルの不一致を表す誤差項である。この誤差項の各成分が正規分布に従うと仮定すると、CMTインバージョンと同様に、最小二乗法によってモデルのパラメーターを推定できる。

一般的な表現では、個々のサブイベントはCMTの表現と同じく、10個もしくは11個[2]のパラメーターをふくむので、N個のサブイベントがあるモデルの場合、約$10N$個のパラメーターを推定する必要がある。パラメーターのうち、線形パラメ

1　この式では、等方成分もふくむ6個の成分を考えている。
2　セントロイドの位置（緯度、経度、深さ）$\mathbf{x}_0^n$と時刻t_l、震源継続時間T^n、およびモーメントテンソルの5（等方成分を無視した場合）または6成分M_m^n。

ター[3]であるM_m^nは、線形最小二乗法を用いて一意に簡単に推定できるが、位置や時刻という非線形パラメーターには注意が必要である。これらについては、最適解が求められない[4]ことも珍しくない。そのため、または計算コストを下げるために、位置や時刻については適当な仮定[5]を置くこともある。

計算機資源が限られていた1980年代には、一度にすべてのパラメーターを推定せずに、個々のサブイベントのパラメーターを推定しては、その計算波形とデータの差を新たなデータとして、次のサブイベントのパラメーターを推定するという、いわゆる**はぎ取り法**（iterative deconvolution method）[1,2]が広く用いられた。はぎ取り法により、たとえば1976年のグアテマラ地震は、メカニズムが異なる9個のサブイベントの集合として表現された（図7-1）。

サブイベント解析は、メカニズムの異なるサブイベントが短時間に起きるような、複合的地震を理解するうえでとくに有用である。このような地震のなかに

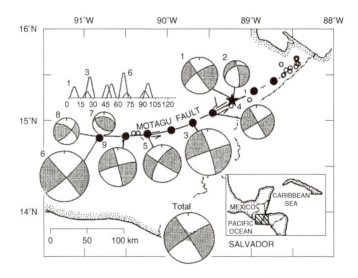

図7-1　1976年のグアテマラ地震（M_w7.5）のはぎ取り法による分析結果[2]。サブイベントの時刻順と位置をビーチボールとともに示す。

3　計算値$\mathbf{u}^{(cal)}(\mathbf{x}^r, t_l)$を個々のパラメーターで微分したときに、そのパラメーターが残らなければ線形、残れば非線形である。今の場合、M_m^nは線形、T^n, $\mathbf{x}_0^n$, t_0^nはすべて非線形パラメーターである。
4　現代のデータ解析においては、何をもって「最適」とするかは、意見の分かれるところである。ここでは単純に最小二乗法の最小値が求められないことを意味する。非線形問題では、多数の極小値が存在し、その中から最小値を見つけるために大量の計算が必要になる場合がある。
5　たとえば線状や面状に分布する、一定の時間差で発生する、など。

は、先行するサブイベントの地震波による周辺応力場の擾乱が、次のサブイベント発生の主要因になったと考えられるものもある。

近年の特殊な例として、2012年12月7日に三陸沖で発生した、M_w7.2の地震が挙げられる。この地震は、深さ約60 kmで発生した逆断層のサブイベントの約20秒後に、深さ約10 kmの正断層のサブイベントが続く、2つのサブイベントの組み合わせとして推定されている（図7-2）。2つのサブイベントの大きさは誤差の範囲で同じである。このような地震を単一のCMTで表現した場合には、そもそもデータを説明することが難しい。長周期のデータに限った解は推定可能だが、その場合でも、モーメントテンソルは大きな非ダブルカップル成分をふくみ、解釈は簡単でない。

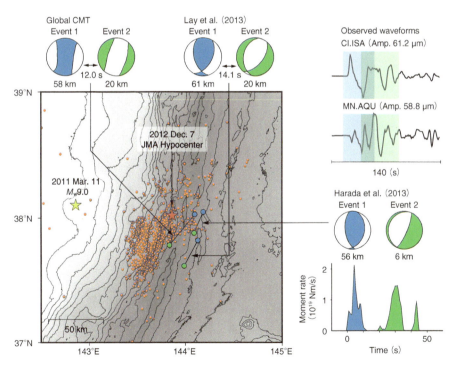

図 7-2　2012年12月7日に発生したM_w7.2の地震の震源過程。3つのグループ（Global CMT、Lay et al., 2013[3]、Harada et al., 2013[4]）による分析例。ビーチボールの下に深さを示す。発生タイミングは数字もしくはビーチボールの下の図に示す。右上に、Harada et al. (2013) の解析に用いられた2つの観測点の波形例を示す。地図中の黄色の星、赤色の星、オレンジ色の丸は、それぞれ2011年東北沖地震、この地震、1週間以内の余震の震源を示す。

7-1-3 バックプロジェクション

近年よく用いられている震源分析手法のひとつに、**バックプロジェクション**（back projection）がある。これは、ある地域の多数の観測点[6]のデータを用いて、震源の時間空間的な広がりを推定する手法である。バックプロジェクションは、震源過程を有限個のパラメーターで表現しない、ノンパラメトリック推定[7]の一種である。

ある観測点 $\mathbf{x}$ で、地震データ $u(\mathbf{x}, t)$ が得られている[8]。ある震源位置 $\boldsymbol{\xi}$ から $\mathbf{x}$ までの波動伝播にかかる時間を $T(\mathbf{x}, \boldsymbol{\xi})$ とする[9]。もしすべてのシグナルが $\boldsymbol{\xi}$ から放出され、地下構造による影響が無視できるなら、$\boldsymbol{\xi}$ の震源位置では時刻 t に、観測データ $u(\boldsymbol{\xi}, t + T(\mathbf{x}, \boldsymbol{\xi}))$ に比例したシグナルが放出されたと考えられる。つまり $T(\mathbf{x}, \boldsymbol{\xi})$ だけ時刻を戻せば、震源過程に関する情報が得られる。この時刻を戻す操作をバックプロジェクトと呼ぶ。

観測点が多数（$\mathbf{x}^k, k = 1, \cdots, K$）あるとき、すべての観測点に対してバックプロジェクトした記録を足し合わせたシグナル強度、

$$I(\boldsymbol{\xi}, t) = \sum_{k=1}^{N} w^k(t) u(\boldsymbol{\xi}, t + T(\mathbf{x}^k, \boldsymbol{\xi})) \tag{7-3}$$

を計算する（図7-3）。$w^k(t)$ は適当な重み関数である。たとえば、観測点ごとのシグナルの最大振幅をそろえたいときには、$w^k(t)$ を最大振幅の逆数となる定数とすればよい。

震源が点に近い場合、$T(\mathbf{x}^k, \boldsymbol{\xi})$ が正確であれば、$\boldsymbol{\xi}$ を震源位置、τ を震源時刻としたときにシグナル強度は最大値をとる。したがってこの手法は、個別の地震の震源決定のためにも使える。ノイズが大きく、P波やS波の到達時を正確に読み取ることができない場合には効果を発揮する。

ひとつの地震が複数のサブイベントで表される場合など、震源が時間空間的に広がっているときは、震源（＝破壊開始点）以外にも、その後のさまざまな時刻に、いろいろな場所で、I は大きな値をとる。一定の閾値より大きな値のところ

6　多数の観測点の組み合わせをアレイ（array）と呼ぶ。バックプロジェクションはアレイを利用する手法である。

7　サブイベントを仮定した分析のように、震源過程を有限個のパラメーターで表現し、それらの値をデータを用いて推定する手法をパラメトリック推定と呼ぶ。

8　変位、速度、加速度のどれでもよいが、適当な周波数のバンドパスフィルターを用いることが肝要である。成分としては、P波を扱うなら上下動成分、S波を扱うならSH波に相当する方向に回転した成分のデータがよく用いられる。

9　P波、S波など対応する波について計算する。

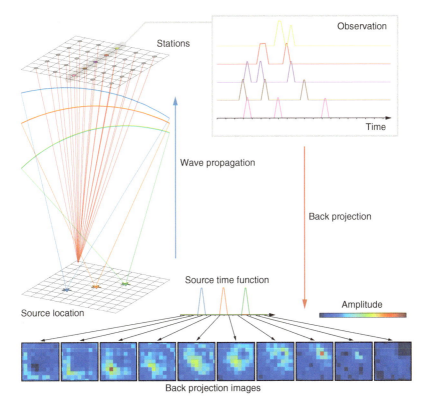

図 7-3　バックプロジェクションの説明図。時空間分布をもつ震源からの地震波が多数の観測点で記録される。これらの地震波を震源域に投影し、ある時刻のバックプロジェクションイメージ（シグナル強度の空間分布）を作成する。

で実際に破壊すべりが生じているとみなすと、震源の時間空間的な広がりを分析できる。

　バックプロジェクションは、2004年のスマトラ地震（M_w9.2）の際に、一躍有名になった（図7-4）[5]。この地震では、長い震源時間と複雑な地下構造のために、後述するすべりインバージョンなどの長周期地震波を用いた震源分析法では、震源の広がりについての情報を得ることが困難だった。バックプロジェクションを用いると、破壊開始点から北側に約1000 km、10分近く継続する震源過程のイメージが明らかになった。

　震源に単一の断層面を仮定することが困難な場合にも、バックプロジェクションによる情報は役立つ。やはりスマトラ島近傍で2012年に起きたプレート内部巨大地震（M_w8.6）の際には、3次元的に広がる断層系のあちこちで複数のサブ

第 7 章 ◆ 現実的な震源③──複雑な震源像

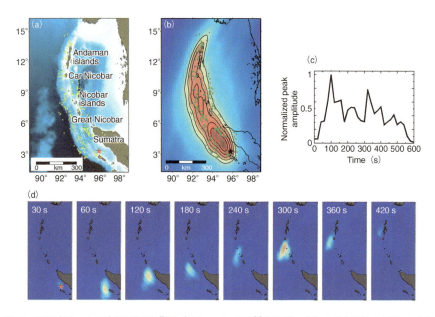

図 7-4 2004 年スマトラ地震の背面投影図（Ishii et al., 2005[5]を改変）。(a) 本震の震源（赤星）と余震（黄点）をふくむ領域図。(b) シグナル強度の累積空間分布。(c) シグナル強度の最大振幅の時間変化。(d) シグナル強度分布のスナップショット。

イベントが発生する、複雑な破壊プロセスを解明するのにも役立った[6]。また、東北沖地震の直後のノイズレベルが高い時間帯に、余震を網羅的に検出するのにも威力を発揮した[7]。

　バックプロジェクションの原理はきわめて単純である。計算機上での実装も簡単であり、計算コストも小さい。また、後述する断層すべりインバージョンのように震源断層を仮定する必要もない。一方で、シグナルの位置と時刻は決定できるものの、シグナルを発した震源の大きさについて得られる情報は少ない。そもそも、シグナル強度が震源におけるどのような物理量と対応しているのかは自明ではない。

　震源から観測点までのグリーン関数が、デルタ関数として近似できるような極限においては、シグナル強度は震源でのすべり量を表す[8]。ただしこの条件が完全に満たされることはない。バックプロジェクションは、震源の破壊すべりの時間空間発展プロセスを理解するための重要なヒントを与える手法だが、これだけでは震源での物理現象の定量化は不可能である。

第Ⅱ部 ◆ 破壊すべりと震源波動場

7-2 断層すべりインバージョン①——問題設定

7-2-1 点震源から面へ

　地震は地下の断層面上の破壊すべりであり、究極的には、地下に3次元的に分布する多数の断層面、およびその周囲での変形の時間的な進展が震源である。その全貌を把握することは困難なので、まずは面的な震源へと拡張し、震源の破壊すべりプロセスの理解を高度化する。

　地震の震源を1枚もしくは数枚の断層面の上のすべり分布（すべりモデル）として表現し、それを推定する手法、**すべりインバージョン（slip inversion）** の開発は1980年代からはじまった。1990年代には、高品質の地震地殻変動データが入手できるようになって、標準的な手法として普及した[9]。面上のすべり速度の時間発展、もしくはその積分としての最終的なすべり量の空間分布を推定する研究が多数おこなわれている。まずはその基本構成を見ていく。

7-2-2 観測データ

　すべりインバージョンにはさまざまなデータが用いられている。

　すべりの時間発展の解明には、地震記録を利用する。大地震の場合、世界中[10]の遠地地震波データが利用可能である。これらは通常、広帯域速度地震波形である。さらに震源近傍、近地の地震波形は、解析分解能の向上に重要な役割を果たす。近地データとしては多くの場合、振り切れにくい強震動加速度波形が用いられる。

　地震前後の地殻変動量のデータは、時間的に積分したすべり量の推定のために用いられる。すべりインバージョンに用いられる代表的な地殻変動データとして、GNSSデータと合成開口レーダー（InSAR）データの2つが挙げられる。GNSSデータは空間的にはまばらだが、時間分解能が高い。InSARデータは時間的にはまばらだが、空間的な分解能が高い。また、ひずみ計や傾斜計などのデータも用いられる。

　地表地震断層が出現した場合には、そのすべり量の計測値は、断層端のすべり

10　震源からの角距離30-100度の範囲にある観測点のデータは、構造の影響を受けにくいのでよく用いられる。

149

第**7**章 ◆ 現実的な震源③——複雑な震源像

に強い制約を与える。海底の地震の場合には、海底地殻変動に起因する津波の観測データも、重要な役割を果たす。

複数種類のデータをふくむインバージョンは、とくに**ジョイントインバージョン（joint inversion）**といわれる。

7-2-3 面上のすべり分布の表現

地震・地殻変動データを用いたすべり分布の推定法の問題構成は、基本的にはCMTインバージョンと大差ない。

断層面 $\Sigma(\boldsymbol{\xi})$ 上のすべり分布 $\Delta u_i(\boldsymbol{\xi}, t)$ を用いると、任意の観測位置 $\mathbf{x}$ での n 成分の地震波形は、適切な地下構造を仮定したグリーン関数 $\mathbf{G}(\mathbf{x}, t; \boldsymbol{\xi})$ と表現定理を用いて、

$$u_n^{\mathrm{cal}}(\mathbf{x}, t; \Delta u_i) = \int_{\Sigma} \Delta u_i(\boldsymbol{\xi}, t) \nu_j C_{ijkl} * \frac{\partial}{\partial \xi_l} G_{nk}(\mathbf{x}, t; \boldsymbol{\xi}) d\Sigma(\boldsymbol{\xi}) \tag{7-4}$$

と表される。これと実際の観測位置 $\mathbf{x}^k$、時刻 t_l における観測波形 $u_n^{\mathrm{obs}}(\mathbf{x}^k, t)$ とを比較すると、

$$u_n^{\mathrm{obs}}(\mathbf{x}^k, t) = u_n^{\mathrm{cal}}(\mathbf{x}^k, t; \Delta u_i) + e_{kn}(t) \tag{7-5}$$

という式が成り立つ。これが一般的なすべり分布表現についての観測方程式である。

データと計算値の差 $e_{kn}(t)$ を小さくするようなすべり分布を推定するのが、インバージョンである。このとき最小二乗法をはじめとしたさまざまな最適化手法が用いられるのも、CMTインバージョンと同じである。

時間変化する地震波形データについての式(7-4)(7-5)において、$t \to \infty$ とすると、地殻変動データに対しての観測方程式が得られる。グリーン関数も静的なもの $\mathbf{G}^{\mathrm{static}}(\mathbf{x}; \boldsymbol{\xi})$ を用いて

$$u_n^{\mathrm{cal}}(\mathbf{x}; \Delta u_i) = \int_{\Sigma} \Delta u_i(\boldsymbol{\xi}) \nu_j C_{ijkl} \frac{\partial}{\partial \xi_l} G_{nk}^{\mathrm{static}}(\mathbf{x}; \boldsymbol{\xi}) d\Sigma(\boldsymbol{\xi}) \tag{7-6}$$

$$u_n^{\mathrm{obs}}(\mathbf{x}^k) = u_n^{\mathrm{cal}}(\mathbf{x}^k; \Delta u_i) + e_{kn} \tag{7-7}$$

となる。式(7-5)(7-7)において、誤差成分 $e_{kn}(t)$ と e_{kn} の性質を適切に仮定して[11]、

---

11 誤差の適切な仮定が、すべりインバージョンの一番困難な部分である。誤差は必ずしも観測自体のせいではなく、式(7-4)のように表した、観測方程式の中のグリーン関数の不正確さも誤差要因である。このような誤差の取り扱いについては、Yagi & Fukahata (2011) ［10］をはじめとしたさまざまな研究がある。

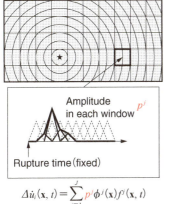
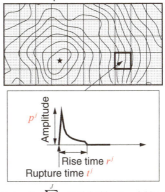

図 7-5 すべりインバージョンのパラメーター設定（Ide, 2015[9]を改変）。空間的・時間的すべり分布は、(a) マルチタイムウィンドウまたは (b) 非線形パラメーターをふくむ関数によって表現される。

両者を連立方程式として扱うことで、ジョイントインバージョンが可能になる。

すべりインバージョンでは、有限のパラメーターで構成されるすべりモデルを推定する。推定をおこなうためには、断層面 $\Sigma(\boldsymbol{\xi})$ 上のすべりの時空間分布 $\Delta u_i(\boldsymbol{\xi}, t)$ を、有限のパラメーターで表現する（図7-5）。

震源の空間的な広がりは、断層面を適当に分割するか、なんらかの基底をもつような関数 $\phi^j(\mathbf{x})$ で展開（基底関数展開）する。時間方向に多数の基底 $f^j(\mathbf{x}, t)$ を用いるのが**マルチタイムウィンドウ法（multi-time-window method）**[11]と呼ばれる手法である。一般化したマルチタイムウィンドウ法では、すべりレートを

$$\Delta \dot{u}_i(\mathbf{x}, t) = \sum_{j=1}^{J} p^j \phi^j(\mathbf{x}) f^j(\mathbf{x}, t) \tag{7-8}$$

と表す。ひとつひとつのパラメーター（展開係数 p^j）が時間空間的に有限の範囲のすべり（速度）の基底と対応するので、パラメーター数は多いが、線形問題として扱うことが可能である。

一方で、少数のパラメーターで表現される非線形関数を使って、すべりの時間空間的な広がりを表現する方法[12]もしばしば用いられる。たとえばすべり分布を

$$\Delta \dot{u}_i(\mathbf{x}, t) = \sum_{j=1}^{J} p^j \phi^j(\mathbf{x}) f((t - t^j - t_0(\mathbf{x}))/r^j) \tag{7-9}$$

と表す。$t_0(\mathbf{x})$ は破壊フロントが点 $\mathbf{x}$ に到着する時刻、t^j が j 番目の基底（小断層）

第7章 ◆ 現実的な震源③ ——複雑な震源像

の破壊時刻、r^j はライズタイムで時間関数の継続時間を表す。パラメター数は少ないが、非線形パラメター（t^j や r^j）をふくむので、解の一意性の証明が簡単ではない。

7-2-4 グリーン関数の計算

観測方程式にはグリーン関数がふくまれる。多くのすべりインバージョンでは、地震波形のグリーン関数は、深さによって変化する1次元の層構造を仮定して、計算されている（第3章参照）。

複雑な地下構造についてのグリーン関数の計算自体は可能である。震源過程の研究においても、3次元速度構造を取り入れた例はある[13]。ただしこれらの研究が示唆するのは、かなり正確でなければ、3次元速度構造を取り入れるメリットは少ないということである。したがって、現状、適用例も少ない。

地殻変動についても、比較的単純なグリーン関数が用いられることが多い。とくに Okada（1985）[14]による、半無限媒質中の長方形断層による地表の静的変形表現は、地殻変動のグリーン関数として、よく用いられている。

1次元の層構造[15]や、沈み込むプレートをふくむ3次元構造[16]を考慮した静的変形のグリーン関数も使用されている。3次元構造を利用すると、とくに剛性率の誤差が減るために、推定されるすべり量が2-3割変化すると指摘されている。

地殻変動や低周波の地震動は、地下の複雑な構造の影響を受けにくいが、高周波の地震動は地下構造に大きく影響される。そして、高周波まで正確な地下構造を推定することは困難である。ひとつの目安として、約1 Hzより高周波の地震動は、現在でも正確な速度構造を推定して計算することは困難である。

地震が小さくなると卓越周波数が上がるので、中～小規模の地震のインバージョンには、経験的グリーン関数（empirical Green's function）[17]がよく用いられる。これは、ターゲットとする地震より小さな地震の地震波を、グリーン関数の代用品として用いる方法である。

メカニズムがほぼ同じ大地震と小地震が、互いの近傍で発生し、それをある程度離れた観測点で観測することを考える。この場合、小地震の地震波は大地震より明らかに単純である。そして、小地震の地震波をいくつも足し合わせると、大地震の地震波を近似できそうである。大地震の地震波を小地震の地震波でデコンボリューションしたものを、見かけの震源時間関数（apparent source time function）と呼ぶこともある（図7-6）。見かけの震源時間関数を利用して、方位

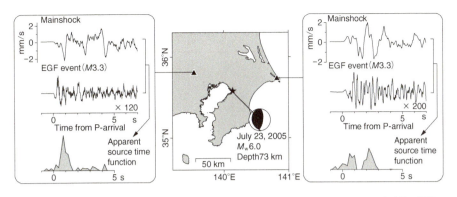

図 7-6　経験的グリーン関数の使用例。2つの観測点におけるP波速度地震波形の比較。大地震の記録を小地震の記録でデコンボリューションすると、各観測点における見かけの震源時間関数が得られる。

依存性やすべり分布を推定することができる。

　2つの地震の震源位置が近接していること、メカニズムが同じであること、マグニチュードの差が約1以上あることが、経験的グリーン関数として利用できる条件となる。適切な経験的グリーン関数が利用できれば、M1-2程度の小地震についても、震源におけるすべり分布の推定が可能である[18]。

7-3　　断層すべりインバージョン②──解の推定

7-3-1　ベイズ推定と拘束条件

　具体的に式(7-5)のような観測方程式を用いてインバージョンをすることを考える。マルチタイムウィンドウ法（式(7-4)(7-5)(7-8)）のような線形観測方程式は、一般に

$$\mathbf{d} = \mathbf{Gm} + \mathbf{e} \tag{7-10}$$

という形の行列方程式に変形される。ここで $\mathbf{d}$ は離散的なデータ（速度、加速度などの地震波形）を1次元のベクトルにしたものであり、式(7-5)の左辺に相当する。$\mathbf{Gm}$ は式(7-4)の計算波形であり、式(7-5)の右辺第1項である。式(7-4)に式(7-8)の基底関数展開表現を代入し、グリーン関数（の空間微分）にかかる積分を実行した結果が $\mathbf{G}$、式(7-8)の展開係数からなるベクトルが $\mathbf{m}$ である。$\mathbf{d}$ と

第7章 ◆ 現実的な震源③──複雑な震源像

$\mathbf{Gm}$ の差が $\mathbf{e}$ である。

この誤差 $\mathbf{e}$ が標準正規分布している場合[12]、誤差を最小化する解は、

$$\mathbf{m} = (\mathbf{G}^t\mathbf{G})^{-1}\mathbf{G}^t\mathbf{d} \qquad (7\text{-}11)$$

となる。$\mathbf{G}^t$ は $\mathbf{G}$ の転置行列である。断層すべりインバージョンに限らず、同じ形の解はさまざまな地球物理学の逆問題に現れる。

式(7-11)の形の解は、求められないことが多い。$\mathbf{G}^t\mathbf{G}$ の逆行列 $(\mathbf{G}^t\mathbf{G})^{-1}$ が存在するとは限らないからである。単純にパラメーター数がデータ数より多ければ、逆行列は存在しない。さらにデータ数が見かけ上多くても、すべてのパラメーターを独立に推定するだけの情報をふくまないことが多い。

逆行列が存在しない場合、式(7-10)は原理的に解くことができない。その場合でも**ベイズ推定**（Bayesian inference）の手法を用いることで、$\mathbf{m}$ を推定することができる。ベイズ推定とは、あらかじめ $\mathbf{m}$ についてある程度の情報[13]が与えられていると（主観的に）仮定し、その状態からデータの情報を加えることで、$\mathbf{m}$ についての情報を更新する手法である。この事前に仮定した情報を**先験的情報**（prior information）という。

たとえば地震モーメントがわかっているなら、$\mathbf{m}$ の総和は地震モーメントに比例するので、この総和に関する先験的情報（もしくは**拘束条件**（constraints））が与えられる。また、すべりの空間分布はひずみや応力と関係するので、地震断層周辺の応力変化が小さいことを仮定するなら、すべりの空間微分は小さい、という先験的情報が得られる。断層の各地点でのすべりが、比較的なめらかに進行すると仮定するなら、その時間微分が小さいという先験的情報が得られる。

このような先験的情報は観測方程式と同様の方程式で表現され、線形方程式の場合、式(7-10)と同じように、

$$\mathbf{0} = \mathbf{Dm} + \mathbf{e}' \qquad (7\text{-}12)$$

という形で表現される。式(7-10)(7-12)を連立させることで、解が

$$\mathbf{m} = (\mathbf{G}^t\mathbf{G} + \mathbf{D}^t\mathbf{D})^{-1}\mathbf{G}^t\mathbf{d} \qquad (7\text{-}13)$$

---

[12] これが最小二乗法の一番単純な形である。誤差が異なる分布をもつ場合についての解の求め方は、Menke (2012)［19］など、逆問題に関する専門書を参照するとよい。

[13] ここでいう情報とは、$\mathbf{m}$ についての確率分布を意味する。あらかじめ仮定するものを事前確率分布、データの情報を加えて更新されたものを事後確率分布という。ベイズ推定とは、事前確率分布 $\mathbf{m}$ の分布に、データの情報を加えて、新しい分布を得るプロセスである。

という形になる。$\mathbf{D'D}$ が加わることで、逆行列が得られる可能性が高まっている。

なお、小さな値 ϵ を用いて $\mathbf{D}=\epsilon\mathbf{I}$ とした場合の解は、damped least square 解として知られる。ベイズ推定を用いた震源過程の研究は、Yabuki & Matsu'ura (1992)[20] にはじまり、その発展については深畑（2009）[21] に詳しい。

7-3-2 実際の解析例──1995年兵庫県南部地震

実際のすべりインバージョン研究の例として、第1章でも紹介した1995年兵庫県南部地震[22] の例（図1-15）を取り上げる。

式(7-8)のような基底関数展開をおこなうために、余震分布を参考に断層面を仮定する。この地震の場合、余震分布に近いCMT解の節面を参考に、50 km×20 kmの鉛直の断層を仮定している。この面内に三角形型の基底関数を水平に19、垂直に8、時間方向に11用意し、2方向のすべりを考えると、推定すべきパラメーター数（$\mathbf{m}$ の成分数）は3344になる。

データは、震源距離150 km以内の18観測点の強震（加速度）地震波形である。これを変位に変換し、各観測点の各成分、約50秒の記録を0.2秒サンプリングで離散化する。ここでいくつかの成分は、明らかに異常とみられるデータをふくんでいるので、利用しない[14]。離散化されたデータは11,295点（$\mathbf{d}$ の成分数）になる。

それぞれの観測点・成分に対して、理論的な地震波形（グリーン関数の微分）を計算する。地下構造としては、付近の構造探査で推定された速度構造を、1次元に変換したものを仮定する。

データ数はパラメーター数より多いものの、式(7-11)における $\mathbf{G'G}$ のランクがパラメーター数より少ないため、逆行列は計算できない。そこで拘束条件（先験的情報）として、すべりの時間変化と空間分布がなめらかであるという仮定をおこない、式(7-13)を解いて、パラメーターを推定する。なお、パラメーターは非負であるという拘束条件も用いた。

推定されたパラメーターを式(7-8)に戻すと、時空間的な破壊すべりの進展が得られる。この地震の場合、仮定した断層面上を十数秒かけて広がり、最大すべり

....

14　たとえば、この地震の強震計には、強震計測途中にステップ状のノイズが入っているものがあった。最小二乗法を用いるインバージョンでは、このようなデータの異常値を除く操作（外れ値除去）が本質的に重要である。これは最小二乗法において、誤差は正規分布していると仮定するからである。正規分布から大きくずれる異常値は、解に著しく影響する。

レート約 1 m/s、最大すべり量約 2 m となった。最初 3 秒間の破壊と 4 秒以降の破壊は破壊開始点を挟んで不連続であり、サブイベント的に破壊すべりが進行したことを示唆する。また 4 秒以降の破壊は地表近くまで達したことが示唆され、これは、その部分に対応する野島断層で地表地震断層が観察されたこととも整合的である。

この地震については、ほかにも複数のグループがすべり分布を推定している。前記の特徴は、ほかの研究グループの結果[23]にも共通してみられる。

7-3-3 さまざまな解析例

近年はデータが増え、インバージョンの解析コードの共有化も進んだ結果、この種のすべりインバージョンはとても一般的になった。大地震、もしくは稠密に観測点が分布する地域で起きた地震の場合、地震後数日以内にすべり分布が推定される。これまでに推定されたさまざまな地震についてのすべりモデルは、データベース作成プロジェクト SRCMOD[24] に集められている。

すべりモデルは必ず誤差をふくむ。仮定した地下構造は現実とは異なり、その誤差は研究グループごとに異なる形で解析結果に影響する。したがって、ひとつ

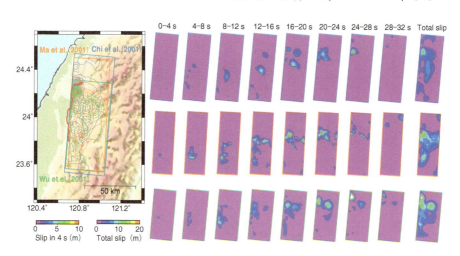

図 7-7　1999 年台湾集集 (Chi-Chi) 地震のすべりモデルの比較 (Ide, 2015[9] を改変)。(左) 地図上の位置、赤線は Chelungpu 断層沿いの地表地震断層の位置。仮定された断層面は Chi et al. (2001)（青）、Ma et al. (2001)（オレンジ）、Wu et al. (2001)（緑）[25]。(右) 4 秒ごとの時間間隔でのすべり分布のスナップショットと総すべり分布。上から、Chi et al. (2001)（青）、Ma et al. (2001)（オレンジ）、Wu et al. (2001)（緑）。後者 2 研究は GPS の記録を用いている。

の地震をさまざまな研究グループが研究した結果がかなり異なることもありうる。とくにデータが十分にない場合には、すべりの分布はデータそのものより、さまざまな仮定や先験的情報に大きく影響される。たとえば1999年のトルコİzmit地震は、とくに推定が困難だった地震の例として知られている[26]。

　震源近傍のデータが多数利用可能な場合には、研究結果間の違いは顕著ではない。先述の1995年の兵庫県南部地震はよい例である。また1999年の台湾の集集地震でも、震源近傍に多数配置されていた強震計とGPSのデータが破壊すべりプロセスに大きな制約を与えた（図7-7)[9]。

　3つの異なる研究グループ[25]が求めたすべりの時空間分布を比較すると、破壊すべりが震源から北側に進展し、二十数秒後に震源から40 kmの場所で大きなすべり速度になるという点で一致が見られる。破壊伝播速度はどれも2 km/s程度である。最終的なすべり分布は、GPSの記録を用いた2つのモデルと、用いていないモデルとでやや違いがみられる。このように地震波形は、すべり速度分布の時空間的な進展（スナップショット）をよく制約するが、最終的なすべりの分布を制約するには、測地的データがより重要になる。

7-3-4　すべり分布の意味するもの

　インバージョン解析によって、破壊すべりの時空間分布がわかると、震源についてどのようなことがわかるのか？　摩擦則を用いた動的破壊シミュレーション（第10章）などと比較することで、時空間分布が示唆する地震の特徴を考察できる。

　多くの場合、すべりの時空間分布は複数回のサブイベントとして解釈される。なぜ連続的でなく、サブイベントになるのか？　サブイベントを生み出す原因としては、地下の断層の構造の不連続、背景応力場の向きと断層の向きの関係、破壊エネルギーの空間分布の不均一性など、さまざまな可能性がある。

　すべりの時空間分布の特徴のなかでも、破壊フロントの進展速度はとくに注目されている。すべりインバージョンが普及する以前、Geller (1976)[27]は破壊伝播速度をS波の7割程度と見積もっていたが、多くのすべりインバージョンの結果は、この推定から大きくは外れない。一方で一部の地震について、S波速度を超えるような高速の破壊フロント進展速度が推定される。この意味については10-3節で再び考察する。

　破壊すべりがパルス的か、クラック的かという問題もしばしば注目される。パ

ルス的とは、ハスケルモデルのように、ライズタイムが地震全体の継続時間より短い状態を指す。クラック的とは、佐藤・平澤モデルのように、ライズタイムと地震全体の継続時間がほぼ同じ場合である。

マルチタイムウィンドウ法は、ある意味パルス的伝播を仮定しており、したがって多くのすべりインバージョンの結果は、パルス的な破壊と矛盾しない。パルス的な破壊が起きるということは、断層上の任意の点で発生する破壊すべりが短時間で停止し、断層が固着状態に戻るような現象、つまり**瞬間ヒーリング**を示唆する[28]。ただし、破壊がゆっくり継続しているのか、完全に停止しているのかをデータから制約することは困難であり、確実に瞬間ヒーリングが起きていることを示す証拠はほとんどない。

インバージョンでは通常、すべり量もしくはすべり速度を未知量として、それを記述するパラメーターを推定する。ただし、弾性体中のすべりである以上、推定されたすべり量から応力についても情報が得られる。断層面上のすべりを平均して断層の大きさと比較すると、平均的な応力降下量を推定することができる。これがおおむね 3 MPa 程度になることは、6-4 節で紹介した。

さらに話を進めて、すべりの空間的な分布と各点での時間変化がわかっている場合、弾性体媒質の一意性定理から、弾性体内のすべての点の応力が決定でき

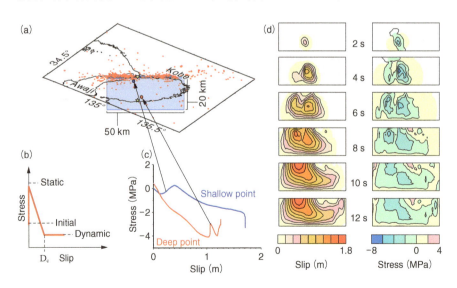

図 7-8 すべりモデルは応力情報をふくみ、断層の摩擦則をふくむ[22]。(a) 仮定された断層面の位置。(b) すべり弱化摩擦則のすべりと応力の関係。(c) 断層面上の2点におけるすべりモデルから求めたすべりと応力の関係。(d) すべり分布と応力分布のスナップショット。

る。つまり断層面上の応力も決定できることになる。もし破壊すべりが、すべりと応力の関係で与えられる摩擦則に従うのであれば、その摩擦則まで決定されていることになる[22]（図7-8）。つまり原理的には、すべりの時空間分布は、摩擦則までをふくんでいる。

現実的には、観測データからの摩擦則の正確な推定は困難である。図7-7の例のように、インバージョンに用いられるさまざまな仮定の不確かさが、すべりの時空間発展を通じて推定される摩擦則に影響する。これらの影響を排除し、完全なグリーン関数が利用できる場合でも、ライズタイムや摩擦則の細部の決定には、高周波地震動の情報が必要であり、現実的ではない[29]。一方、破壊フロントの進展および、それをコントロールする破壊エネルギー（第10章）の分布は比較的正確に推定可能である。

7-4　破壊すべりプロセスの周波数依存性

7-4-1　高周波地震動の励起源

ここまでは、地殻変動および比較的低周波数の地震波の分析から見える震源像について説明してきた。すべりインバージョンは、おもに1 Hzより低周波数の地震波を用いておこなわれる。しかし災害とより強く関係するのは、それより高い数Hzの地震動である。これら高周波地震動の成因を調べる手法としては、すべりインバージョンは最適な手法ではない。

地震の周波数特性は、ほぼオメガ2乗モデル（5-6節）だと考えられる。つまり、変位スペクトルは低周波数極限で最大かつ一定、速度スペクトルはコーナー周波数を強調し、加速度スペクトルは逆に高周波極限で最大かつ一定になる。したがって高周波地震動を説明する場合、速度または加速度データに着目する。

観測変位についての表現（式(7-4)）を振り返ると、変位の時間微分は、震源におけるすべりの時空間分布 $\Delta u_i(\xi, t)$ の積分についての微分となる。この微分は、少なくとも3通りの異なる形で高周波地震動に影響する[30]。

まず、1地点のすべり速度関数 $\Delta u_i(\xi, t)$ の時間微分の効果がある。すべりが急激にはじまったり、急に止まったりすると、その1階もしくは2階微分が大きくなり、高周波地震動が励起される。すべりの加減速は、局所的な摩擦則の影響を強く受ける。

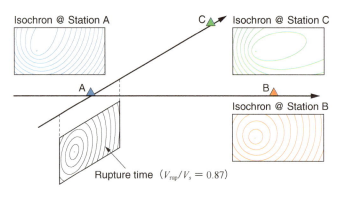

図7-9 3地点で観測された断層面上の等時線。破壊フロントは一定速度V_rupで進展する。均一媒質と仮定してS波の伝播時間を計算している。

次に、すべり量やすべり方向の空間変化が大きい場合、空間方向に大きく変化するすべりが、地震波伝播を経て、観測点では異なる時間に到着する。つまりすべりの空間変化が時間変化として観測され、高周波地震動の源になる。断層面の向きが変わり、放射パターンが変化しても同様の影響が生まれる。

最後に積分範囲の影響である。ある時刻にある観測点に到達する波は、震源の一部の範囲におけるすべりの効果を積分して得られる。すべりが破壊フロントに局在化している場合、この範囲は面というより楕円に近い曲線になる。この線を**等時線（isochron）**という[31]。

バックプロジェクションについての式(7-3)と同様に、震源$\boldsymbol{\xi}$と観測位置$\mathbf{x}$の間の波動伝播時間を$T(\mathbf{x},\boldsymbol{\xi})$、震源での破壊フロントの到達時刻を$T_\text{rup}(\boldsymbol{\xi})$とすると、$T(\mathbf{x},\boldsymbol{\xi})+T_\text{rup}(\boldsymbol{\xi})$が一定になる場所を断層面上に表示できる（図7-9）。等時線の形は、断層上の破壊の進展と観測方向によって大きく異なる。

破壊すべりが断層の端に到達し、等時線が時間的に大きく変化する場所が、高周波地震動の励起源になる。佐藤・平澤モデルの停止フェーズは、まさにこのように等時線が破壊停止によって切れることで励起されている。単純な円形の震源モデルでは2つの停止フェーズしか観測されないが、断層の形状が複雑であれば、同じような現象がさまざまな場所で起きうる。

7-4-2 高周波地震動発生地域

高周波の地震動が、比較的短時間のパルスとして観測されるなら、通常の震源

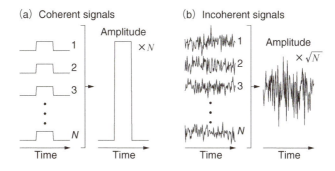

図 7-10　コヒーレント信号とインコヒーレント信号。(a) 同じ信号を N 回重ねると振幅は N 倍になる。(b) 同じ正規分布に従う信号を N 回重ねると、振幅（標準偏差）は $\sqrt{N}$ 倍になる。

決定と同様に、実体波の到達時間を用いて地震動の発生位置を推定可能である。さまざまな地震について、このような仮定の下で、高周波地震動発生地域を推定する研究がおこなわれている。

　低周波と高周波の地震動の大きな違いは、異なる震源の場所から観測点に届く信号が、**コヒーレント（coherent）**か**インコヒーレント（incoherent）**かという点にある（図7-10）。

　低周波データを扱うすべりインバージョンの観測方程式（式(7-4)(7-5)）では、断層の各地点のすべりレートの総和が、観測点の変位とほぼ比例する[15]。すべりレートは正と仮定できるので、異なる点からの地震波をそのまま足し合わせたものが観測点の変位として観測される。この場合、震源の異なる位置からの地震波はコヒーレントだといえる。

　一方、高周波地震動、とくに加速度記録を扱う場合、さまざまな点から観測点に届く加速度は、前述のようなさまざまなメカニズムの結果、ランダムに近いものとなる[16]。コヒーレントな信号のように波形の山と山、谷と谷が一致することはない。これがインコヒーレントな信号である。平均が 0 で、分散が一様な、インコヒーレントな N 個のシグナルの和をとると、その結果は平均が 0 で、分散が N 倍（標準偏差が $\sqrt{N}$ 倍）の、正規分布するノイズで近似される[17]。

　高周波地震動発生地域では、必ずしもすべり量が大きいとは限らない。むしろ

---

[15] グリーン関数と断層の向きが大きく変わらない場合。
[16] 現実には、断層すべりの影響だけでなく、後述する媒質内の散乱の影響もある。ひとつのパルスというより、多数の連続するランダムなパルスと考えるのが妥当である。
[17] 中心極限定理によって示される。

第7章 ◆ 現実的な震源③──複雑な震源像

さまざまな地震の複雑な震源像が明らかになってくるにつれ、低周波地震波の分析によって推定されるすべりの大きな場所と、高周波地震動発生地域が一致しないという観察が増えた[31]。前述のとおり、高周波地震動は、すべり分布そのものではなく、その時間微分から生成されるので、この不一致自体は不思議なことではない。

これをもっとも明確に示したのが、2011年の東北沖地震である。すべりの分布は海溝近傍で最大値を示す。東北沖地震の場合、高周波地震動は、プレート境界のより深部から放出されていると推定された[32]。沈み込み帯の地震では、このような観察例が多いことがLay et al. (2012)[33]によって指摘されている。

7-4-3　高周波波形合成

広帯域での地震現象を理解するために、高周波地震動を正確に計算、分析する必要がある。しかし高周波地震動の計算は、まだいっそうの研究が必要とされている。

まず震源のすべり分布は低周波数側から、平均した描像として求められているが、細部はよくわかっていない。その微分が高周波波動源となるので、よくわかっていないものの微分をとるという作業自体が困難である。したがって決定論的なモデル化は不可能で、確率論的な取り扱いが必要となる。

続いて、高周波波動の地球内部での伝播を計算するには、P波とS波の反射、屈折、散乱を3次元構造について計算する必要があるが、これも決定論的にはすぐに限界に達する。地中の微細な構造における波動の反射、屈折、散乱は、最初に届く波（直達波）の後に多数の後続波を生み出す。したがって高周波では直達波より、後続のコーダ波が卓越することになり、解くべき問題は弾性体の中の波動散乱の問題へと変化する。確率論的な取り扱いが必要な問題であり、その取り扱いについてはSato et al. (2012)[34]に詳しい。

散乱が卓越する周波数帯では、実体波の放射パターンですら見えにくくなる。異なる方位に放射された地震波が複雑な経路をたどって観測点に到達することで、放射パターンが空間的に平均化されるからである。Takemura et al. (2009)[35]は、2000年鳥取県西部地震のS波観測結果を例に、この影響をわかりやすく示している（図7-11）。低周波数（0.5 Hz）では顕著に見える横ずれ地震の四象限型の放射パターンが、高周波数（5.0 Hz）では平滑化され、判別が難しい。節面の位置でさえ、特定することは簡単でない。

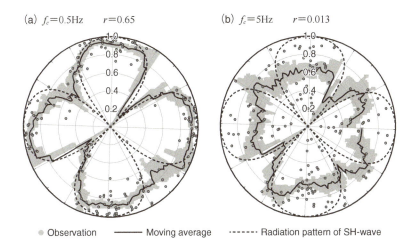

図 7-11　周波数によるS波振幅パターンの違い[35]。(a) 低周波数（0.5 Hz）と (b) 高周波数（5 Hz）。断層の走向方向からの角度について分布を示す。灰色の点は、29地震について152地点で観測されたSH波の水平動の二乗平均平方根の最大振幅である。実線はその移動平均を示し、灰色の部分は標準偏差を示す。破線はSH波の理論的な放射パターンを示す。

第 III 部
震源近傍の物理学

第 **8** 章　巨視的な破壊と摩擦

第III部では、断層近傍の物理について説明する。地震は、脆性的な岩盤に大きな力がかかった結果、岩盤が破壊し摩擦をともなってすべることで発生する。第II部ではこれらをまとめて、破壊すべりとして説明していた。ここからは、破壊と摩擦すべりを別々に主要テーマとして扱う。そのうち本章では、巨視的（マクロ）に見た変形と破壊を考える。マクロなせん断破壊の条件のひとつ、クーロンの破壊基準は、破壊を摩擦則のように考えることで導かれる。その基準を理解するために、モール円がよく用いられる。クーロンの破壊基準をふまえて、地球内部で発生する地震のタイプを説明するアンダーソン理論、さらにマクロな破壊に関係する水や熱の問題にも簡単に触れる。

8-1　　　　　　　　　　　　　　　　　　　　　　　破壊と摩擦

8-1-1　脆性と延性

岩石に力をかけると変形する。力が小さければ変形は弾性的であり、力を除けば元の形に戻る。

大きな力をかけると、非弾性的な変形が生じる。破壊は非弾性変形の一種である。破壊をともなう非弾性変形を、脆性（brittle）変形（破壊）という。これに対して、破壊を起こさないような、ぐにゃっとした非弾性変形もあり、このような変形を延性（ductile）変形という[1]。金属は延性変形しやすい。延性変形だけが起きるなら、地震は発生しない。ただし、脆性破壊と延性変形はひとつの岩石の中で同時に発生しうる。岩石は低温ではおもに脆性変形するが、高温になると延性変形する。

1　なお粘性（viscous）、塑性（plastic）などの用語も用いられ、それらの間の区別については、研究分野や研究者によって見解が異なる［1］。

8-1-2 破壊と地震

地震は地球内部の岩石の脆性破壊をともなう。地下深部の地震が発生する場所で脆性破壊を観察するのは簡単ではないが、南アフリカの金鉱山はそれが可能な珍しい場所である。図8-1は、金鉱山における地震発生後に、震源までトンネルを掘って観察した例である[2]。壁に刻まれた細かい多数の亀裂が、岩盤の破壊の跡である。もともと大きな亀裂がほとんどない岩盤中で、線状（3次元では面状）に広がる白い帯状の領域が破壊し、地震を起こしたと推測される。

もともと亀裂のない物質を、**インタクト**（intact）な物質という。完全にインタクトな物質というのは、結晶を除いては珍しく、物質の内部には通常多数の小さな亀裂がある。

実験室では、ほぼインタクトな物質を用いた高圧破壊実験がおこなわれる（図8-2）[3,4]。高圧をかけられるピストンに小さな試料室を配置し、その周辺に小さな振動計を配置する。圧力を高くしていくと、多数の小さな破壊——アコースティックエミッション（AE）——が発生するので、振動計によって震源や大きさを決定できる。

この実験では、まず試料全体にAEが発生する。その後、ある時点から1ヵ所

図 8-1　南アフリカの金鉱山で観察される岩盤の破壊の痕跡の例[2]。

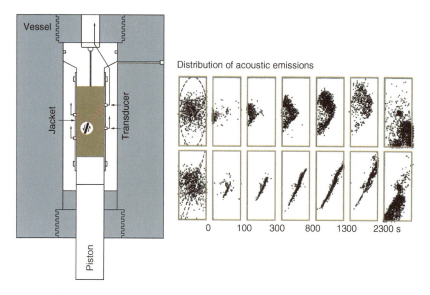

図 8-2 破壊実験の一例（Lockner et al., 1992[4]を改変）。（左）インタクトな岩石を用いた破壊実験装置の概略図。圧電振動子が実験中のAEを検出する。試料の大きさは直径76.2 mm、長さ190.5 mm。（右）実験中のAEの分布のスナップショット。2方向から見たもの。

にAEが集中発生し、さらにAEの領域が次第に面状に広がっていく。最終的に、岩石を2つ以上に割るような、マクロな破壊が起きる。マクロな破壊面に沿って、音、振動とともに大きなずれが生じる。高圧破壊の発生する条件から、マクロな**破壊基準（fracture criterion）**や、そのパラメターを推定することができる。

8-1-3 摩擦と地震

　カリフォルニア州を南北に延々と伸びるSan Andreas断層では、過去に何度も地震の破壊すべりが繰り返されてきた。Brace & Byerlee (1966)[5]は、摩擦をともなうすべり運動が地震を起こす、という考えを**スティックスリップ（stick-slip）**という現象と結びつけた。スティックスリップは摩擦すべりの一種で、すべりが連続的ではなく、すべっていない状態（stick）とすべり（slip）を繰り返す現象である。

　スティックスリップはさまざまな物質で観察される。自動車のブレーキをかけたときに出る音や、バイオリンの音の原因にもなっている。このような音を生み出すすべり運動は、短時間に何度も生じる。一方、San Andreas断層の地震の場

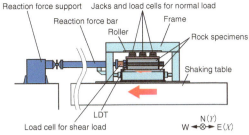

図 8-3　防災科学技術研究所の大型摩擦装置[6]の模式図。岩石の接触面積は長さ1.5 m、幅0.1 m。

合、すべり運動はせいぜい数百年に一度、何度も繰り返すには数百万年が必要となる。

摩擦すべりとしての地震も実験室で再現できる。図8-3はとくに大型の摩擦実験装置で、防災科学技術研究所の振動台を利用したものである。摩擦実験では2つの岩石を接触させて、適当な法線応力とせん断応力をかける。法線応力とせん断応力の比が**摩擦係数（friction coefficient）**なので、すべり量やすべり速度と摩擦係数の変化に一定の法則性があれば、それが**摩擦則（friction law）**として利用される。

物理数学的に、弾性体の中の亀裂＝クラック面の問題として扱う（第9章）場合、破壊と摩擦は明確に区別できる。破壊とは、連続体中に新たな亀裂面が生まれること、摩擦とは、既存の亀裂が接触状態を保ってすれ違うこと、である。

現実の固体物質中には分子どうしを結びつけている結合があり、その結合の切断が破壊のミクロなメカニズムだと考えられる。したがってマクロな破壊の法則は、多数の結合の切断の法則である。一方、基本的にマクロな現象である摩擦についても、ミクロなメカニズムをつきつめると、それは多数の結合の切断と再生にほかならない。したがって地震現象では、破壊と摩擦すべりの明瞭な区別は難しい。

8-1-4　マクロな破壊強度

マクロな破壊法則は、応力と同じ次元をもつ**破壊強度（strength）**で定義される。応力が破壊強度に到達したときに破壊が生じる。岩石破壊実験をすれば、マクロな破壊強度が推定される。ただし、破壊は媒質内のさまざまなミクロなプロセスが相互作用しながら発生するので、不均質構造をもつ媒質について強度を精

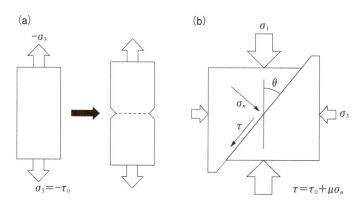

図 8-4 巨視的な破壊。(a) 引張方向と (b) せん断方向（クーロンの破壊基準）。

度よく定義することは簡単ではない。

引張破壊の場合には、マクロな破壊強度は、破壊面ができるまでに経験する最大の応力と定義できる（図8-4a）。ただし、現実的な物質は、突然脆性的な引張破壊を起こすことはない。ふつうは破壊面を形成する以前に、ある程度は非弾性的、延性的な性質を示す。岩石の場合、このような変形は、おもに岩石内部に微小亀裂——**マイクロクラック（microcrack）**——が多数生成することによって進行する。マイクロクラックはAEをともなうことも多い。

非弾性的な挙動を示しはじめる応力が、**降伏応力（yield stress）**、最終的な破断が起こる応力が（最終）**引張強度（tensile strength）**と呼ばれる。岩石の引張強度は5-10 MPaといわれる[7]。

マクロなせん断破壊も、脆性破壊の前に、マイクロクラックの生成による非弾性変形をともなう。このとき、クラック周辺の変形はせん断成分だけでなく、クラック面を広げる開口成分をふくみ、それは非弾性的な体積の増加となって現れる。これが**ダイラタンシー（dilatancy）**という現象である。多くの岩石のせん断破壊の前には、ダイラタンシーが起きると考えられており、地震の予測に役立つという説もある（第15章）。

せん断破壊では、破壊面が形成されるのとほぼ同時に、形成された面で摩擦すべりが生じる。このとき、摩擦と破壊に必要な応力をそれぞれ区別するのは困難なので、破壊面ができるまでに必要な最大応力（マクロなせん断破壊強度）には、摩擦すべりに必要な応力がふくまれる。

経験的なせん断破壊の条件のひとつが、**クーロンの破壊基準（Coulomb fracture（failure）criterion）**である。これは、面のせん断応力を τ、法線応力を σ_n

とする[2]と、

$$\tau = \tau_0 + \mu \sigma_n \tag{8-1}$$

が成り立つときに破壊が起きるという条件である（図8-4b）。τ_0 は面がまったく押さえつけられていないときでも必要な力で、**凝着力（cohesive force）**とも呼ばれる。μ は**内部摩擦係数（internal friction coefficient）**といわれる。

8-2　古典的摩擦則

8-2-1　クーロン摩擦

摩擦は古くから多くの人々に研究されてきた[3]。現代に続く摩擦則に名前を残すのは、17世紀後半のアモントンである。アモントンの法則は、①ある物体にかかる摩擦力は接触面サイズによらない、②摩擦力は直荷重に比例する、の2つからなる。

この法則をより洗練された形で整えたのが、クーロンである。摩擦力 F は直荷重 N と比例する。式で書けば $F = \mu N$、これを応力の式に直せば、せん断応力 τ と

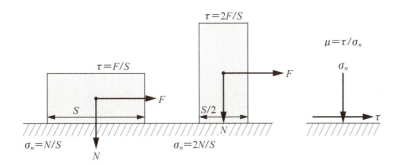

図8-5　**古典的摩擦則**。アモントンの法則では、摩擦力（F）は摩擦面の面積（S）には依存しない。

---

[2] 本章では、これまでとは異なる応力の定義を使う。これまで応力は伸張力を正としてきたが、地中の岩盤は圧縮場で破壊するので、圧縮力を正とするほうが考えやすい。岩石実験研究や、後述のモール円の説明では、圧縮を基準に考えることが多い。

[3] レオナルド・ダ・ヴィンチが摩擦を研究していたことは有名である。彼のデッサンの中には、斜面の摩擦を計測するための実験を描いたものが残っている。

第8章 ◆ 巨視的な破壊と摩擦

法線応力 σ_n を使って、$\tau = \mu\sigma_n$ となる（図8-5）。式(8-1)はこれに凝着力を加えたものである。ここで μ が摩擦係数である。古典的摩擦則では摩擦係数は定数で、静止状態では**静止摩擦係数**（static friction coefficient）μ_s、すべっているときには**動摩擦係数**（dynamic friction coefficient）μ_d になる。

8-2-2 さまざまな物質の摩擦係数

実験によって、物質に特徴的な摩擦係数を調べることができる[4]。表8-1にさまざまな物質の静止摩擦係数を示す。いわゆるすべりやすい物質、氷やテフロンでは係数は0.1よりだいぶ小さい。逆にゴムのように、すべりにくいものだと1を超えることもある。金属は物によりさまざまであるが、あまり小さいものはない。

岩石の摩擦については、**バヤリーの法則**（Byerlee's law）が有名である。Byerlee (1978)[8] は花崗岩、石灰岩、砂岩などさまざまな種類の岩石の摩擦（最大値）を測定し、摩擦係数を求めた。摩擦係数は弱い法線応力依存性を示し、σ_n が 200 MPa 未満では0.85（$\tau = 0.85\sigma_n$）、それ以上になると $\tau = 50 + 0.6\sigma_n$ となる（図8-6）。重要なのは、岩石の種類による変化は小さいということである。このことが、以下の破壊と摩擦の力学の説明において、岩石の種類にあまり注意を払わない理由である。

ただし、例外はある。蛇紋石（serpentine）や**粘土鉱物**（clay mineral）（イライト、カオリナイト、モンモリロナイトなど）の摩擦係数は、だいぶ小さい。これらの鉱物は**フィロ（層状）ケイ酸塩**（phyllosilicate）と呼ばれるもので、その分子構造に層状構造をふくむ。層の間には弱面があり、その面を使って効率的にすべることができる。自然断層のマクロな強度に、フィロケイ酸塩が影響する可能性が近年指摘されている[10]。

表8-1 さまざまな材料の摩擦係数[9]。

Material	Static friction coefficient
Ice	0.02–0.09
Teflon	0.04
Graphite	0.1
Wood	0.2
Steel	0.5–0.8
Car tire/Asphalt	0.72
Glass	0.9–1.0
Copper	1.0
Aluminum	1.05–1.35
Rubber	1.16
Silver	1.4

---

4 後の章で見るように、係数は接触面の状態に依存するので、厳密な議論には適さない。

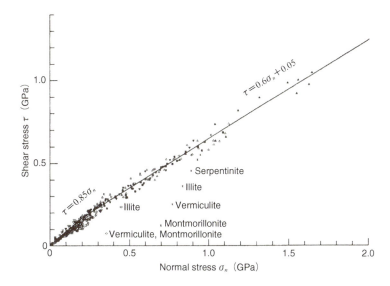

図 8-6 岩石の摩擦に関するByerleeの法則（Byerlee, 1978[8]; Scholz, 2019[7]を改変）。一部の粘土鉱物（Vermiculite, Montmorillonite, Illite）とSerpentiniteを除き、ほかの岩石（Granite, Limestone, Sandstone, Quartz）のほとんどは、200 MPaで折れ曲がりをもつ直線で近似される。

8-2-3 凝着理論

クーロンの摩擦則は、見かけの接触面についてのものである。ここで見かけと言っているのは、「接触」とは何かを慎重に考えるためである。

2つの物体が接しているとは、どういう状況か。テーブルの上に底が平らなコップを置いたら、コップの底面とテーブルは、べったり接しているように見えるだろう。しかし、このとき本当に接しているのは、テーブルとコップのごく一部である。テーブルは（コップの底も）平坦に見えるが、じつは多くの凹凸がある。両者を近づけたとき、互いの凸部が接し、電磁気的な力をおよぼすようになる。このような状態がミクロな接触である。凸部のことを**アスペリティ（asperity）**と呼ぶ。

ミクロな接触（**真実接触（real contact）**）が成り立っている部分は、見かけの接触面サイズのごく一部である（図8-7）。この接触面の面積、**真実接触面積（real contact area）** A_r は見かけの接触面積 A より相当に小さい（$A_r \ll A$）。この割合は、物質にもよるが、数パーセントかそれ以下である。面がすれ違うためには、このミクロな接触をせん断破壊する必要がある。摩擦をこのようにミクロな

破壊ととらえるのが、Bowden & Tabor (1950; 2001)[11]の凝着理論（adhesion theory）である。

真実接触面積A_rは法線応力σ_nに比例して増える。この面積の増加は、実際にアクリル板を使った実験で観察することができる[12]（図8-8）。

摩擦力FはA_rにせん断破壊強度（shear strength）sをかけたものと考えられるので、

$$F = sA_r \quad (8\text{-}2)$$

となる。

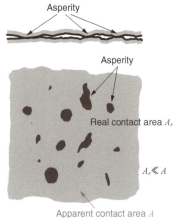

図8-7　凝着理論におけるアスペリティと真実接触面積[11]。

一方、法線応力σ_nもやはり真実接触面積によって支えられている。物質に突起状のより硬い物質を押しつけたときに、どれくらいの力でどれくらいの範囲が貫入するか計測すると、貫入硬度（indentation hardness）が計測できる。これをpとすると、直荷重Nは

$$N = pA_r \quad (8\text{-}3)$$

となる。

式(8-2)(8-3)から$\mu = s/p$と表現できる。ここでsとpは同じ物質の塑性変形にかかわる性質で、岩石の種類が代わってもその比はあまり変化しないというのが、バヤリーの法則の根拠とされる[7]。

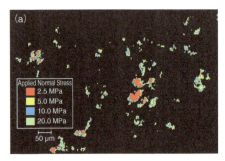
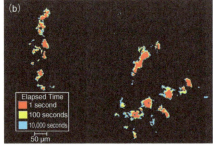

図8-8　ガラスとアクリルを用いた透明サンプルによる真実接触面積の観察[12]。(a) 法線法力の増加にともなう接触面積の増加。(b) 経過時間による接触面積の増加。

第Ⅲ部 ◆ 震源近傍の物理学

　なお、凝着理論は摩擦の理論としては単純化しすぎており、アスペリティの接触だけで摩擦係数の推定をすると、過小評価につながる。現実の摩擦では、アスペリティが反対側の面にくい込んだり、粉砕して**ガウジ**（gouge）という物質を形成したり、複雑なプロセスを考慮する必要がある[5]。

8-3　モール円

8-3-1　モール円の描き方

　式(8-1)のマクロなせん断破壊条件（クーロンの破壊基準）を視覚的に理解するためによく用いられるのが、**モール円**（Mohr circle）という図である。

　3軸圧縮の条件を考え、応力の主軸のうち、最大圧縮、中間、最小圧縮主応力をそれぞれ σ_1、σ_2、σ_3 とする。中間主応力に平行で、最大主応力軸と θ の角をなす面を考える。同じ θ で2つの面をとることができ、この2枚を**共役な**（conjugate）面という（**図**8-9a）。

　このとき面に働くせん断応力 τ と法線応力 σ_n は、テンソルの回転の法則に従って、それぞれ

$$\tau = \frac{\sigma_1 - \sigma_3}{2} \sin 2\theta \tag{8-4}$$

$$\sigma_n = \frac{\sigma_1 + \sigma_3}{2} - \frac{\sigma_1 - \sigma_3}{2} \cos 2\theta \tag{8-5}$$

と表せる。この式は横軸を σ_n、縦軸を τ とすると、点 $((\sigma_1 + \sigma_3)/2, 0)$ を中心とした半径 $(\sigma_1 - \sigma_3)/2$ の円を表す。θ を変えることで、この応力状態で中間主応力に平行なすべての面の応力状態をひとつの円の上に表現することができる（図8-9b）。これがモール円である。せん断応力が最大になるのは、円の上端、$\theta = 45°$ であることは明らかである。

　一方で、式(8-1)のクーロン摩擦の条件も、同じグラフの上に切片 τ_0、傾き μ の直線として表すことができる。モール円のうち、この直線より上にある点に対応する面では、摩擦力に打ち勝つ十分なせん断応力がかかる。もしそのような面

....

[5] 摩擦と潤滑を研究する科学の分野、トライボロジー（tribology）において、さまざまなミクロプロセスを考慮した研究が進んでいる。

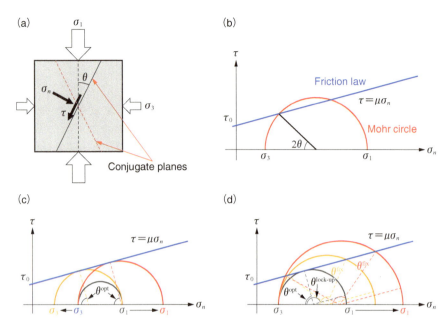

図 8-9　クーロンの破壊基準とモール円。(a) 破壊基準とパラメターの定義。(b) モール円（赤）とクーロン摩擦則。(c) 灰色のモール円から σ_1 を大きくする（赤）か σ_3 を小さくする（オレンジ）と、最適な角度で破壊が起こる。(d) ロックアップ角度より小さい角度であれば、灰色のモール円から σ_1 を増加させることにより、任意の角度で破壊が起こる。

があれば、マクロに破壊されているはずである。ある時点で物体が破壊されていないとすれば、内部にそのような面がないことを意味する。新たに破壊が起きるとすれば、モール円とクーロンの破壊基準の交点に対応する面で起こる。

8-3-2　最適角

モール円の半径は差応力 $\sigma_1-\sigma_3$ が増えると大きくなる。まず σ_1 のみがだんだん大きくなる場合を考える。σ_1 が σ_3 に近いときにはモール円の半径は小さく、クーロン摩擦の直線よりすべてが下にあるが、σ_1 が大きくなると、あるところで直線と円に接点が生じる（図8-9c）。σ_3 がだんだん小さくなる場合や、両者が変化する場合も、同様のことが起きる。まったく異方性がないインタクトな物質や、ランダムにさまざまな方向を向いた弱面がある物質など、θ をどの方向にとってもよい場合、モール円と直線が接することが破壊の起きる条件である。

このときの θ を**最適角**（optimum angle）θ^{opt} と呼ぶ。θ^{opt} は

$$\frac{\partial}{\partial \theta}(\tau(\theta) - \mu \sigma_n(\theta)) = 0 \tag{8-6}$$

という条件を満たすので、これを解くと、

$$\frac{\partial}{\partial \theta}(\tau(\theta) - \mu \sigma_n(\theta)) = (\sigma_1 - \sigma_3)\cos 2\theta - \mu(\sigma_1 - \sigma_3)\sin 2\theta = 0 \tag{8-7}$$

$$\theta^{\mathrm{opt}} = \frac{1}{2}\tan^{-1}\frac{1}{\mu} \tag{8-8}$$

となる。$\mu = 0$ だと $\theta^{\mathrm{opt}} = 45°$ となる。つまり摩擦の働いていない面は、45度ですべるのが最適である。$\mu = 0.6$ だと $\theta^{\mathrm{opt}} = 29.5°$ となる。実際に岩石は30度くらいで破壊することが多い。

8-3-3 ロックアップ角

　媒質の中に大きな弱面がある場合には、この弱面が必ずすべると仮定して破壊基準を適用する。弱面の方向が、σ_1 と θ^{fix} の角度をなすとする。τ_0 を無視して考える[6]と、満たすべき条件は、

$$(\sigma_1 - \sigma_3)\sin 2\theta^{\mathrm{fix}} - \mu(\sigma_1 + \sigma_3) + \mu(\sigma_1 - \sigma_3)\cos 2\theta^{\mathrm{fix}} = 0 \tag{8-9}$$

$$\sigma_1(\sin 2\theta^{\mathrm{fix}} - \mu + \mu \cos 2\theta^{\mathrm{fix}}) = \sigma_3(\sin 2\theta^{\mathrm{fix}} + \mu + \mu \cos 2\theta^{\mathrm{fix}}) \tag{8-10}$$

$$\frac{\sigma_1}{\sigma_3} = \frac{1 + \mu \cot \theta^{\mathrm{fix}}}{1 - \mu \tan \theta^{\mathrm{fix}}} \tag{8-11}$$

となる。σ_3 を固定して徐々に σ_1 を増加するような設定を考えると、σ_1 が式 (8-11) を満たすときにマクロな破壊が起きる（図8-9d）。

　式(8-11)の右辺は、分母の値によっては負になる。具体的には、

$$\theta^{\mathrm{fix}} > \theta^{\mathrm{lock\text{-}up}} = \tan^{-1}\frac{1}{\mu} = 2\theta^{\mathrm{opt}} \tag{8-12}$$

のときである。すなわち $\theta^{\mathrm{lock\text{-}up}}$ を超える角度の面は、いくら応力を増加しても破壊しない。この角度を**ロックアップ角（lock-up angle）**という。この角度は μ の値に依存しており、よくある値として $\mu = 0.6$ を考えると、$\theta^{\mathrm{lock\text{-}up}} = 59.0°$ となる。つまり、σ_1 に対して60度の高角断層は動かせない。

6　かかる応力が大きくなれば、いずれ τ_0 は無視できる。

第8章 ◆ 巨視的な破壊と摩擦

8-4　　　　　　　　　　　　　　　　断層の破壊と応力場

8-4-1　アンダーソン理論

　断層運動には正断層、逆断層、横ずれ断層が存在する。それぞれどのように破壊しやすいのか？　クーロンの破壊基準を天然断層の破壊に適用すると、逆断層は低角で、正断層は高角で壊れやすいと考えられる。これはAnderson (1905)[13]によって提唱された理論である。

　このアンダーソン理論では、地震の多くは地表近くで発生し、地震を発生させる応力場は、自由表面の影響を受けると仮定されている。地表ではトラクションが0なので、応力テンソルは、

$$\begin{pmatrix} \sigma_{11} & \sigma_{12} & 0 \\ \sigma_{12} & \sigma_{22} & 0 \\ 0 & 0 & 0 \end{pmatrix} \tag{8-13}$$

という形になる。鉛直軸に関係する応力成分はすべて0である。

　このテンソルを回転させても、主軸のひとつは必ず鉛直になるので、σ_1、σ_2、σ_3に対応する主応力軸のどれかは必ず鉛直になる。これは実際の観察から裏づけられている。たとえばSan Andreas断層近傍で発達した小地震のメカニズムの深さ依存性から、地表近くではメカニズムの主軸のひとつが、鉛直方向を向くことが示される（たとえばBokelmann & Beroza, 2000[14]）[7]。

　次に、3つの主軸のうちどれが鉛直になるか検討する。最大圧縮主応力 σ_1 が鉛直を向くと、正断層の地震が起こりやすい。最小圧縮主応力 σ_3 が鉛直を向くと、逆断層地震が起こりやすい。中間主応力 σ_2 が鉛直だと、横ずれ断層地震が起こる。

　正断層と逆断層の場合、モール円を使って説明した最適角とロックアップ角によって、とりうる傾斜角の範囲が制限される。摩擦係数の代表値として0.6を採用すると、最適角は約30°、ロックアップ角は約60°になる。逆断層では σ_1 は水平を向いているので、その方向に30°くらいのもの（傾斜角約30°）が起こりやすく、きわめて高角なものは起こりにくい（図8-10）。

　世界で起きる逆断層地震で、どちらが断層面か判明しているものには低角逆断

----

[7]　この研究の重要性は、一番深い地震のグループも同様の傾向があるので、深部でも鉛直軸方向のせん断トラクションがほかの成分に比べて小さいことを示唆していることである。

層が多く、高角なものはまれである。逆に正断層地震では高角なものが多く、低角なものは少ない。これは、第7章で紹介した断層すべりモデルデータベースSRCMODを用いて確認できる（図8-11）。摩擦係数が0.6のときのロックアップ角を超える地震は、ほとんど発生していない[8]。

アンダーソン理論はおおむね正しいが、地域的に観測される震源メカニズムを完全に説明できるわけではない。断層の方向は、つねに等方ランダムに分布するとは限らないからである。既存の断層の方向に偏りがある場所では、震源メカニ

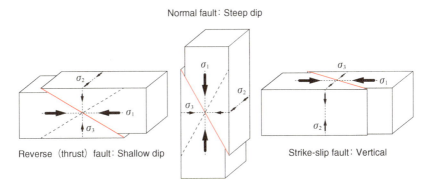

図8-10　アンダーソン理論にもとづく、断層の種類によって予想される傾斜角。摩擦係数0.6の場合。(a) 逆断層、(b) 正断層、(c) 横ずれ断層。

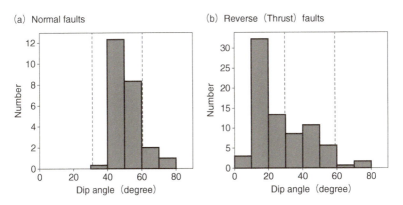

図8-11　SRCMODデータベース[15]のすべりモデルの傾斜角の分布。(a) 正断層（すべり角-40°〜-140°）、(b) 逆断層（すべり角40°〜140°）。点線は摩擦係数0.6の場合の最適角とロックアップ角を示す。

8　顕著な例外として、2018年の北海道胆振東部地震（M_w6.6）がある。この地震の断層が東落ち傾斜70度くらいの高角逆断層であることは、地殻変動記録や余震分布からも確認されている。

第8章 ◆ 巨視的な破壊と摩擦

ズムも偏る。逆断層に30度より小さな角度のものが多い（図8-11b）理由は、沈み込み帯の明らかな弱面であるプレート境界の傾斜角は、より小さいことが多いという事実とも関係しているだろう。そして地域的な断層方向の分布は、現在の応力場だけでなく、その地域が過去に経験してきたテクトニクスにも依存する[9]。

8-4-2 背景応力場

地震が発生する地域の応力場が、時間的に、空間的に一様である証拠はない。それでも、すべての地震が一様の背景応力場のもとで発生したと仮定して、地震の震源メカニズムや断層運動の方向などをもとに、地域の応力場を推定する研究が広くおこなわれている。

このような推定では、地震時に断層は、その断層面にかかっているトラクションの接線成分の方向にすべると仮定される。すべりベクトルとトラクションベクトルの接線方向が等しくなる、という仮説[10]である。

ある地震の断層面とすべりの方向が既知であれば、その面について、すべりの方向の単位ベクトル $\bar{\mathbf{u}}$ とトラクションの接線方向の単位ベクトル $\bar{\boldsymbol{\tau}}$ を計算できる。多数の地震について、2つのベクトルの差 $|\bar{\mathbf{u}}-\bar{\boldsymbol{\tau}}|^2$ の総和を最小にする応力テンソルが、推定すべき背景応力場である。このようにして、断層運動方向から、3つの主軸方向と、差応力比

$$\phi = \frac{\sigma_2 - \sigma_3}{\sigma_1 - \sigma_3} \tag{8-14}$$

が推定可能である[16]。σ_1、σ_2、σ_3 は大きい順に並べた圧縮主応力値（8-3-1項）である。

一般に地震のメカニズムだけでは、2つの節面のどちらが断層面かはわからないので、応力場推定のためのさまざまな手法が開発されている[17]。背景応力場は、動的破壊プロセスの数値計算（第10章）を用いて、将来の地震の破壊プロセスを予測するうえでの重要な情報であり、地域ごとに多数の研究がおこなわれている。日本列島レベルでも、数十km程度の間隔で応力場の不均質性が観察されている[18]。時間的な変化もふくめて、今後検討が必要な分野である。

....

9　一例が、日本海拡大にともなうインバージョンテクトニクスといわれる運動である。日本列島の日本海側にある逆断層の多くは、日本海拡大時（2000万年前から1500万年前）に生成した正断層が、応力場の逆転によって再活動していると考えられている。

10　提唱者の名前からWallace-Bott仮説と呼ばれる［19］。

8-5　天然断層の巨視的な破壊と水と熱

8-5-1　地下水と有効法線応力

　現実的な地下でのマクロな破壊を考えるうえで、地下水の存在は無視できない。地下の岩石には、小さな**間隙（pore）**（隙間、空隙）がたくさんあり、それらの間隙は、地下水などの流体によって水浸しになっていると考えられる。水には海水や、雨水などの天水のほか、沈み込みにともなう温度圧力変化によってプレートが脱水作用を受けて生じるものがある。この**間隙流体（pore fluid）**の存在状態、およびその大きさ——**間隙流体圧（pore fluid pressure）**——は岩石の強度に大きな影響を与える。

　ミクロには間隙水は、凝着理論で考えたアスペリティの隙間に入っているとみなせるので、凝着理論をもとにその効果を考える（図8-12a）。見かけの接触面積をA、真実接触面積をA_rとする。水が入っていない状況では、外部からの法線応力を真実接触面積にかかる応力σ_c^{dry}で支えているので、

$$A_r \sigma_c^{\mathrm{dry}} = A \sigma_n \tag{8-15}$$

である。

　水が間隙を埋め、中から水圧（間隙水圧）pで押し返す状況では、

$$A_r \sigma_c^{\mathrm{wet}} = A \sigma_n - (A - A_r) p \tag{8-16}$$

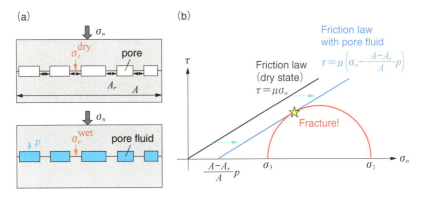

図8-12　断層を弱める間隙流体の影響とモール円を用いた説明。

となる。このとき、真実接触面積にかかる応力を見かけの接触面積でならした応力、

$$\sigma_e = \frac{A_r}{A}\,\sigma_c^{\text{wet}} = \sigma_n - \frac{A - A_r}{A}\,p \tag{8-17}$$

を**有効法線応力**（effective normal stress）という。$A_r \ll A$ なので、$\sigma_e = \sigma_n - p$ と近似してもよい。

　一方、水によってせん断応力は支えられないので、せん断応力にはまったく変化はない。法線応力が実質的に p だけ減少するので、その分摩擦力が減り、マクロに見た破壊が起こりやすくなる。モール円的な解釈では、これは σ_n が左に移動する、もしくは、相対的には摩擦則の直線が水圧の分だけ右に移動することを意味する（図8-12b）。水圧を上げると直線がモール円により近づくため、乾燥した状態より簡単に破壊が起きる。

8-5-2　その他の水の効果

　有効法線応力の低下は物理的な断層弱化メカニズムであるが、化学的に断層が弱化するメカニズムとして、**応力腐食**（stress corrosion）も知られている。地下の岩石中には、ケイ素Siと酸素Oの共有結合が多数存在する。この結合に水が入ることで、Si–O–Siの共有結合が2つのSi–OH間のイオン結合になる。強力な共有結合が弱いイオン結合になることで、強度が低下するのが応力腐食のミクロプロセスである。

　岩石にはもともと多数の亀裂がふくまれるので、応力腐食によって亀裂の長さがだんだん伸びると考えられる。第9章で説明するように、長い亀裂は弱いので、結果的に一定時間後に破壊が発生する。応力腐食はこのような時間遅れをともなう現象を説明するのに、適切なメカニズムである[20]。

　水が構造に影響するもうひとつの方法として、フィロケイ酸塩の層状構造の中に入り込むことが挙げられる。粘土鉱物はこの層状構造のために、もともと摩擦係数が小さいが、層状構造の中には水が入りやすく、それにより摩擦係数がさらに低下する[10]。ただし、このような層状構造内部の水は、高温や高圧では鉱物内部にとどまることができない。沈み込み帯では、海洋プレートの沈み込みにともなって粘土鉱物からの脱水が進行する。

第Ⅲ部 ◆ 震源近傍の物理学

8-5-3 注水人工地震

以上のように、一般に地下水の水圧を上げると地震は起きやすくなる。たとえば大きなダムに貯水すると、そのために地震が発生することは昔から知られていた[21]。大量の貯水によって、地下の岩盤中の応力状態が変化し、また条件によっては断層周辺の間隙水圧も変化するので、地震の増加はある程度予想できる。そのうえ、近年、とくに人間が産業目的で地下水を操作することによって、地震が発生することが社会的な問題となっている。

2000年代から、全世界的にシェールガス、シェールオイルなどの掘削が活発になった。シェール資源開発では、地下の岩盤までボアホール（井戸）を掘って水を注入、岩盤を破壊して[11]資源を得る。水圧破砕（hydrofracturing）という手法である。使用した大量の水は、排水として再び地下に注入する。地震が起こりやすくなるのは当然である。

有名な例が、米国オクラホマ州の人工地震である[22]。米国中西部ではもともと地震はめったに起こらなかったが、シェール資源開発によって、多くの地震が発生するようになった。地震の頻度は10倍以上増加し、$M5$程度の経済的な被害を生む地震も起こるようになった。現在では、開発に規制がかかったため、地震活動は減少したが、もとの状態には戻っていない。

地熱地帯の地下に水を送り発電する、地熱増産システムも同様な問題を発生させる。韓国で2017年に発生したPohang地震は、地震の少ない韓国では珍しく、経済的な被害も生じた。地震の発生位置が井戸の近傍であり、水の注入量と地震の発生が時間的に相関していることから、因果性がはっきりしている[23]。

8-5-4 絶対応力レベルと発熱

地震の破壊を考えるうえで、いまだ不確定性の大きなものに、地震発生場の絶対応力レベル[12]がある。均質媒質中の平面断層を破壊すべりが進展する場合、地震波から推定できるのは地震前後の応力の変化量であり、絶対応力レベルはわからない。また、応力テンソルインバージョンによって推定されるのも主応力の相

---

11 これ自体が地震のようなものである。
12 地震は応力変化に敏感なので変化量でない、ということを強調するために、「絶対」という言葉を使う。要は応力レベルである。

183

第8章 ◆ 巨視的な破壊と摩擦

対的な大きさまでであり、絶対値は求められない[13]。

　地震波の観測から推定される、地震時の応力降下量は3-10 MPa程度であるのに対して、地下深くの地震発生帯にかかっている応力ははるかに高い。たとえば地下10 kmでは、その上にある岩盤からかかる圧力、静岩圧だけで200-300 MPaはある。

　この違いから、地震時の応力降下量は、地震発生以前にかかっている応力のごく一部だという考え方がある。この場合、断層は高い応力レベルですべる。これが、いわゆる「強い断層」仮説である。この仮説が正しく、またバヤリーの法則により摩擦係数が0.6-0.85であれば、地震にともなう摩擦発熱は大きいはずである。

　地震時に発生する摩擦発熱は、断層周辺に高温の領域をつくり出すと想像されるが、現実的にSan Andreas断層の周辺で、広域にわたって高い熱流量が観察されることはない[24]。ただしこの観察に対しては、さまざまな問題点も指摘され、やはり断層は強いという見方もある[25]。断層は強いのか、弱いのか、これまでにさまざまな議論がなされたが、現時点で決定的な答えは得られていない。

8-5-5　断層加熱問題

　断層が強いのであれば、摩擦発熱は無視できない。この問題を、McKenzie & Brune (1972)[26]による摩擦すべりにともなうマクロな発熱の問題として考えよう。

　断層面と垂直にx座標をとって、断層のすべりによる発熱と、その1次元（x方向）の拡散による、温度Tの変化を考える。解くべき方程式は、

$$\rho C_p \left(K \frac{\partial^2 T}{\partial x^2} - \frac{\partial T}{\partial t} \right) = -H_s(x, t) \tag{8-18}$$

である。ρは密度、C_pは比熱、Kは熱拡散率である。$t < 0$では全領域で温度0とする。

　熱源$H_s(x, t)$は、一定の摩擦応力σ_fと、すべり速度Vを用いて

$$H_s(x, t) = \sigma_f \sigma(x) V \quad (0 < t < t_1) \tag{8-19}$$

というボックスカー型の時間関数をもつものとして考える。この熱源を式(8-18)に代入すると、Tの時間変化が、

....

[13]　それでもたとえば地震前後の応力主軸方向の変化などから、絶対応力レベルを推定することができる。

$$T(x,t) = \frac{\sigma_f V \sqrt{t}}{\rho C_p \sqrt{\pi K}} \{\exp(-X^2) - \sqrt{\pi}|X|\,\mathrm{erfc}(X)\} \quad (0<t<t_1) \quad (8\text{-}20)$$

$$X = \frac{x}{2\sqrt{Kt}} \quad (8\text{-}21)$$

と求められる。すべりから長時間たった後（$t \gg t_1$）の形は

$$T(x,t) = \frac{\sigma_f V t_1}{2\rho C_p \sqrt{\pi K t}} \exp(-X^2) \quad (8\text{-}22)$$

という正規分布の形になる[14]。

Tの最大値はすべり終了時、$t=t_1$のとき、

$$\frac{\sigma_f V \sqrt{t_1}}{\rho C_p \sqrt{\pi K}} \quad (8\text{-}23)$$

となる。密度 2500 kg/m³、比熱 1000 J/kg/K、熱拡散率 10^{-6} m²/s、摩擦応力 200 MPa、すべり速度 1 m/s とすると、この式は $4.5 \times 10^4 \sqrt{t_1}$（K）となる。たった 0.01 秒で、ほとんどの岩石の融点を超える数千度に達するという計算になる。

実際に地震時に岩石は溶けているのか？ **シュードタキライト（pseudo-tachylite）** という岩石は、溶けた岩石が再び固化した痕跡として知られている。断層のそばで観察され、しばしば断層から伸びた割れ目を埋めるような形状で存在する（図 8-13）。

ただし、断層露頭においてシュードタキライトはどこにでもあるわけではな

図 8-13　シュードタキライトの例。溶融した岩石が亀裂に入り込んでいる。

---

[14] 地震を起こした断層の周辺で温度を計測することができれば、その形は式(8-22)のような釣り鐘型になる。この形から、破壊すべりが生じたときの面上の絶対応力レベルを推定できる［27］。

い。この事実から、上記の条件は普遍的かつ大規模には満たされていない、と考えられる。自然の断層は、ある程度の厚みをもつせん断帯なので、断層全体の変形速度はより遅いか、もしくは断層の内部の物質の回転運動などによって、緩和されるだろう。また間隙流体も加熱されるので、それによる有効法線応力が低下すれば、溶融は起きにくい。

　断層のすべりにともなう岩盤の溶融は、小スケールでは可能で、岩盤の破砕や間隙流体との関係で、複雑な非線形力学現象を引き起こす（第10章）。ただし、溶融自体が巨大地震スケールの破壊すべりをコントロールすることはないだろう。

第 **9** 章　クラックの破壊

　地震時には、破壊すべりによって岩石に変形が生じ、周辺の応力が変化する。応力の変化は、とくに破壊すべり領域の先端、破壊フロントに集中する。この変化を数学的に扱うには、断層を弾性体中の変位の食い違い＝亀裂＝**クラック**（crack）として表現するのが便利である。そして、クラック先端での変形方向によって3種類の**モード**（mode）に分け、2次元的な問題として取り扱う。本章では、クラック問題の構成と、応力拡大係数、エネルギー解放率、破壊エネルギーなど、古典的破壊力学の概念を紹介する。前章では、物質が破壊する条件を、マクロな強度を用いて記述したが、本章では弾性体のエネルギーバランスによって再定義することになる。まずは、地震波をともなわない、静的な問題を考える。

9-1　　　　　　　　　　　　　　　　2次元クラックのモード

9-1-1　3種類のモード

　地震が発生する断層は、3次元媒質中の2次元の面で近似できる。ただし、3次元媒質の問題は扱いにくいので、まずは2次元面の中の1次元の線として断層を近似する。この2次元面に垂直な方向には媒質の挙動は変化しない、という問題となる。

　2次元のクラックの変形は、3つのモード（I、II、III）に分けられる（**図9-1**）。**モードI**（mode I）と**モードII**（mode II）は、考える2次元面内でのみ変形するので、**面内**（in-plane）**問題**と呼ばれる。**モードIII**（mode III）は、変形が2次元面と直交して起きる問題であり、**面外**（anti-plane）**問題**と呼ばれる。

　2つの面内問題のうち、モードIは**開口クラック**（open crack）とも呼ばれる。一方、モードIIとモードIIIは、**せん断クラック**（shear crack）である。面内問題の場合、体積（面積）変化もあり、弾性波にはP波とS波が存在する。一方、

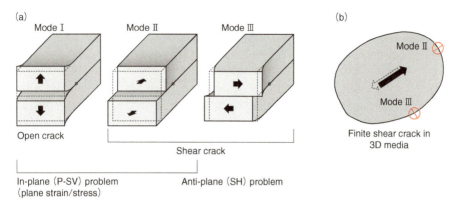

図 9-1 2次元クラックの3つのモード。(a) モードI、II、IIIはそれぞれ面内開口クラック、面内せん断クラック、面外せん断クラックに対応する。(b) 3次元有限クラックの先端周辺は、2次元モードIIとIIIの組み合わせとみなされる。

面外モードIIIでは体積変化はなく、弾性波としてはS波だけが存在する。

3次元媒質中の有限せん断クラックの場合(図9-1b)、そのすべり方向の先端ではモードIIと同じような状態が生じている。また、それと直交する方向の先端では、モードIIIに近い変形が起きる。線形弾性体で考える限りは、それ以外の先端でも、変形はこれらのモードの重ね合わせだと考えることができる。

クラック先端に応力が集中している場合、その先端が進展するか否かが、とくに重要な問題となる。先端周辺の応力と変位を記述する際には、3次元媒質中のクラックを2次元で近似するとわかりやすい。ただし、システム全体でエネルギーバランスを考える場合、2次元と3次元では本質的な違いも多く、2次元近似の限界にも注意すべきである。

9-1-2 モードIIIの問題設定

一番簡単なモードIII問題から、その数学表現を考える(図9-2a)。ここではx_1-x_2面内のクラックに、面外x_3方向の変位が生じるとする。以下、等方媒質を考える。変位ベクトルは、

$$\mathbf{u} = [0 \quad 0 \quad u_3]^t \tag{9-1}$$

であり、すべての物理量のx_3方向の微分は0となる。ひずみと応力はそれぞれ

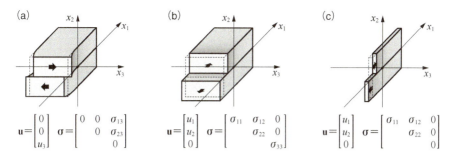

図 9-2　問題設定。(a) モード III、(b) 平面ひずみモード II、(c) 平面応力モード II。

$$\boldsymbol{\epsilon} = \begin{bmatrix} 0 & 0 & \epsilon_{13} \\ & 0 & \epsilon_{23} \\ & & 0 \end{bmatrix} = \begin{bmatrix} 0 & 0 & \dfrac{1}{2}\dfrac{\partial u_3}{\partial x_1} \\ & 0 & \dfrac{1}{2}\dfrac{\partial u_3}{\partial x_2} \\ & & 0 \end{bmatrix} \tag{9-2}$$

$$\boldsymbol{\sigma} = \begin{bmatrix} 0 & 0 & \sigma_{13} \\ & 0 & \sigma_{23} \\ & & 0 \end{bmatrix} = \begin{bmatrix} 0 & 0 & \mu\dfrac{\partial u_3}{\partial x_1} \\ & 0 & \mu\dfrac{\partial u_3}{\partial x_2} \\ & & 0 \end{bmatrix} \tag{9-3}$$

となる。

満たすべき釣り合いの式は

$$\left(\dfrac{\partial^2}{\partial x_1^2} + \dfrac{\partial^2}{\partial x_2^2} \right) u_3 = 0 \tag{9-4}$$

である。これは u_3 についての**ラプラス方程式（Laplace's equation）**である。モード III の問題が任意の境界条件で与えられれば、その境界条件を満たすラプラス方程式の解を求めればよい。

9-1-3　モード I と II の問題設定

モード I と II では、x_1-x_2 面内のクラックに、その面内の変位が生じる（図9-2b）。つまり、変位は $\mathbf{u} = [u_1 \; u_2 \; 0]^t$ である。ひずみと応力はそれぞれ

$$\boldsymbol{\epsilon} = \begin{bmatrix} \epsilon_{11} & \epsilon_{12} & 0 \\ & \epsilon_{22} & 0 \\ & & 0 \end{bmatrix} = \begin{bmatrix} \dfrac{\partial u_1}{\partial x_1} & \dfrac{1}{2}\left(\dfrac{\partial u_2}{\partial x_1} + \dfrac{\partial u_1}{\partial x_2}\right) & 0 \\ & \dfrac{\partial u_2}{\partial x_2} & 0 \\ & & 0 \end{bmatrix} \tag{9-5}$$

$$\boldsymbol{\sigma} = \begin{bmatrix} \sigma_{11} & \sigma_{12} & 0 \\ & \sigma_{22} & 0 \\ & & \sigma_{33} \end{bmatrix}$$

$$= \begin{bmatrix} (\lambda + 2\mu)\dfrac{\partial u_1}{\partial x_1} + \lambda\dfrac{\partial u_2}{\partial x_2} & \mu\left(\dfrac{\partial u_2}{\partial x_1} + \dfrac{\partial u_1}{\partial x_2}\right) & 0 \\ & \lambda\dfrac{\partial u_1}{\partial x_1} + (\lambda + 2\mu)\dfrac{\partial u_2}{\partial x_2} & 0 \\ & & \lambda\dfrac{\partial u_1}{\partial x_1} + \lambda\dfrac{\partial u_2}{\partial x_2} \end{bmatrix} \tag{9-6}$$

となる。

　モードIIIに比べると0でない成分が多く、複雑になるが、結果やその解釈では類似点が大きい。以下では、多くの場合モードIIIの問題を詳細に検討し、モードIとIIについては、結果を説明する。

　上式で、x_3方向には変位はなく、$\epsilon_{33} = 0$であるが、σ_{33}は必ずしも0ではない。これが**平面ひずみ**（plane strain）と呼ばれる状態である。x_3方向に、同じ弾性体が無限につながっている状態である（図9-2b）。

　平面ひずみと対比させて、**平面応力**（plane stress）状態が考えられる。これは薄い板のような状態で、x_3方向の面に働くトラクション、$\sigma_{13} = \sigma_{23} = \sigma_{33} = 0$とおく（図9-2c）。構成関係より、

$$\epsilon_{33} = -\frac{\lambda}{\lambda + 2\mu}(\epsilon_{11} + \epsilon_{22}) \tag{9-7}$$

が導かれる。平面ひずみ状態では、厳密解が得られるが、平面応力状態は近似的なものである。たとえば、プレートテクトニクスにおけるプレートの変形問題では、平面応力状態がよい近似になる。また、室内で薄い板を用いた実験結果の解釈にも、平面応力状態の近似が適切な場合が多い。

9-2 　　　　　　　　　　　有限長クラック周辺の変位と応力

9-2-1　問題設定

　現在では、クラックなどがつくり出す変位・応力場を知りたければ、有限要素法などの数値計算的な手法を用いるのが簡単である。そのような手法が確立する以前、クラック周辺の変位や応力の解析解は、複素解析の手法を用いて研究されてきた。その理論はBroberg (1999)[1]の大著にまとめられている。現代においても、基本的な解析解は、クラックを支配する物理の理解に有用である。なかでも有限長のクラック周辺の変位応力場の解は、地震にともなう変形場を考えるうえでの基本となる。以下では簡単な導出もふくめて、やや詳しく紹介する。

　無限媒質中のモードⅢのクラックを考える。x_1-x_2面内、原点を中心としてx_1軸上に長さ$2a$（半長a）のクラックがあり、無限遠の一様応力によってクラック面にはx_3方向にすべりが生じ、u_3、σ_{13}、σ_{23}の空間分布が生じる（図9-3）。

　境界条件として、x_1軸上（$x_2=0$）ではクラック面内でせん断トラクションが0なので、

$$\sigma_{23}=0 \quad |x_1|<a \tag{9-8}$$

またクラックの外では、対称性から

$$u_3=0 \quad |x_1|>a \tag{9-9}$$

を課すことができる。一方、無限遠では、応力は一様状態にあり、せん断応力σ_{23}がσ_∞、それ以外は0とする。

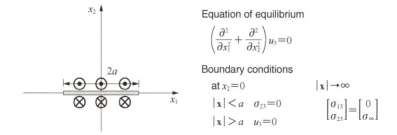

図9-3　モードⅢの有限長（$2a$）クラック。

第 9 章 ◆ クラックの破壊

$$\begin{bmatrix} \sigma_{13} \\ \sigma_{23} \end{bmatrix} = \begin{bmatrix} 0 \\ \sigma_\infty \end{bmatrix} \tag{9-10}$$

解くべき式は釣り合いの式(9-4)、つまり変位 u_3 についてのラプラス方程式である。

9-2-2 複素関数を用いた解法

ラプラス方程式の解は、調和関数として知られる。複素解析において、解析関数の実部と虚部は調和関数となる[1]。具体的に、複素平面 $z = x_1 + ix_2$ における複素関数 $\phi(z) = \phi_r(z) + i\phi_i(z)$ の実部が変位を表すとする。つまり $u_3 = \Re\phi = \phi_r$ と置く[2]。

ここで複素関数 $\phi(z)$ を

$$\phi(z) = -i\frac{\sigma_\infty}{\mu}(z^2 - a^2)^{1/2} \tag{9-11}$$

と置くと、式(9-8)〜(9-10)の条件が満たされる。クラック面 $x_2 = 0$ において、$|x_1| > a$ では式(9-11)の右辺が虚数になるので、$u_3 = \Re\phi = 0$。つまり式(9-9)が満たされる。一方で、$|x_1| < a$ では、式(9-11)の右辺は 2 つの値をとる。1/2 乗という二価の関数によって、クラック面において不連続な変位を表現できる。

応力については、

$$\phi' = \frac{d\phi}{dz} = \frac{d\phi_r}{dx_1} + i\frac{d\phi_i}{dx_1} = \frac{d\phi_i}{dx_2} - i\frac{d\phi_r}{dx_2} = -i\frac{z\sigma_\infty}{\mu}(z^2 - a^2)^{-1/2} \tag{9-12}$$

より、

$$\sigma_{13} = \mu u_{3,1} = \mu\frac{\partial\phi_r}{\partial x_1} = \mu\Re\phi' \tag{9-13}$$

$$\sigma_{23} = \mu u_{3,2} = \mu\frac{\partial\phi_r}{\partial x_2} = -\mu\Im\phi' \tag{9-14}$$

と表される。

クラック面 $x_2 = 0$ の $|x| < a$ では、式(9-12)が実数になり、$\sigma_{23} = 0$、つまり式(9-8)が満たされる。また $|\mathbf{x}| \to \infty$ で $\phi' = -i\sigma_\infty/\mu$ となることから、式(9-10)も満

....

1 複素関数 $f(z = x + iy) = u(z) + iv(z)$ があり、この実部 $u(z)$ と虚部 $v(z)$ がコーシー–リーマンの関係 $\left(\frac{\partial u}{\partial x} = \frac{\partial v}{\partial y}\right.$,

$\left.\frac{\partial u}{\partial y} = -\frac{\partial v}{\partial x}\right)$ を満たすなら、全微分 $df = \left(\frac{\partial u}{\partial x} + i\frac{\partial v}{\partial x}\right)dz = \left(\frac{\partial v}{\partial y} - i\frac{\partial u}{\partial y}\right)dz$ が定義できる。このとき f は解析関数（全微分可能な複素関数）、u と v は調和関数である。

2 $\Re$ は複素数の実部、$\Im$ は虚部を表す。

たされる。すなわち、これが求めるべき解となっている。

9-2-3　変位とせん断応力の分布

クラック面とその延長における変位と応力を求めるには、式(9-11)(9-14)で$z=x_1$とすればよい。クラックの両面（$x_2=\pm 0$）において、

$$u_3(x_1, \pm 0) = \pm \frac{\sigma_\infty}{\mu}\sqrt{a^2 - x_1^2} \tag{9-15}$$

となる。これは半楕円のような形状になる（図9-4）。

両面における変位の差をすべり量とすると、

$$\Delta u(x_1) = \frac{2\sigma_\infty}{\mu}\sqrt{a^2 - x_1^2} \tag{9-16}$$

とも表される。一方、このクラックをすべらせようとしているせん断応力は

$$\sigma_{23}(x_1) = \frac{|x_1|}{\sqrt{x_1^2 - a^2}}\sigma_\infty \tag{9-17}$$

となり、これはクラック先端で無限大へと発散する関数である。無限遠ではσ_∞である。

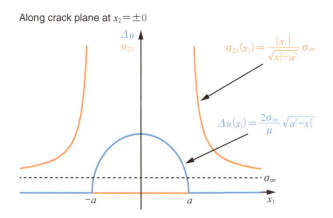

図 9-4　有限長クラックのすべりと応力。

9-3 クラック先端での変位と応力

9-3-1 距離依存性

前節で得た解は、クラック先端に特異点をもつ。その特異点周辺での振る舞いに注目する（図9-5）。クラック先端からの距離をrとおくと（$r \ll a$）、先端周辺の座標は、x_1軸となす角θを用いて、$z = a + re^{i\theta}$と表される。これを式(9-15)に代入すると

$$u_3(r, \theta) = \frac{\sigma_\infty}{\mu} \Im(((a+re^{i\theta})^2 - a^2)^{1/2}) \sim \frac{\sigma_\infty}{\mu} \sqrt{2ar} \sin \frac{\theta}{2} \quad (9\text{-}18)$$

となる。同様に、

$$\sigma_{13}(r, \theta) \sim -\sigma_\infty \sqrt{\frac{a}{2r}} \sin \frac{\theta}{2} \quad (9\text{-}19)$$

$$\sigma_{23}(r, \theta) \sim \sigma_\infty \sqrt{\frac{a}{2r}} \cos \frac{\theta}{2} \quad (9\text{-}20)$$

となる。応力は、クラック先端からの距離rの$-1/2$乗に比例して減少する。

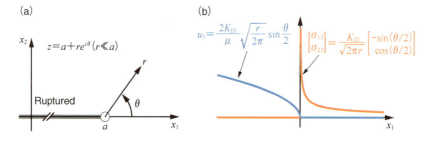

図9-5　クラック先端付近の応力と変位。(a) クラック先端付近の極座標。(b) クラック先端付近のすべり（青）と応力（オレンジ）。

9-3-2 応力拡大係数

式(9-18)〜(9-20)は、いったん有限長クラックの変位場と応力場を求めてから、クラック先端周辺での表現として導出した。多くの場合、クラック周辺の変位場、応力場は、同じような形で近似できる。

モードⅢの場合、クラック先端からの距離r、クラック延長からのなす角をθ

第Ⅲ部 ◆ 震源近傍の物理学

として、変位と応力はそれぞれ、

$$u_3 = \frac{2K_{\mathrm{III}}}{\mu}\sqrt{\frac{r}{2\pi}}\sin\frac{\theta}{2} \tag{9-21}$$

$$\begin{bmatrix} \sigma_{13} \\ \sigma_{23} \end{bmatrix} = \frac{K_{\mathrm{III}}}{\sqrt{2\pi r}}\begin{bmatrix} -\sin\left(\dfrac{\theta}{2}\right) \\ \cos\left(\dfrac{\theta}{2}\right) \end{bmatrix} \tag{9-22}$$

と表される。K_{III}は**応力拡大係数**（stress intensity factor）と呼ばれる量で、応力場から方位依存性と$\sqrt{1/r}$依存性を取り去った後に残る量と考えてよい。K_{III}と書いたのはモードⅢという意味である。慣例的に、$\sqrt{2\pi}$で割って式 (9-22) のように表す。

応力はクラック先端で発散するので、とても小さな応力場の中に置かれたクラックでも、クラック先端の応力値は無限大である。したがって、正確なクラック先端の位置では、応力の値を推定することができない[3]。クラックにかかる応力を推定するには、応力そのものでなく、そのクラック先端での特異性を取り除いた応力拡大係数の大きさを用いるのが適切である。

この値はクラックの形状で（後述するエネルギー解放率で）決まる。例として用いた長さ $2a$ のクラックの場合には、式 (9-19)(9-20)(9-22) から、

$$K_{\mathrm{III}} = \sigma_\infty\sqrt{\pi a} \tag{9-23}$$

となる。K_{III}は、クラックにかかる応力 σ_∞ が大きいほど大きい。さらに、長さ a が長いほど大きくなる。

モードⅠでもⅡでも一般に、変位と応力は

$$\sigma_{ij} = \frac{K_X}{\sqrt{2\pi r}}f_{ij}^X(\theta) \tag{9-24}$$

（$X = $Ⅰ, Ⅱ, Ⅲ）という形になる。$f_{ij}^X(\theta)$は方位依存性を示す関数である。

9-3-3　面内問題の解

モードⅠとⅡでは問題が少々複雑になり、通常はポテンシャルを導入して解く。ここでは導出の詳細は扱わず、上記$f_{ij}^X(\theta)$の中身を書き下した結果を示す[2]。

3　あくまで数学的には、ということである。物理学的な考察は9-5節の凝着力の説明を参照のこと。

195

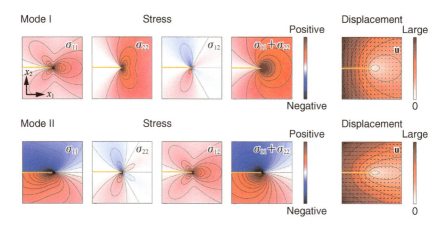

図9-6 モードIとモードIIのクラック先端付近の応力と変位。黄色の線がクラック。

モードIはK_Iを応力拡大係数として

$$\begin{bmatrix} \sigma_{11} \\ \sigma_{22} \\ \sigma_{12} \end{bmatrix} = \frac{K_\mathrm{I}}{\sqrt{2\pi r}} \cos\frac{\theta}{2} \begin{bmatrix} 1-\sin(\theta/2)\sin(3\theta/2) \\ 1+\sin(\theta/2)\sin(3\theta/2) \\ \sin(\theta/2)\cos(3\theta/2) \end{bmatrix} \quad (9\text{-}25)$$

$$\begin{bmatrix} u_1 \\ u_2 \end{bmatrix} = \frac{K_\mathrm{I}}{4\mu}\sqrt{\frac{r}{2\pi}} \begin{bmatrix} (2\kappa-1)\cos(\theta/2)-\cos(3\theta/2) \\ (2\kappa+1)\sin(\theta/2)-\sin(3\theta/2) \end{bmatrix} \quad (9\text{-}26)$$

モードIIはK_IIを応力拡大係数として

$$\begin{bmatrix} \sigma_{11} \\ \sigma_{22} \\ \sigma_{12} \end{bmatrix} = \frac{K_\mathrm{II}}{\sqrt{2\pi r}} \begin{bmatrix} -\sin(\theta/2)(2+\cos(\theta/2)\cos(3\theta/2)) \\ \sin(\theta/2)\cos(\theta/2)\cos(3\theta/2) \\ \cos(\theta/2)(1-\sin(\theta/2)\sin(3\theta/2)) \end{bmatrix} \quad (9\text{-}27)$$

$$\begin{bmatrix} u_1 \\ u_2 \end{bmatrix} = \frac{K_\mathrm{II}}{4\mu}\sqrt{\frac{r}{2\pi}} \begin{bmatrix} (2\kappa+3)\sin(\theta/2)+\sin(3\theta/2) \\ -(2\kappa-3)\cos(\theta/2)-\cos(3\theta/2) \end{bmatrix} \quad (9\text{-}28)$$

という解をもつ。$\kappa=3-4\nu$、νはポアソン比である。ポアソン媒質の場合$\kappa=2$となる。図9-6に、これらの式から計算される、クラック先端周辺の変位場と応力場を示す[4]。

---

[4] ここでは、応力は伸長が正であることに注意。

9-3-4 ウイングクラック

天然の断層を観察すると、モードII的な変形をしているクラック先端に、モードIの開口クラックが存在することが多い（図9-7）。このような開口クラックは**ウイングクラック（wing crack）**と呼ばれる。

式(9-27)を、$r\theta$ 系における応力成分 σ_{rr}、$\sigma_{r\theta}$、$\sigma_{\theta\theta}$ として表すと、

$$\begin{bmatrix} \sigma_{rr} \\ \sigma_{r\theta} \\ \sigma_{\theta\theta} \end{bmatrix} = \frac{K_{II}}{\sqrt{2\pi r}} \begin{bmatrix} \sin(\theta/2)(1-3\sin^2(\theta/2)) \\ \cos(\theta/2)(1-3\sin^2(\theta/2)) \\ -3\sin(\theta/2)\cos^2(\theta/2) \end{bmatrix} \quad (9\text{-}29)$$

となる。面をすべらせようとする力 $\sigma_{r\theta}$ は、$\theta=0$ で最大となる。つまり同じようなせん断すべりは、面内にとどまろうとする。一方、面を開こうとする力 $\sigma_{\theta\theta}$ は、$\theta\sim71°$ で最大となる。ウイングクラックはこの方向にできやすい[5]。

ウイングクラックは、既存のクラックの成長プロセスにとって重要である。地下の断層は強い圧縮場の中にあるので、膨張をともなうモードIのクラックは、マクロなスケールでは成長することができない。しかしクラック先端周辺の狭い範囲に限っては、存在可能である。そして、いったんこのような破壊が生じると、もとのモードIIのクラックの成長は抑制される。

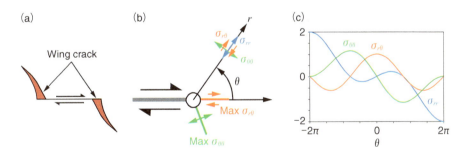

図 9-7　ウイングクラックの形成。(a) モードIIせん断クラック先端のウイングクラック位置。(b) クラック先端付近の座標。(c) クラック先端付近の3つの応力成分。式(9-29)の右辺の [ ] 内の関数。

---

[5] この計算は静的な場を仮定している。クラックが動的に進展する際には、その先端での応力の角度依存性が変化する［3］。

9-4 グリフィスの破壊基準

9-4-1 大きなものは弱い

第8章で学んだマクロな破壊基準では、ある一定の応力（強度）で破壊が起こると考えた。このような強度は、ある物質の決まったサイズの試料について、実験的に推定することができる。しかし、実験的に推定する強度は、試料のサイズと逆相関する。つまり一般に大きな試料ほど、小さな応力で簡単に壊れる傾向がある。

この事実は1920年にGriffithが発見した。彼は、直径の異なるガラスファイバーを破壊する実験により、直径が大きくなるほど、強度が小さくなることを示した[4]（図9-8）。このような実験結果は、太いファイバーほど大きな傷（＝クラック）が存在し、そのクラックの破壊がファイバー全体の破壊を引き起こすからと考えられている。

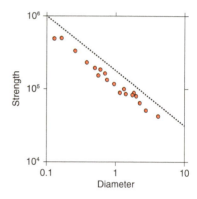

図9-8 Griffith（1921）[4] の実験。ガラスファイバーの直径（10^{-3}インチ）と強度（ポンド／平方インチ）の関係。

ここまでの説明のとおり、弾性体の中にクラックがある場合には、その先端に応力が集中する。式(9-23)が示すように、大きなクラックほど応力が集中しやすく、それをふくむ弾性システム全体の破壊につながりやすい。この事実を明らかにしたのがGriffith（1921）[4]である。以下に、グリフィスの破壊基準として知られている、エネルギーを用いた破壊基準を説明する。

9-4-2 エネルギーバランスと破壊基準

内部にクラックをもつ弾性体を考える。エネルギーとして、ひずみエネルギーE、運動エネルギーK、外部からの熱の流入Q、外表面を通じてなされる仕事W、そして**破壊表面エネルギー**（fracture surface energy）Πがある。クラックは、インタクトな物質の中にできる。その際、インタクトな物質の原子・分子をつな

いでいる結合を断ち切り、新しい面をつくる必要がある。そのために必要な、単位面積あたりのエネルギーが、破壊表面エネルギーである。

問題を単純化するために、断熱（$Q=0$）、静的（$K=0$）プロセスを考える。新たに面をつくるために、外から仕事（$dW>0$）をする。仕事は面をつくるだけでなく、周囲の弾性体を変形させるので、ひずみエネルギー（$dE>0$）が増加する。仕事がすべて弾性体の変形に変わったら、クラックは進展しない。

クラックが微小面積$d\Sigma$だけ進展するときに、仕事とひずみエネルギーの差を

$$dΠ=dW-dE \tag{9-30}$$

とすると、単位面積あたりで考える破壊表面エネルギーG_cは

$$G_c \equiv \frac{dΠ}{d\Sigma} \tag{9-31}$$

となる。一方、式(9-30)の右辺から、**エネルギー解放率**（energy release rate）Gが

$$G \equiv -\frac{dE-dW}{d\Sigma} \tag{9-32}$$

と定義される。この両者が等しい、$G=G_c$が**グリフィスの破壊基準**（Griffith's fracture criterion）となる。

9-4-3 エネルギー解放率

クラックをふくむ弾性体の変形によるエネルギー解放率は、以下のように計算できる。

まず、体積Vの弾性体を考える（図9-9）。表面には、外表面S_0と内部のクラック面（二重面）$\Sigma=\Sigma_+ +\Sigma_-$がある。外表面のトラクションは一定で、クラック面はトラクション0とする。このときひずみエネルギーは

$$E(\Sigma)=\frac{1}{2}\int_V \sigma_{ij}u_{i,j}dV=\frac{1}{2}\int_{S_0+\Sigma}\sigma_{ij}u_i n_j dS \tag{9-33}$$

である。

クラックが$\delta\Sigma$だけ進展したとき、変位は$u_i \to u_i+\delta u_i$と変化する。このときひずみエネルギーも変化し

$$E(\Sigma+\delta\Sigma)=\frac{1}{2}\int_V C_{ijkl}(u_i+\delta u_i)_{,j}(u_k+\delta u_k)_{,l}dV \cong \frac{1}{2}\int_V \sigma_{ij}(u_{i,j}+2\delta u_{i,j})dV$$

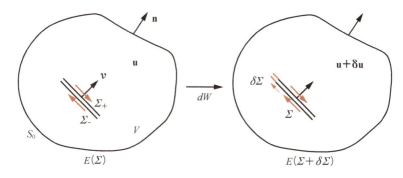

図 9-9 エネルギーバランスを議論するための断層面と変位場の定義。

$$= \frac{1}{2} \int_{S_0+\Sigma+\delta\Sigma} \sigma_{ij} u_i n_j dS + \int_{S_0+\Sigma+\delta\Sigma} \sigma_{ij} \delta u_i n_j dS \quad (9\text{-}34)$$

となる。

外部からなされる仕事は

$$dW = \int_{S_0} \sigma_{ij} \delta u_i n_j dS \quad (9\text{-}35)$$

である。

変形の前後でのエネルギー変化は

$$E(\Sigma+\delta\Sigma) - E(\Sigma) - dW = \frac{1}{2} \int_{\delta\Sigma} \sigma_{ij} u_i n_j dS \quad (9\text{-}36)$$

であるから、エネルギー解放率は

$$G(\Sigma) = \lim_{\delta\Sigma\to 0} \frac{-E(\Sigma+\delta\Sigma)+E(\Sigma)+dW}{\delta\Sigma} = \lim_{\delta\Sigma\to 0} \frac{-1}{2\delta\Sigma} \int_{\delta\Sigma} \sigma_{ij} u_i n_j dS \quad (9\text{-}37)$$

となる。この積分を処理するには、多少の工夫が必要である。なぜなら、応力はクラック先端で発散し、変位は 0 になり、無限大と 0 の積の計算となるからだ。

モードIIIのクラックについて、クラック先端が原点にあるとき、応力は

$$\sigma_{23} = \frac{K_{\text{III}}}{\sqrt{2\pi x_1}} H(x_1) \quad (9\text{-}38)$$

である。応力はそのままに、変位をクラック先端が原点から δc だけ進展した状態で考える（図9-10）。すると

$$u_3 = \frac{\pm 2 K'_{\text{III}}}{\mu} \sqrt{\frac{\delta c - x_1}{2\pi}} H(\delta c - x_1) \quad (9\text{-}39)$$

となる。ここで K'_{III} は K_{III} と微妙に違う値である。

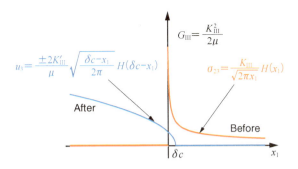

図 9-10　エネルギー解放率の計算。クラック先端が原点から δc だけ前進した状態で、変位を評価する。

σ_{23} と u_3 の積をとって積分を計算すると、

$$\frac{-1}{2\delta\Sigma}\int_{\delta\Sigma}\sigma_{ij}u_i n_j dS = \frac{1}{\delta\Sigma}\int_0^{\delta c}\frac{K_{\mathrm{III}}K'_{\mathrm{III}}}{\pi\mu}\sqrt{\frac{\delta c-x_1}{x_1}}Wdx_1 = \frac{K_{\mathrm{III}}K'_{\mathrm{III}}}{2\mu}\frac{W\delta c}{\delta\Sigma}$$

となる。W は $W\delta c=\delta\Sigma$ となるような、仮想的なクラックの幅である。$\delta c\to 0$ の極限をとることで $K'_{\mathrm{III}}\to K_{\mathrm{III}}$ となる。したがって、モード III のエネルギー解放率は

$$G_{\mathrm{III}}=\frac{K_{\mathrm{III}}^2}{2\mu} \tag{9-40}$$

と求められる。

モード I と II については、結果だけ示すと

$$G_{\mathrm{I}}=(1-\nu)\frac{K_{\mathrm{I}}^2}{2\mu},\qquad G_{\mathrm{II}}=(1-\nu)\frac{K_{\mathrm{II}}^2}{2\mu} \tag{9-41}$$

である。ν はポアソン比である。どのモードでも、エネルギー解放率は応力拡大係数の 2 乗に比例する。エネルギーバランスを考えるうえでは、クラック周辺の応力についての情報のうち、応力拡大係数のみが重要だといえる。

9-4-4　有限長クラックの臨界サイズ

上記エネルギーバランスを用いて破壊基準を考える。もし新しい面をつくるのに必要なエネルギーが物質固有であり、G_c と与えられるなら[6]、これがエネルギー解放率 G と等しくなる（グリフィスの破壊基準 $G=G_c$ を満たす）ときに破壊する。前に考えた長さ $2a$ の有限長クラックの場合、式 (9-23) より

---

[6] この仮定はこの場限りのものである。実際にはスケール依存する量だと考えられる。

第9章 ◆ クラックの破壊

$$G_{\mathrm{III}} = \frac{K_{\mathrm{III}}^2}{2\mu} = \frac{\pi a \sigma_\infty^2}{2\mu} \tag{9-42}$$

となる。大きなクラックほどエネルギー解放率が大きくなる。

これが一定の破壊表面エネルギー G_c と釣り合うなら、クラックは

$$a_{\mathrm{III}} = \frac{2\mu G_c}{\pi \sigma_\infty^2} \tag{9-43}$$

で破壊する。これが**臨界クラックサイズ**（critical crack length）である。

一定の応力がかかっている状態で、応力腐食などにより内部のクラックが次第に長くなる場合、この臨界クラックサイズを超えると破壊する。またクラックの長さは変化しなくても、外部からの応力を次第に上げていくと、臨界クラックサイズが小さくなる。そして物質中にある最大クラックのサイズに達すると、破壊する。

どちらの場合も、いったんグリフィスの破壊基準が満たされると、クラックが伸びるにつれ、エネルギー解放率がより大きくなる。したがって、クラックの破壊進展は止まらず、システム全体のマクロな破壊にいたる。つまり、グリフィスが見つけた、ガラスファイバーが太くなると強度が小さくなる傾向は、太いものほど、臨界クラックサイズを超えるクラックが存在する可能性が高いから、と説明できる。

9-5 破壊エネルギーと凝着力

9-5-1 クラック先端での最大応力

ここまでは、すべりが0となるクラック先端で、応力が発散するような解を扱ってきた。これは数学的な問題の解としては正しいが、現実世界の物理現象の記述としてはありえない。無限大の応力に耐える媒質は存在しないからである。現実世界では、クラックの先端での応力は有限値にとどまる。

破壊のミクロプロセスを、結晶の結合の破断としてとらえよう[5,6]。これはしばしば転位の問題としても取り扱われる。具体的には、原子が間隔 a で整列しているときに、1列だけ原子をずらすことを考える（図9-11）。

横軸に原子間距離、縦軸に力（または原子間距離で力を平均した応力）をとる。その関数形は、間隔 a が半周期となるような正弦関数

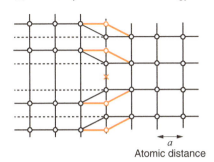
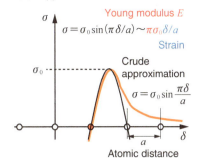

図 9-11 結晶中の原子配列にもとづく微視的破壊エネルギーの概算。(a) 結合を切断することにより新しい表面をつくる。(b) 赤い原子が移動したときの原子間力の近似値。

$$\sigma = \sigma_0 \sin\frac{\pi\delta}{a} \tag{9-44}$$

で、おおざっぱに近似できるだろう。

この近似において、δ が小さいとき、$\sigma = \pi\sigma_0\delta/a$ となる。δ/a はひずみなので、$\pi\sigma_0$ が一軸変形の弾性定数、ヤング率 E に相当することがわかる。最大応力（引張強度）はヤング率と同オーダー、つまり 10 GPa 程度である。これは、マクロな岩石の強度としては大きすぎるが、ミクロには成立するかもしれない。

Σ を 1 原子分だけ移動させることを考えて、そこまでの仕事を G_c とすると、

$$G_c = \int_0^a \sigma_0 \sin\frac{\pi\delta}{a} d\delta = \frac{2a\sigma_0}{\pi} = \frac{2aE}{\pi^2} \tag{9-45}$$

となる。ヤング率が 10^{10} のオーダーであり、原子間距離がオングストローム（10^{-10}）オーダーであることを考えると、G_c は 1 程度のオーダーになると期待される。

実験室での G_c の見積もりは、モードⅠについては 10 から 100 J/m と、おおざっぱな推定としてはまずまず近い。モードⅡについては 10^4 J/m^2 という推定があるが、摩擦の影響が大きく、過大評価している可能性が高い[6]。

9-5-2 凝着力

実際の断層やクラック近傍では、このような結晶内の結合の破断だけではなく、さまざまな物理プロセスが働いていると考えるほうが、より自然である。た

とえば塑性による降伏、多数のマイクロクラックの発生、断層面の凹凸のかみ合わせなどである。

個々の素過程を検討することも重要だが、これらのよくわからない非線形プロセスをマクロなエネルギー消費として扱うことも可能である。これが凝着力という考え方である。

凝着力が働くことで、応力は無限大に発散しないので、この力が働いているクラックの区間を $\delta\Sigma$ とおけば、その区間において凝着力によるエネルギー消費

$$\delta U = \frac{1}{2} \int_{\delta\Sigma} \sigma_{ij} u_i n_j dS \tag{9-46}$$

を破壊エネルギーだとみなすことができる。たとえば、すべり量 D_c まで σ_0 の凝着力がかかるとすると、単純に $G_c = \sigma_0 D_c$ と書ける。

このような単純な凝着力がモードIIIのクラック先端に作用した場合の応力とひずみの解析解は、Barenblatt (1959)[7]、Ida (1972)[8] によって与えられている（図9-12）。凝着力がない場合、すべりはつねに上に凸で、すべりの微分はクラック先端で不連続になる。凝着力があると、すべりは凝着力の働いている区間（**プロセスゾーン（process zone）**と呼ぶ）では下に凸となり、クラックの外の0のすべりにスムーズに接続する。応力は σ_0 までしか上昇しないので、無限大の応力という問題を解決できる。

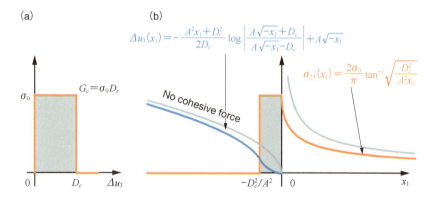

図 9-12　一定の凝着力が働くプロセスゾーン周辺の応力とすべり[8]。(a) すべりと応力。(b) 応力とすべりの空間分布。

第10章　破壊すべりの動的進展

本章では、前章の静的なクラックの問題を発展させて、クラックが弾性体中を広がっていくプロセスを考える。動的に進展するクラック周辺での応力と変位の問題である。この場合、すべりによるクラック先端への応力集中と、すべりが生み出す地震波とをともに考慮する必要がある。両者がうまくカップリングすると、破壊や摩擦によるエネルギーロスが少ない状態で破壊すべりが伝わる。このカップリングが成立している状況で、地震波エネルギーをふくむ弾性体中のエネルギーバランスを考える。このエネルギー論を通じて、第II部と第III部の話がつながる。また、破壊すべりの動的進展プロセスの数値計算手法や、地震の破壊すべりに影響するさまざまな要素についても考察する。本章の結果は重要であるが、それぞれの結果にいたる計算は高度に発展的なので、以下ではおもに結果を示して説明する。

10-1　一定速度でのクラック進展

10-1-1　モードIIIの解

無限弾性体の中のモードIIIクラックを考える。媒質は無限遠で$\sigma_{23}=\sigma_{\infty}$で載荷されており、クラック面内のトラクションは0である（図10-1a）。静的問題の場合、有限長$2a$のクラックが$|x_1|<a$、$x_2=0$にある場合のすべりと応力は、すでに見たとおり、

$$\Delta u_3^{\text{static}}(\hat{x}) = \frac{2\sigma_{\infty}a}{\mu}\sqrt{1-\hat{x}^2} \quad (|\hat{x}|<1) \tag{10-1}$$

$$\sigma_{23}^{\text{static}}(\hat{x}) = \frac{|\hat{x}|}{\sqrt{\hat{x}^2-1}}\sigma_{\infty} \quad (|\hat{x}|>1) \tag{10-2}$$

であった。ここで$\hat{x}=x_1/a$はクラック長で規格化した座標である。

同じようなクラックが一定速度vで進展する場合の解はKostrov (1964)[1]、

第10章 ◆ 破壊すべりの動的進展

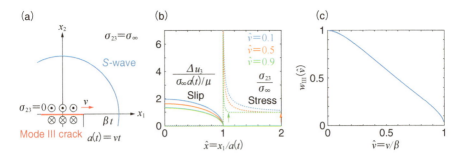

図 10-1 一定速度で進展するモードⅢクラックのすべりおよび応力場。(a) クラックの形状。すべりは赤い線上で発生し、S波はクラック先端の前方を伝播している。(b) 3つの異なる進展速度におけるクラック周囲のすべりおよび応力。色のついた矢印はS波フロントの位置を示す。(c) 静的エネルギー解放率に対する動的エネルギー解放率の進展速度依存性。

Broberg (1999)[2]によって与えられている（図10-1b）。クラックの存在範囲は時間tに依存し、$|x_1|<vt=a(t)$、$x_2=0$となる。すべりは、

$$\Delta u_3(\hat{x}; \hat{v}) = \frac{\Delta u_3^{\text{static}}(\hat{x})}{E(\sqrt{1-\hat{v}^2})} \tag{10-3}$$

と表される。応力の式はもう少し複雑だが、クラック先端近傍（$\hat{x}\sim 1$）に限れば、

$$\sigma_{23}(\hat{x}; \hat{v}) = \sigma_{23}^{\text{static}}(\hat{x}) \frac{\sqrt{1-\hat{x}^2\hat{v}^2}}{E(\sqrt{1-\hat{v}^2})} \tag{10-4}$$

と近似できる。$\hat{x}=x_1/a(t)$はある時刻のクラック長で規格化した座標、$\hat{v}=v/\beta$はS波速度で規格化した進展速度である。その時刻のクラック先端の場所は$\hat{x}=1$、S波フロントの位置は$\hat{x}=1/\hat{v}$である。$E(k)$は第二種完全楕円積分[1]である。

式(10-3)および図10-1bより、進展するすべりの形は静的解とほぼ同じで、進展速度が速いと最大で2/3程度小さくなるとわかる。一方、応力はクラック先端で発散し、S波フロントまでなだらかに減少する。波が届いていないS波フロントより先では、もとのσ_∞のままである。

破壊が進展する際には、つねにその先を地震波（S波）が伝播している。式(10-3)(10-4)を用いると、進展速度に依存したエネルギー解放率を、静的解同様に求めることができる。クラック先端でのすべり、応力とも静的解に補正がかかったような形をしている。したがって静的なエネルギー解放率

---

1 $E(k)$は$0<k<1$で$\pi/2$から1へと減少する関数なので、ほぼ1とみなしても問題ない。

$$G_{\mathrm{III}}^{\mathrm{static}} = \frac{\pi a \sigma_\infty^2}{2\mu} \tag{10-5}$$

に、進展速度に依存する補正係数の積[2]

$$w_{\mathrm{III}}(\hat{v}) = \frac{\sqrt{1-\hat{v}^2}}{[E(\sqrt{1-\hat{v}^2})]^2} \tag{10-6}$$

をかけて、

$$G_{\mathrm{III}}(\hat{v}) = w_{\mathrm{III}}(\hat{v})\, G_{\mathrm{III}}^{\mathrm{static}} \tag{10-7}$$

と表現できる。

$w_{\mathrm{III}}(\hat{v})$ は進展速度0では1、速度が増すとともに減少し、S波速度に達すると0になる（図10-1c）。つまり高速の破壊ほど、エネルギー解放率は小さい。破壊の進展中に、破壊表面エネルギー G_c との間にグリフィスの破壊基準 $G_{\mathrm{III}}(\hat{v}) = G_c$ が成り立つと考えると、

$$G_c = w_{\mathrm{III}}(\hat{v})\, G_{\mathrm{III}}^{\mathrm{static}} \tag{10-8}$$

とも書ける。式(10-5)(10-8)より、一定速度で破壊が進展する場合、G_c はクラックサイズ a に比例する必要があるとわかる。

G_c が一定に近い場合、クラックの先端において、式(10-3)(10-4)のように近似できるなら、$G_{\mathrm{III}}^{\mathrm{static}}$ の増大につれて $w_{\mathrm{III}}(\hat{v}) \to 0$ となる。つまり伝播速度はS波速度に近づく。モードIIIでは、そもそも情報伝達の速度はS波速度を超えられないので、S波速度を超えるような破壊はありえない。破壊進展速度の**終端速度（terminal velocity）** はS波速度になる。

見方を変えると、解放される弾性エネルギーが一定ならば、高速の破壊進展のほうが、相対的に小さな破壊エネルギー[3]消費で済むともいえる。破壊フロントの少し先を伝播する地震波による応力変化が、破壊フロント周辺の応力集中を減らすことで、効率よい破壊進展が可能になる。これが地震波と応力集中のカップリングである。破壊進展の効率がよくなれば、その分、地震波として伝播するエネルギーは増す。

2　式(10-4)において、クラック先端を考えるので $\hat{x}=1$ として、式(10-3)との積をとる。

3　前章で破壊表面エネルギーを導入したが、本章ではそれをふくむ、より一般的な断層周辺の破壊にともなうエネルギー消費を表す概念として、破壊エネルギーという言葉を使う。

10-1-2 モードⅡの解

モードⅡの解も同様に得られている。詳細はBroberg (1999)[2]に整頓されているとおり、楕円積分が複数入った複雑な式になる。それでも、破壊進展速度がレイリー波を超えない場合のすべり分布は、静的解と同じ楕円型の分布で、最大値が数割減少する程度である。一方、クラック先端より先の応力は、クラック先端での応力の発散より前方に、S波のピークとP波に対応する応力の増加が存在する（図10-2ab）。

エネルギー解放率は、やはり静的解

$$G_{\mathrm{II}}^{\mathrm{static}} = (1-\nu)\frac{\pi a \sigma_\infty^2}{2\mu} \tag{10-9}$$

を基準として、

$$G_{\mathrm{II}}(\hat{v}) = w_{\mathrm{II}}(\hat{v}) G_{\mathrm{II}}^{\mathrm{static}} \tag{10-10}$$

$$w_{\mathrm{II}}(\hat{v}) = \frac{2(1-(\beta/\alpha)^2)R(v,\alpha,\beta)}{\hat{v}^2\sqrt{1-\hat{v}^2}[g_{\mathrm{II}}(\hat{v})]^2} \tag{10-11}$$

という形で書ける。g_{II}は楕円積分をふくむ関数で、ポアソン媒質の場合、$\hat{v}=0$で1.33、$\hat{v}=0.9$で1.8と緩やかに増加する。

式(10-11)で注目すべきは、**レイリー関数（Rayleigh function）**

$$R(v,\alpha,\beta) = 4\sqrt{1-(v/\alpha)^2}\sqrt{1-\hat{v}^2} - (2-\hat{v}^2)^2 \tag{10-12}$$

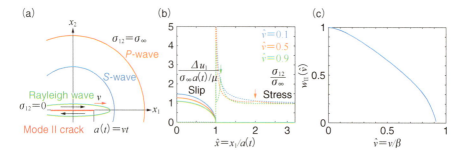

図10-2　一定速度で進展するモードⅡクラックのすべりおよび応力場。(a) クラックの形状。すべりは赤い線上で発生し、クラック先端の前方にP波、S波、レイリー波が伝播している。(b) 3つの異なる伸長速度におけるクラック周辺のスリップと応力。色のついた矢印はS波フロントの位置を示す。(c) 静的エネルギー解放率に対する動的エネルギー解放率の進展速度依存性。

第Ⅲ部 ◆ 震源近傍の物理学

をふくむという点である[4]。$R(v, \alpha, \beta) = 0$ を満たす v がレイリー波速度となる。したがって $w_{\text{II}}(\hat{v})$ はレイリー波速度[5]で 0 になる（図10-2c）。モードⅢでは進展速度がS波速度のときにエネルギー解放率が 0 になったが、モードⅡではレイリー波速度で 0 になる。この進展速度では、レイリー波の伝播によって、クラック先端の応力集中が弱まり、クラック先端でのエネルギー消費がなくなる。

$w_{\text{II}}(\hat{v})$ についても、モードⅢの場合の式(10-8)と同様の式が成り立ち、同じような考察ができる。つまり、クラックが大きくなると、$w_{\text{II}}(\hat{v})$ は小さくなり、レイリー波速度に向かって進展速度が大きくなる。ただし、どのような物質でも G_c は 0 にはならないので、完全にレイリー波速度に到達することはできない。単純な結論として、モードⅡの破壊進展の終端速度はレイリー波速度ということになる。

これは数学的には正しい結論だが、物理学的にはもう一段の考察を要する。現実の物質であれば、そもそも応力が無限大に発散することはない。前章で見た凝着力など、破壊先端のさまざまなプロセスによって、応力は有限値にとどまる。そして10-3節でみるように、現実的な摩擦則を仮定して数値計算をおこなうと、破壊進展速度はレイリー波速度を超え、S波速度も超え、P波速度になることもある。モードⅡでは情報はP波速度で伝わるので、P波速度が破壊進展速度の真の上限となる。

10-2 　動的破壊のエネルギー収支

10-2-1　弾性体中のエネルギーバランス

第9章と同様に、動的破壊の場合のエネルギーバランスを考える。ただし、第9章では無視した運動エネルギーを考慮する。クラックの進展にともなうエネルギー収支は、既存のクラックに働く摩擦力（凝着力）として扱うことができる。そこで、弾性体の中に既存クラックがあるものとし、クラック上の物理プロセスを破壊ではなく摩擦として取り扱う。以下は、Kostrov (1974)[3]の説明を簡単化したものである。

無限弾性体中に仮想面 S_0 で囲まれた体積 V_0 を考える（図10-3）。その中に既存

4　$g_{\text{II}}(\hat{v})$ と $R(v, \alpha, \beta)/\hat{v}^2$ はどちらも $v \to 0$ で $2(1 - (\beta/\alpha)^2)$ に収束する。

5　等方均質ポアソン媒質ではレイリー波速度 $V_R \sim 0.91\beta$。

209

のクラック Σ がある。例によってクラックは二重面である。この弾性体は時刻 t_0（$=-\infty$）では静止状態にある。その後、弾性体中にある擾乱が起こり、時刻 t_1（$=\infty$）に静止状態に戻る。それぞれの時刻における変位を $\mathbf{u}^0$ と $\mathbf{u}^1$ とする。応力は一般的な弾性定数 $\mathbf{C}$ を用いて、$\sigma_{ij}^0 = C_{ijkl}u_{k,l}^0$、$\sigma_{ij}^1 = C_{ijkl}u_{k,l}^1$ と書ける。それぞれの時刻で、釣り合いの式 $\sigma_{ij,j}^0 = 0$ と $\sigma_{ij,j}^1 = 0$ が満たされる。

時刻 t_0 と t_1 の間の任意の時刻 t における、体積 V_0 中のひずみエネルギー $E_U(t)$ と運動エネルギー $E_K(t)$ は、上記の変位と応力、および密度 ρ を用いて、それぞれ

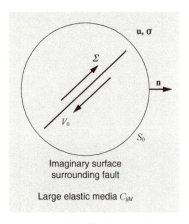

図 10-3 無限弾性媒体中に仮想表面を設定し、地震波エネルギーを計算する。

$$E_U(t) = \frac{1}{2}\int_{V_0} \sigma_{ij} u_{i,j} dV = \frac{1}{2}\int_{V_0} C_{ijkl} u_{i,j} u_{k,l} dV \quad (10\text{-}13)$$

$$E_K(t) = \frac{1}{2}\int_{V_0} \rho \dot{u}_i \dot{u}_i dV \quad (10\text{-}14)$$

と表される。両者の時間変化は、

$$\frac{d}{dt}\{E_U(t) + E_K(t)\} = \int_{V_0} (\rho \dot{u}_i \ddot{u}_i + C_{ijkl} u_{i,j} \dot{u}_{k,l}) dV$$

$$= \int_{V_0} (\rho \dot{u}_i \ddot{u}_i + \sigma_{ij} \dot{u}_{i,j}) dV = \int_{V_0} (\sigma_{ij} \dot{u}_i)_{,j} dV$$

$$= \int_{S_0 + \Sigma} \sigma_{ij} \dot{u}_i n_j dS \quad (10\text{-}15)$$

となる。$\mathbf{n}$ は面の単位法線ベクトルであり、運動方程式 $\rho \ddot{u}_i = \sigma_{ij,j}$ とガウスの定理を使っている。

式(10-15)を時刻 t_0 から t_1 まで積分する。両時刻では運動エネルギーの項は 0 なので、式(10-13)(10-15)より、

$$E_U(t_1) - E_U(t_0) = \frac{1}{2}\int_{V_0} (\sigma_{ij}^1 u_{i,j}^1 - \sigma_{ij}^0 u_{i,j}^0) dV = \int_{t_0}^{t_1} dt \int_{S_0+\Sigma} \sigma_{ij} \dot{u}_i n_j dS \quad (10\text{-}16)$$

となる。

変化が小さいとき、つまり $\delta u_i = u_i^1 - u_i^0$ が小さいとき、

第Ⅲ部 ◆ 震源近傍の物理学

$$\sigma_{ij}^1 u_{i,j}^1 - \sigma_{ij}^0 u_{i,j}^0 = C_{ijkl}\{(u_{i,j}^0 + \delta u_{i,j})(u_{k,l}^0 + \delta u_{k,l}) - u_{i,j}^0 u_{k,l}^0\}$$
$$\sim (\sigma_{ij}^1 + \sigma_{ij}^0)\delta u_{i,j} \tag{10-17}$$

となるので、式(10-16)に代入して、釣り合いの式とガウスの定理も使うと、

$$\int_{t_0}^{t_1} dt \int_{S_0 + \Sigma} \sigma_{ij}\dot{u}_i n_j dS = \frac{1}{2}\int_{V_0}(\sigma_{ij}^1 + \sigma_{ij}^0)\delta u_{i,j} dV$$

$$= \frac{1}{2}\int_{S_0 + \Sigma}(\sigma_{ij}^1 + \sigma_{ij}^0)\delta u_i n_j dS \tag{10-18}$$

となる。この式は2つの時刻のエネルギーの差から導かれたものであるが、両辺ともに面積分の形になっている。この面積分を外表面と内部クラックに分割すると、別の形の等式、

$$-\int_{t_0}^{t_1} dt \int_{S_0}\left(\sigma_{ij} - \frac{\sigma_{ij}^1 + \sigma_{ij}^0}{2}\right)\dot{u}_i n_j dS = \int_{t_0}^{t_1} dt \int_{\Sigma}\left(\sigma_{ij} - \frac{\sigma_{ij}^1 + \sigma_{ij}^0}{2}\right)\dot{u}_i n_j dS \tag{10-19}$$

が導かれる[6]。

10-2-2 断層面における地震波エネルギー

エネルギーバランス方程式（式(10-19)）の左右両辺の被積分関数は同じだが、左辺は、体積V_0がその表面S_0の外側の体積に対してする仕事を表している。S_0は無限に大きくとれるので、左辺は無限遠まで伝わるエネルギー、地震波エネルギーにほかならない。すなわち地震波エネルギーE_sは、

$$E_s = -\int_{t_0}^{t_1} dt \int_{S_0}\left(\sigma_{ij} - \frac{\sigma_{ij}^1 + \sigma_{ij}^0}{2}\right)\dot{u}_i n_j dS \tag{10-20}$$

と書ける。この表現と第5章での地震波エネルギーの表現

$$E_s^C = \int_0^\infty \int_{S_0} \rho c\, \boldsymbol{\gamma}\cdot\mathbf{n}|\dot{\mathbf{u}}^c(\mathbf{x},t)|^2 dS dt \tag{5-18再}$$

の同一性は、Rudnicki & Freund (1981)[4]で示されている[7]。

式(10-19)(10-20)より、地震波エネルギーは、

6　$\int_{t_0}^{t_1}\dot{u}_i dt = \delta u_i$を用いている。

7　Kostrov (1974)[3] と Rudnicki & Freund (1981)[4] では、地震波エネルギーを

$$E_s = -\int_{t_0}^{t_1} dt \int_{S_0}(\sigma_{ij} - \sigma_{ij}^0)\dot{u}_i n_j dS$$

と定義している。2つの式の差$\int_{S_0}(\sigma_{ij}^1 - \sigma_{ij}^0)\delta u_i n_j dS$は遠方で無視できるから、定義の違いは問題にならない。

$$E_s = \int_{t_0}^{t_1} dt \int_{\Sigma} \left(\sigma_{ij} - \frac{\sigma_{ij}^1 + \sigma_{ij}^0}{2} \right) \dot{u}_i n_j dS \qquad (10\text{-}21)$$

と断層面上の積分でも表現できる。面ベクトル **n** を断層ベクトル **v** へ変えて、二重面のすべりを **Δu** と書くと（3-6-2項）、この式は

$$E_s = \int_{\Sigma} \left(\frac{\sigma_{ij}^1 + \sigma_{ij}^0}{2} \right) \Delta u_i(t_1) v_j dS - \int\!\!\!\int_{\Sigma}^{t_1}_{t_0} \sigma_{ij}(t) \Delta \dot{u}_i(t) v_j dt dS \qquad (10\text{-}22)$$

となる。右辺第1項は、断層面の食い違いが断層面外の体積に対しておこなう静的な仕事（ひずみエネルギー解放）である。第2項は、断層面における摩擦仕事を表している。この項は、凝着力として計算される破壊エネルギーと、動摩擦力による発熱に切り離して考えることもできる。

式(10-22)は面積分をふくむ。つまり、断層面上の各点で、地震波エネルギー、破壊エネルギー、摩擦発熱への寄与をそれぞれ計算し、すべて積分しないと E_s は計算できない（図10-4）。すべりと応力の履歴は場所によって異なるので、それぞれのエネルギー項目への寄与も大きく異なり、地震波エネルギーへの寄与が負になる場所もある（図10-4c）。それらすべてを積分することで、ひとつの地震についての総エネルギーバランスが得られる。

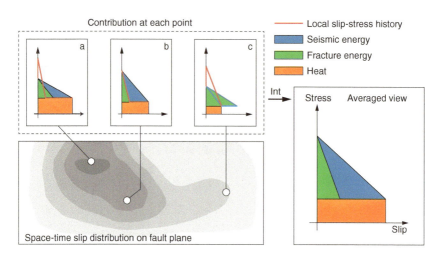

図 10-4　断層すべりのエネルギー収支。地震波エネルギー、破壊エネルギー、摩擦熱の寄与は、断層面上の各点で局所的なすべり応力履歴に従って計算されている。赤線（局所すべり応力履歴）とオレンジ色（熱）で囲まれた領域は、緑色の三角形（破壊エネルギー）と等しい。地震波エネルギー（青色領域）への寄与は局所的に負になることがある（点c）。これらの寄与をすべて積分すると、エネルギー収支についての平均化したイメージが得られる。

第Ⅲ部 ◆ 震源近傍の物理学

　上記エネルギーバランスの表現から、地震波エネルギーとは、断層面上のすべりによって周辺の弾性体に生じたひずみエネルギー変化のうち、断層のすべり自体によるエネルギー散逸を取り除いた残りということになる。この表現から、断層面はエネルギー源ではなく、**エネルギーシンク**（散逸源、energy sink）だといえる。地震波動のエネルギー源になっているのは、すべっている断層面を取り囲む弾性体である。

10-2-3　佐藤・平澤モデルのエネルギー収支

　図10-4は概念的なものなので、より具体的にすべりと応力が与えられる地震モデルを用いて詳細を観察する。そのようなモデルの例として、第6章で紹介した佐藤・平澤モデル[5]を考えよう。このモデルでは、断層面の変位と応力がすべて解析的に与えられており、また、遠地地震波形の解析表現もわかっているので、エネルギー収支を具体的に計算できる[6]。

　断層すべりは式(6-15)で与えられている。最終的なすべり量は、破壊開始点からの距離rの関数として

$$\Delta u(r) = \frac{24\Delta\sigma}{7\pi\mu}\sqrt{r_0{}^2 - r^2}\,H(r_0 - r) \tag{10-23}$$

と与えられる。$\Delta\sigma$は破壊停止時の応力降下量である。式(10-22)のσ_{ij}^1を0とし、$\sigma_{ij}^0 = \Delta\sigma$、$\Delta u_i$に式(10-23)を代入すると、このモデルからの静的なひずみエネルギー解放量、式(10-22)の右辺第1項は

$$\Delta U = \frac{8r_0^3\Delta\sigma^2}{7\mu} \tag{10-24}$$

のように表される[8]。

　第6章では触れなかったが、じつは佐藤・平澤モデルでは、破壊進展時のクラック面での応力降下は$\Delta\sigma$より大きい。それを$\Delta\sigma_e$とする[9]と、弾性体のひずみエネルギー解放量は、

$$E_u = \frac{8r_0^3\Delta\sigma^2}{7\mu}(2\Delta\sigma_e - \Delta\sigma) \tag{10-25}$$

⋯⋯⋯⋯⋯⋯⋯⋯⋯⋯⋯⋯⋯⋯

8　高さ$16r_0^3\Delta\sigma/7\mu$、底辺$\Delta\sigma$の三角形の面積に等しい。

9　$\Delta\sigma_e/\Delta\sigma$はKostrov function [7] と呼ばれる関数をふくむ。私の知る限り、この関数の解析表現は求められていない。

213

となる[10]。

　一方、断層面での破壊エネルギーは、式(10-22)の右辺第2項に相当する。破壊先端での応力場を用いて面積分を実行すると

$$E_f = \frac{24 r_0^3 \Delta\sigma^2}{49\mu}\left(\frac{R(v,\alpha,\beta)}{\hat{v}^2\sqrt{1-\hat{v}^2}} + \sqrt{1-\hat{v}^2}\right) \tag{10-26}$$

という関数で与えられる。E_uとE_fの進展速度への依存性を図10-5に示す。2次元問題のエネルギー解放率と同様に、E_fも破壊進展速度に依存し、高速になるほど急激に減少する[11]。$R(v,\alpha,\beta)$がレイリー関数なので、レイリー波速度でこの関数は0になるが、もうひとつの項が残るので、E_fが0になる速度はレイリー波速度より少し大きい。いずれにせよ高速の破壊ほど、破壊エネルギーの消費が少ないので、効率的に地震波エネルギーを放出することになる。つまり、破壊すべりと地震波のカップリングが起きている状態である。

　ひずみエネルギー（式(10-25)）から破壊エネルギー（式(10-26)）を引いたものが、地震波エネルギーE_sである。このモデルの地震波の解析解は第6章で与えられており、計算すると、たしかに遠地項から計算した地震エネルギーと一致する（図10-5）。また、この計算で明らかなように、破壊進展速度が小さいときには、E_uとE_fはほぼ釣り合い、地震波エネルギーはとても小さい。現実の地震の場合、まれに津波地震などで進展速度が遅く、地震モーメントのわりに小さな地震波エネルギーが観測されることがある。ただし、それでもせいぜいS波速度の数割程度であり、S波速度の10%以下の伝播速度をもつような地震現象は、ほとんど観測されない[12]。この事実は、E_uとE_fが同程度な破壊すべり現象は、進行しにくいことを示唆する。

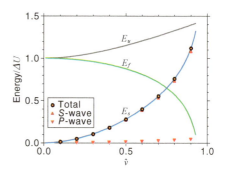

図10-5　佐藤・平澤モデルのエネルギー収支[6]。式(10-24)–(10-26)を用いて断層面のすべりおよび応力から計算した曲線。丸、三角形は第6章の地震波形を用いた数式表現から計算した地震エネルギー。

---

[10] 高さ$16 r_0^3 \Delta\sigma/7\mu$、上底$\Delta\sigma_e - \Delta\sigma$、下底$\Delta\sigma_e$の台形の面積に等しい。

[11] 式(10-26)では、破壊エネルギーが破壊の進展速度の関数となっている。もし破壊エネルギーが物質によって決まるのであれば、この式は破壊の進展速度をコントロールする式と考えることができる。

[12] いわゆるスロー地震（第14章）を除く。

第Ⅲ部 ◆ 震源近傍の物理学

10-3 動的破壊の数値的解法

10-3-1 モードⅢでの問題設定

変位や応力場、それにともなうエネルギー収支を解析的に表現できる動的破壊プロセスは、ほとんどない。より一般的に動的破壊がどのように進行するかを調べるには、数値計算手法に頼ることになる。弾性媒質中の平面に凝着力や摩擦則を仮定して、任意の初期条件、境界条件におけるクラック、断層のすべり運動がどのようになるか調べるのである。そのためにさまざまな手法が開発されている。基本的には、すべり運動による応力の変化と、断層面におけるローカルな破壊（摩擦）条件とを、同時に満たす解を探しながら、微分方程式の時間発展問題を解くという手法になる。

一番簡単なモードⅢを例にする。モードⅢでは、断層運動による応力の変化を計算するために解くべき運動方程式は、β をS波速度として

$$\ddot{u}_3 = \beta^2 \nabla^2 u_3 \tag{10-27}$$

というものになる。一方、破壊（摩擦）条件は、

$$\sigma_{23} = S(u_3) \tag{10-28}$$

のような形で与えられる。応力 σ_{23} も u_3 を使って表されるので、上の2つの式は u_3 についての連立微分方程式を構成する。

この問題を解くための具体的な数値計算手法として、**有限差分法**（finite difference method）と**境界積分法**（boundary integral method）の例を以下で紹介する。

10-3-2 有限差分法の例

有限差分法では、運動方程式からの定式化が簡単である。x_1-x_2空間に広がる2次元弾性体を間隔 Δx_1、Δx_2 で離散化し、一方で時間を間隔 Δt で離散化する。この離散化された空間、時間における変位 u_3 を $U_{i,j}^l = u_3 (i\Delta x_1, j\Delta x_2, l\Delta t)$ とする。断層が $j=0$ に存在する場合、式(10-27)と(10-28)はそれぞれ、

215

$$\frac{U_{i,j}^{l+1}-2U_{i,j}^{l}+U_{i,j}^{l-1}}{\Delta t^2}=\beta^2\left(\frac{U_{i+1,j}^{l}-2U_{i,j}^{l}+U_{i-1,j}^{l}}{\Delta x_1^2}+\frac{U_{i,j+1}^{l}-2U_{i,j}^{l}+U_{i,j-1}^{l}}{\Delta x_2^2}\right)$$
(10-29)

$$\mu\frac{U_{i,1}^{l}-U_{i,0}^{l}}{\Delta x_2}=S(U_{i,0}^{l}) \quad (10\text{-}30)$$

という差分方程式になる。この問題は、対称性をもつので、断層面の片側のみを考えればよい（図10-6）。

時刻ステップlにおいて、すべてのグリッドにおける値$U_{i,j}^{l}$が既知であるなら、断層面以外のすべての点（$j>1$）における次の時刻ステップ（$l+1$）の値、つまり$U_{i,j}^{l+1}$を波動方程式（式(10-29)）から計算可能である。このとき、断層面（$j=0$）での変位$U_{i,0}^{l+1}$だけが決定されない。これについては、摩擦則（式(10-30)）を満たす解を求める。こうして、次の時刻ステップ（$l+1$）の、すべてのグリッドにおける変位の値がそろう[13]。任意の初期条件から、上記の手続きを繰り返せば、破壊の進展と地震波動の伝播が計算できる。

モードIIや3次元の場合にも、同様の定式化が可能である。ただし、上記の表現は見通しはよいが、計算精度も計算効率もあまりよくない。すべてを変位場で表すのではなく、変位場と応力場を空間的に交互に配置したスタガードグリッドで離散化すると、断層面上の応力を表すには便利である[8]。より精度を求めるのであれば、均質な媒質中の断層の場合には境界積分法、不均質であれば有限要素

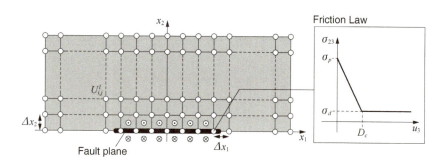

図10-6　有限差分法による2次元モードIII問題の離散化の例。右図は、断層面で仮定されるすべり弱化摩擦則を示す。

---

[13] 断層面以外の媒質境界についても、本来は境界条件を設定する必要がある。仮定する媒質が大きければ不要だが、計算時間内に人為的な媒質境界で地震波の反射が起きる場合には、反射地震波を減らすような境界条件が用いられる。

法がより実用的である。

10-3-3　境界積分法の例

　境界積分法では、有限差分法とは異なり、弾性体の内部すべての変位場を計算する必要はない。断層面上の任意の点における、応力とすべり（レート）の間の積分方程式が、運動方程式（もしくは表現定理）から導出されるからである。弾性体内部の波動伝播の影響は、すべてこの積分方程式の中にふくまれる。

　モードIIIの場合、断層面（$x_2=0$）における応力 $\sigma_{23}(x_1, t)$ とすべりレート $\Delta\dot{u}_3$ (x_1, t) には、

$$\sigma_{23}(x_1, t) = \frac{\mu}{2\beta}\Delta\dot{u}_3(x_1, t)$$

$$+ \frac{\mu}{2\pi}\int_\Sigma\int_{-0}^{t-\frac{|x_1-\xi_1|}{\beta}}\frac{\sqrt{(t-\tau)^2-\dfrac{(x_1-\xi_1)^2}{\beta^2}}}{(t-\tau)(x_1-\xi_1)}\frac{\partial}{\partial\xi_1}\Delta\dot{u}_3(\xi_1,\tau)d\tau d\xi_1 \quad (10\text{-}31)$$

という関係がある[9]。

　この連続的な積分方程式は、時間 $l\Delta t$、空間 $i\Delta x$ ごとに離散化した応力（トラクション）T_i^l とすべりレート V_i^l を用いた

$$T_i^l = -\frac{\mu}{2\beta}V_i^l + \sum_{j, m<l}V_j^m K_{i-j}^{l-m} \quad (10\text{-}32)$$

という形の、離散化した積分方程式へ変換することができる。V_i^l は $\Delta\dot{u}_3(x_1, t)$ を、T_i^l は $-\sigma_{23}(x_1, t)$ を離散化したものであり、K_j^m は過去のすべりが現在の時刻におよぼす応力を表す。したがって右辺第2項は、計算開始時から時刻ステップ $l-1$ までの、すべてのすべり履歴による、応力変化の総和である（図10-7）。

　式（10-32）と、離散化した応力とすべりレートの間の摩擦則（式（10-28））

$$T_i^l = S'(V_i^l) \quad (10\text{-}33)$$

は連立方程式を構成する。この連立方程式を同時に満たす T_i^l と V_i^l を計算すると、次の時刻のすべりレートが求められる。これを繰り返すことで、すべりの時間発展を計算できる。

　境界積分法は、解析解によって波動伝播を正確に表現できるので、計算精度はよい。ただし、時間の経過とともに計算コストが増大する。とくに式（10-32）の右辺の時間空間積分に相当する項の計算量が急激に増大し、また過去の履歴を保

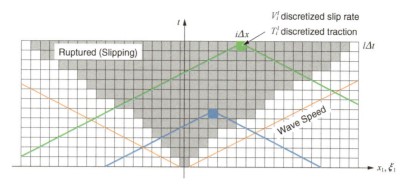

図 10-7 　境界積分法では、過去のすべり速度分布を行列Kで畳み込む。必要な過去の情報をふくむ領域（青または緑の線の下）は、時間ステップが増加するにつれて増加する。

存しておくためにメモリ使用量が急増する。その計算コストを減らすために、さまざまな近似を用いた効率的解法が開発されている。

10-3-4 　2次元クラックの進展

　数値的なクラックの自発的な進展の計算は、Andrews（1976; 1985）[10]をはじめとして、多くの研究でおこなわれている。この場合の摩擦則としては、応力がある初期値から最大値 σ_p まで上昇したのち、動摩擦レベル σ_d に臨界すべり距離 D_c だけかけて減少する、**すべり弱化（slip weakening）**の摩擦則[11]（図10-6）がよく用いられる。これは、先に凝着力の例としても紹介したものである。式の形で表せば、

$$\sigma = \frac{\sigma_p - \sigma_d}{D_c}(D_c - \Delta u)H(D_c - \Delta u) + \sigma_d \tag{10-34}$$

となる。それぞれの点を動摩擦レベルまで動かすには、$G_c = (\sigma_p - \sigma_d)D_c/2$ という破壊エネルギーが必要になる。$\sigma_p - \sigma_d$ を**ブレークダウン応力降下量（breakdown stress drop）**と呼ぶことがある。なお2次元媒質中の直線断層の問題では、絶対応力レベルは無視できるので、$\sigma_d = 0$ という仮定もよく用いられる。

　断層には一様に初期値 σ_0 がかけられている。ただし何もしなければ、破壊すべりは開始しない。第9章で説明したように、破壊が開始し、自発的に進展するには、破壊エネルギーを供給できる臨界サイズ（式(9-43)）のクラックが必要となる。これが**震源核**である。震源核の導入方法は後で説明するが、ここでは簡単

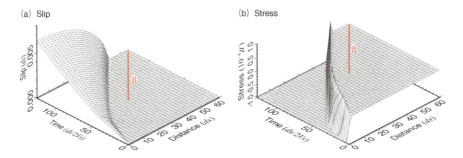

図 10-8　すべり弱化摩擦則をもつ2次元モードIIIクラックの進展。境界積分法によるすべりと応力の計算例。$\sigma_p=1.5\times10^{-4}\mu$、$\sigma_0=10^{-4}\mu$、$\sigma_d=0$、$D_c=2\times10^{-4}dx$。

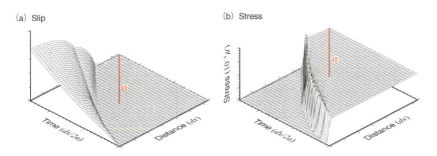

図 10-9　すべり弱化摩擦則をもつ2次元モードIIクラックの進展。境界積分法によるすべりと応力の計算例。$\sigma_p=1.5\times10^{-4}\mu$、$\sigma_0=10^{-4}\mu$、$\sigma_d=0$、$D_c=2\times10^{-4}dx$。

に、断層の一部の応力を人為的にσ_dまで落とすことにする。この震源核から、破壊すべりが摩擦則を満たしながら周囲に伝わっていく。

モードIIIの場合、すべりの進展速度は増加し、S波速度に到達する（図10-8）。その後はこの速度で、すべりが半楕円形状を保ちながら増大していく。

モードIIの場合、破壊進展速度は当初レイリー波速度程度であるが、その後S波速度を超えて加速し、最終的にはP波速度に到達する（図10-9）。S波速度を超えるので**スーパーシア（supershear）**とかintersonicと呼ばれる速度での破壊すべり進展である。このときP波速度で伝わる破壊先端と別に、楕円状のすべり分布はおおむねS波程度の速度で伝わっている。つまり、この計算の場合には、ある点においてS波の到達以前のすべり量は、最終的なすべりのごく一部に過ぎない。

このようなスーパーシアへの遷移はすべり弱化摩擦則の場合には、最大応力と初期応力の比でコントロールされる。動的摩擦応力レベルに対して、最大応力σ_p、初期応力σ_0とすると、こちらを用いて定義されるパラメーターSが

$$S = \frac{\sigma_p - \sigma_0}{\sigma_0 - \sigma_d} > 1.77 \qquad (10\text{-}35)$$

という条件を満たす場合には、このような遷移は生じず、破壊はレイリー波速度で進展する[12]14。図10-9の計算例では$S=0.5$であり、スーパーシア破壊へと遷移する。

10-3-5　円形クラックの進展

　3次元媒質中における円形クラックについても、すべり弱化摩擦則を用いて、破壊すべりの自発的進展プロセスを計算することができる。図10-10はMadariaga (2015)[13]による計算例である。円形クラックのすべり速度の時間変化を表している。仮定した円形クラックの中では、すべり弱化摩擦則が働いていると仮定している。時刻$t=0$で与えた円形状の震源核から破壊が自発的に進展する。当初はすべり領域は円形であるが、次第にすべりの方向、つまりモードIIの方向に速く進展し、破壊領域は楕円形となる。スーパーシアにまで加速してはいない。

　この計算では、円形領域の端に破壊しない部分を設定している。この端で破壊は強制的に停止させられ、同時に端から内側に停止の情報を伝えるパルスが伝播する。モードIIIの方向からはこのパルスの伝播が遅れるので、全体の停止直前に

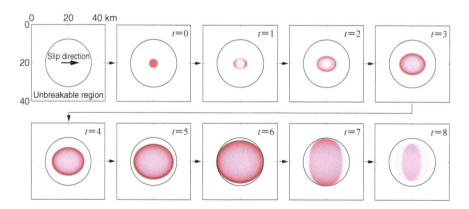

図10-10　すべり弱化摩擦則を用いた3次元クラックの伝播（Madariaga, 2015[13]を改変）。各時間（s）におけるすべり速度の分布を示す。すべり弱化パラメターは$\sigma_p=8.0$ MPa、$\sigma_0=4.5$ MPa、$\sigma_d=0$、$D_c=0.2$ m、P波速度、P-S速度比、密度はそれぞれ6400 m/s、1.7、2700 kg/m³。

14　これは2次元の場合。3次元のSの臨界値は約1.2である。

は、すべり領域はモードⅢ方向に伸びた楕円となっている。

このように破壊領域の端からの情報伝播によってすべり運動が停止する状況は、同じような円形クラックで一斉に破壊を停止させる佐藤・平澤モデルよりも、現実の地震の場合に近いかもしれない。同様な円形クラックの破壊問題で、停止フェーズまでのすべり分布を、佐藤・平澤モデルと同じKostrov解で与えた計算もおこなわれている[14]。

すべりが一斉に停止する佐藤・平澤モデルでは、停止時の応力が運動時の応力に比べて高い。それに対し、端からの情報伝播によって停止するモデルでは、停止時の応力が運動時に比べて低下する。これは、停止情報が伝播する間に、震源域内部ですべりが進行し、同時に応力が降下するからである。このような過剰なすべりとそれにともなう応力降下を**動的オーバーシュート（dynamic over-shoot）**と呼ぶ。

10-3-6 スーパーシア破壊

理論計算から予測される、モードⅡでのスーパーシア破壊の破壊すべりの進展は、とくに注目されている。進展速度がS波速度を超えるときに、衝撃波が生成され、特徴的な地震動を生み出すからである。この衝撃波は減衰せずに長距離伝播する傾向にあり[15]、スーパーシア破壊が普遍的に発生するのであれば、強震動評価にとっては無視できない。

スーパーシア破壊は実験室で再現されている。実際の岩石を使った破壊実験では、高速の破壊伝播時の変位、応力を面的に把握することは困難である。そこで、ひずみによって光が偏向する光弾性物質を用いると、ひずみ場を縞模様で可視化することが可能になる。そのような物質の破壊を高速度カメラで撮影すると、条件によっては、S波速度を超える破壊フロントの伝播が観察される。

Xia et al.（2004）[16]によっておこなわれた実験では、Homalite-100という光弾性物質にモードⅡに相当する応力をかけ、その中心を火薬で爆発させる（応力を0に落とす）ことで、まさに数値計算のように、破壊フロントの伝播速度がレイリー波からP波まで切り替わる様子を実現させた（図10-11）。破壊フロントが約30 μsあたりでS波を超えたあとに、衝撃波によってS波の波面の先につくられる**マッハコーン（Mach cone）**[15]もよく見える（図10-11c）。

15　英語の発音はマックコーンに近い。

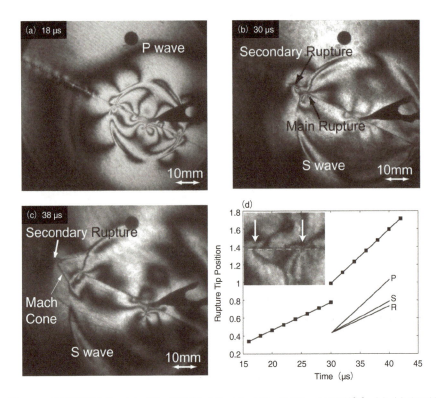

図 10-11 光弾性材料を用いたレイリー波速度からスーパーシアへのクラックの加速[16]。(a)-(c) 各時刻でのスナップショット。(d) 破壊先端位置の時間変化。

　自然地震の破壊伝播速度は、1970年代からおおむねS波速度の7-8割だと考えられてきた[17]。初めてスーパーシア破壊が示唆されたのは1979年のImperial Valley地震[18](M_w6.5)であるが、20世紀の研究例は少なかった。その後、1999年のİzmit地震[19](M_w7.6)、2001年Kunlun地震[20](M_w7.8)や、2002年Denali地震[21](M_w7.9)で、スーパーシア破壊進展の可能性が強く示唆された。

　近年は、近地波形の特徴把握やバックプロジェクション（第7章）、動的な波動場の理論計算による現象理解が進化し、観察例も増えてきている。最近では2018年Palu地震[22](M_w7.5)、2023年トルコ・シリア地震[23](M_w7.8と7.7)などが、スーパーシア破壊の例と考えられている。

　スーパーシア破壊の観察例は、地表近くの長い横ずれ断層で発生した地震に多い。これらは、本章で取り上げたようなモードIIのクラック進展で近似できる。地震全体に占める割合は少なく、相変わらず珍しい現象ではあるが、特定の条件

下では、たしかに発生していると考えられるようになった。

10-4　さまざまな断層破壊のシミュレーション

10-4-1　シミュレーションの例

　実際に起こった地震の破壊すべりプロセスを理解するために、さまざまな数値シミュレーション研究がおこなわれている。基本的には、弾性体中に応力場と断層面を設定し、断層面上に摩擦則を仮定したうえで、運動方程式と摩擦則の微分方程式の時間発展を、有限差分法、有限要素法、境界積分法などの手法を用いて計算するものである。与える初期条件によっては、破壊すべりが断層面上を自発的に進展する様子を表現できる。

　このような研究が盛んになったのは、1990年代後半くらいからである。このころから、地震の波形解析によって、運動学的な震源（破壊すべりの時空間的な広がり）が推定できるようになったためだ。その先駆けとなった研究のひとつが、Olsen et al. (1997)[24]の1992年Landers地震の動的破壊すべりモデルである。彼らは10-3節で紹介したような方法で、3次元弾性体中の断層面における、自発的な破壊すべり進展を説明した。この地震は南から北へ、おもに3つの断層セグメントを順に破壊した。計算では、そのセグメント構造を明示的には与えず、代わりに応力の空間分布を調整した。適当な応力分布とすべり弱化摩擦則を与えることで、ある程度現実に近い破壊すべりプロセスを再現している（図10-12）。

　その後の計算機能力の向上、さまざまな数値計算技術の開発、震源物理プロセスに対する理解向上の結果、より複雑な破壊すべりプロセスを表現する数値シミュレーションが可能になってきた。たとえばAndo & Kaneko (2018)[25]は、2016年Kaikoura地震（ニュージーランド）について、15枚もの断層面と一定の背景応力場、断層ごとのすべり弱化摩擦則を仮定した数値シミュレーションをおこない、破壊すべりが断層面を乗り移って、複雑に進展する様子を表現した（図10-13）。

　数値シミュレーションをおこなうには、具体的に検討すべき事項が多数あり、それぞれが研究分野のフロンティアを形成している。以下に、その事項のうち重要なものを列挙する。

第10章 ◆ 破壊すべりの動的進展

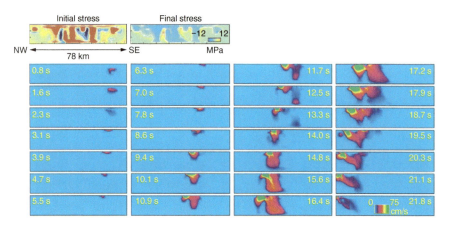

図 10-12　動的破壊シミュレーションの先駆的な例（Olsen et al., 1997[24]を改変）。平面断層上の初期応力と最終応力の不均質な分布（上の2つのパネル）を促進し、すべり弱化摩擦則を用いて1992年Landers地震をモデル化した。水平方向のすべり速度のスナップショットを示す。

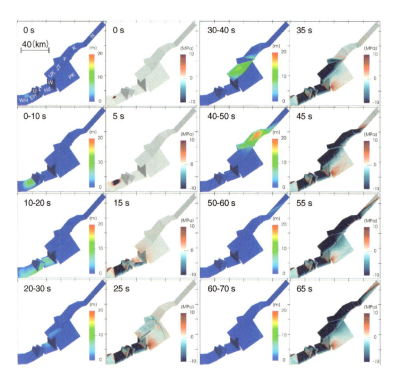

図 10-13　動的破壊シミュレーションのより複雑な例（Ando & Kaneko, 2018[25]を改変）。2016年Kaikoura地震を、さまざまな形状と方位をもつ複数の断層を用いてモデル化した。（左）10秒間隔で表示したすべり量。（右）表示された時間における動的クーロン応力変化。

10-4-2　断層面の配置と形状

　地震時にすべりが生じた断層の構造は、地表地震断層の位置、余震の分布、測地学的データの分析などから推定される。情報が増えれば、複雑な断層の構造がわかる。たとえば2000年の鳥取県西部地震（M_w6.6）では、15の断層セグメントが同定された[26]。2016年Kaikoura地震（M_w7.8）でも、12以上の断層セグメントが同定されている[27]。

　このような情報からどのような断層面の配置を仮定するかは、研究者の判断である。現実の断層は、どのようなスケールでも平面からは程遠いので、情報が少なかったり、信頼性が低い場合に、多数の断層を用いる意味はない。

　断層面が複数ある場合には、ひとつの断層面の破壊すべりが、ほかの断層面に継続するかどうかがとくに注目される。そのプロセス解明に特化した研究が多数おこなわれている。よく検討されているのは、以下のような形状である。

- **ステップ（step）**：すべりによって、周辺で収縮が起きる方向と、拡大が起きる方向がある。その方向およびステップの距離による、破壊すべりの乗り移りの可能性が注目される[28]（図10-14a）。
- **分岐（branch）**：上記の方向依存性に加えて、分岐断層の角度や破壊伝播速度によって、主断層もしくは分岐断層へ破壊が進展する。その分岐確率が注目さ

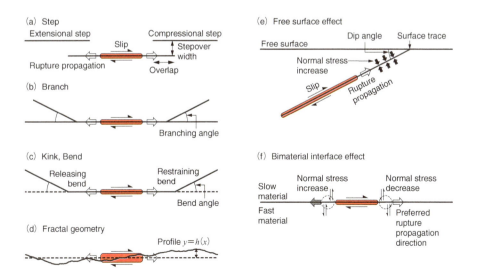

図 10-14　断層システムに存在するさまざまな不均質性の図解。

れる[29]（図10-14b）。

・**屈曲（bend, kink）**：上記の方向依存性に加えて、屈曲の角度や背景応力場との関係などが注目される[30]（図10-14c）。

ほとんどの研究は、断層として平面を仮定するが、フラクタル的な断層面形状（図10-14d）を用いた破壊すべり進展プロセスの研究もおこなわれている[31]。図10-14dには2次元で示したが、3次元媒質中の形状の影響も検討されている。

10-4-3　背景応力場

10-3節で説明した均質媒質中の平面断層では、破壊すべり進展を決めるのはおもにせん断応力であり、断層法線応力は破壊すべりの進展に影響をおよぼさない[16]。したがって背景応力場の向きは問題にならない。しかし現実的、非平面的な断層システムでは、背景応力場は、断層各地点のせん断応力と法線応力を決定し、破壊すべりの進行に強く影響する。

前述のように、Landers地震の動的破壊プロセスは摩擦の不均質で説明できる（図10-12）。一方、Aochi & Fukuyama（2002）[32]は、同じ地震に対して非平面的な断層面配置を仮定し、適切に背景応力場を仮定すれば、摩擦の不均質なしに説明できることを示した。特定の地域の背景応力場は、その地域で発生する地震の発震機構解などを用いて、応力テンソルインバージョンで推定できる（第8章）。

絶対応力レベルも、破壊に影響しうる。たとえば絶対応力レベルが低いと、平面断層においてですら、絶対応力レベルによってすべり方向の空間分布が変化する[33]。ただし、そのレベルはあまりわかっていない。

地震時の応力降下量は数MPaなのに対して、地下10kmの静岩圧（その上の岩石による圧力）は数百MPaにもなる。その圧力がそのまま断層面に法線応力として作用するなら、地震時の応力変化は、絶対応力場のごく一部ということになる。この場合、絶対応力レベルの影響はほとんど無視できる。しかし、ここで重要なのは有効法線応力である。間隙流体の仮定次第で、さまざまな絶対応力レベルを仮定できてしまう。

背景応力場は、本来長期のローディングによって支配されている。したがって、長期のテクトニックな変形と整合的な応力場を仮定するには、第11章で扱う地震サイクルシミュレーションの結果を用いることも有効かもしれない。

16　無限均質媒質中の平面断層におけるせん断すべりは、その面にかかる法線応力を変化させない。

10-4-4 摩擦則と非弾性変形

動的破壊の数値シミュレーションには、式(10-34)のすべり弱化摩擦則がよく用いられる。破壊すべりの進展は、摩擦則に支配されるものの、破壊フロントの進展だけを議論するのであれば、重要なのは摩擦則の細部より、摩擦力をすべりについて積分した破壊エネルギーである[34]。したがって多くの場合、すべり弱化摩擦則のようなシンプルな仮定で十分となる。

また、すべり速度だけに依存するすべり速度弱化[9]や、第11章で説明する速度および状態依存摩擦則（RSF則）も用いられる。RSF則を用いると、地震サイクルと調和的な動的破壊進展プロセスの計算が可能である[35]。

摩擦則には、有効法線応力がふくまれている。したがって、媒質中の間隙流体圧が破壊すべりの進展中に変化すれば、それは摩擦力へ影響する。とくに断層の発熱にともなって間隙流体圧が増加すると、thermal pressurization[36]という現象が発生する。この現象は有効法線応力の増加を通じて、断層の摩擦力を大幅に低下させ、破壊すべりの進展を促進する[37]。ただしthermal pressurizationが実際に発生するかどうかは、熱の発生やダイラタンシーの進行とも関連するので、予測が困難である[38]。

断層周辺で発生する非弾性変形も破壊エネルギーに貢献し、破壊すべりの進展に対して、摩擦と競合する影響をおよぼす。断層周辺に塑性変形が起きると、破壊進展速度やすべり速度を制約する[39]。複雑な断層面形状を考える場合には、断層面に不整合が発生しないよう、塑性変形が用いられる。

10-4-5 震源核と破壊開始

多くの研究では、自発的な破壊すべりの進展を開始させるために、人為的に震源核を導入する。その条件は摩擦則によって、またはエネルギーバランスによって決定される[40]。断層面上のある範囲に一様に応力降下を与えたり、破壊すべりが自発的に進展しはじめるまで、運動学的に点から進展するような震源核を導入することがある。破壊すべりの数値シミュレーションに導入される震源核は、あくまで仮定された人為的プロセスなので、その詳細がシミュレーション結果に影響しないことが望まれるが、影響する例も報告されている[41]。

現実的な地震の破壊すべりは点のような場所からはじまるが、点からの震源核形成を扱った数値シミュレーションは少ない。その一例は、第13章で紹介する階

層的破壊モデルである[42]。

10-4-6　断層周囲の媒質の構造

　動的破壊の数値計算の多くは、単純化した媒質構造の中で計算される。無限媒質が仮定されることも多いが、自由表面は例外的に重要なので半無限媒質の仮定もよく用いられる。

　自由表面では断層から放射された地震波が反射し、とくに断層面の法線応力を変化させることで、断層面上の破壊すべり条件に影響を与える[43]。逆断層では法線応力の増加とともに、すべり量や応力変化量が増大する（図10-14e）。この性質は、地震時の被害が逆断層の上盤に集中する傾向を説明する。ただし、自由表面近傍での背景応力場については未知の部分も多く、また、地表地震断層周辺の非弾性変形や開口の影響など、検討すべき問題は多い。

　とくに検討すべき媒質不均質は、断層面を挟んだ物質の違いである。現実の断層では、長期のすべりの蓄積の結果、断層面を挟んだ両側の物質の性質が、まったく異なることがある。沈み込み帯のプレート境界断層がわかりやすい例である。

　地震波速度が異なる媒質間の断層面の破壊すべりは、遅いほうの媒質のすべり方向に破壊が伝播しやすい。これは、破壊先端に生じる地震波の振動パターンによって、法線応力を減らすような力が働く方向である（図10-14f）。このとき、破壊すべりの進展は、全体的（クラック的）になったり、または先端のみに集中し部分的（パルス的）になったりする[44]。

第11章 全地震プロセスのモデル化

地震の破壊すべりは、より大規模かつ長期間にわたる地球内部の変形の一部とみなせる。地震の原因となるエネルギーは、長期間のプレート運動によって蓄積される。その長期の運動から、なんらかのゆっくりした準備プロセスを経て、地震時の高速の破壊すべりがはじまる。高速のすべりが終了した後には、緩やかな変形プロセスを経て、再び長期間のエネルギー蓄積プロセスにいたる。この一連のプロセス、**地震サイクル**（**earthquake cycle**）は何度も繰り返す[1]。地震サイクルをすべて理解することが、地震物理学の究極の目標といえる。そのためには、低速での変形を支配する法則についても知る必要がある。この章では、現実的な摩擦則として現在広く用いられる、速度および状態依存摩擦則をもとにした、地震サイクルモデルの基本的な考え方を説明する。

11-1 現実的な摩擦

11-1-1 静止摩擦の時間的変化

アモントン-クーロンの古典的な摩擦則（第8章）において、せん断摩擦と法線応力の間の比例係数が、摩擦係数である。この係数は古典的な摩擦則では定数——静止摩擦係数 μ_s および動摩擦係数 μ_d——として扱われるが、現実世界では時間とともに変化する[2]。凝着理論（第8章）をもとに考えると、これは、真実接触面積または接触部分の強度が時間とともに増加すると解釈される。

1970年代に、岩石摩擦すべり実験が、精密計測の下でおこなわれるようになった。静止摩擦係数を調べるための実験に slide-hold-slide テストというものがある。岩石を静止状態に一定時間保った（hold）後、一定速度ですべらせる（slide）

---

1 まったく同じ現象が繰り返すわけではない。この話題は第13章にて。
2 クーロンの時代からすでに、静止摩擦係数が時間とともに変化しうるものであることは知られていた。

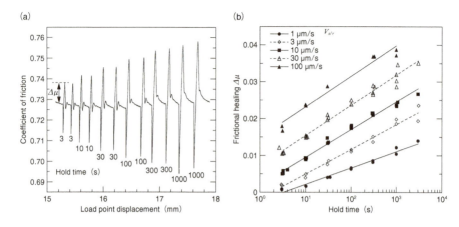

図 11-1　slide-hold-slide テスト中の静止摩擦係数の増加。(a) 石英ガウジ層を花崗岩ブロックで挟んだ場合のslide-hold-slideテスト。すべり速度は30 μm/s。(b) hold時間とすべり速度に依存する静止摩擦（(a)と同じ）をすべり速度ごとに異なる記号で示す。(Marone & Saffer, 2015[1]より改変)

という実験である。この実験では、静止摩擦係数 μ_s は接触時間とともに増加し、その依存性は接触時間 t の関数として

$$\mu_s = \mu_0 + C_1 \ln t \tag{11-1}$$

という形で近似される[3][1]（図11-1）。係数 C_1 は、物質や条件によって異なるが、つねに正である。時間の対数で静止摩擦係数が増加するので、**log t ヒーリング（healing）**と呼ばれる。

11-1-2　真実接触面積の増加

　この静止摩擦係数の増加のメカニズムを検討しよう。凝着理論では、摩擦力は真実接触面積に依存する。第8章で見たように、この面積は光を透過する材料を用いて計測することができる[2]。たとえば、法線応力に比例して真実接触面積が増加する（図8-8a）。同様に、経過時間の対数にも比例して、真実接触面積が増加する（図8-8b）。
　真実接触面積の増加は、接触面を通過する地震波の振幅が、やはり経過時間の

3　ここでは、静止摩擦係数を slide 中に到達する最大の摩擦係数（せん断応力と法線応力の比）として考える。なお、hold 中には、せん断応力は slide 時の値より小さくなる。時間とともに緩和するので、hold 時間が長いほど小さくなる。

対数に比例して増加するという実験事実[3]とも整合的である。時間とともに、接触領域の周辺で、化学反応や塑性変形が進行し、接触面積が増え、静止摩擦の上昇につながる。

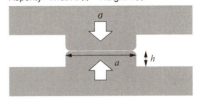

図11-2 接触面積の増加プロセスを議論するためのアスペリティの形状。

このような真実接触面積の増加を説明するモデルはさまざまである。たとえば、アスペリティの変形が熱活性化過程として進行する、単純な物理モデルで説明することができる[4]（図11-2）。

幅$a(t)$と高さ$h(t)$のアスペリティが接触し、アスペリティに一定の力がかかっているとする。初期状態のアスペリティの幅、高さをa_0、h_0、かかっている応力をσ_0とする。幅と高さは時間とともに変化するが、その体積は$a^2(t)h(t) = a_0^2 h_0$と一定になる。アスペリティにかかる力は$a^2(t)\sigma(t) = a_0^2 \sigma_0$となる。応力はアスペリティの高さに比例し、$\sigma(t) = h(t)\sigma_0/h_0$と時間変化する。

ここで、変形が熱活性化過程であり、アスペリティのひずみ速度が応力の指数関数として

$$\dot{\epsilon}(t) = -\frac{\dot{h}(t)}{h_0} = \dot{\epsilon}_0 \exp\frac{\sigma(t)}{S} \tag{11-2}$$

となると仮定する。Sは温度依存する定数である。

$$\frac{d}{dt}\frac{h(t)}{h_0} = -\dot{\epsilon}_0 \exp\frac{h(t)}{h_0}\frac{\sigma_0}{S} \tag{11-3}$$

であるから、これは変数を$h(t)/h_0$とした微分方程式で、その解は

$$\frac{h(t)}{h_0} = 1 - \frac{S}{\sigma_0}\ln\left(1 + \dot{\epsilon}_0 t \frac{\sigma_0}{S} \exp\frac{\sigma_0}{S}\right) \tag{11-4}$$

と与えられる。

解を接触面積について書き直すなら

$$\frac{a^2(t)}{a_0^2} = \frac{h_0}{h(t)} \sim 1 + \frac{S}{\sigma_0}\ln\left(1 + \dot{\epsilon}_0 t \frac{\sigma_0}{S} \exp\frac{\sigma_0}{S}\right) \tag{11-5}$$

となる。tがある程度大きいときには、面積変化が$\log t$に比例することが示される。さらに式(11-5)では比例定数Sが温度依存するが、実際にさまざまな実験によって、摩擦パラメーターが温度に強く依存することが知られている[5]。

11-1-3 動摩擦の速度依存性

次に動摩擦係数を考える。やはり岩石を用いた摩擦すべり実験において、一定の速度で岩石をしばらくすべらせた後、その速度をステップ的に変化させる。これは **velocity step テスト** と呼ばれる。

実験では、ある一定速度 V^{ss} ですべっている間は、ほぼ一定の定常動摩擦係数 μ_d が得られる。実験装置のすべり速度をステップ的に変化させると、過渡的な変化を経て、新しいすべり速度 V^{ss} での定常動摩擦係数 μ_d に落ち着く。μ_d は V^{ss} の対数に依存して変化し、

$$\mu_d = \mu_0 + C_2 \ln V^{ss} \tag{11-6}$$

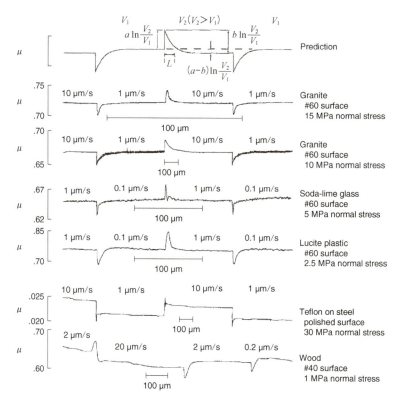

図 11-3　さまざまな材料を用いた velocity step テスト中の摩擦係数の変化。摩擦はすべり距離の関数として示す。各セグメントについて一定のすべり速度の値を示す。(Dieterich & Kilgore, 1994[2] を改変)

第Ⅲ部 ◆ 震源近傍の物理学

と近似される[5]。ここで定数C_2は、物質や条件によって異なる定数であり、正にも負にもなりうる。図11-3に、さまざまな物質を用いたvelocity stepテストの結果を示す。たとえば、テフロンは速度を上げると摩擦力が増す。速度の増加に対して摩擦係数が増加する場合を**速度強化（velocity strengthening）**、減少する場合を**速度弱化（velocity weakening）**という。

　定常値に到達する以前には、速度変化の直後に、摩擦係数の瞬間的な変化が見られる。この変化は、速度が増加する場合には、摩擦係数が増加し、減少する場合には逆になる。速度が直接影響するので、この効果を**direct effect**と呼ぶ。

　瞬間的な変化ののち、ある程度の距離をすべって摩擦係数は定常値に到達する（図11-3最上段）。定常値に達するまでの特徴的距離L[4]は、**臨界すべり距離（critical slip distance）**と呼ばれる。すべりの進行に対する、応力変化の起こりやすさを支配するパラメーターである。実験によると、Lは摩擦面の凹凸の波長と正の相関がある。また、変形が有限の厚みのあるせん断帯で起きる場合には、そのせん断帯の厚みとも正の相関がある[6]。

11-2　速度および状態依存摩擦則

11-2-1　法則の提案

　静止摩擦係数の接触時間依存性と動摩擦係数の速度依存性、さらに定常状態にいたるまでの遷移プロセスを説明する法則として、Dieterich（1979）[7]やRuina（1983）[8]によって提案されたのが**速度および状態依存摩擦則（rate and state dependent friction, RSF, law）**である。

　この法則は2つの部分からなる。ひとつは、摩擦係数を速度Vと状態θの関数として表す「摩擦則」

$$\mu(V, \theta) = \mu_0 + a \ln \frac{V}{V_0} + b \ln \frac{\theta}{\theta_0} \tag{11-7}$$

そして、もうひとつは、接触状態の時間変化を表す「**発展則（evolution law）**」

$$\frac{d\theta}{dt} = 1 - \frac{V\theta}{L} \tag{11-8}$$

....
4　D_cもしくはD_{RS}という文字が用いられることも多い。

233

第11章◆全地震プロセスのモデル化

である。速度と状態がV_0とθ_0のとき、基準となる速度と状態の値であり、両者がこの基準値のときには、摩擦はμ_0となる。$L=V_0\theta_0$という関係がある。aとbはどちらも正の無次元定数で、岩石に対しては0.001-0.01程度の値を仮定することが多い。

後述するように、RSF則には多くの異なる表現がある。しかし、先に述べた2つの観察事実を説明するだけであれば、式(11-8)の表現で十分なので、まずはこれを用いる。

11-2-2　時間と速度依存性

静止摩擦係数の接触時間依存性は、Vが小さい極限状態を考察することで説明できる。発展則で$V\rightarrow0$とすると、

$$\frac{d\theta}{dt}=1 \tag{11-9}$$

となる。つまりθは時間とともに増大する。

$\theta=t$を摩擦則（式(11-7)）に代入し、小さいながらもVは有限の一定値とすると、

$$\mu(V,\theta)=\mu_s=\mu_0'+b\ln t \tag{11-10}$$

となる。これが$\log t$依存性の説明となる。

動摩擦係数の定常状態での値は、発展則が時間変化しないと仮定すると、

$$\frac{d\theta}{dt}=0 \tag{11-11}$$

より、$\theta=V_0\theta_0/V=L/V$であるから、

$$\mu(V,\theta)=\mu_d^{ss}=\mu_0+(a-b)\ln\frac{V}{V_0} \tag{11-12}$$

と表される。

μ_d^{ss}は定常状態（steady state）の動摩擦係数という意味である。aとbは、同程度の大きさなので、$a-b$は正にも負にもなる。正であれば、摩擦は速度とともに増大する。このような摩擦が働く場所では、地震時のような高速すべりは起きにくい[5]。

....

[5] 起きにくいが起きないわけではない。たとえば、沈み込み帯の最浅部、海溝付近の物質は、実験ではすべり速度強化を示すが、海溝まで破壊が進展するような巨大地震の際には、高速のすべりをともなって変形すると考えられている。

234

第Ⅲ部 ◆ 震源近傍の物理学

11-2-3 遷移プロセス

岩石実験のvelocity stepテストにみられる遷移的な摩擦係数の変化の様子も、微分方程式を解くことで説明される。

ある時刻 $t=0$ まで一定の定常状態 $V=V_0$ ですべっているブロックがあり、時刻 $t=0$ において、すべり速度を $V=V_1$ へと変化させる。$t<0$ では、$\theta=L/V$、$\mu=\mu_0$ である。

$t>0$ で発展則を解き、初期条件を満たすような解を求めると、

$$\theta = \frac{L}{V_1}\left\{1-\left(1-\frac{V_1}{V_0}\right)e^{-\frac{V_1}{L}t}\right\} \tag{11-13}$$

となる。これを摩擦則に代入して、

$$\mu = \mu_0 + a\ln\frac{V_1}{V_0} + b\ln\left[\frac{L}{V_1\theta_0}\left\{1-\left(1-\frac{V_1}{V_0}\right)e^{-\frac{V_1}{L}t}\right\}\right] \tag{11-14}$$

が得られる。これが図11-3の最上段に示してある。

式(11-14)には指数関数がふくまれているので、摩擦面は距離 L すべるごとに、以前の状態の情報を e^{-1} だけ失っていく。これが臨界すべり距離と呼ばれる理由である。

11-2-4 RSF則のさまざまな表現と問題点

RSF則はさまざまな実験結果を説明するが、すべての実験結果を説明できる完成された法則ではない。現在でも、とくに発展則について、さまざまな修正案が提案されつづけている[9]。

先に紹介した発展則（式(11-8)）は、aging則もしくはDieterich則と呼ばれるものである。同様にポピュラーな発展則には、slip則もしくはRuina則と呼ばれるものがあり、

$$\frac{d\theta}{dt} = -\frac{V\theta}{L}\ln\frac{V\theta}{L} \tag{11-15}$$

のような時間依存性を示す。名前のとおり、aging則が、静止摩擦の時間に依存した回復過程をよく説明するのに対して、slip則は、すべり遷移プロセスにおけるすべりと摩擦力の関係をよく表す。とくに、摩擦係数が定常状態になるまでの距離が速度変化の大きさにあまりよらない、という実験事実をよく説明する[6]。

6 aging則を仮定すると、速度ステップの大きさによって摩擦係数が定常状態になるまでの距離が変化する。

第11章 ◆ 全地震プロセスのモデル化

　一方、摩擦則にも問題はある。たとえば、真の停止状態 $V=0$ では、特異性をもち発散する。逆方向のすべりにいたっては、想定されていない。この問題にはさまざまな解決法が提案されている。ひとつの考え方として、摩擦則（式(11-7)）で $\tau = \mu \sigma_n$ として、V について書き直す。

$$V = V_0 \exp \frac{\tau}{a \sigma_n} \exp \frac{-\mu_0 - b \ln \dfrac{\theta}{\theta_0}}{a} \tag{11-16}$$

この式では、せん断応力が0のときにも、V は0にならない。τ が大きいときには

$$\exp \frac{\tau}{a \sigma_n} \sim \exp \frac{\tau}{a \sigma_n} + \exp \frac{-\tau}{a \sigma_n} = 2 \sinh \frac{\tau}{a \sigma_n} \tag{11-17}$$

なので、

$$V = 2 V_0 \sinh \frac{\tau}{a \sigma_n} \exp \frac{-\mu_0 - b \ln \dfrac{\theta}{\theta_0}}{a} \tag{11-18}$$

とおいても違いは小さい。この逆関数として τ と V の関係を書き直すことで、正規化された RSF 則が導かれる[10]。少々複雑だが、数値計算的には問題ない。

　さらに、RSF 則は低速での現象を説明する一方で、高速の摩擦すべり現象にはそのまま適用できないという弱点がある。RSF 則を構築するために用いられた実験は、低速の摩擦実験で、実験での摩擦係数の変化はせいぜい 0.1 程度である。一方、高速の摩擦実験[7]では、さまざまな物質の摩擦係数は大幅に減少し、ゼロに近くなる[11]（図11-4）。高速では、摩擦による岩石の溶融（第8章）や、化学反応による弱い物質の生成、破砕された岩石の回転運動など、摩擦を小さくするさまざまな物理現象が発生しうる。しかし現実のデータから、急激な減少を一般化することは困難である。現時点では、高速の摩擦はひとつの摩擦則として統合されていない。

　摩擦則を実際の地震に適用する際には、現象のスケールの違いも考慮する必要がある。実験室で推定された RSF 則のパラメター a、b、L が、自然界の断層にそのまま適用できるのかは不明である。とくに、遷移プロセスを支配する臨界すべり距離 L は、数十 cm の試料を用いた室内実験では 1 mm オーダー、またはそれ以

7　ロータリーシア方式という、回転軸を中心に岩石を回転させるタイプの実験装置では、長い距離、高速のすべり運動時の摩擦変化を計測することができる。

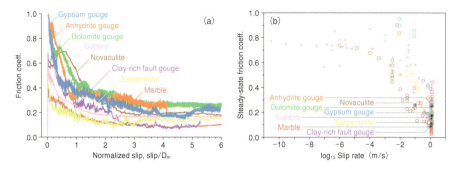

図 11-4　高速のすべり実験における岩石の摩擦係数の変化[11]。(a) 摩擦係数のすべり距離依存性。摩擦係数は各実験で測定した thermal slip distance と呼ばれる量で正規化した。(b) 定常摩擦係数とすべり速度の比較。(a) の各実験のデータを対応する色で示し、代表的なサンプルには十字を付してある。グレーの点はほかの実験のもの。

下と推定されるが、この値を数十 km の断層にそのまま適用できるかは怪しい。この問題は、地震の破壊の階層性(第13章)について説明する際に、再び検討する。

11-3　摩擦すべりシステムの安定性

11-3-1　1次元ばねブロックの安定性

　岩石実験では、周囲のすべり速度や応力状態をコントロールできる。しかし地震時の摩擦すべりは、周囲から**ローディング(載荷)(loading)** されて初めて進行する。そして、すべりの自発的な進行が、弾性体の弾性ひずみエネルギーを解放し、周囲からかかる力を和らげる。自発的なすべりが開始しても、最終的にどの程度高速になるかはわからない。ローディングによって蓄積されたひずみエネルギーの量や空間分布にもよる。地震を理解するには、「ローディング」「弾性変形」「摩擦則」の3要素が必要となる。

　そのような組み合わせをもっともシンプルに表現するのが、ばねにつながれたブロックである。ばね自体の伸び縮みが弾性変形を表し、ブロックの底には摩擦則がかかっている。ばねの端を引っ張ることが、ローディングとなる。

　ばね定数を k、ブロックの質量を m、重力加速度を g、ばねの両端の座標を x および x_L と置く。まず古典的摩擦則を考えよう(図11-5)。停止時には条件

$$k(x_L-x)<\mu_s mg \tag{11-19}$$

が満たされるが、いったんこの条件が破られると、運動時には運動方程式

$$m\ddot{x}=k(x_L-x)-\mu_d mg \tag{11-20}$$

が満たされる。

運動時に x_L が変化しないとすると、この運動は単純な単振動（の一部）となり、

$$\dot{x}=\frac{(\mu_s-\mu_d)g}{\omega_0}\sin\omega_0 t \tag{11-21}$$

$$\omega_0=\sqrt{k/m}$$

となる。すべりは加速し、減速し、（逆方向への運動が禁じられているとすれば）停止する。

このような運動が起こるのは、古典的摩擦則では、静止摩擦から動摩擦への切り替えが一瞬で起こるからである[8]。しかし、これまで見てきたように、この切り替えには、ある程度の遷移プロセスが必要である。

遷移プロセスにおいて、摩擦力 $F(x)$ がすべり量 x に依存する場合を考える。そのすべり量に対する摩擦の変化 $|\partial F/\partial x|$ があまり大きくなければ、摩擦力とばねの力が釣り合い、ブロックはばねに引かれたまま、ずるずるとすべることにな

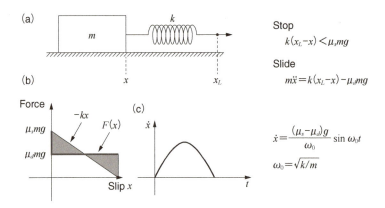

図 11-5　古典的摩擦則を用いたばねとブロックのモデル。(a) モデルの設定。(b) すべり時のばねの力と摩擦力。(c) すべり速度の変化。

8　実際にばねとブロックを用意して、実験をしてみれば、このような運動は簡単には起きないことがわかるだろう。

第Ⅲ部 ◆ 震源近傍の物理学

る。より正確には、$|\partial F/\partial x|$ がばねによる力の変化（ばね定数）k より小さい

$$\left|\frac{\partial F}{\partial x}\right| < k \qquad (11\text{-}22)$$

と、すべりは加速しない。急激な摩擦力の変化は、地震の破壊すべり進行にとっ
ての必要条件である。

11-3-2　RSF則を用いた線形安定性解析

　次に、先ほどと同じばねとブロックの設定で、摩擦を RSF 則（aging 則）にし
てみる。慣性項は考えず、摩擦力 τ は法線応力 σ_n を用いて、$\tau = \mu\sigma_n$ と書ける。

　$t < 0$ で、速度 V_0 の定常状態にある（ばねもブロックも一定速度で移動してい
る）システムの安定性を考えよう。このとき $\mu = \mu_0$、$\theta = \theta_0 = L/V_0$ である。$t = 0$
でばねの端（ロードポイント）の速度を $V_0 \to V_0 + \varDelta V$ と増加させる。このとき、
摩擦面の状態 θ とブロックの速度 V はどう変化するか？　この種の問題は、
Ruina（1983）[8] や Gu et al.（1984）[12] によって解かれた。

　変化量は小さいとして、$V = V_0 + \delta V$、$\theta = \theta_0 + \delta\theta$ と置く。この δV と $\delta\theta$ が時
刻 $t = 0$ にはともにゼロであり、そこから時間発展することを考えると、その時間
微分は、

$$\frac{d}{dt}\begin{pmatrix} \delta\theta \\ \delta V \end{pmatrix} = \begin{bmatrix} \left(\dfrac{\partial\dot\theta}{\partial\theta}\right)_0 & \left(\dfrac{\partial\dot\theta}{\partial V}\right)_0 \\ \left(\dfrac{\partial\dot V}{\partial\theta}\right)_0 & \left(\dfrac{\partial\dot V}{\partial V}\right)_0 \end{bmatrix}\begin{pmatrix} \delta\theta \\ \delta V \end{pmatrix} + O(\delta^2) \qquad (11\text{-}23)$$

と近似できる。$(\ \ )_0$ は $t = 0$ での値、$O(\delta^2)$ は 2 次以上の微小量の寄与を表す。

　発展則（式(11-8)）において、$V = V_0 + \delta V$、$\theta = \theta_0 + \delta\theta$ として、1 次微小量ま
でとると

$$\frac{d}{dt}\delta\theta = 1 - \frac{(V_0 + \delta V)(\theta_0 + \delta\theta)}{L} \sim -\frac{\delta V}{V_0} - \frac{\delta\theta}{\theta_0} \qquad (11\text{-}24)$$

となる。

　一方で V の時間変化は、ブロックの位置を D として、ばねと摩擦力の釣り合い
の式

$$k(V_0 + \varDelta V)t - kD = \sigma_n\left\{\mu_0 + a\ln\left(\frac{V}{V_0}\right) + b\ln\left(\frac{\theta}{\theta_0}\right)\right\} \qquad (11\text{-}25)$$

から導出される。この式を時間微分して整頓すると、

239

第11章 ◆ 全地震プロセスのモデル化

$$\frac{dV}{dt} = \frac{kV}{a\sigma_n}(V_0 + \Delta V - V) - \frac{bV}{a\theta}\left(1 - \frac{V\theta}{L}\right) \tag{11-26}$$

となる。$dD/dt = V$ である。ここに $V = V_0 + \delta V$、$\theta = \theta_0 + \delta\theta$ として、1次微小量までとると、

$$\frac{d}{dt}\delta V = \frac{k(V_0 + \delta V)}{a\sigma_n}(V_0 + \Delta V - (V_0 + \delta V))$$

$$- \frac{b(V_0 + \delta V)}{a(\theta_0 + \delta\theta)}\left(1 - \frac{(V_0 + \delta V)(\theta_0 + \delta\theta)}{L}\right)$$

$$= \left\{\frac{k(\Delta V - V_0)}{a\sigma_n} + \frac{b}{a\theta_0}\right\}\delta V + \frac{bV_0}{a\theta_0^2}\delta\theta + \frac{kV_0\Delta V}{a\sigma_n} \tag{11-27}$$

となる。

$\Delta V \to 0$ の微小な擾乱のとき、式(11-23)(11-24)(11-27)より、

$$\frac{d}{dt}\begin{pmatrix}\delta\theta \\ \delta V\end{pmatrix} = \begin{bmatrix} -\dfrac{1}{\theta_0} & -\dfrac{1}{V_0} \\[2mm] \dfrac{bV_0}{a\theta_0^2} & -\dfrac{kV_0}{a\sigma_n} + \dfrac{b}{a\theta_0} \end{bmatrix}\begin{pmatrix}\delta\theta \\ \delta V\end{pmatrix} \tag{11-28}$$

となる。δV と $\delta\theta$ が擾乱によって発散せずに時間発展するには、式(11-28)右辺の行列[ ]の固有値の実部が、非正でなければならない。この条件は、

$$-kV_0\theta_0 + (b-a)\sigma_n \leq 0 \tag{11-29}$$

である。kについて書けば、$L = V_0\theta_0$ なので、

$$k \geq k_{\text{crit}} = \frac{(b-a)\sigma_n}{L} \tag{11-30}$$

となる。

まず、kは正の定数なので、$a - b > 0$ のときには、不等式(11-30)が満たされることは明らかである。つまり、摩擦則が速度強化であるときは、ばね定数がどのような値であっても、システムは安定である。

一方で$a - b < 0$、つまり速度弱化のときは、ばね定数kの値によって挙動が異なる。図11-6 は実際に、式(11-7)(11-8)(11-26)を連立し、ΔVの擾乱に対する応答をRunge–Kutta法で計算した結果である。kが大きいと、摩擦係数はすぐに新しい定常状態に到達し、擾乱はおさまる。kが小さくなると減衰振動し、k_{crit}では周期的な運動となる。このような周期的な運動をリミットサイクル（limit cycle）という。それより弱いばねだと、ブロックが急激に加速し、システムが不安定に

240

第Ⅲ部 ◆ 震源近傍の物理学

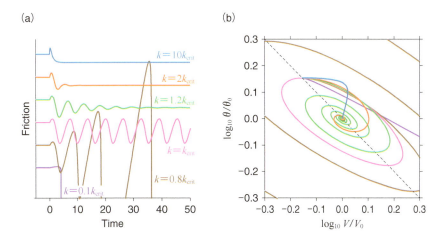

図11-6 ばね-ブロックモデルとRSF則（aging則）を用いた線形安定性解析の結果。ばねの剛性によって異なる色で示した。ばねとブロックは0.7 V_0 速度で移動しており、その後ばねの右端の速度が V_0 に変更される。(a) 摩擦の時間変化。時間は L/V_0 で正規化した。(b) 速度 V と状態変数 θ の関係。点線は定常状態を示す。

なる（そして微小、線形の仮定が破綻する）[9]。したがって $a-b<0$ の条件は、システムが不安定になるための必要条件であって十分条件ではない。そこで $a-b<0$ の摩擦則をもつシステムの振る舞いは、条件付き不安定という。

ここで $(b-a)\sigma_n$ は、すべり速度が e 倍になるときの応力降下量であり、それを臨界すべり距離 L で割ったものは、すべり量あたりの応力降下量、つまりは式(11-22)の $|\partial F/\partial x|$ に相当する。k が大きい、または L が大きいと、システムがより安定になる。

11-4 地震サイクルのモデリング

11-4-1 弾性反発説の現代的解釈

現実の地震は、1次元のばねとブロックではなく、3次元連続体中の2次元の断層面のすべりとして発生する。100年以上前にReidによって提案された、2つ

---

[9] このような挙動をホップ分岐（Hopf bifurcation）という。

のすれ違う弾性体ブロック間の間欠的なすべり運動[10]がより近い。現代的には、図1-2に示したように、プレート運動によるプレート境界（断層）周辺へのひずみエネルギーの蓄積と、短時間の地震による解放と考えられる。このプロセスを物理学的に記述することが、地震の理解にとって重要である。

2次元もしくは3次元の弾性媒質を考え、断層面にRSF則を与え、なんらかのローディングをかけると、Reidのイメージを現代風に再現することができる。ここでは、2次元モードIII問題として初めて地震サイクルのモデル化に成功した、Tse & Rice (1986)[13]の研究をもとに、モデル化の原理をみていこう。彼らはカリフォルニアのSan Andreas断層のような、浅い横ずれ断層の一部が固着することでエネルギーが蓄積し、そのエネルギーが地震のような高速すべりによって解放されるプロセスを考えた。

すべり（走向）の方向にx軸を、面ベクトルとしてy軸を、深さ方向にz軸をとり、$z=0$が地表、断層深部$z>H$では、一定速度V_{pl}、摩擦0で2つのブロックがすれ違うと仮定する（図11-7）。断層のすべり$\Delta u(z,t)$とせん断応力$\tau(z,t)$の間には、以下の積分方程式が成り立つ。

$$\tau(z,t) = k\left(V_{pl}t - \frac{1}{H}\int_0^H \Delta u(z,t)dz\right) - \frac{\mu}{2\pi}\int_0^H G(z,z')\frac{\partial \Delta u(z',t)}{\partial z'}dz' \quad (11\text{-}31)$$

ここでkは平均的な単位すべり遅れがつくり出す応力、$G(z,z')$はz'の単位すべりがzにおよぼす応力を表すグリーン関数である。時間微分し、平均すべり速度を$\overline{\Delta \dot{u}}(t)$と置くと、

$$\dot{\tau}(z,t) = k(V_{pl} - \overline{\Delta \dot{u}}(t)) - \frac{\mu}{2\pi}\int_0^H G(z,z')\frac{\partial \Delta \dot{u}(z',t)}{\partial z'}dz' \quad (11\text{-}32)$$

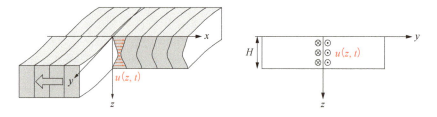

図11-7　長い横ずれ断層の2次元モードIII表現。

10　いわゆる弾性反発説である。Reidは、1906年のSan Francisco地震の際に北カリフォルニアのいたるところで観察された数メートルにもなる断層すべりの調査結果をもとに、このような説にいたった。ただし当時はプレートテクトニクスどころか、大陸移動説も提唱される前であり、原動力を明らかにしないこのモデルが、ただちに一般的に受け入れられるはずもなかった。

となる。$0<z<H$ を N 個の積分区間で分け、この式を離散化すると、

$$\frac{d}{dt}T_i(t) = \sum_{j=1}^{N} K_{ij}(V_{pl}-V_j(t)) \tag{11-33}$$

という方程式が得られる。$V_i(t)$ と $T_i(t)$ は、離散化された各断層区間におけるすべり速度とせん断応力、K_{ij} はグリーン関数を離散化したもの（積分核）である。

この速度と応力の間にRSF則が成り立っていると仮定すると、

$$T_i(t) = T_0 + A\ln\frac{V_i(t)}{V_0} + B\ln\frac{\Theta_i(t)}{\Theta_0} \tag{11-34}$$

$$\frac{d}{dt}\Theta_i(t) = 1 - \frac{V_i(t)\Theta_i(t)}{V_0\Theta_0} \tag{11-35}$$

となる。Θ_i は離散化された断層区間における状態変数、$T_0 = \mu_0\sigma_n$、$A = a\sigma_n$、$B = b\sigma_n$ である。これらの式は、$2N$ 本の連立 1 階常微分方程式を構成する。したがって Runge-Kutta 法などの数値計算法を用いると、$T_i(t)$ と $\Theta_i(t)$ の時間発展を任意の初期状態から追跡することが可能になる。

11-4-2　摩擦パラメーターの深さ依存性

実際に $T_i(t)$ と $\Theta(t)$ の時間発展を計算するために必要なのは A、B、T_0、V_0、Θ_0 などのパラメーターである。とくに A（$=a\sigma_n$）、B（$=b\sigma_n$）が速度強化、速度弱化を決め、システムの安定性を決める。また $V_0\Theta_0 = L$ も、システムの安定性には重要である。T_0、V_0 は基準値としての意味しかもたない。

a と b はさまざまな実験で測定されている。多くの場合、その値は 0.001-0.01 程度になる。しかし岩種、温度、流体の有無など、さまざまな要素に依存するので、不確定性が大きい。地震は、沈み込み帯以外では深さ 10-20 km くらいまでしか発生しない、という事実を説明するために、断層深部で $a-b$ が正になるような空間分布を仮定することが多い。そして、横ずれ内陸断層で地震が発生する数 km から十数 km の範囲で $a-b$ が負になるようなパラメーター設定がよく用いられる（図11-8）。適当な σ_n の深さ分布とともに A と B が仮定される。

L はさらに不確定で、オーダー推定も怪しい。数 cm から数 m の岩石を用いた実験室での測定値は μm から mm スケールだが、それをそのまま km スケールの断層に適用できるか不明である。シミュレーションでは、あまり小さな値を用いると計算コストが大きくなりすぎる。そこで通常はこの値を変えて、リーズナブルな挙動を示すシミュレーションを実行することになる。そのためシミュレーショ

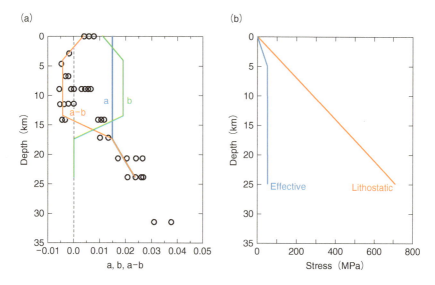

図 11-8 a–bと法線応力の深さ依存性（Rice, 1993[14]を改変）。(a) 丸印はa–b[15]の実験データを深さに変換したもの。青線、緑線、オレンジ線は、これらのデータにもとづくa、b、a–bの深さ分布の仮定を示す。(b) 静岩圧と有効法線応力の深さ分布の例。

ンは、既知の現象を説明するためのものになり、未知の現象を予測する能力は限られてしまう。

11-4-3　4つのステージ

式(11-33)〜(11-35)を用いて[11]、モードIII断層のすべりの時間発展を追跡すると、弾性反発説のような繰り返すすべり運動が説明できる。パラメータ設定によって多少の違いがあるが、その繰り返すすべりは、おもに4つの特徴的なステージに分けられる[16]（図11-9）。

① 　長期応力蓄積プロセス・**インターサイスミック期**（interseismic period）：断層深部で継続的なすべりが発生する。深部の安定領域（$a-b$が正）はゆっくりすべるが、不安定領域（$a-b$が負）に固着領域（固着域）が取り残され、そこに応力が集中していく。数百年単位。

11　多くの計算では、式(11-33)に地震波放射の影響を表す、放射ダンピング項[14]を付加する。

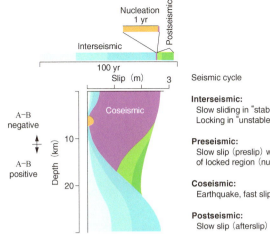

図 11-9　地震サイクルの4つのステージ。地震サイクル中のすべり量の深さプロファイルの時間変化。Tse & Rice（1986）[13]の計算をScholz（1998）[16]が改変したもの。

② 震源核形成プロセス・**プレサイスミック期（preseismic period）**：固着域の一部でゆっくりしたすべりが発生する。ゆっくりしたすべり進行とひずみエネルギーの解放がバランスしており、システムとしてはまだ安定である。すべっている領域を**震源（破壊）核（seismic nucleus）**と呼ぶ。継続時間は不確定性が大きい。次節で詳しく扱う。
③ 地震プロセス＝高速破壊すべり・**コサイスミック期（coseismic period）**：震源核のサイズが大きくなると、システムが不安定化し、高速の破壊すべりが震源核から周辺に広がっていく。安定領域にもすべりが広がる。せいぜい数百秒。
④ 地震後の変動（余効変動）プロセス・**ポストサイスミック期（postseismic period）**：破壊すべり領域周辺の安定領域内で、ゆっくりしたすべりが進行する。すべりは高速すべり停止直後からはじまり、次第に遅くなり、プレート運動と見分けがつかなくなる。

11-4-4　複雑な地震サイクルシミュレーション

　同じようなRSF則を用いた地震サイクルのシミュレーションは、さまざまな設定でおこなわれている。特定の地震発生帯での地震発生の歴史を再現する研究も盛んである。

第11章 ◆ 全地震プロセスのモデル化

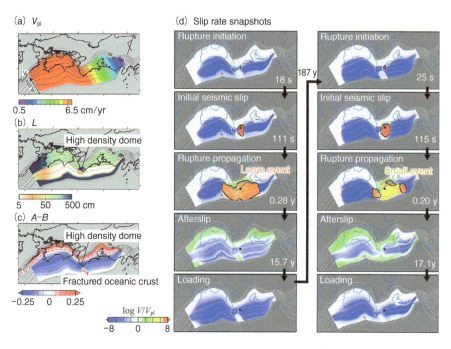

図 11-10 大規模地震サイクルシミュレーションの例（Hyodo & Hori, 2013[17]）。(a) プレート速度、(b) L、(c) $A-B$ の空間分布。(d) 2サイクル中のすべり速度のスナップショット。

　たとえば、南海トラフは過去1000年以上にわたって、$M8$以上の地震が繰り返し発生した場所である（第13章）。同じような地震を再現することは、今後の防災計画を考えるうえでも需要が高い。そのため、1980年代よりいくつかの研究グループが具体的なモデルを作成しており、計算機能力向上に合わせて、年々複雑な計算がおこなわれるようになっている。

　たとえばHyodo & Hori (2013)[17]では、プレート境界の形状と、プレート沈み込みにおけるローディング量を仮定し、プレート境界面に$a-b$とLの分布を与えて、RSF則と弾性体の応答をカップリングした（図11-10）。彼らのモデルを用いると、南海トラフの地震が、あるときは東西別々に、あるときは同時に発生することを説明でき、またパラメータ設定によって発生間隔を変化させることができる。

第Ⅲ部 ◆ 震源近傍の物理学

11-5　震源核形成過程

11-5-1　RSF則による予測

　RSF則を用いた地震シミュレーションで、特別な関心を集めるのは、**震源核形成過程（seismic nucleation process）** である。震源核で進行する安定なすべりが、ある時点で不安定になるプロセスを理解できれば、またその震源核での安定すべりをなんらかの形で観察できれば、将来の地震発生についてより高度な予測が可能となると期待される。RSF則（aging則）には、いったん加速しだすと止まらないという性質があり、ある意味、摩擦則自体が震源核形成過程を内包しているといえる。

　Dieterich（1992）[18]に従い、再び1次元ばねブロックを用いて説明する。ばね定数kのばねの端がV_Lで引かれているとき、ブロックの位置Dの時間微分を速度Vとすると、摩擦力 $\tau = \mu\sigma_n$ との釣り合いは、

$$kV_L t - kD = \tau = \mu\sigma_n \tag{11-36}$$

となる。時間微分をとると

$$k(V_L - V) = \dot{\mu}\sigma_n \tag{11-37}$$

である。$\dot{\mu}$ はRSF則の摩擦則（式(11-7)）を微分することで、

$$\dot{\mu} = a\frac{\dot{V}}{V} + b\frac{\dot{\theta}}{\theta} \tag{11-38}$$

となる。

　このシステムで、ブロックの速度Vがある程度大きくなったとする。式(11-37)(11-38)とaging則（式(11-8)）より、

$$-kV = a\sigma_n\frac{\dot{V}}{V} + b\sigma_n\frac{\dot{\theta}}{\theta} \tag{11-39}$$

$$\frac{\dot{\theta}}{\theta} = -\frac{V}{L} \tag{11-40}$$

という近似式が得られる。

　両者から

247

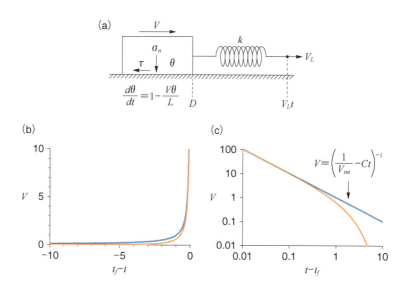

図 11-11　RSF則を使用した破壊までの時間のモデル。(a) ばねとスライダーを用いたモデルの設定。(b) と (c) それぞれ線形プロットと対数プロットにおける、破壊までの時間 ($t=t_f$) までの速度変化。$C=1$、$V_{ini}=0.001$ で計算。青線は式(11-42)、オレンジ線はローディング速度がゼロでない場合の速度変化。

$$\frac{\dot{V}}{V^2} = \frac{b}{aL} - \frac{k}{a\sigma_n} = C \tag{11-41}$$

という微分方程式が得られる。これを $t=0$ において $V=V_\mathrm{ini}$ という条件で解くと、

$$V = \left(\frac{1}{V_\mathrm{ini}} - Ct\right)^{-1} \tag{11-42}$$

となる。もはや、ばねを引くことなく、時間とともに自発的に速度が無限大に発散する（図11-11）。もちろん、現実的には発散の前に準静的な仮定は成立しなくなり、慣性項をふくむ動的な計算が必要になる。

このとき、速度が無限大に達する時刻

$$t_f = \frac{1}{CV_\mathrm{ini}} \tag{11-43}$$

は**破壊までの時間（time to failure）**と呼ばれる。任意の出発速度と摩擦パラメター、ばね定数で決まる。

11-5-2　2次元での震源核進展

　Dieterich（1992）[18]では、2次元モードIIの断層面（クラック）上で、自発的に震源核形成過程が進展する様子もシミュレーションした。断層面上ではRSF則のパラメターは一定だが、法線応力が異なる。このシステムに一定の外力を与え続け、慣性項を無視した準静的な時間発展を考える。しばらくすると、RSF則に従って断層の一部ですべりが加速する。この加速はいったんはじまると、ほぼ一定の範囲内だけで、自発的に進行し、準静的な近似が破綻する（＝動的な破壊とみなす）状態に達する。この範囲が震源核といえる。震源核形成にともなうすべりを**プレスリップ（pre-slip）**と呼ぶ。

　より一般的な計算は、Rubin & Ampuero（2005）[19]によって、さまざまなRSF則のパラメターの設定でおこなわれている。a/bが小さいときには、Dieterich（1992）[18]と同じような、一定領域に限られた震源核（自発的すべり進展）が観察されるものの、a/bが0.5を超えると、次第にすべり領域が広がってから、準静的な近似が破綻することを示した（図11-12）。

　この振る舞いの違いは、これまでに見てきたクラックのエネルギーバランスで、定性的に理解できる。一定の震源核内ですべりが進行するのは、震源核内の局所的なすべりによるひずみエネルギー解放が、RSF則に従って消費される破壊エネルギーとバランスするような状態が存在するからである。

　この状態では加速中、つねに摩擦力が減少し続ける。つまり速度弱化（$a-b<0$）が震源核形成の必要条件になる。このような震源核の剛性は、すべり領域サイズl_cの逆数とμ'（モードIIIの場合にμ、モードIIの場合に$\mu/(1-\nu)$となる量。

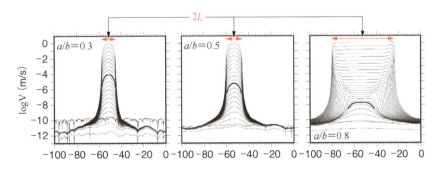

図 11-12　2次元での震源核形成過程[18, 19]。初期条件が不均質な断層のすべり速度分布。a/b=0.3、0.5、0.8の場合。速度分布の太線は、応力解放の起きる範囲が最小になるタイミングを示す。l_cは核生成領域の半分の長さである。

ただし ν はポアソン比）に比例し、それが RSF 則による摩擦力のすべり依存性[12]、$b\sigma/L$ と比例するので、

$$\frac{b\sigma}{L} \propto \frac{\mu'}{l_c} \tag{11-44}$$

となるはずである。

　実際に数値的、解析的な見積もりから、このときのすべり領域の半長は

$$l_c = 1.38\mu' \frac{L}{b\sigma} \tag{11-45}$$

で近似できる。この震源核内のすべりの挙動はほぼ 1 次元ばねブロックと近似でき、前項で見た time to failure への加速のように、$1/t$ で速度は大きくなる。

　a/b が 0.5 を超えると、1 次元の近似は破綻し、すべり領域は 2 次元的に大きくなる。とくに $a \sim b$ だと、複雑な震源核形成プロセスをたどる。2 次元的な進展後の準静的な近似が破綻する条件も、破壊エネルギーとエネルギー解放率のバランスで考えられる。

　破壊フロント近傍での応力とすべりの関係は、あまり場所によらないと仮定する。RSF 則の破壊エネルギーに相当する、破壊フロントでのエネルギー消費は、応力の最大値と最小値の差（ブレークダウン応力）を $\Delta\tau_{br}$ とすると[13]、

$$G_c \sim \frac{\Delta\tau_{br}^2 L}{2b\sigma} \tag{11-46}$$

と近似できる。

　一方で、このような震源核を有限長クラックで近似すると、その半長が l_c のときの応力拡大係数は、震源核内部の応力降下量を $\Delta\tau$ として

$$K \sim \sqrt{\pi l_c}\,\Delta\tau \tag{11-47}$$

となる。応力降下量はブレークダウン応力を使って

$$\Delta\tau \sim \frac{b-a}{b}\Delta\tau_{br} \tag{11-48}$$

と近似できるので、エネルギー解放率は

$$G = \frac{K^2}{2\mu'} \sim \frac{\pi l_c (b-a)^2}{2\mu' b^2}\Delta\tau_{br}^2 \tag{11-49}$$

....

[12] すべり速度が大きい条件のもとで、式(11-38)(11-40)から、摩擦係数が $-bV/L$ に比例することがわかる。V が一定なら、摩擦係数は b/L に比例して減少する。

[13] RSF 則による摩擦力のすべり依存性が $b\sigma/L$ であることを再び使っている。

となる。

したがって、クラックが次第に大きくなることでエネルギー解放率が増大し、RSF則の破壊エネルギー消費では消費しきれなくなるときのクラック半長は、

$$l_c \sim \frac{\mu'}{\pi} \frac{bL}{(b-a)^2 \sigma} \tag{11-50}$$

となる。

上記の結論はわかりやすいが、実際のところRSF則の発展則はさまざまであり、発展則によっては必ずしも成り立たない。たとえばAmpuero & Rubin (2008)[20]は、slip則を用いると、パルス状に移動するようなものもふくめ、多様な震源核形成過程がありうることを示している。それでも、摩擦則に従って破壊は進展し、$G = G_c$ が成り立つ限りにおいては、地震波を放出するような高速破壊すべりは発生しない。そして、それまでに発生するすべりはプレスリップとみなされる。

プレスリップは理論的には予測されるが、実際にどの程度のプレスリップが必要かは摩擦則に依存し、さらにそのパラメーターに依存する。とくに、上記見積もりには L がふくまれるが、これがRSF則でもっともよくわかっていないパラメーターであることにも注意したい。このような状況を考えると、プレスリップを将来予測に用いることは簡単でない。

第 IV 部
地震現象の総合的理解

第12章　地震活動のモデル化

　第IV部では、地震現象の総合理解を目指す。まず本章では、「地震活動」を考える。大地震はまれにしか起こらないが、小地震は頻繁に起こる。また大地震が発生した後には、しばらく余震が続く。これらの現象の特徴はどのように定量化されるのか？　また異なる地震の間には、なんらかの因果関係があるのか？　地震活動は、おもに地震の発生場所、時刻、大きさをデータとした情報によって記述され、統計学的に扱われる。地震活動の統計則の中でとくに重要な2つは、大きさと頻度に関するGutenberg–Richterの法則と、余震発生レートに関する大森法則である。ここでは、それらの法則を中心に、地震統計学といわれる分野の入門的な知識を扱う。また、このような地震活動を統計物理学的な臨界現象として扱うモデルの基本を紹介する。

12-1　さまざまな地震活動

12-1-1　前震

　すべての地震の前に前震が起こるとは限らない。1970年代から前震の有無についてさまざまな研究がなされた結果、地震の3-4割に前震があるという、一種の相場がある[1]。ただし、微小地震の検出能力は日々向上しているので、今後もこの相場が通用するかどうかはわからない。

　$M_w9.0$の2011年東北沖地震の2日前には、$M_w7.3$の前震とそれに続く多数のM6級の前震が発生した。その数週間前にも顕著な地震活動があり、それらの地震活動中には時間空間的に移動するような特徴がみられた（図12-1）。これらの地震活動の背後に、本震発生に影響を与えるスロースリップなどが発生していたという説もある[2]。本震の破壊開始点に向けて、前震が活発化する様子は、1992年Landers地震（$M_w7.3$）などでも報告されている[3]。

　前震をほかの地震と区別するための特徴的な性質（たとえば、地震波の卓越周

第Ⅳ部 ◆ 地震現象の総合的理解

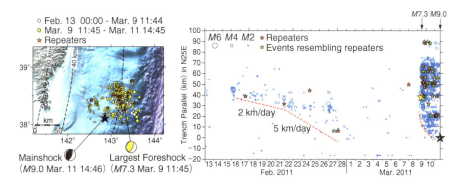

図 12-1　東北沖地震前の前震活動（Kato et al., 2012[4]を改変）。地図と地震活動の時間空間分布図。地図には、最大の前震（M7.3）の前後の前震をそれぞれ白丸と黄丸で示す。両図とも、赤い星で繰り返し地震を示す。

波数成分の違い、震源での応力変化量の違いなど）については、今までに多数の研究がなされてきたが、決定的なものは知られていない。

12-1-2　本震による応力変化と余震

　余震はほとんどすべての大きな地震にともなって発生する。すべりインバージョンなどによって、破壊すべりの範囲を推定できるようになる以前には、地震の震源は、ほぼ余震の発生範囲であると仮定されていた。余震は第一近似として面的に広がるが、ときには共役な2つの断層面に沿ってL、T、X字のように発生することもある（図12-2）。たとえば1997年の鹿児島県北西部の地震では、顕著なL字型の余震分布が現れた。

　一群の余震分布から、少し離れた場所で地震が発生することもある。このような、本震から離れた場所で発生する地震は、本震が**誘発（トリガ、trigger）**したとみなし、とくに区別して**誘発地震（triggered earthquake）**と呼ぶことがある。2000年鳥取県西部地震では、おもな余震分布から東西にそれぞれ30 kmほど離れた場所で誘発地震活動が発生した。

　余震の発生に、本震による応力変化が関係していることは、まず間違いない。マクロな破壊条件としてのクーロンの破壊基準が、本震近傍の余震発生をコントロールする可能性は高い。ただし本震による応力変化が、テンソル量であることは要注意である。余震の断層面とすべりの方向によって、本震によるトラクションの変化が正にも負にもなる。

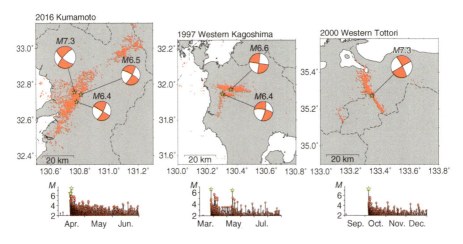

図 12-2 余震分布の例。各パネルの下に地震活動の時間変化を M–T ダイアグラムで示す。主要な地震は、震源（黄色の星）と、防災科学技術研究所によって決定されたメカニズム解で示されている。

余震の断層面のトラクションに対して、せん断応力変化、法線応力変化を計算すると、クーロンの破壊基準（第 8 章）は**クーロンの破壊関数（Coulomb failure function）**

$$\Delta CFF = \Delta\tau - \mu\Delta\sigma_n \qquad (12\text{-}1)$$

と定義される[1]。μ は摩擦係数に相当する。地下流体の水圧 Δp と、水圧と法線応力の間を結びつける Skempton 定数 B を考えて、

$$\Delta CFF = \Delta\tau - \mu(\Delta\sigma_n - \Delta p) = \Delta\tau - \mu(\Delta\sigma_n - B\Delta\sigma_n) = \Delta\tau - \mu'\Delta\sigma_n \qquad (12\text{-}2)$$

という形で表現されることも多い。$\mu' = \mu(1-B)$ である。断層面の仮定としては、①本震と同じ、②既知の活断層の方向、③任意の断層面の中で ΔCFF が最大になる方向、などが選択される。いずれにしても、震源断層の端からそれぞれの方向に、震源から遠ざかるにつれて広がりつつ小さくなる（ローブ状の）パターンが得られる。

本震の静的な変形による ΔCFF が引き起こす地震の誘発を、**静的誘発（static triggering）**と呼ぶ。余震がおもに静的誘発で発生するという考え方は、1990 年代から頻繁に利用されるようになった。1992 年の Landers 地震[5]、1995 年兵庫県

---

1 クーロンの破壊応力（Coulomb failure stress）の意味で ΔCFS とも書かれる。$\Delta\sigma_n$ は押しが正。

第Ⅳ部 ◆ 地震現象の総合的理解

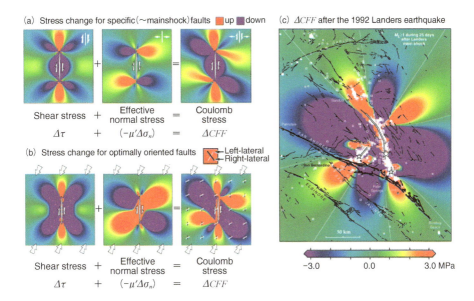

図12-3 ΔCFFと余震の分布（King et al., 1994[5]を改変）。(a) 右横ずれ断層による右ずれ断層への応力変化。(b) 白抜き矢印で示した背景応力パターンをもつ場合の、最適な方向の断層の応力変化。(c) 1992年Landers地震後の深さ6.25 kmでのΔCFF。Big Bare地震とJoshua Tree地震の影響もふくまれている。25日間の余震を白い四角で示す。

南部地震[6]など、さまざまな地震で本震の断層とすべりの分布から計算されたΔCFF増加のパターンと、余震分布がよく相関する（図12-3）。逆に、ΔCFFが低下した地域（**ストレスシャドウ（stress shadow）**）での地震活動の静穏化も、さまざまな地震で観察されている。

一方で静的誘発のモデルでは、一見、本震断層直近の余震を説明するのが難しい。図12-3(c)からも明らかなように、本震断層直近では、応力が大幅に低下しているのに、多数の余震が起きている。ただし、これは分解能の問題かもしれない。本震のすべり分布と余震活動の比較からは、余震は大きなすべりの周辺で発生するという報告もある[7]。また、本震断層の複雑な幾何形状は、周辺に複雑な応力場をつくり上げる[8]。観測から結論付けるには、高い空間分解能のすべり分布と余震分布が必要となる。

12-1-3 遠方の誘発地震

静的誘発が可能な距離は限られる。地震による永久変位は、点震源の場合、一

番緩やかに減少する成分でも、距離の−2乗に比例する（4-5-2項）。変位の微分であるひずみおよび応力の変化は、おおむね距離の−3乗に比例する。したがって、地震からの距離が遠くなると、その影響は、潮汐その他の要因によって常時発生している応力変化に比べて小さくなる。

それでも、本震から遠く離れた場所で、地震が誘発されることがある。Hill et al. (1993)[9]は1992年のLanders地震の際に、約1000 km離れた多数の地点で、地震直後の地震数の増加を報告し、遠方誘発地震の存在を明らかにした（図12-4）。その後、多くの地震で同様の現象が確認されている[10]。これらの地震を誘発するのは地震波、とくに変位が距離の−1/2乗（応力は−3/2乗）に比例する表面波だと考えられる。

実際に2011年の東北沖地震でも、西日本のさまざまな地点で、巨大地震の地震波の到達時刻直後から、小さな地震が発生した[11]。このような地震波による地震の誘発を**動的誘発（dynamic triggering）**という。より精密な統計処理をすると、動的誘発は大地震から小地震まで、その地震波の振幅に応じた確率で、きわめて普遍的に起きていることが示されている[12]。

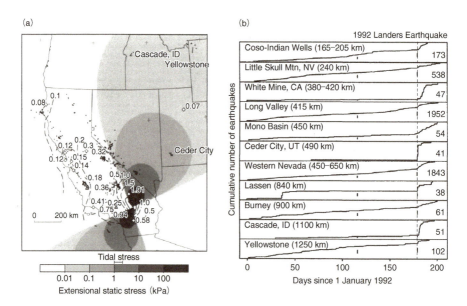

図12-4　地震の動的誘発（Hill et al., 1993[9]を改変）。(a) 1992年Landers地震による応力変化。灰色スケールは伸長応力を示す。数字は動的応力変化の最大値（MPa）。(b) 局所的な地震の累積発生回数。

第Ⅳ部 ◆ 地震現象の総合的理解

12-1-4　群発地震

　いわゆる前震–本震–余震型の活動が、いつでもどこでも発生するふつうの地震活動とみなされるのに対して、本震と特定できるような地震をふくまない群発地震は、特別な場所や期間に限られた異常な活動とみなされる。活動的な群発地震の場合、個々の地震がイベントとして認識できないほど、連続的に地震波が観測されることもある。群発地震は、活動中に震源領域が拡大したり、移動したりしながら、活発化と静穏化を繰り返すこともある。

　多くの群発地震は、なんらかの外的な要因によって発生していると考えられている。典型的なのは活動的な火山の周辺で、地下の流体移動や、火山体の熱的膨張収縮に関連して、群発地震が発生する。スロースリップが群発地震を引き起こすことも知られている。原動力のはっきりしない群発地震も多い。以下では代表的事例を簡単に紹介する。

　流体との関連がもっとも明瞭に示されたのが、1965年から約2年間続いた松代群発地震である（図12-5）。地震の規模は最大$M5$程度であったが、震源が浅い地震が多かったため、1日600回以上揺れを感じることもあり、周辺住民に大きな不安を与えた。群発地震の継続とともに、重力変化、地殻変動も観測された[13]。とくに群発地震の終盤には地下から大量の湧水が噴出し、その後地震活動はぴたりと止まった。このため、この群発地震は地下からの水の上昇によって引き起こされたと考えられる。

　火山性の群発地震は、国内ではさまざまなところで発生する。2000年の三宅島噴火に関連した伊豆諸島群発地震は、6月末から約2ヵ月の間に$M6$を超える地震が5回発生し、規模において松代群発地震をしのいだ（図1-22c）。期間中には三宅島の雄山が噴火し、カルデラを形成した。群発地震の多くは、このカルデラ形成に関連したマグマもしくは地下流体の移動によって引き起こされたと考えられており、活動初期には明瞭な震源移動が観察された。とくに三宅島と神津島の間で群発地震が活発で、その原因は、この地域に大規模なマグマダイクの貫入が起こったことだと考えられている[14]。

　スロースリップが引き起こす群発地震でもっとも有名なもののひとつは、房総沖で繰り返すスロースリップと、それにともなう群発地震である[15]。スロースリップは数年に一度発生し、約$M_w6.5$に相当する変形を引き起こすが、同時に発生する群発地震はM_w5程度までであり、すべての地震の地震モーメントを総和しても、$M_w6.5$には届かない。世界中の沈み込み帯では多数の群発地震が発生して

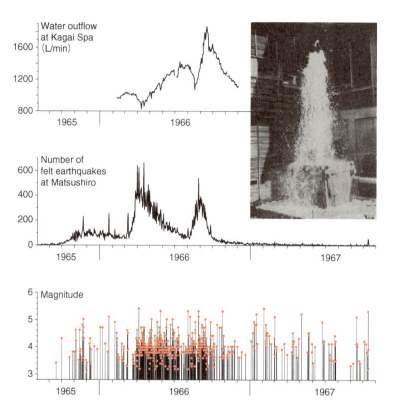

図 12-5　1965-67年の松代群発地震（気象庁，1968[13]を改変）。出水量、有感地震数、M-Tダイアグラム。（写真）出水量最大時の加賀井温泉の様子。

おり[16]、その一部ではスロースリップが同時発生しているかもしれない。

12-2　地震規模統計

12-2-1　Gutenberg-Richterの法則

　地震の数はおおむね、マグニチュードが1大きくなると1/10倍になる。これは、Global CMTのカタログでは$M_w>5$の地震について全世界的に観察される。気象庁カタログでも$M4$くらいまでは成り立つ（第1章、図1-20)[2]。

　地震の大きさと頻度（**規模別頻度分布**）に関する法則はGutenberg-Richterの

法則（略して GR 則）として知られる[17]。ある地域、ある期間の地震について、$M \sim M + dM$ の範囲の地震の数が $n(M)dM$ と表されるとき、

$$\log_{10} n(M) = a - bM \tag{12-3}$$

という関係が成り立つ。もしくは累積分布を用いて、M より大きな地震の数を $N(M)$ とすると、

$$\log_{10} N(M) = A - bM \tag{12-4}$$

という関係が成り立つ。a、b、A は定数である。b は **b値（b-value）** としてとくに注目される。b 値はだいたい 1 だが、場所や時期によって、多少異なる値をとる。なお、この関係が成り立つには、あるマグニチュード M_c 以上の地震がすべて検出されていることが前提である。

12-2-2　b値の推定

b 値を推定するには、$\log N(M)$ と M のグラフをつくって、データ点に最小二乗法を用いて直線フィットをすればよいと考えるかもしれない。しかし、この推定方法はバイアスが大きい。より正確には、Aki (1965)[18] で提唱された最尤法にもとづく手法を用いる。

M_c 以上の地震がすべて検出されているとき、N 個の地震が発生し、それぞれのマグニチュードが M_1、M_2、$\cdots$、M_N であったとき、$N(M)$ は M についての指数分布であると仮定できる。つまり、あるひとつの地震のマグニチュード M_i についての確率分布は $b' = b/\log_{10} e$ として

$$p(M_i | b') = b' e^{-b'(M_i - M_c)} \tag{12-5}$$

と与えられる。このとき、b 値の最尤推定値は、

$$b^{MLE} = \frac{\log_{10} e}{\dfrac{\Sigma M_i}{N} - M_c} \tag{12-6}$$

2　マグニチュードには、さまざまな定義がある。ここでは物理学的なマグニチュードである M_w についてのものと解釈する。異なるマグニチュードの場合、バイアスが生じる。

第12章 ◆ 地震活動のモデル化

となる[3]。分散は対数尤度の2階微分から $(b^{MLE})^2/N$ と求められる。

12-2-3 大地震の重要性

大地震の解放するエネルギーは巨大であるが、頻度は少ない。一方、小地震はあまりエネルギーを解放しないが、数は多い。多数の小地震と少数の大地震は、地震活動全体のエネルギー収支においてどのような意味をもつか? GR則にもとづいて、検討する。

N個の地震のマグニチュードを大きいほうから順に、$M_1 > M_2 > \cdots > M_N$ と並べる。これらが完全にGR則を満たすなら、j番目の地震については

$$\log_{10} j = A - bM_j \tag{12-7}$$

が成り立つ[4]。地震波エネルギーマグニチュードの定義(式(5-23))から、

$$\log_{10} E_j = 1.5M_j + 4.4 \tag{12-8}$$

である。両者から、最大地震のエネルギーを E_1 として

$$E_j = j^{-\frac{1.5}{b}} E_1 \tag{12-9}$$

となる。E_j の総和を無限大までとる($N \to \infty$)と、

$$\sum_{j=1}^{\infty} E_j = \zeta\left(\frac{1.5}{b}\right) E_1 \tag{12-10}$$

となる。$\zeta(\ )$ はゼータ関数である。

$b=1$ のときは $\zeta(1.5)=2.6$、つまり最大地震のエネルギーの割合は約4割になる。$b < 1.3$ 程度であれば、この割合は全体の1割を超える。一般的にエネルギーの観点からは最大地震、もしくは大きいほうの数個の地震が地震活動すべてを代

....

[3] 地震がN個あるときの同時確率分布(b' についての尤度)は

$$L(b'|\mathbf{M}) = p(\mathbf{M}|b') = b'^N e^{-b'\Sigma_i(M_i - M_c)}$$

となる。この尤度(対数尤度)を最大化する b' は

$$\frac{\partial \log L}{\partial b'} = \frac{N}{b'} - \sum_i (M_i - M_c) = 0$$

より求められる。

[4] 本震余震系列の場合、本震と最大余震のMの差は、この式だと0.3になるが、経験的には約1だと知られている。この経験則をボース(Båth)の法則と呼ぶこともある。したがって本震余震系列における本震のエネルギーの割合は、ここでの計算より大きい。

262

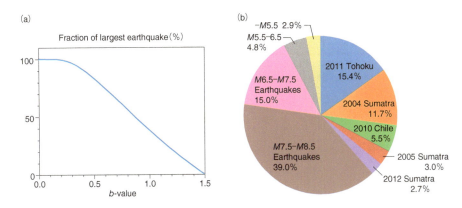

図 12-6　地震による地震波エネルギーまたは地震モーメントの収支。(a) 式 (12-10) を用いて計算された最大地震のエネルギーが総和に占める割合。(b) 1976–2020 年の Global CMT カタログにふくまれる地震の地震モーメントの割合。$M5.5$ 以下は、$b=1.0$ と式 (12-10) を用いた理論値で推定。

表すると考えて問題ない。2000 年以降の世界の地震のモーメントは、ほとんどは 2004 年スマトラ地震、2010 年チリ（Maule）地震、2011 年東北沖地震で解放されている（図 12-6）。

　もうひとつ注意すべきは、$b=1.5$ でゼータ関数は発散する、ということである。この値を上回ると、小さな地震のエネルギー解放が大きくなり、エネルギーの積分が推定できない。実際のカタログに単純に最尤法を用いて b 値を推定すると、しばしば 1.5 を超える大きな値になることがある。そのときは、地域の変形では、小さな地震がエネルギー的に主要な役割を果たしていることを意味する。そのような場合、そもそも GR 則がシステム全体の特徴を表すか、明らかでない。

12-2-4　応力パラメーターとしての b 値

　b 値はおおむね 1 であるが、空間的・時間的にある程度のばらつきがあり、その一部は、地震発生領域の応力（せん断応力）条件と関係があることが知られている。大きな b 値は火山近傍や熱水地帯など、地震発生に地下流体が大きく寄与している環境でよく報告される。一方で、小さな b 値はプレート境界の固着域周辺など、応力が局所的に高まっていると考えられる場所での報告が多い。一般に、高応力＝低 b 値だと考えられている[19]。

　高応力＝低 b 値を裏づけるロバストな観察のひとつは、地震のメカニズムによる b 値の違いである。Schorlemmer et al. (2005)[20] はメカニズム解のカタログを

第12章 ◆ 地震活動のモデル化

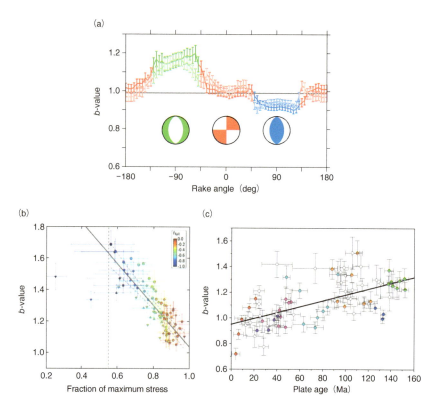

図 12-7　b 値の変化。(a) Global CMT カタログ[20] の震源メカニズム依存性。(b) 破壊実験[21] の最大応力への依存性。(c) 沈み込み帯の沈み込むプレート年齢への依存性[22]。

用いて、正断層、横ずれ断層、逆断層の順に b 値が小さくなることを示した（図 12-7）。膨大な数の地震を使っているために、信頼性の高い結果である。第 8 章で学習したアンダーソン理論によれば、断層破壊時の応力は、鉛直方向に働く静岩圧に制約され、正断層、横ずれ断層、逆断層の順に大きくなる。b 値の観察とアンダーソン理論は整合的である。

　高応力＝低 b 値は室内岩石実験でも支持されている。Goebel et al. (2013)[21] は、岩石の破壊実験中の微小な岩石破壊（アコースティックエミッション）を観測し、その大きさと頻度から b 値を推定した。岩石はさまざまな応力で破壊するが、その破壊応力で規格化すると、応力が小さいときには b 値は大きく、破壊応力付近では小さくなる傾向が見いだされた。

　高応力＝低 b 値の間接的な証拠と考えられているのが、世界の沈み込み帯にお

第IV部 ◆ 地震現象の総合的理解

ける b 値の違いである[22]。沈み込み帯は基本的に逆断層場であるが、たとえばメキシコでは $b \sim 0.7$ であるのに対して、マリアナでは $b \sim 1.4$ にもなる。これらの b 値は、沈み込むプレートの年齢と顕著な相関があり、古いプレートほど b 値が大きく、新しいプレートでは b 値が小さい。古いプレートは密度が大きく沈み込みやすいのに対して、新しいプレートは沈みにくい。この違いは沈み込むプレートの傾斜角や、火山活動、地形などに影響しているが、平均的な応力の違いを通じて地震活動にも影響していると考えられる。

これらの観察の結果、b 値は応力パラメーターとして使えるのではないかと考えられ、短期中期的な地震の予測などへの利用可能性が検討されている（第15章）。

12-3 　　　　　　　　　　　　　　　　　　余震の統計

12-3-1　大森則の発見

地震活動に関する、もうひとつのロバストな統計法則は、余震についての大森法則（大森則（Omori's law））である。この法則は、1891年の濃尾地震の余震観測をおこなった大森房吉によって発見された[23]。

濃尾地震後約3年間の余震の回数を、1日あたりの頻度として両対数グラフにプロットすると、直線でよく近似できる。当時どの程度の大きさの地震まで数えていたかは不明だが、1923年以降の気象庁カタログで、「有感」となった地震の数を現在にいたるまで同じ図に表示すると、ほぼ同じ直線上に乗る[5]（図12-8）。

大森則は単に反比例ということもできるが、べき法則のひとつと考えることもできる。そして、同じように時間とともに減少する指数関数とは、本質的な違いがある。たとえば、放射性元素の壊変は一定の半減期で記述される。この半減期が特徴的時定数であり、それを大きく超えると、値は急激に（指数関数的に）小さくなる。しかし大森則のようなべき法則には、特徴的な時定数はない。したがって、きわめて長時間後でも影響が残る。100年前の地震の余震が観察されるのは、べき法則の性質の表れである。

....

5　この地域は通常の地震活動がきわめて低調なので、100年前の巨大地震の影響を見ることができる。一方、たとえば東北沖の沈み込み帯のように、普段から地震活動が活発な地域では、$M9$ の地震の余震でさえ数年でわかりにくくなる。

265

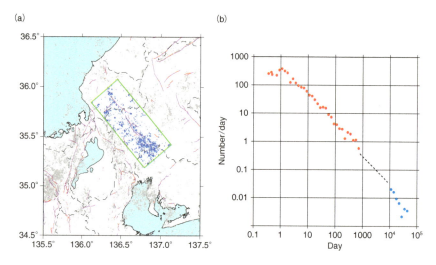

図 12-8　1891年濃尾地震の震源域における大森則と地震活動。(a) 日本の中部地方の震源域の地図。灰色と青色の点は、気象庁が2000年から2009年にかけて決定した震源。紫の線は活断層。(b) 1891年濃尾地震後の毎日の地震回数。赤い点はOmori (1895)[23]によるもので、青い点は (a) の緑の枠の中で気象庁が報告した有感地震数。点線の傾きは−1。

12-3-2　大森・宇津法則

　最初の大森則は、地震発生率と時間の反比例関係を示したものだった。発生レートを$n(t)$とすれば、$n(t) \propto 1/t$という、じつに単純なものである。それを一般化したのが宇津（1957）[24]である。この拡張大森則、もしくは**大森・宇津法則（Omori-Utsu law）**では

$$n(t) = \frac{K}{(t+c)^p} \tag{12-11}$$

となる。K、c、pは定数であり、$c \sim 0$、$p \sim 1$である。実際にさまざまな地震について、おおむねこの関係は成り立っている。

　c値は、時刻0で発散しないために導入された定数のように見える。そして、この値を現実的な地震活動から推定することは簡単ではない。大地震の直後には平常時に比べて地震検出能力が著しく悪化するために、地震カタログの完全性を保証することが難しいからである。それでもNarteau et al. (2009)[25]は、Schorlemmer et al. (2005)[20]がb値に対しておこなったような、地震メカニズムの分類によるc値の推定をおこない、逆断層のほうがc値が小さい傾向を見出した。高応力と低c値の対応ということになるが、それ以上の明瞭な説明はなされ

ていない。

p 値についても古くから多くの研究がなされており、地震発生地域の熱流量などとの対応が示唆されている[26]が、近年の高品質カタログによる信頼性のある依存性は報告されていない。

12-3-3　前震についての逆大森則

前震はそもそも検出数が少ないので、ひとつの地震の前震だけを観察しても、どのような統計法則に従うか明らかでない。しかし、多数の地震を対象として、それぞれの震源時から t 以前に発生した地震の個数を計測すると、大森則と同様の形の関係が得られる[27]。これを逆大森則（inverse Omori's law）と呼ぶことがある。ただし、単一の余震系列に対して成り立つ大森則と違って、逆大森則はさまざまな地震についての統計的平均であることに、注意が必要である。

12-3-4　RSF 則による大森則の説明

余震と大森則の物理メカニズムの説明には、多くの研究者が挑戦してきた。周辺媒質に粘弾性やダメージを導入するモデルや、地下流体の挙動を考えるモデル、後述するような統計学的な説明もありうる。ここでは、第11章で紹介したRSF 則を用いて、比較的簡単なロジックで大森則を説明した Dieterich (1994; 2015)[28]の考え方を紹介する。このモデルがすべての余震の性質を説明するわけではないが、実際に地震活動の変化を説明するためにも用いられている[29]。以下で説明する「地震発生レートをコントロールする時間軸の短縮」という考え方は、次節の確率過程的な取り扱いとの親和性も高い。

11-5節で震源核形成過程を考えたのと同じように、地震を 1 次元ばねブロックモデルで考える。基準時刻（$t=0$）にすべり速度 V_{ini} ですべっているブロックの、時刻 t におけるすべり速度 $V(t)$ は、ローディング速度 V_L に関係した時定数 $t_L = a\sigma/kV_L$ を用いて、

$$V(t) = \left[\left(\frac{1}{V_{\mathrm{ini}}} + Ct_L\right)\exp\left(-\frac{t}{t_L}\right) - Ct_L\right]^{-1} \tag{12-12}$$

と時間発展し、

$$t_f = t_L \ln\left(\frac{1}{CV_{\mathrm{ini}}t_L} + 1\right) \tag{12-13}$$

267

において速度無限大となる（図12-9a）。つまりt_fで破壊する。

　ここで、ある地域の地震活動が一定の頻度（時間間隔Δt、もしくは発生率$1/\Delta t$）で起こっているとする。つまり、ある基準時刻（$t=0$）には、無数の地震の震源核形成過程（ブロックのすべり）が進行しており、とくに攪乱がなければ時刻$n\Delta t$にはn番目の地震が発生する。このn番目に発生するはずの地震の、基準時刻でのすべり速度は、式(12-13)で$t_f=n\Delta t$として、

$$V_{\mathrm{ini}}^n = \left[Ct_L\left(\exp\left(\frac{n\Delta t}{t_L}\right)-1\right)\right]^{-1} \tag{12-14}$$

となる。

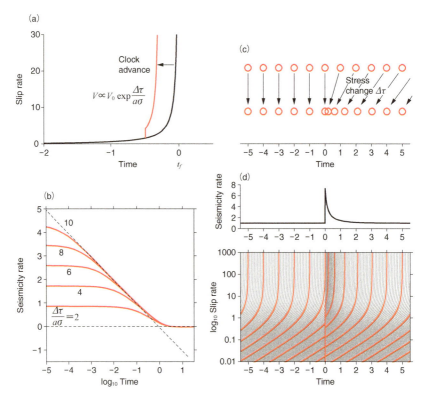

図12-9　大森則に従う地震活動のDieterich（1994; 2015）[28]による説明。(a) 破壊までの速度変化。応力変化は$t=-0.5$で起こる。(b) 式（12-18, 赤線）と式（12-19, 点線）を用いて計算した応力ステップの違いによる地震速度変化。(c) 応力変化前後のイベントの時系列。イベントの間隔が変化している。(d) 多数のイベントの地震発生率と速度変化。灰色線と赤線は式(12-12)–(12-15)を用いて計算した速度。隣り合う灰色線どうしと赤線どうしはそれぞれ時間単位で0.1と1だけ離れている。

$t=0$ で、この地域で進行中のすべての震源核形成過程のせん断応力が一様に $\Delta\tau$ 増加したとする[6]。RSF則から、すべての震源核形成過程のすべり速度はexp $(\Delta\tau/a\sigma)$ 倍増加する。上記すべり速度も瞬間的に

$$V_{\mathrm{ini}}^{n\prime}=\left[Ct_L\left(\exp\left(\frac{n\Delta t}{t_L}\right)-1\right)\right]^{-1}\exp\left(\frac{\Delta\tau}{a\sigma}\right) \tag{12-15}$$

と変化する。この加速によって、個々の地震の発生時刻も早まる（図12-9cd）。n 番目に発生する地震の場合、式(12-15)の $V_{\mathrm{ini}}^{n\prime}$ を式(12-13)の V_{ini} に代入すると、新しい地震発生時刻は、

$$t_f^{n\prime}=t_L\ln\left(\left(\exp\left(\frac{n\Delta t}{t_L}\right)-1\right)\exp\left(-\frac{\Delta\tau}{a\sigma}\right)+1\right) \tag{12-16}$$

となる。$\Delta\tau$ の応力擾乱によって、時間軸が非線形に縮んだとみなすこともできる。

この新しい時間軸を変数とすると、n は式(12-16)を変形して、

$$n=\frac{t_L}{\Delta t}\ln\left(\left(\exp\left(\frac{t_f^{n\prime}}{t_L}\right)-1\right)\exp\left(\frac{\Delta\tau}{a\sigma}\right)+1\right) \tag{12-17}$$

と書ける[7]。その微分がイベント発生率、

$$\frac{dn}{dt_f^{n\prime}}=\frac{1}{\Delta t}\frac{1}{1-\left(1-\exp\left(-\frac{\Delta\tau}{a\sigma}\right)\right)\exp\left(-\frac{t_f^n}{t_L}\right)} \tag{12-18}$$

となる。t_f^n を t と書き直して、$t\ll t_L$ とすると、もとの発生率 $1/\Delta t$ に比べて、

$$R=\frac{1}{1-\left(1-\exp\left(-\frac{\Delta\tau}{a\sigma}\right)\right)\left(1-\frac{t}{t_L}\right)}\sim\frac{K}{t+c} \tag{12-19}$$

倍増加したことになる。これは $t\ll t_L$ の場合、大森・宇津法則の形となる（図12-9b）。

....

[6] ローディング条件（速度 V_L）は変化しないとする。したがって、長期的には元の状態に戻るという設定。

[7] n は整数として考えてきたが、この先は実数として扱う。

第12章 ◆ 地震活動のモデル化

12-4 確率過程としての地震活動

12-4-1 地震はポアソン過程か？

　地震活動を単純に統計的なイベントとして扱う場合、個々の地震を時間と空間位置、大きさ（マグニチュード）をもつ点として扱い、そのイベントの発生確率を扱う確率過程、**点過程（point process）** として考えることは有効である。

　まず、時間空間に分布した点はランダムなのか、という問題を考える。時間的にまったくランダムなプロセスは、ポアソン過程と呼ばれる。あるイベントの平均発生レートがλのポアソン過程では、ある期間δtにイベントがn回発生する確率がポアソン分布

$$P_n(\delta t) = \frac{(\lambda \delta t)^n e^{-\lambda \delta t}}{n!} \qquad (12\text{-}20)$$

で表せる。このようなプロセスでは、平均的な発生レート以外、将来について何かを予測することは、不可能である。地震以外にも機械の故障など、低頻度イベントの発生レートを表すためによく用いられる。

12-4-2 イベント間隔統計

　地震はポアソン過程か？　への答えは、一般にNoである。これは地震の発生間隔を調べるとよくわかる。ポアソン分布に従う場合、任意の連続する2つのイベントの間隔は、δt時間に$n=0$である確率なので、

$$P_0(\delta t) = e^{-\lambda \delta t} \qquad (12\text{-}21)$$

という単純な指数分布に従う。

　実際の地震活動のイベント間隔の統計は、長い間隔ではおおむね指数分布に従い、ある程度はポアソン分布が成り立つことを示唆する。ただし短い間隔では、指数分布から明らかに外れる（図12-10a）。実際の活動と対比させると、この部分が余震活動などによってつくられていることがわかる。余震活動、もしくはより一般化して、地震が地震を引き起こす（誘発）プロセスは、地震活動のもうひとつの本質である。

　なお、イベント間隔は、より短時間では、よりべき的な分布に近づく。そこで、

270

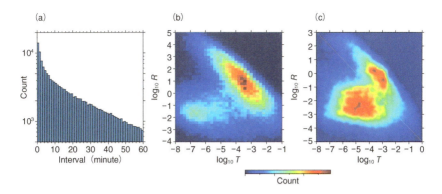

図 12-10　イベント間隔の統計。(a) イベント間隔のヒストグラム。(b, c) 時間と空間の2次元ヒストグラム。(a) と (b) は 2000–2010 年の気象庁カタログを用いて作成。$M_c=2.0$、$df=2.5$。(c) はカリフォルニアの地震 (Zaliapin & Ben-Zion, 2013[30] を改変)。$M_c=2.0$、$df=1.6$。

べき分布の端を指数分布で丸めたようなガンマ分布

$$P(\delta t; \alpha, \beta) = \frac{\beta^\alpha \delta t^{\alpha-1} e^{-\beta \delta t}}{\Gamma(\alpha)} \tag{12-22}$$

も、イベント間隔の統計として、しばしば用いられる[31]。

12-4-3　イベントの誘発

　ある地震が別の地震を誘発すると考えた場合、2つの地震は、どのような時間空間関係にあるか？　発生時刻は、比較的近いだろう。ただし、ほぼ同じ時刻に発生したとしても、遠く離れた地震が互いに影響するとは考えにくい。大きな地震は多くの余震を引き起こすのだから、その影響は小さな地震より大きい。このような条件から、ある地震について、もっとも「近接する」地震を検出する手法が、Zaliapin & Ben-Zion (2013)[30] によって提案されている。

　マグニチュード M_i と M_j の地震 i と地震 j が、時刻 t_i と t_j ($>t_i$) に発生したとする。2つの地震の間の距離を r_{ij} とする。震源のスケール法則から、マグニチュードが1違うと断層の長さおよび継続時間がそれぞれ $\sqrt{10}$ 倍になる。したがって、先に起きた地震のマグニチュードで時空間をスケールした時間距離 T_{ij}、空間距離 R_{ij}、時空間距離 η_{ij} をそれぞれ、

$$T_{ij} = (t_j - t_i) 10^{-M_i/2} \tag{12-23}$$

$$R_{ij} = r_{ij}^{d_f} 10^{-M_i/2} \tag{12-24}$$

$$\eta_{ij} = T_{ij} R_{ij} = (t_j - t_i) r_{ij}^{d_f} 10^{-M_i} \tag{12-25}$$

と置く。d_fは震源の空間的な広がりを補正する係数[8]であり、カリフォルニアでは1.6という値が仮定されている。

η_{ij}は、ある地域に発生した個々の地震に対して、その地震より前に発生したすべての地震に対して計算することが可能である。そして、η_{ij}が最小になるものを最近接イベントとして抽出する。このとき、最近接イベントの距離を2次元ヒストグラムに表すと、明瞭なバイモーダルな分布が得られる（図12-10b、c）。このうち右上の分布は、時空間にポアソン分布を仮定した場合に得られる分布とよく似ている。左下は、地震が地震を誘発した例である。地震活動がポアソン過程的な側面と、誘発プロセスとしての側面の両方をもつことをわかりやすく示す図となっている。

12-4-4 ETASモデル

ここまでの話から、現実的な地震活動を説明するには、ポアソン過程と誘発プロセスを確率過程に導入する必要がある。そのために考案されたのが、Ogata (1988)[32]による epidemic type aftershock sequence（ETAS）モデルである。

ETASモデルでは、個々の地震は、定常的にテクトニックな応力変化によって起きるイベント（バックグラウンド）、または過去の地震によって誘発されるイベントのどちらかだと仮定する（図12-11）。それぞれ図12-10(b, c) の右上と左下の分布に対応する。

まず地震の時系列のみ考慮しよう。時系列ではバックグラウンドのイベントは、単純な一定発生レート μ のポアソン過程で表現される。一方、個々の地震による誘発プロセスは、K、c、pをパラメターとする大森・宇津法則（式(12-11)）で表現される。

ある時刻tにおいて、その時刻より前（$t_i < t$）に起きたすべての地震（マグニチュードはM_i）による誘発プロセスを考えると、地震発生レートは

8　ほぼ面的に分布しているなら2、直線状であれば1、つまりフラクタル次元を表す。

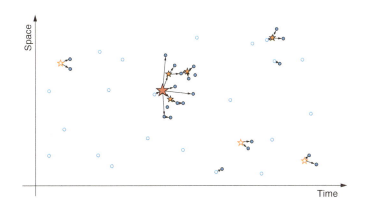

図 12-11　バックグラウンドの地震と誘発される地震の関係図。赤い星、オレンジの星、青い丸はそれぞれ大地震、中地震、小地震を示す。白抜き記号はバックグラウンド地震、塗りつぶされている記号は誘発された地震。矢印は誘発関係を示す。

$$\lambda(t) = \mu + \sum_{t_i < t} \frac{K e^{\alpha M_i}}{(t - t_i + c)^p} \quad (12\text{-}26)$$

と表される。ここで α が、マグニチュードによる発生レート変化を記述するための定数である。実際の地震活動に適用した場合、この値は1-4程度で大きくばらつく[33]が、1-1.5くらいの値が多い。式(12-26)は、μ、α、K、c、p の5つのパラメーターで、時間的なイベントの発生レート変化を表現する。ある地震活動のカタログが与えられると、これらのパラメーターを最尤法によって推定することができる（図12-12）。

式(12-26)の発生レートだけでは、地震の発生確率はわかるが、発生する地震の大きさがわからない。そこで、大きさもふくめて地震発生をモデル化するには、別にサイズ頻度分布も必要である。これは通常、GR則でよい。GR則を発生する地震のマグニチュード M についての確率分布として表すと、

$$p(M) = b \ln 10 \, 10^{-b(M - M_c)} \quad (12\text{-}27)$$

となる。したがって b 値と M_c もパラメーターとして必要となる。5つのETASパラメーターと b、M_c が与えられれば、これらを使って、将来の地震活動の時系列をシミュレーション可能である。各タイムステップで過去の履歴から $\lambda(t)$ を計算でき、短い時間刻み幅ごとに、その発生レートのポアソン過程として地震発生確率を計算できるからである。

Helmstetter & Sornette (2002)[34]と引き続く一連の研究は、ETASモデルの統

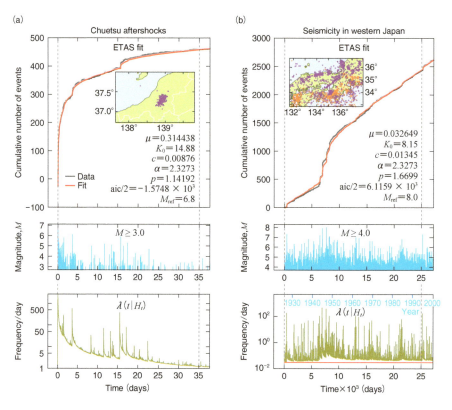

図 12-12 ETASモデルの適用例（Ogata, 2017[35]を改変）。(a) 2004年中越地震の余震、(b) 1926-2000年の西日本の地震活動。(上段) 灰色と赤色の曲線は累積地震回数のデータとモデルによる予測。(中段) マグニチュード-時間プロット。(下段) 地震発生率。

計的特徴と、そこから導かれる興味深い結論を紹介している。まずETASモデルは、一般的には分岐モデルと呼ばれるもので、ひとつのイベントが多数のイベントを生み出すものの、個々のイベントの「親」イベントはひとつに限られる。

このようなモデルでは、ひとつのイベントが将来いくつのイベントを生むかが重要になる。この数、branching ratio n は地震活動を支配するパラメターである。ETASモデルとGR則を共用することでnを計算することができ、$p>1$のときは[9]、

$$n=\int_0^\infty dt \int_{M_c}^\infty \frac{Ke^{\alpha(M-M_c)}}{(t+c)^p} p(M) dM = \frac{Kb\ln 10}{b\ln 10 - \alpha} \frac{1}{(p-1)c^{p-1}} \quad (12\text{-}28)$$

と表される。この値が1を超えていると、時間とともにイベント数は指数関数的

---

[9] $p \leq 1$ だと、そもそも大森則に従う余震の数が収束しない。

に増大するので、通常の地震活動を表現することはできない。bは1程度なので、pは1よりある程度大きく、またαも$\ln 10$よりある程度小さい値でないとおかしなことになる。

ETASモデルとGR則を組み合わせると、標準的な地震活動が表現される。そして標準を設定することで、異常な活動を検出することが可能になる。たとえば標準より不活発な時期は、地震活動の静穏期として判断される[36]。巨大地震に先行する静穏期の有無は、この標準に対して判断される。また標準より活発な時期は、群発地震活動に対応することが多い[37]。またETASのような誘発プロセスがあるだけで、見かけ上本震に向けて活発化する逆大森則に従う前震活動や、巨大地震直前にGR則のb値が低下することが説明できる[38]。

なお、ここまでの説明は時系列についてのものであったが、現実的な地震活動に適用するには、空間分布も考慮する必要がある。空間分布を考える場合、震源を点で近似するのは明らかに問題がある。震源の有限性の取り入れ方、地域的に異なる地震活動の評価法などに、工夫が必要である[39]。

12-5 自己組織臨界と地震活動

12-5-1 べき法則としての地震現象

地震活動のGR則や大森則は、統計物理学分野で大きな注目を集めてきた。とくに20世紀後半に、数学分野からフラクタル[40]の概念が形成され、さまざまな分野でべき法則に従う現象が注目されてきたことが大きい。フラクタルに関する地球科学的な教科書としては、Turcotte (1993; 1997)[41]が詳しい。発生頻度がべき法則に従う、さまざまな自然現象、社会現象[10]が見つかっているが、地震はその典型として考えられている。

地震モーメントや地震波エネルギーについてのべき法則であるGR則は、きわめて幅広い範囲で普遍的に成り立つ。式(12-4)でGR則をマグニチュードについて表現したが、これは地震モーメント[11]との関係としては、モーメントマグニチュードの定義式（式(4-9)）と組み合わせて、

10　隕石やクレーターの大きさ、山火事の延焼範囲、疫病の感染者数、戦争の死者数、人の年収や資産、株価の暴落、
　　単語の出現頻度など、さまざまな例が知られている。
11　地震波エネルギーに対しても同様。

$$N(M_0) \propto M_0^{-\frac{2b}{3}} \tag{12-29}$$

という形で表現される。$b \sim 1$ なので、累積頻度は地震モーメントの 2/3 乗程度で小さくなる。

12-5-2 BKモデル

GR則を説明するためのさまざまな取り組みのうち、とくに成功しているのが、多数のばねとブロックのシステムの挙動を地震の破壊すべりのアナロジーとして用いる方法である。このモデルはもともと Burridge & Knopoff (1967)[42] によって、地震のアナロジーとして導入された。著者の名前を略して、しばしばBKモデルと呼ばれる。オリジナルのBKモデルは、つるまきばねで、直列に連結した N 個のブロックからなる。ここでは、さらにそのブロックを天井に板ばねで取り付けたものを考える（図12-13a）。

天井は一定速度 V_L で運動しており、板ばねを通じて、ブロックにかかる力が時間とともに増大する。ブロックと床の間には摩擦則が働いているので、通常停止しているが、いずれかのブロックにかかる力が摩擦力に達すると、摩擦力が低下し、そのブロックが運動をはじめる。ひとつのブロックの運動は、つるまきばねを通じてほかのブロックの運動を誘発することがあり、その結果さらに先のブロックを次々に運動させることもある。

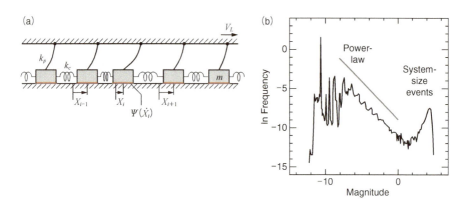

図 12-13　Carlson & Langer (1989)[43] が研究したBKモデル。(a) モデルの設定。(b) モデルにおける規模別頻度統計の例。マグニチュードは各イベント中のブロックの変位量の合計として測定される。

第IV部 ◆ 地震現象の総合的理解

ブロックの質量はどれも同じでm、つるまきばねのばね定数をk_c、板ばねのばね定数をk_pとする。X_iをi番目のブロックの位置（時刻$t=0$での板ばねが自然長となる位置からのずれ）とすると、端でない任意のブロックについての運動方程式は、

$$m\ddot{X}_i = -k_p(X_i - V_L t) + k_c(X_{i+1} - 2X_i + X_{i-1}) - \Psi(\dot{X}_i) \tag{12-30}$$

という形になる。

このモデルが脚光を浴びるきっかけとなったのは、Carlson & Langer (1989)[43]による、その挙動の詳細な分析研究である。彼らは、$\Psi(\dot{X}_i)$として、すべり速度に依存する関数

$$\Psi(\dot{X}_i) = \frac{1}{1 + |\dot{X}_i|} \mathrm{sgn}(\dot{X}_i) \tag{12-31}$$

を仮定し、数値計算によりブロックの移動現象を観察した。ブロックが移動する現象を地震とみなし、そのときの総運動量を用いて、マグニチュードに相当する量として、

$$M = \ln \sum \Delta X_i \tag{12-32}$$

と定義する。ΔX_iは、あるブロックが移動しだしてから、すべてのブロックが停止するまでに、i番目のブロックが移動した距離である。

彼らは、ブロックの移動現象は、いくつかの特徴的なパターンに区別できることを示した。ある程度多く、ただし全部ではない数のブロックが一度に移動する際には、Mの頻度分布はGR則のようなべき分布を示す。つまりMが大きいものほど少ない。一方で、システム全体が一度に移動する場合には、だいたい同程度のMになる。結果として、頻度分布は幅広いサイズでべき的であると同時に、システム全体の特徴的なサイズにピークをもつような分布になる（図12-13b）。

この分布はモデルパラメターの設定によって、特徴的なサイズが消えたり、べき分布の傾きが変化したり、サイズ範囲が縮まったり、多少の変化を示すが、大局的な構造は変わらない。べき分布に従う区間はGR則を、システムサイズに依存する特徴的なピークは巨大地震の繰り返しを想像させる。

12-5-3　自己組織臨界

統計物理学分野では、べき分布は、システムの臨界状態と関係すると考えられ

第12章 ◆ 地震活動のモデル化

ている。よく研究されている例に、パーコレーション[12]という現象がある。詳細はStauffer & Aharony (1994)[44]を参照されたい。

　ある物質中に、小さな空隙を多数つくっていくことを考える。空隙の総量が小さいとき、個々の空隙は独立しており、小さな空隙が多数存在する状態にある。空隙の量を増やしていくと、次第に連結した空隙が増えてくる。さらに増やし、ある量に到達すると、小さな空隙から、物質全体を貫通するような大きな空隙までが出現し、その大きさと数の分布はべき法則に従う。この状態を**臨界状態（criticality）**という。

　臨界状態を境に、物質の性質は大きく変わる。物質に水を通すことを考えると、物質全体にわたる空隙が出現するこのタイミングで、物質の性質は、水を通さないものから、通すものへと変化することになる。

　パーコレーションでは、次第に空隙の量を増やしていくと、どこかで臨界状態に達し、べき法則に従う空隙の分布となる。しかし、BKモデルでは、明示的に外からすべり現象の量をコントロールしてはいない。与えられるのは、移動する天井の板ばねを通じた、エネルギーの供給である。このエネルギーの供給条件によっては、システムは自発的にべき法則に従うすべり現象を生み出す。べき法則に従うこの現象は、臨界状態にあると考えられる。このように自発的に臨界状態に向かう現象を、**自己組織臨界（self-organized criticality、SOC）**現象と呼ぶ。BKモデルはSOCの一例である。

12-5-4　地震的セルオートマトン

　地震現象とよく比較されるSOCのモデルはBKモデル以外にも存在する。BKモデルのばねの力学を、格子状に配置したセル間に成り立つ、一定の法則の形に焼き直したモデル[13]にOlami et al. (1992)[45]がある。著者らの姓の頭文字をとって**OFCモデル**と呼ばれる。

　OFCモデルは、2次元空間のセル(i, j)のそれぞれに設定された変数X_{ij}に対して、以下のルールで動作する。

①　すべてのセルの値X_{ij}に対して乱数を割り振る。

12　物質の内部に通り道が形成される現象。スポンジの中に水を注ぐと、スポンジの穴を通って水が広がるようなイメージ。

13　このようなモデルをセルオートマトンと呼ぶ。

② 一定の限界値をX_{th}として、$X_{ij} \geq X_{th}$となるセルX_{ij}について、その隣接するすべてのセルの変数をαX_{ij}だけ増加させ、その後$X_{ij} \to 0$とする。

③ $X_{ij} \geq X_{th}$となるセルがなくなるまで②を繰り返す。

④ すべてのセルの中で最大の値をもつセルX_{ij}を探し、すべてのセルに$X_{th} - X_{ij}$を加え、②に戻る。

②と③の繰り返しの間にX_{ij}が減少した（解放された）すべてのセルに対して、その解放量の総和をイベントとする。その頻度統計は単純なべき法則を示す。システムサイズで制約される最大値に向かって減少し、Carlson & Langer (1989)[43]で指摘されたような特徴的な振る舞いは示さない。

このモデルでは、②のプロセスで、ひとつのブロックにかかるばねの力を周囲のブロックに再配分する。$\alpha = 0.25$のときには、システム全体でのX_{ij}の総和が保存するが、0.25未満だと減少する。そして、このαの設定によって、べき指数が変化し、小さなαでは傾きが急になる（bが大きくなることに相当）。同様の変化は、BKモデルでもばね定数や摩擦則の設定によって観察される。現実の地震活動でもb値は空間的、時間的に変化するので、このようなモデル設定との関連は興味深い。ただし、これらのモデルは自然条件や法則をあまりに単純化しているので、現実との対応づけは簡単ではない。

OFCモデルはべき法則を説明するが、その説明だけであれば、セルオートマトンとしてもっとも単純なもののひとつ、**砂山モデル（sandpile model）**でも十分である。Bak & Tang (1989)[46]の砂山モデルは、やはり2次元のセルオートマトンであり、セルの値X_{ij}をそのセルにある砂粒の数とみなす。システムにランダムに砂粒X_{ij}を落とすことで、ときどき起こる砂山の崩壊現象、つまり隣接セルへの砂粒の移動の様子を考える。具体的には、以下の単純なルールで動作する。

① すべてのセルの値X_{ij}を0とする。

② ひとつのセルをランダムに選んで、X_{ij}を1増加させる。

③ $X_{ij} \geq 4$となるセルがあった場合、その隣接するすべてのセルの変数を1だけ増加させ、その後$X_{ij} \to 0$とする。システムの端で、該当するセルがない場合には、その分砂粒がシステム外に出たとみなす。

④ $X_{ij} \geq 4$となるセルがなくなるまで③を繰り返す。

⑤ ②に戻る。

このシステムで③の手続きを繰り返す間に、移動した砂粒の量、もしくはシス

テム外に出た砂粒の量が、どちらもべき分布するようになる。つまりSOCに達する。このモデルはOFCモデルとの類似性から地震のモデルと考えられるが、砂粒の移動のイメージからは、むしろ地すべり現象のモデルと考えたほうがよいだろう。

12-5-5 SOCモデルの限界

BK、OFC、砂山と3つのモデルを紹介したが、SOC的に地震現象を説明するモデルは、ほかにもいくらでも作成可能である。しかし、これらのモデルが本当に地震現象の重要な特徴を表しているかは検討の余地がある。

ほとんどのモデルがGR則を説明するために構築され、たしかにGR則を説明する。しかし、GR則と並んで、地震活動の本質的な特徴を表す大森則については、これらのモデルはほとんど説明できない。そもそも、これらのモデルは余震をほとんど生み出さないからである。大きなイベントに先立って、イベントが増加することは観察されるが、大きなイベントはシステムのエネルギーをほとんど解放するので、その後は何も起こらなくなる。つまり臨界状態から遠ざかる。余震を生み出すために、粘性やRSF則のような時間依存性を導入することが提案されているが、本質的な解決ではないかもしれない。

そもそもBKモデルの表現している物理現象が地震の近似になっているか、という疑問もある。BKモデルにおいて、ひとつのブロックが移動したときに、その影響は隣のブロックにしか伝わらない。地震のすべりは、近傍だけでなく遠方まで応力場を変化させる（第9章）。このような遠隔作用は地震現象の重要な要素である。また地震には破壊と地震波のカップリング（第10章）が重要だが、BKをはじめとするモデルには、地震波の伝播がふくまれない。

地球内部は連続体とみなせるという仮定で、本書は書かれてきたが、BKモデルは連続体のモデルではない。逆に連続体のモデルはGR則を説明しない。第11章で、連続体に摩擦則を与えて、地震サイクルをモデル化する研究を紹介した。Tse & Rice (1986)[47]のモデルはたしかに大地震の繰り返しを説明するが、小地震は一切生み出さない。連続体では、いったんはじまった破壊は、ほぼシステム全体におよぶからである。連続体のモデルでも、RSF則のパラメーターを数値計算的に不適切に設定すると、GR則のような振る舞いが生まれる[48]。連続体が離散化されるのである。

離散的なBKモデルも、Tse & Rice (1986)[47]のような連続体モデルも、一様な

媒質を扱っている。しかし、現実の地球は不均質であり、その不均質はさまざまなスケールをもつ。このさまざまなスケールにわたる不均質が、2つのモデルと現実の地震現象の間をつなぐと期待される。

第13章 地震の固有性

　地震現象は確率論的に扱うべきランダムな現象である。たとえば点過程の ETAS モデルは、地震活動のさまざまな特徴を説明する。決定論的な方程式系は破壊すべりの進展を表現できるが、その進展をコントロールする要素はあまりに多く、ランダムな要素が無視できない。それでも地震現象は、完全にランダムではなく、ある程度の規則性ももつ。同じ場所で同じような地震が、同じような間隔で繰り返す例は多い。つまり地震発生様式には、地域的な固有性が認められる。この固有性は、大きな地震にも小さな地震にもみられる。したがって、地域ごとに幅広いスケールにわたる、階層的な固有性を考える必要がある。本章では、地震の階層的固有性と、それを用いた地震発生プロセスの理解の仕方について紹介する。

13-1　　　　　　　　　　　　　　　　巨大地震の繰り返し

13-1-1　沈み込み帯における巨大地震の繰り返し

　プレートテクトニクスによる大変形が集中するプレート境界では、歴史的に大地震が何度も繰り返してきた。その典型例が、日本をふくむ環太平洋の沈み込み帯である。それぞれの地域における地震の繰り返しは、弾性反発説、または第11章の地震サイクルのモデルで説明できると考えられてきた。

　ただし、沈み込み帯ごとに地震発生様式はかなり異なる。その違いを説明するために Lay & Kanamori (1981)[1] が導入したのが「**アスペリティモデル（asperity model）**」である。プレート境界には、大地震の際に大きくすべる「アスペリティ」[1] という領域が、比較的長期間にわたって存在すると仮定する。そして、ア

1　アスペリティは、第8章の摩擦の物理では、面の凹凸、とくに真実接触している凸部として紹介した。アスペリティモデルの定義はその影響を受けているが、Lay & Kanamori (1981) による定義は、「地震時に大きくすべる場所」である。

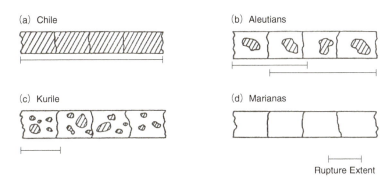

図 13-1　オリジナルなアスペリティモデル[1]。アスペリティは沈み込むプレート境界に存在する、地震時に大きなすべりを生じる領域（斜線）として導入された。

スペリティの割合や空間分布の違いが、沈み込み帯ごとの性質を生み出す（図13-1）と考える。たとえば、超巨大地震が発生するチリの沈み込み帯ではアスペリティの割合が大きく、あまり発生しないマリアナでは小さい、と解釈されていた。

　この違いは、より大規模なテクトニクスとも関連すると考えられる。チリ南部では比較的若い（＜5000万年）プレートが沈み込み、上盤プレートには巨大なアンデス山脈が形成され、1960年のM_w9.5のチリ（Valdivia）地震に代表される超巨大地震が、過去に何回か発生している。一方で、比較的古い（＞1億年）プレートが沈み込むマリアナ海溝には、大きな山脈はなく、上盤プレートでは逆に海底が拡大しており、大きな地震はほとんど発生していない[2]。

　1990年代以降の地震物理学の進展によって、アスペリティという漠然とした単語に代わって、より正確な物理学的表現が可能になった。たとえば、GNSSなどの定常的な測地学的な観測から、プレート境界の「固着している領域」や「応力が増加する領域」を推定することが可能である。巨大地震発生後には、すべりインバージョンから「すべりの大きい領域」を抽出できる。物理構造探査の結果は、プレート境界に海山などの「幾何学的な突起」があることを示す。また、摩擦の物理を用いて沈み込み帯をモデル化するなら、「摩擦強度の高い領域」、「破壊エネルギーの高い領域」、「RSF則の$a-b$が負の領域」などと定義される。一般的には、上記すべての定義は、それぞれ異なる領域を表す。可能な限り、アスペリティというあいまいな単語でなく、これらの定義を用いるべきである。

2　この2つを代表的な地域として、チリ型とマリアナ型と命名したのがUyeda & Kanamori (1979)[2]である。1980年頃には、このような沈み込み帯における地震活動の違いを説明する「比較沈み込み帯学」が盛んに議論された。

第13章 ◆ 地震の固有性

以下で例を挙げながら説明するように、プレート境界の比較的長期間変化しない性質が原因となり、同じような場所で、繰り返し同じような地震が発生している可能性は高い。ただしその性質の物理的解釈は、議論の余地がある。

13-1-2 南海トラフの巨大地震

繰り返す地震の具体例として、まず南海トラフの巨大地震を考える。Ando (1975)[3]は、南海トラフから沈み込むフィリピン海プレートの境界で、古くは684年から、100-250年くらいの間隔で、海溝型（低角逆断層の）巨大地震が繰り返していることを指摘した（図13-2）[3]。

ただし、巨大地震の規模も間隔も一定からは程遠い。地震発生帯は紀伊半島を境に東西に分割される。東側が東海地震、西側が南海地震として別々に発生する[4]こともあれば、1707年の宝永地震のように、全地域が一度に破壊すべりを起こす巨大地震として発生したこともある。間隔も、長いときには265年だが、最近の昭和の地震、1944年の東南海地震、1946年の南海道地震は、そのひとつ前の安政の地震から90年しかたたずに発生した。昭和の地震は安政の地震よりやや小さかったため、東側や西側という地域も、複数のセグメントに分けるべきという考えもある。

最新の海底測地学データを使って、プレート境界の固着割合を調べたYokota et al. (2016)[4]によれば、たしかに南海トラフ周辺のプレート境界の一部が、固着しているという証拠がある（図13-3）。この固着域は、過去の地震から想定されるセグメント構造におおむね対応する。長期で観測を継続すれば、この地域における地震の空間的固有性が明らかになるだろう。このような固着域の情報は、RSF則を用いた地震サイクル研究（第11章）に重要な拘束条件を与える。

13-1-3 日本海溝・千島海溝の巨大地震

2003年の十勝沖地震（$M_w8.3$）は、北海道十勝地方沖の千島海溝の沈み込み帯

---

3 この地域では現在、政府の地震調査研究推進本部で、特別に巨大地震発生の可能性が精査されている。気象庁は、この地域でなんらかの異常な現象が観測された場合に、「南海トラフ地震臨時情報」を出すことになっている。

4 11世紀末には1096年12月17日に東海地震、1099年2月22日に南海地震と2年2ヵ月の時間差で発生、安政には西暦1854年12月23日に東海地震、24日に南海地震と約32時間の差で発生、昭和には1944年12月7日に東南海地震、1946年12月21日に南海道地震と、約2年の時間差で発生した。

第Ⅳ部 ◆ 地震現象の総合的理解

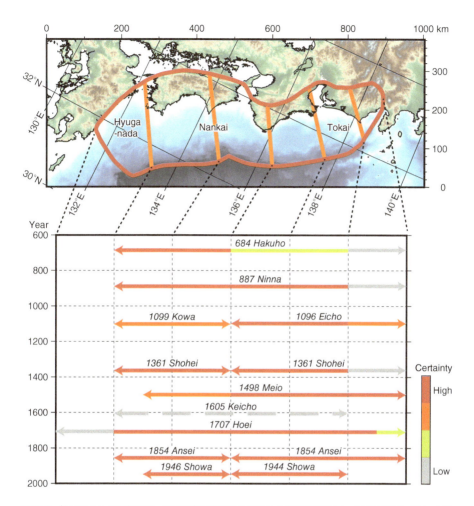

図 13-2　繰り返される南海地震。地震調査研究推進本部による長期予測にもとづく地域区分（上）と履歴（下）。

で発生した低角逆断層の地震であり、津波や長周期地震動によって、北海道十勝日高地方を中心に震災を引き起こした。$M_w 8$ を超える地震としては、近代地震観測で初めて複数回、ほぼ同じ場所で発生し、すべりインバージョンに利用できるレベルの地震波記録が得られた地震である。

　前回、1952年の十勝沖地震は $M_w 8.1$ と推定されている。すべりインバージョンの結果、1952年の地震と2003年の地震の破壊すべり領域には、大きなオーバーラップがあることが示された[5]。その破壊すべり領域に対応する場所では、地震

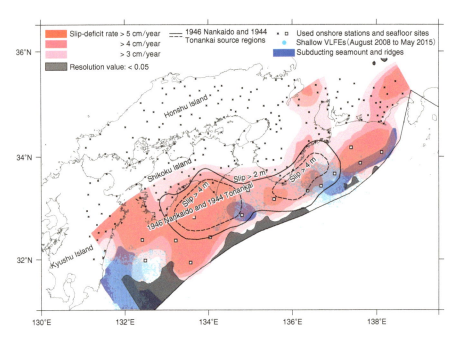

図 13-3　南海トラフ周辺のプレートの固着領域分布（Yokota et al., 2016[4]を改変）。

以前にプレート境界が固着していたことが示唆されている[6]。

　この地震が発生する以前に、政府の地震調査研究推進本部（Headquarters for Earthquake Research Promotion, HERP）は、地震の長期予測（第15章）をおこない、この地域において、高い確率で1952年と同じような地震が発生すると予測していた。2003年の地震はその想定のとおりに発生したので、ある意味「予測された地震」だったといえる[5]。

13-1-4　Parkfield地震

　米国で地震の繰り返しが注目されているのは、カリフォルニア州、San Andreas断層沿いのParkfieldという町である。San Andreas断層は、長期的には平均年3-4 cmの相対速度ですれ違う、右横ずれのプレート境界であり、そのプ

5　この地震はM8を超える巨大地震だったが、プレスリップをふくめ、なんら前兆といえる現象が観測されなかったことは、別の意味で研究者に衝撃を与えた。

レート境界の一部を破壊するM6程度の地震が、20世紀までに平均22年に一度（1857、1881、1901、1922、1934、1966年）発生してきた[6]。

1985年にBakun & Lindh (1985)[7]は、次の地震は1988年頃、もしくは1993年までに95％の確率で発生すると見積もった。同時にNational Earthquake Prediction Evaluation Council（NEPEC）主導で、周辺に観測機器を集中して短期の前兆を検出すべく、地震予知研究がスタートした。しかし、想定された地震は20世紀には発生せず[7]、結局、次にM6級の地震が発生したのは2004年9月となった。

Parkfieldのような繰り返す地震の振る舞いについて、1980年代には単純化した説明がしばしばおこなわれてきた。Shimazaki & Nakata (1980)[8]が提唱した、「地震は**時間予測可能（time predictable）**か、**すべり予測可能（slip predictable）**か」という問いかけは有名である（図13-4）。地震が弾性反発説のような、一定のローディング下で繰り返すと仮定する。完全に規則的なら、予測は簡単である（図13-4a）。さらに、ある一定応力値で地震が発生すると仮定する[8]なら、その前の地震の大きさ次第で、次の地震の発生時期が予測可能である（図13-4b）。一方、地震発生時の応力は定まっていないが、地震後にはつねに同じ応

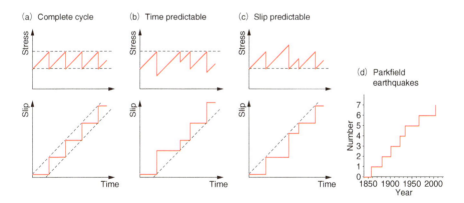

図 13-4　時間予測モデルとすべり予測モデル[8]と繰り返すParkfield地震。(a) 完全なサイクル。(b) 時間予測モデル。(c) すべり予測モデル。(d) Parkfield地震。

6　この地域はSan Andreas断層が固着している部分（南側）と、ゆっくりすれちがう（クリープしている）部分（北側）の境界に位置する。比較的人口の少ない地域なので、M6の地震で大震災になるわけではない。
7　1992年10月20日と1993年11月14日にFalse alarmが発せられた。
8　この仮定は第8章のマクロな破壊基準によるものである。地震発生は第9-11章でみた、ミクロな摩擦や破壊によるシステムの安定性で議論されなければならない。

力値になると仮定するなら、任意の時刻において地震が発生した場合の大きさを予測可能である（図13-4c）。Shimazaki & Nakata（1980）は時期が予想できることを示唆したが、Parkfield にはそのまま適用できなかった（図13-4d）。

　地震前後の測地観測によって推定された2004年の地震のすべり領域は、1966年と一部重なるものの、同一ではない[9]。また、1966年の破壊すべりが北から南へ進展したのに対して、2004年は逆に南から北へと進展するという違いもあった。おおむね同じ場所がすべっているので、空間的な固有性が確認できるが、まったく同じではない。

13-2　　　　　　　　　　　　　　　　　　　　　　繰り返し地震

13-2-1　規則的な繰り返し地震

　Parkfield では、高感度地震観測によって、きわめてよく似た地震波を発する小さな地震がたくさん発見された[10]。その中には、多数回、同じような間隔で繰り返した地震もある。詳細な震源決定をおこなうと、これらの地震の震源分布は、マグニチュードから推定される破壊すべり領域の広がりに比べて、十分小さい範囲に集まる。つまり、San Andreas 断層のほぼ同じ場所を、繰り返し破壊した地震だと考えられる。

　日本でも1990年代後半から、東北沖の日本海溝沿いで、同じような観察がおこなわれるようになった。東北沖では、プレートの相対速度が San Andreas 断層より倍以上速いために、より大きめの地震について、多数の繰り返しが観察される。とくによく研究されたのが、岩手県釜石市の直下深さ約50 kmで5-6年に一度発生する、M_w4.8程度の地震である（図13-5）。1950年代以降の気象庁のカタログも併せて解釈すると、この地域では1998年までに8回、同じような地震が繰り返していた。そこで東北大学の研究グループは、1998年の日本地震学会において、同じ地震が2001年までにほぼ確実に起きるという予測を公表した。実際には2001年の11月に地震が発生[11]、さらに2008年1月にもほぼ想定どおりの地震が発生した。この地域での地震の繰り返しは、かなり規則的だと考えられた。

　その後、世界中で同種の現象が発見されている。これらの地震は、（小）繰り返し地震（repeating earthquake）とか、リピーター（repeater）などと呼ばれる。地震波データからの繰り返し地震の検出法や、各地での研究の動向についてのま

第Ⅳ部 ◆ 地震現象の総合的理解

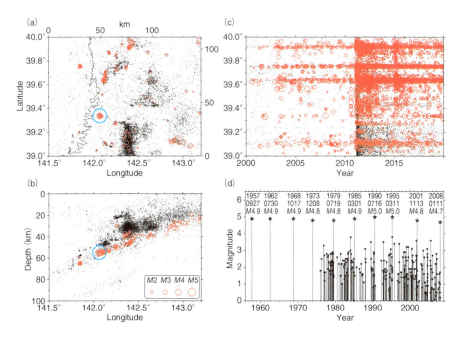

図 13-5 釜石繰り返し地震と地域の地震活動。(a) 2000年から2019年の気象庁カタログの地震の分布。黒丸は全地震、赤丸はIgarashi (2020)[12]が同定した繰り返し地震。(b) 断面図。(c) 時間空間プロット。(d) 1957年から2008年までの釜石繰り返し地震（Shimamura et al., 2011[13]）。

とまった文献としては、Uchida & Bürgmann (2019)[14]が詳しい。

このような現象は単純な力学的解釈が可能である。2つのすれ違うブロック間に、一部だけ固着している場所があり、その固着域がブロック間の相対変位によってひずみエネルギーを蓄積する。ある時点でひずみエネルギーが限界に達して、固着域に破壊すべりが生じる。まさに弾性反発的なイメージである[9]。

13-2-2 繰り返し地震のスケール法則

一方で、単純な理解を混乱させる観察事実がある。Nadeau & Johnson (1998)[10]は、大きさの異なるParkfieldの繰り返し地震のグループについて、繰り返し間隔と長期のプレート相対速度を用いて、平均すべり量 D を計算し、地震

---

9 このような単純なものをアスペリティと呼ぶことはできるだろう。その実体は摩擦の異なる場所でも、固着域でも、幾何学的な不均質でも何でもありうる。

モーメントと比較した。その結果として、

$$\log D(\mathrm{m}) = -3.17 + 0.17 \log M_0 (\mathrm{Nm}) \qquad (13\text{-}1)$$

という関係を得た。また繰り返し時間T_rとの間にも

$$\log T_r(\mathrm{s}) = 6.04 + 0.17 \log M_0 (\mathrm{Nm}) \qquad (13\text{-}2)$$

という関係が成り立つ。式(13-1)、また地域ごとのプレートの運動速度で補正した式(13-2)は、さまざまな地域の繰り返し地震に適用できることが知られている[15]（図13-6）。

多くの地震では、断層長さや幅、すべり量などに幾何学的な相似が成り立っている（第6章）。その場合、地震モーメントは、長さ、幅、すべり量などの空間1次元量の3乗に比例する。つまり、すべり量Dに対しては$D \propto M_0^{1/3}$である。これに対して、式(13-1)は$D \propto M_0^{1/6}$を示唆する。幾何学的な相似が成り立つ場合には、応力やひずみの変化は地震の大きさによらないが、式(13-1)は、小さい地震ほど応力やひずみの変化量が大きくなることを意味する。応力変化量が大きくなると仮定するなら、M_0くらいの地震の応力変化量は、通常の岩石の強度である数GPaを超えることになる。

小さい地震の応力降下量は大きい、と考えるには別の疑問もある。観測される地震波のスペクトル分析からコーナー周波数と応力降下量を推定する（6-4節）と、繰り返し地震もふつうの地震と同程度の応力降下量を示す。このスケール法

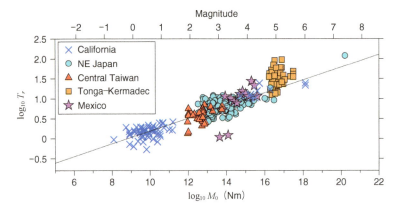

図13-6　各地の繰り返し地震における地震モーメントM_0と地域ごとのプレートの運動速度で補正した再来間隔のスケーリング（Uchida, 2019[16]を改変）。点線は$T_r \propto M_0^{0.16}$の関係を示す。

則を説明するためには、繰り返し地震の応力蓄積プロセスに特殊なメカニズムがあるか、または、応力解放が地震発生時以外にも起きると考えるほうがよいだろう。

小さな繰り返し地震は大きな地震のローディングプロセスの陰に隠れており、局所的にローディングが遅くなることが原因だ、と考えたのはSammis & Rice (2001)[17]である。この場合、繰り返し地震の周囲で大きな地震が発生するときに、繰り返し地震の地域でも大きなすべりが起きるだろう。一方、Chen & Lapusta (2009)[18]は、小さな繰り返し地震が震源領域周辺に大規模な非地震性（ゆっくり）すべりをともなう可能性を、RSF則を円形のパッチ領域に適用した数値モデルで示した[10]。この場合、ゆっくりすべりがすべり量の不足分を補うことになる。

ただし、観察されているような幅広いサイズ範囲でこれらの説明が可能かは、まだ明らかになっていない。理論モデルにおいてRSF則のスケーリングや空間不均質を取り入れる方法、また観測データによる精密なスケール法則の妥当性の検討など、この問題を解決するには理論、観測の両面から引き続き検討が必要である。

13-2-3　クリープメーターとしての繰り返し地震

繰り返し地震は同じ場所で、ほぼ同じすべりを生じている。その発生間隔が変化したら、その地震の位置における変形速度（プレート境界ではその相対速度）が変化したと考えられるだろう。実際に大きな地震の直後に、地震にともなう余効変動の影響で、繰り返し地震の発生間隔が変化することが観察されている。

2011年の東北沖地震では、釜石沖の繰り返し地震の間隔が、巨大地震発生直後に数日まで縮まったのち、次第に増大している[19][11]。また、カリフォルニアでは1989年Loma Prieta地震のあと、周辺で発生する繰り返し地震の発生頻度が、時間の逆数として減少していく様子が観察されている[20]（図13-7）。これは余震の大森則（第12章）を彷彿とさせる。

これらの事実にもとづけば、繰り返し地震は、プレート境界でのゆっくりしたすべり運動を表すクリープメーターだとみなすことができる。この考えを生かして、Nadeau & Johnson (1998)[10]の経験式と繰り返し地震の観測から、プレート

....

10　Cattania & Segall (2019) [21] は同じ数値モデルをより詳細に検討した結果、広いレンジでの1/6乗の関係を説明するには、上記の非地震性すべりに加えて、破壊力学において大きいパッチほど壊れやすくなる効果が効いていることを示唆した。

11　同時にサイズが大きくなったので、まったく同じ地震の繰り返しとはみなしにくい。

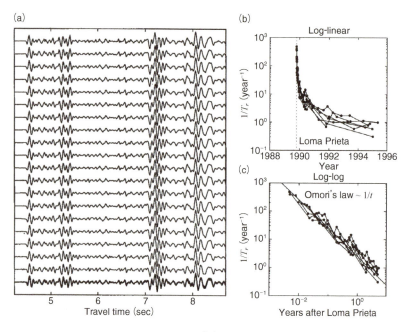

図 13-7　1989年Loma Prieta地震後の繰り返し地震[20]。(a) HCA観測点で観測された繰り返し地震の1系列のフィルターなし地震記録。(b) イベント間隔の逆数（～イベント発生率）の変化。(c) (b) を対数プロットしたもの。イベント発生率は$1/t$で減少する。

境界におけるすべりの時空間分布を推定する研究がおこなわれている[22]。繰り返し地震は、直接観測機器を設置できない地下深部について、プレートの相対運動の情報を与える貴重な現象といえる。

13-3　地震破壊の階層性

13-3-1　破壊すべりのスケーリング

　大きさの異なる地震の破壊プロセスは、そもそも何が異なるのか？　幾何学的な地震のスケーリングでは、大小地震の最終的な破壊すべりの大きさ（長さ、幅）や継続時間、固有周波数の逆数は、ほぼ相似とみなせる（第6章）。地震モーメントが何桁も違っても、地震波エネルギーと地震モーメントの比（規格化エネルギー）や、応力降下量はせいぜい2桁程度しか変化しない。これらの量は、地

震についての**スケール不変量（scale invariant）**と考えられる。

　大きな地震の破壊は複雑だが、小さな地震の破壊は単純である、という説があるが、これにはあまり根拠がない。たしかに、ある観測点の地震計を用いて、その観測点から同じような距離で発生した大小の地震の地震波を観測すれば、まず間違いなく大地震のほうが複雑に見える。これは、小地震の複雑な特徴を表す高周波数の地震波が、地下の地震波減衰や地震計の特性のために観測できないからである。

　小地震についても、高周波数まで測定できる地震計を使って震源の近傍で観測すれば、複雑な地震波が観察される。小地震も複雑な破壊すべりプロセスをふくむからである。たとえばYamada et al. (2005)[23]は、南アフリカの金鉱山で、小地震の震源近傍での観測をおこない、複数のパルスからなる地震波を観測した。また、その記録をもとにすべりインバージョンによって、M_w1.4の地震の複雑な破壊プロセスを解明した。M1くらいの地震の破壊プロセスは、長さも、すべり量も、継続時間も、M7くらいの地震の約1/1000である（図13-8[24]）。地震は複雑さもふくめて相似的である。

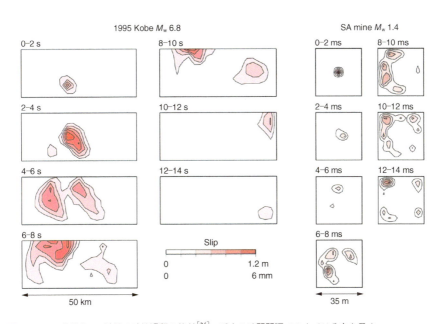

図13-8　M7地震とM1地震の破壊過程の比較[24]。所定の時間間隔でのすべり分布を示す。

293

13-3-2 地震のはじまりと最終サイズ

どのような大地震も、最初は小さな空間領域での破壊すべりからはじまる。その破壊すべりの領域とすべり量が徐々に増加して、最終的に大地震になる。たとえば通常は20秒程度の継続時間をもつM7の地震と、2秒程度の継続時間をもつM5の地震がはじまってすぐ（たとえば0.01秒後）、どちらもまだM1くらいのときに、両者の間に違いはあるか？ 6-3節で紹介した佐藤・平澤モデル[25]は、自己相似的な破壊進展の一例であり、この場合には、地震のはじまり方は最終サイズに依存しない。

現実の地震は複雑な進展プロセスをたどる。たとえば、Uchide & Ide (2010)[26]はParkfieldで観測された大きさの異なる6つの地震のすべりインバージョンをおこない、それぞれに複雑なすべりプロセスがあることを明らかにした。それでも、地震モーメントの増加プロセスは、ほぼ佐藤・平澤モデルで予測されるような共通の成長曲線をたどることも示した（図13-9a）。さらに一般的な議論のためには、より統計的な平均を評価する必要がある。地震破壊プロセスは統計的には自己相似といえるのだろうか？

この問題は、早期地震警報（第15章）にもかかわる重要な問題なので、1990年代から活発な議論が続いている。これまでに、地震波の最初の立ち上がりを見れば、大地震か小地震かが区別できるという報告が多数あった[27]。しかし多く

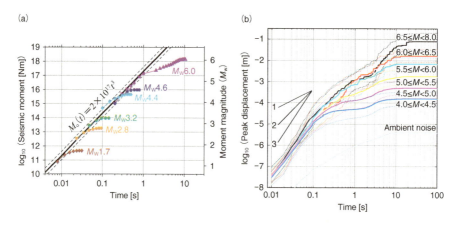

図 13-9　地震の成長曲線。(a) Parkfieldで発生した6つの地震の地震モーメントの増加（Uchide & Ide, 2010[26]を改変）。(b) 地震波振幅（peak ground displacement）の対数スケールでの増加量（Meier et al., 2016[28]を改変）。

は、解析手法に内在するバイアスを見ていたと考えられる[29]12。一方で、なるべく統計的に均質なカタログを作成して、M4-8の大きさの異なる地震のP波初動の立ち上がりを比較したMeier et al. (2016)[28]は、サイズの異なる地震のはじま

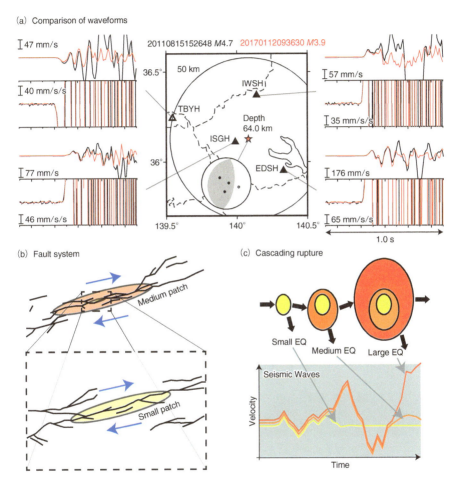

図 13-10 異なる大きさの地震に共通する初期波形の例[30]。(a) 2011年8月15日のM4.7地震（黒）と2017年1月12日のM3.9地震（赤）の波形の比較。地図中、三角形は地震観測点、赤い星はM4.7地震。気象庁のメカニズム解と震源球上の観測点位置（黒：押し、白：引き）。波形は各観測点の速度（上）と加速度（下）。(b) 断層システムの概念図。複雑で入れ子状になった階層的な断層構造。(c) 階層構造を利用して発生する小・中・大地震の地震波形の概念図と階層パッチのカスケード破壊の概念図。

12 立ち上がりだけでなく、破壊プロセスの中ほどで減速しはじめるまでの情報を使えば、ある程度判定できる。

りの最初の0.1秒に、明瞭な差異を見出さなかった（図13-9b）。統計的に有意な違いがあるか、という議論は現在も続いているが、仮になんらかの違いがあるとしても、それは簡単に検出できるものではない。

　沈み込み帯では、多くの繰り返し地震が発生する。同じ場所が、同じように破壊すると考えられているので、異なる時刻に発生した地震でも、波形全体がきわめて似ているのは驚くにあたらない。一方で、地震波の最初の立ち上がりがきわめて似ている2つの地震が、最終的にマグニチュードが1以上異なる地震になることがある[30]（図13-10）。つまり、はじまりだけが似ているが、波形全体では大きく異なる。

　同じ場所で、同じような破壊が開始しても、それが小さい地震で終わることも、大地震になることもある。東北沖のプレート境界では、このような地震が多数発生している。はじまりだけが似ている、**中途半端な繰り返し地震（quasi-repeating earthquakes）**とでもいうべき現象である。繰り返し地震のサイズは、プレート境界の固有的な構造によって制約されていると考えられるが、その制約は中途半端なもので、繰り返し地震のサイズを超えて破壊すべりが進展することもある。その場合、さらに破壊すべりは別の大きな構造に支配されることになる。小スケールから大スケールまで、階層的な構造の存在が示唆される。

　このように、地震発生を自己相似的なプロセスと考えることは、地震の破壊すべりを震源核形成過程と動的破壊進展過程に区別する考え方（第10、11章）とは一見相いれない。この区別は問題単純化のためには役立つが、自然においては断層帯の複雑な構造のために、そのまま観察することはできないのだろう。

13-3-3　階層的固有性地震

　精密な震源決定やすべりインバージョンによって、繰り返し地震が、別のより大きな地震の震源領域内、もしくはきわめて近接した場所で発生している例が多数見つかってきた。図13-5で見た釜石の繰り返し地震の場合には、約5.5年間隔で繰り返す約M_w4.8の地震の破壊領域周辺に、$M2$-4の繰り返し地震が数グループ存在し、破壊領域がかなり重複する[14]（図13-11）。このような階層構造をもつ繰り返し地震は、東北沖の沈み込み帯に多数存在する。繰り返し地震が示唆する地震発生地域の固有性は、階層的な性質をもっている。

　大小の繰り返し地震が、階層的な固有性のある場所で発生する。そのとき近接する地震は、相互に影響する可能性が高い。Chang & Ide（2021）[31]は、そのよう

な繰り返し地震のすべり領域がほぼ重なっていることを示すと同時に、それぞれの繰り返し地震の震源（破壊開始点）にある程度の規則性があることを示した。図13-12は、那賀沖（茨城県ひたちなか市沖）の繰り返し地震の例である。ほぼ同じ場所から開始した2つの地震の破壊が、最終的に大きく異なる規模になる。一方で、同じ地域の2つの同規模の地震が、異なる場所の破壊からはじまることもある。前者は中途半端な繰り返し地震の一例であり、後者は1996年と2004年

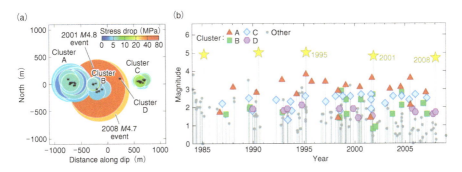

図13-11 釜石繰り返し地震の階層構造[14]。(a) 繰り返し発生する地震パッチの空間分布。色は1995年から2008年までに発生した地震の応力低下。震源サイズは地震スペクトルのコーナー周波数から推定した。(b) (a) の領域における地震の時間分布。

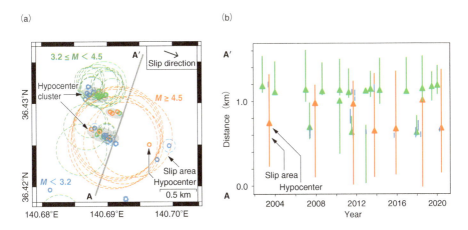

図13-12 那珂沖で発生した一連の地震の震源とすべり領域（Chang & Ide, 2021[31]を改変）。大地震（$M > 4.5$）、中地震（$3.2 < M < 4.5$）、小地震（$M < 3.2$）をオレンジ、緑、青で示す。(a) 小円は震源を表し、破線の大円は推定すべり領域を示す。3つの震源クラスター（灰色の楕円）があり、ここから破壊がはじまる傾向がある。(b) (a) のA-A'線に沿った時間と空間のプロット。三角形と直線はそれぞれ震源とすべり領域を表す。小さな地震の場合はすべり領域のみを示す。

第13章 ◆ 地震の固有性

の Parkfield 地震で観察されたように、最終的に同じ場所を破壊する地震でも、成長途中のプロセスには任意性があることの一例である。

13-3-4 　階層性と断層の形状

このような震源の階層性は、なぜ生まれるか？　地震の断層がフラクタル的な性質をもつことはよく知られている。地図で見る断層も、露頭スケールでも、顕微鏡スケールでも、断層は屈曲、分岐、ステップなど（図10-14）をふくむ。このような構造は3次元的な断層のいたるところに存在し、複雑な断層構造をつくり上げている。

複雑な3次元構造を定量化する方法のうち、断層面の形状（トポグラフィー）を計測してそのスケール依存性を調べる研究は、1980年代からおこなわれている[32]。近年では、LiDAR技術を用いて面の広帯域精密測定がおこなわれた結果、断層面の凹凸は、幅広い帯域でべき法則に従うパワースペクトル[13] をもつことが知られている[33]（図13-13）。

複雑な面の性質を比較するときに、ハースト指数（Hurst exponent）がよく用いられる。計測する長さを X 倍に拡大したとき、凹凸の振幅が X^H 倍になるような関係を自己アフィン（self-affine）という。H がハースト指数である。自己アフィンな凹凸の波数に対するパワースペクトルの傾きは $-(2H+1)$ となる。$H=1$ の場合が自己相似（self-similar）という状態で、このとき、面を見るスケールを拡大縮小しても、凹凸具合は変わらない。さまざまな手法で求められたパワースペクトルは、広いスケール幅では傾き -3 の自己相似の関係を満たすように見えるが、ひとつひとつのスペクトルは、全体の自己相似の傾向からずれている。$H=0.6$-0.8 であり、短波長より長波長のほうが凹凸が小さく見える。この傾向は、すべりに平行な方向で、直交方向より顕著である。

自己アフィンなパワースペクトルは、断層のすべりの進行とともに形成されたはずである。もともと地球内部の岩盤にある節理などは、自己相似に近い凹凸をもつ。自己相似な弱面があったとしても、その面に地震のような摩擦すべりが起きると、凹凸が摩耗して小さくなる。これは、とくにすべりに平行な方向で顕著である。何度もすべりが繰り返すと、断層の長さ程度までのスケールで凹凸が減少する。

....

13　信号の周波数ごとのエネルギーの強さを表す。フーリエスペクトルの振幅の2乗に比例する。

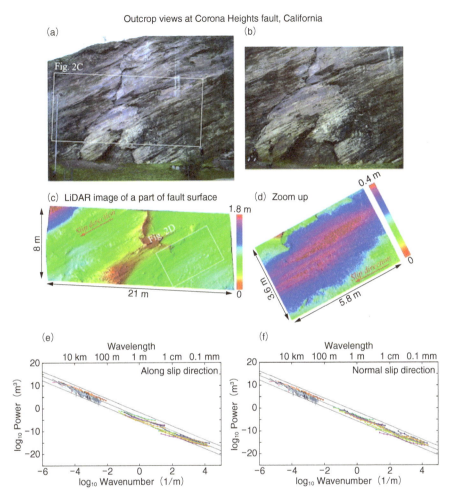

図 13-13 断層面トポグラフィーのパワースペクトル（Candela et al., 2012[33]を改変）。断層表面の写真（a, b）とLiDAR画像（c, d）。（e）すべり方向と（f）すべりに直交する方向の断面形状のパワースペクトル。破線は自己相似関係（$H=1$）を示す。

　周囲に比べてなめらかになった断層は、その一部が破壊したときに、まとまって破壊する可能性が高く、その断層スケールにおける固有的な構造といえる。実際の断層システムには、さまざまなスケールの断層＝固有的な構造が存在し、全体として階層的固有構造をつくっている。地震の破壊における階層的固有構造は、このように断層の幾何学的構造と関係しているだろう。

13-4　階層震源モデル

13-4-1　階層震源モデルの動的破壊

　近年、フラクタルな構造を取り入れた動力学的な震源モデリングが、次第におこなわれるようになった。それでも、Mで数ユニット変わるような破壊すべりプロセスをモデル化することは、計算機資源の面から現実的ではない。そこでIde & Aochi (2005)[34]は、異なる格子間隔をもつ計算領域間で、地震モーメント分布を繰り込むことで、大きくスケールを変化させる動的破壊プロセスのモデル化をおこなった（図13-14）。このモデルを詳細にみていこう。

　前節でみたような断層面上の幾何構造を、3次元的に厳密に表現する代わりに、半径の頻度分布がべき分布をもつ円形パッチを2次元面上にランダムに分布させる（図13-14b）。各パッチにはすべり弱化摩擦則を仮定する。このモデルの一番重要な仮定は、すべり弱化距離D_cがパッチの半径に比例する（図13-14a）というものである。簡単のために応力状態は均質とするので、これは破壊エネルギーがパッチ半径に比例することも意味する。

　破壊エネルギーは、断層のある場所がすべる際に消費される。その実態は、前

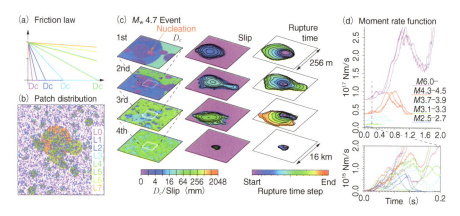

図13-14　Ide & Aochi (2005)[34]の階層円形パッチモデル。(a) 各パッチに共通の初期応力（σ_0）と最大応力（σ_p）およびパッチ半径に比例するすべり弱化距離（D_c）をもつすべり弱化摩擦則が仮定される。(b) 8段階のパッチ分布の例。(c) M_w4.7イベントの例。4つのスケールで計算。各スケールでのD_c、最終モーメントでのすべり、破壊時間の分布を示す。(d) M_w2.5からM_w6+までの地震のモーメントレート関数。初期部分の拡大図も示す。

第Ⅳ部 ◆ 地震現象の総合的理解

節でみたような幾何構造周辺の破壊や塑性変化などである。構造が大きいほど、巨視的な面に垂直な方向の凹凸（もしくは断層の厚み）が大きくなるので、破壊エネルギーは大きくなる。巨視的な平面に破壊エネルギーを設定するなら、それは大きな構造ほど大きくなければならない。これがパッチ半径に比例する破壊エネルギーの意味である。

　動的な破壊は任意の最小パッチの強制的な破壊からはじまる（図13-14c）。このパッチで破壊がはじまっても、周囲にほかのパッチがなければ、破壊は最小サイズで終わる。しかし、周囲にやや大きなパッチがあると、破壊はそのパッチに継続する。これが繰り返すと、M1程度の小さな地震から、連鎖的にM6を超える最大のパッチの破壊まで進展する。パッチの配置によって、最終的な破壊のサイズが決まる。このプロセスは統計的に自己相似な破壊すべりプロセスを表すことができる。その最終サイズの頻度分布は、GR則のようなべき法則に従う。

　この動的モデルでは、局所的にスーパーシアの破壊も生じる。個々のパッチの内部では破壊エネルギーが均一なので、そのパッチの破壊中は、破壊進展速度が終端速度に近づくからである。ただし、より大きなパッチを連鎖的に破壊するときには、破壊進展速度は減速するので、全体的にはS波速度をやや下回る破壊進展速度が観察される。

　また、当然であるが、最終的なサイズが違っても、地震波の立ち上がりは同じであり、地震波の立ち上がりから最終的なサイズを予測することは不可能である（図13-14d）。これらは実際の観察と調和的である。どのような地震も最小サイズからの連鎖で発生するので、巨大地震の震源核も小地震の震源核と同じである。最終的な最大パッチの震源核は、それ以下のサイズのパッチの破壊によって動的に形成されるので、大地震に特別な準静的な震源核形成過程を必要としない。

13-4-2　階層的破壊の繰り返し

　Ide & Aochi (2005)[34]は一定応力下のモデルであったが、地震発生場の応力場は時間的に変化する。そこでAochi & Ide (2009)[35]では、同じような階層円形パッチモデルを用いて、地震活動のモデル化をおこなった。一定に上昇する応力状態に依存して、確率的にパッチの動的な破壊がはじまり、破壊領域では応力が降下する。最大パッチの破壊が起きると、システム全体のエネルギーが低下するので、地震活動が低下するが、応力の上昇とともに、小さな地震から大きな地震へ次第に地震活動が活発化し、最大地震が発生する。

301

第13章 ◆ 地震の固有性

この振る舞いはある程度SOCモデル（第12章）に似ており、たとえば余震は起きないが、システムに階層的固有構造があることで、中途半端な繰り返し地震のような挙動が生まれる。階層間の連鎖が可能な条件が限られるので、最大パッチの破壊につながる破壊開始点の位置は限られる。これは、繰り返し地震の破壊開始点は、完全にランダムではないというChang & Ide (2021)[31]の観察とつながる。

階層構造を取り入れて、RSF則を用いた地震サイクルシミュレーションもおこなわれている。Noda et al. (2012)[36]は大きなパッチの内部に小さいパッチを配置し、すべり距離に関するパラメーターLを半径に比例させて、外部からローディングを加えた。パッチの高速すべりは、小さいパッチのみ、大きなパッチのみ、小さなパッチからはじまって大きなパッチに広がる、などの異なる振る舞いを示す。このような構造は、まさに釜石沖の繰り返し地震で想像されるものであり、階層構造と、その構造のサイズに比例したLが、複雑な地震活動を生み出すことを示している。

13-4-3 地震活動の階層震源モデル的理解

階層震源モデルは、現実の地震を説明するのに役立つか？ 単独の繰り返し地震は小さなパッチの破壊の繰り返しで説明できる。また、釜石沖や那賀沖のように繰り返し地震が階層的な構造を示す場所では、その活動は、階層構造を取り入れた地震サイクルシミュレーションで予測するのが適切である。

過去の地震活動履歴から、沈み込み帯に存在する階層的構造を仮定することも可能である。Ide & Aochi (2013)[37]は、2011年東北沖地震の発生地域周辺の過去の地震活動から、この地域にパッチ状の階層的構造を仮定し、その構造を小さい方から順に破壊するように、$M_w 9$の地震が発生する様子をシミュレーションにより再現した。

この巨大地震では、震源から約100 km離れた海溝近傍での破壊が発生するまでに、1分程度の時間がかかったので、なんらかのすべりを抑制させるメカニズムが必要と考えられていた。Ide & Aochi (2013)[37]のモデルでは、沈み込み帯深部の階層的構造を破壊することで、ある程度時間をかけて動的な震源核形成が進行し、最終的に海溝近傍の破壊エネルギーが大きい領域を破壊したという説明が可能である。

13-4-4 比較沈み込み帯学と階層的固有性

現実のプレート境界の不均質は、さまざまな密度やサイズ頻度分布をもつ階層的固有構造で表されるべきだろう。たとえば図13-15は、円形パッチでそのような構造を表した例である。ここではIde & Aochi (2005)[34]同様に、円形パッチの半径が、破壊エネルギーと比例すると考える。比較的大きなパッチが卓越しているプレート境界は、固有巨大地震が繰り返す一方で、それ以外の中小地震の活動が低い、南海トラフやチリ南部のような沈み込み帯に対応する。一方で、さまざまな階層のパッチが、べき的な個数分布に従うのは、多数の繰り返し地震から巨大地震までが発生する、東北沖や中南米の沈み込み帯に対応する。そもそもパッチが少ないのは、マリアナなどの沈み込み帯である。

1980年代にアスペリティモデルとしてはじまった地震発生帯の理解は、より複雑な階層的固有性をもつモデルへと進化している。このモデルでは、かつてアスペリティとして提案された概念に対応するのは、破壊エネルギーの分布であ

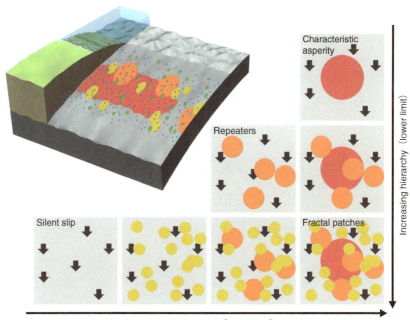

図 13-15　さまざまな沈み込み帯で考えられるパッチ状構造の概念図[24]。

第 13 章 ◆ 地震の固有性

る。そして破壊エネルギーの小さな場所から、大きな場所への階層的な破壊の進
展が、動的地震プロセスにとって重要になっている。

第14章 スロー地震とファスト地震

　地震現象の理解のためには、スロー地震についての知識も重要である。第1章で概観したように、スロー地震は地震波をほとんど出さない、地球内部の変形現象である。21世紀初頭に発見されて以来、観測される周波数帯によって、テクトニック微動、低周波地震（LFE）、超低周波地震（VLFE）、スロースリップイベント（SSE）などと呼ばれてきた。ただし、これらの区分は観測上の制約によって生まれたもので、より正確には、幅広い周波数帯にわたって同時に、振動・変動を生み出す現象といえる。スロー地震の多くはふつうの地震と同じように、地中のせん断すべり現象だと考えられるが、その性質は、ここまで見てきたふつうの地震の性質とは大きく異なる。本章では、スロー地震の現象論と、スケーリングに関する法則、いくつかの代表的な発生プロセスのモデルを紹介する。

14-1　スロー地震活動

14-1-1　繰り返しとセグメント構造

　スロー地震の発生地域は、地形的な特徴によって大きく区切られる。南海トラフでは、伊勢湾や紀伊水道という大地形が、テクトニック微動の発生地域を分断している（図1-25、1-29参照）。スロー地震は短期の活発な時期と長期の静穏期を、準周期的に繰り返す。この繰り返し周期は、微動活動をみるとわかりやすい。活動は場所によって異なり、ほぼ毎日活発化する場所もあれば、数日、数週間、数ヵ月に一度繰り返す場所もある（図14-1）。

　しばしば、同時期に活発化する空間的なまとまりを、セグメント（segment）構造と呼ぶことがある[1]。大規模なSSEが発生する際には、近接領域の複数のセグメントをふくんで微動活動が活発化する。したがってセグメントは、緩やかにスロー地震の地域性を特徴づけている。

　セグメントには、さまざまなスケールがある。微動の震源の分布は、数kmか

第14章 ◆ スロー地震とファスト地震

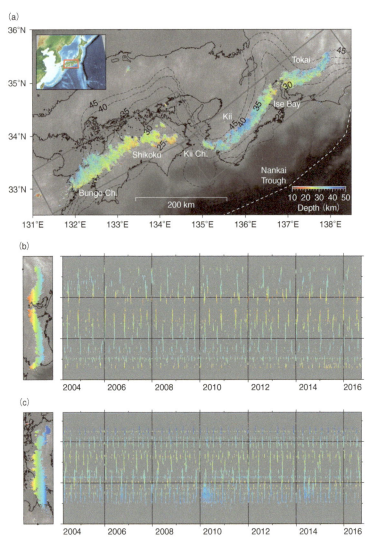

図 14-1　西日本のテクトニック微動。(a) 微動分布と深さ、プレート境界深度。(b) 東海・紀伊地方、(c) 四国地方の時間空間プロット。微動震源は Mizuno & Ide (2019)[2] による。

ら100 km程度のさまざまなスケールで、不均質である。西日本では、伊勢湾や紀伊水道によって数百km規模の大きなセグメントが規定される。一方、地震観測の分解能限界に近い、数百mから数km程度の小スケールでは、狭い範囲に集中して微動が発生する場所がみられる。この微動の集合を**クラスター**（cluster）と

呼ぶこともある[3]。このような異なるスケールごとにみられる特徴的構造は、第13章で扱ったふつうの地震についての階層的構造を彷彿とさせる。

クラスターは、その地域のプレート沈み込みの方向[1]に10 km程度、線状に伸びていることが多い。このことは、クラスターが長期にわたる沈み込み運動によって形成される構造であることを示唆する。たとえば、南海トラフでは、西北西と北北西の2方向の線状構造が観察できる。これは、現在のプレート沈み込み方向（西北西）と約300万年以前の沈み込み方向（北北西）が、プレート境界に記録されているためだと解釈できる[4]（図14-2）。

さらに高解像度で、まったく同じところでLFEが検出されることがある。あるLFEの波形を用いて、連続記録の中にそれと同じ波形があるか調べると、統計的に有意なレベルの類似性をもつイベントを検出することができる。**マッチドフィルター（matched filter）解析**[2]と呼ばれるこの手法は、さまざまな地域で活用されている。たとえばParkfield地域では、これを用いてSan Andreas断層周辺に88グループのLFE**ファミリー（family）**が同定されている[5]。また、微動の中に多数のLFEが検出されることから、微動はLFEの連続的な発生とみなす考え方が支

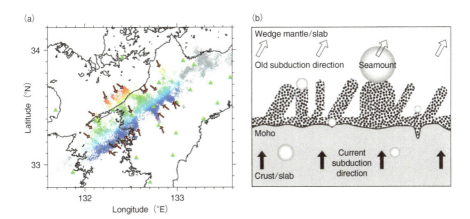

図14-2　テクトニック微動の分布に見られる線状構造とその解釈[4]。(a) 四国西部の微動分布。赤矢印は、N55WまたはN22W方向の線状構造を示す。(b) 長期のプレート運動と海山のような構造の沈み込みによって、プレート境界面に線状構造が形成される。この地域では、3-5 Maに沈み込み方向がN22WからN55Wに変化した。

1　沈み込みの方向とは、地震のすべりベクトルの方向。これは傾斜方向とは必ずしも同一ではない。
2　テンプレートマッチングなどとも呼ばれる。参照する記録をテンプレートという。LFEだけでなく、ふつうの地震にも有効なイベント検出法である［6］。

第14章 ◆ スロー地震とファスト地震

配的である[7]。これらのLFEは一種の繰り返し地震（第13章）と考えることもできる。

微動の発生地域と、通常の地震の発生地域は重なっているのか？　南海トラフ、カスケード、メキシコなど、初期に微動が発見された地域では、重なりは少ない（図1-29）。しかし、東北沖やニュージーランドでは、微動と通常の地震がほぼ同じ場所で発生する。ただし、その場合にも両者の発生地域の重なりは小さく、より詳細に分析すると、両者は分かれているように見える[8]。その地点のせん断すべりが高速になるか、低速でとどまるかを決めるのは、時間的変化の少ない、地域的に固有の物理条件のようである。

14-1-2　マイグレーション

スロー地震の発生地域は、時間とともに移動する。この移動を一般的に**マイグレーション（migration）**と呼ぶ。時間とともに微動の位置を追跡すると、空間・時間スケールに依存した、さまざまなマイグレーションが観察される。

大規模なSSEはプレート沈み込み方向と直角に（海溝軸、プレート面の走向と平行に）、ゆっくりとマイグレーションする。この速度は、1日で10 km程度、SI単位系では0.1 m/s程度である。SSEのマイグレーションは長期間継続することもあり、南海やカスケードでは100 kmを超えるマイグレーションも観察されている（図14-3ab）。

比較的高速な微動のマイグレーションは、約10 kmの距離を10分程度で伝わる。SI単位系では10 m/s程度である。この比較的高速なマイグレーションは、沈み込み方向に伸びたクラスターを伝わることが多い（図14-3c）。

この0.1-10 m/sという2桁の範囲にわたるさまざまな速度で、マイグレーションが観察できる。大規模なSSEのマイグレーションの最中には、全体的なマイグレーションの方向とは別方向に、数m/sの中間的な速度の小規模なマイグレーションが起こることがある（図14-3b、拡大図）。全体的な方向とは正反対の方向の場合すらある[9]。

このような観察から、スロー地震のすべりプロセスは、スムーズに一様に進展するものではなく、マイグレーションの局所的な加減速や方向転換を繰り返しながら、長期にわたって継続する現象であることがわかる。

スロー地震のマイグレーションの全体的特徴は、短距離を速く、長距離をゆっくりというものである。さまざまなスケールでのスロー地震の進展速度を比較す

第Ⅳ部 ◆ 地震現象の総合的理解

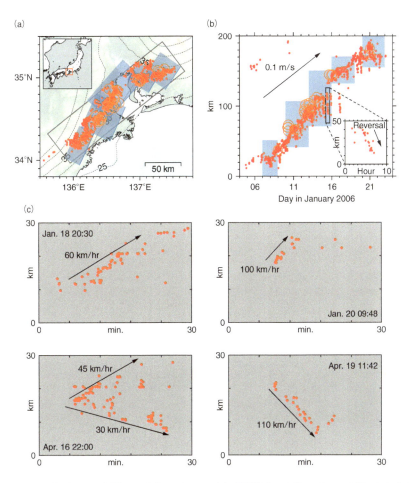

図 14-3 さまざまなスロー地震のマイグレーション。(a) 長期低速マイグレーションの例。2006年1月4–23日のテクトニック微動（赤丸、Mizuno & Ide, 2019[2]）、超低周波地震（オレンジ丸、Ito et al., 2007[10]）、スロースリップイベント（青四角、Obara & Sekine, 2009[11]）の分布。(b) (a) の灰色の矩形領域の時空間プロット。拡大図は反対方向への中間的な速度でのマイグレーションの例。(c) 四国西部のさまざまな場所と時間（2006年）における短期高速マイグレーション（Shelly et al., 2007[7]を改変）。

ると、長く継続する進展ほど、平均的な進展速度は系統的に遅いことが知られている[12]。ひとつの微動活動を観察すると、はじめ勢いよく（バースト的に）広がり、その後次第に広がり方が減速する様子がみられる。このマイグレーションの始点からの距離と開始からの時間の平方根はほぼ比例する[4]。これは、距離xと時間tの平方根が比例する（$x \propto \sqrt{t}$）、拡散的なプロセスを示唆する。

14-1-3　スロー地震と潮汐

　潮汐による応力変化はkPaオーダーである。この小さな応力変化が、一般の地震活動におよぼす影響は小さい。一方、スロー地震の活動には、潮汐の顕著な影響がみられる。微動の潮汐依存性はきわめて顕著であり[13]、またSSEについても、統計的に有意な潮汐応力依存性が確認されている[14]。

　潮汐の応力変化だけで、ほとんどの微動の活動が説明できる場所もある。たとえば図14-4は、小豆島近傍の地下約30 kmで発生する微動の発生時刻と、検潮所で観測した潮位の関係である[15]。この場所では、微動が干潮時に多数発生する（図14-4c〜e）。瀬戸内海の潮位が下がると、プレート境界面の法線応力[3]が減少、せん断応力は境界をすべらせる方向に増加する（図14-4b）。応力変化は潮位変化にほぼ比例する。

　この関係をより注意深く観察すると、微動は応力（もしくは潮位）に対しておおむね指数関数的に増加する[16]。せん断応力をτ、その応力に対応した微動の単

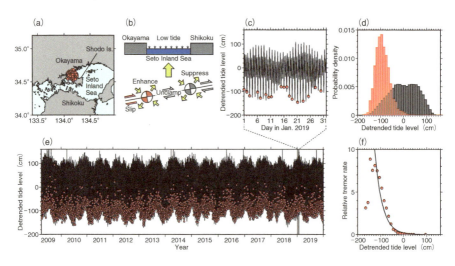

図 14-4　潮汐応力に敏感な瀬戸内海のテクトニック微動[15]。(a) 微動の位置図。深さは約30 km。(b) 微動発生と潮汐応力変化の単純な力学的解釈。(c) 近傍の検潮所における潮位観測値（黒線）と微動の発生時期（赤丸）。潮位は長期トレンドを除去してある。(d) 潮位（灰色）と微動発生時の潮位（赤色）のヒストグラム。(e) 全期間についての (c) と同じ図。(f) 微動発生率と潮位。この発生率は潮位の指数関数で近似される。

3　ここでは面を押しつける力として説明する。

位時間発生数（発生レート）を $\lambda(\tau)$ とすると、両者の間には、

$$\lambda(\tau) \propto e^{\alpha\tau} \tag{14-1}$$

という関係が成り立つ（図14-4f）。α は定数である。同様の関係はさまざまな地域で見られる。定数 α の値には地域性が見られ、経験的には、継続時間が短い微動、周囲と孤立した微動活動の場合に大きくなる。つまり潮汐の影響が強い。小豆島の微動はこの極端な例である。

式(14-1)では応力と発生レートが直接関係しているが、発生レートは応力レートとも関係しているという報告もある。つまりは、応力と発生レートの最大化する時間（位相）がずれている可能性がある[17]４。位相ずれの詳細な分析と、その原因究明については、まだ十分とはいえないが、ひとつの可能性として、１次元ばねブロックモデルとRSF則を仮定した力学系[18]が提案されている。

14-1-4　スロー地震のメカニズム

スロー地震のうち、SSEは発見当初から、地殻変動データを用いたインバージョンによってせん断すべり運動だと推定されている。また、比較的規模の大きいVLFEについても、広帯域地震計の記録から直接モーメントテンソルインバージョンが可能であり、各地域の大局的なテクトニックな変動と調和的なメカニズムが推定されている[10]。たとえば、沈み込み帯の場合には、沈み込むプレート面との境界に沿った、せん断すべり運動である。

さらに小さな現象、LFEやテクトニック微動のメカニズム推定は、シグナルが小さいので困難をともなう。しかし、繰り返し発生するLFEファミリーの場合、データを重合（stacking）処理⁵することで、ファミリー単位でメカニズム推定が可能である。西日本、カスケード、ニュージーランドなどで、ふつうの地震と同じような、プレート面のすべりを表すダブルカップル震源が推定されている[19]。

4　図14-4(f) でみられる低潮位極限での指数関数からの乖離も、これが原因かもしれない。

5　同じようなシグナル（とノイズ）をもつ、時系列データをシグナルの位相をそろえて足すことで、シグナル・ノイズ比を改善することができる。N回足し合わせることで$\sqrt{N}$倍の改善が見込まれる。

第14章 ◆ スロー地震とファスト地震

14-2 スロー地震のスケーリング

14-2-1 スロー地震の大きさ —— 地震モーメント

　さまざまな周波数帯域で観察されるスロー地震の地震モーメントは、どのように推定すべきか？　SSEの地震モーメントは、地殻変動データを用いたインバージョンによって推定することができる。おおむねM_w6.5以上であればGNSSによって、さらに小さなSSEでも解析方法を工夫したり、ひずみ計や傾斜計などのより高感度な測器を用いると、検出、断層面推定とともに、地震モーメント推定が可能である[20]。

　VLFEやLFEのような過渡的現象の場合、地震モーメント推定には少々注意が必要である。地震モーメントは、あるイベントのはじまりから終わりまでの変形に対して、そのスペクトルの低周波極限の値として定義される。VLFEやLFEについて推定するには、それぞれが単独のイベントとして発生していると仮定する必要がある[6]。この仮定が成り立つならば、地震計データを用いたインバージョンによって推定できる。

　実際にさまざまな現象に対して震源メカニズムとともに地震モーメントが得られている。VLFEはM_w3-4程度[10]、LFEはM_w1程度である[19]。

　VLFEとSSEの規模は大きく異なり、その間の時定数の現象は地震データ、地殻変動データともに、ノイズが大きく、直接観察は不可能である。それでも、微動のマイグレーションをひとつの現象として扱うと、その大きさはVLFEとSSEの間に位置する。このマイグレーション現象の地震モーメントは、M_w4-6程度と推定されている[21]。

14-2-2 地震モーメントと継続時間

　このように推定されたSSE、VLFE、LFE、マイグレーションイベントに対して、地震モーメントM_0と、その現象が継続している時間Tとを比較すると、両者はほぼ比例する。もしくは、平均的な地震モーメントレートM_0/Tはほぼ一定で

6　この仮定は、はじまりと終わりの不明瞭なテクトニック微動に対しては適用できない。VLFEやLFEは有限の周波数帯域で観測されるので、低周波極限のシグナルが見えているかどうか、必ずしも明らかではない。

第Ⅳ部 ◆ 地震現象の総合的理解

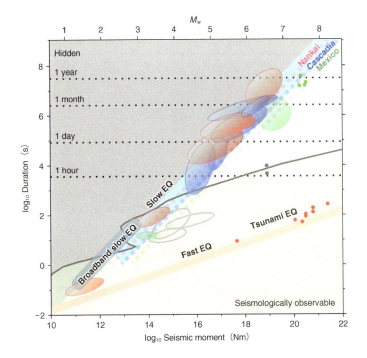

図 14-5 地震モーメントと継続時間の関係（Ide & Beroza, 2023[22] を改変）。各楕円は各研究の約95％のイベントをふくむ。赤、青、緑の記号はそれぞれ南海、カスケード、メキシコ地域の推定値を示す。緑の点はメキシコの大きなSSE。グレーの楕円と点は、浅いスロー地震の推定値を示す。赤い点は津波地震および類似の地震。太い青線と赤線は、それぞれスロー地震とふつうの地震の地震モーメントと継続時間のスケーリングを示す。灰色の曲線は地震学的に観測可能な範囲を示す。広帯域スロー地震は0.1秒から100秒で観測される。

ある[22, 23]（図 14-5）。

　ただし、$M_0 \propto T$の解釈には注意が必要である。スロー地震はつねにノイズレベルぎりぎりで検出される現象なので、ノイズレベルが高い地域や周波数帯域では、そもそも検出できない。検出されるのも大きな現象だけで、小さなものはノイズに埋もれる。つまり、現象の大きさの下限は押さえられない。したがって、$M_0 \propto T$というのは、それぞれの現象の最大規模を制約する法則と理解すべきである。もしくは、スロー地震の地震モーメントレートは、どのような周波数帯でも一定値を超えない、と解釈される[22]。

　また、異なる地域の現象を比較する際には注意が必要である。M_0/Tの上限値には、ある程度の地域性がみられる。スロー地震がよく観察される西日本、カスケード、メキシコでは、その順に10^{12}-10^{13} Nm/sの範囲でM_0/Tの上限値が大き

くなる。これは、それぞれの地域のスロー地震発生帯の幅と相関している。より幅の狭いParkfield地域では、10^{11} Nm/s程度の小さな値が測定されている。一方で、沈み込み帯の浅部（＜10 km）で発生するSSEやVLFEには、10^{14} Nm/s程度の大きな値が測定される。沈み込み帯の浅部と深部では、温度圧力流体などの条件が大きく異なるためだと考えられるが、この違いの原因は、まだ十分に理解されていない。

14-2-3　スロー地震とふつうの地震のギャップ

スロー地震の地震モーメントと継続時間のスケール法則は、ふつうの地震のスケール法則$M_0 \propto T^3$とは顕著に異なる。そして、2つのスケール法則の間には、大きなギャップがある。このギャップは観測可能なギャップである。たとえばM_w6で100秒程度継続する地震が発生すれば、広帯域地震計で比較的簡単に検出できるはずであるが、現在まで報告例がない。

第5章で紹介した津波地震は、たしかにふつうの地震に比べると継続時間が長い（図5-10）が、10倍も違わない。したがって、津波地震もふつうの地震のスケール法則にほぼ従う。この大きなギャップは、スロー地震とふつうの地震を支配する物理メカニズムに、本質的な違いがあることを示唆している。

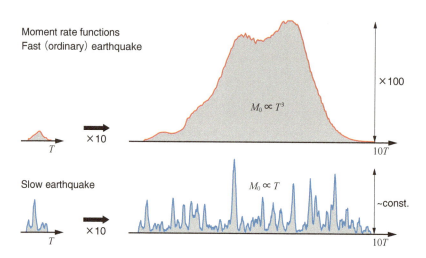

図14-6　ふつうの（ファスト）地震（赤）とスロー地震（青）のモーメントレート関数のスケール依存性の概念図。赤線はIde & Aochi（2005）[24]の階層円形パッチモデルを用いた計算例、青線はIde（2008）[25]のブラウニアンスロー地震モデルを用いた計算例。

第IV部 ◆ 地震現象の総合的理解

その違いは、モーメントレート関数にどのように反映されるか？ $M_0 \propto T$ と $M_0 \propto T^3$ の違いを生み出すモーメントレート関数は、どのようなものか？ 模式的な例として、図14-6のようなものが考えられる。この図は、ふつうの地震については、第13章で紹介したIde & Aochi (2005)[24]の階層破壊モデルの計算例、スロー地震については、後述するブラウニアンスロー地震モデル[25]のシミュレーション結果をもとに作成してある。ふつうの地震のモーメントレート関数は、時間とともに最大値が増加していくのに対して、スロー地震のモーメントレート関数は、上限を抑えられている。

14-2-4 スロー地震の広帯域周波数特性

1-8-3項で紹介したように、地震学的な観測範囲（1000秒より短周期）では、スロー地震の信号は広帯域にわたって同時に観測される。とくに0.1 Hz以下（10秒以上）のVLFEとして、また1 Hz以上の微動として同時に観察される。これは、広帯域地震計のスペクトログラム（図14-7a）を見ると明らかである。

VLFEとLFEの間にあるギャップは、脈動ノイズ（図1-7）によって観測が困難な帯域である。しかし、脈動ノイズを取り除くと、VLFEはLFEや微動の帯域まで連続的に信号を出していることがわかる[26]。この**広帯域スロー地震（broad-band slow earthquake）**は、まさに図14-6のような時間関数をもつと考えられ、地震モーメントと継続時間のスケーリングと調和的である。

広帯域で信号が見えるのは、ノイズが例外的に小さい場合に限られる（図1-27）。しかし、微動やLFEをもとに重合処理をおこなうと、ノイズの大きな記録から、VLFEやさらに長周期のSSEに対応する信号を検出することができる。このことから、スロー地震は本質的に超広帯域の現象だといえる。地震学的な観測範囲においては、広帯域性が明らかになってきたが、それがどのように測地学的観測とつながるかは、今後解明する必要がある。

14-2-5 応力降下量と規格化エネルギー

さまざまな沈み込み帯で発生したSSEについて、推定された断層面積と地震モーメントから、長方形断層を仮定して応力降下量を推定すると、SSEの大きさによらず、0.01-0.1 MPa（10-100 kPa）になる[27]。これは、同じような沈み込み帯における通常の地震の応力降下量、約1 MPaと比較すると1、2桁小さい。た

315

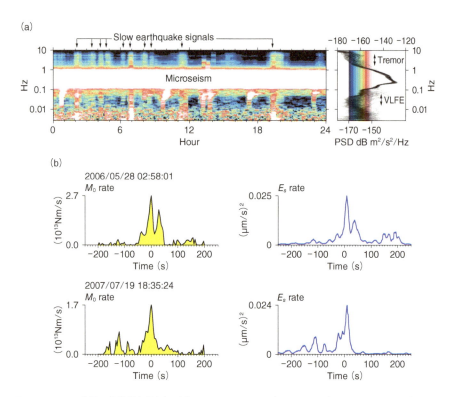

図 14-7 スロー地震の広帯域信号[28]。(a) 1日のスペクトログラム。5分ごとのスペクトルも右図に示す。1999年9月29日、F-net KIS観測点におけるSTS-1のBHZ成分。(b) KIS観測点で観測されたスロー地震の地震モーメントレートと地震波エネルギーレート（速度の2乗）。

だしこの値も、モーメントレートと同様に、上限値と考えるべきである。さらに1桁小さくなると、潮汐による応力変化と同程度になるが、このような現象の検出はとても困難である。

通常の地震では、応力降下量と同様に、規格化エネルギー（E_s/M_0）もあまりスケールによらない（第6章）。つまり、地震モーメントと地震波エネルギーはほぼ比例する。スロー地震の場合はどうか？

地震波エネルギーには地震波の高周波数成分の寄与が大きい。図14-7のような広帯域の信号を発する現象の場合、地震波エネルギーは、微動に相当する2 Hzより高周波のエネルギーが、ほぼすべてである。一方、地震モーメントは低周波極限で推定される。

ひとつのスロー地震について、広帯域地震波形の低周波数成分から地震モーメ

第IV部 ◆ 地震現象の総合的理解

ント（レート）を、高周波数成分から地震波エネルギー（レート）を計算することができる。両者は多くの場合、ほぼ相似形になり（図14-7b）、その比例定数は10^{-10}程度になる[28]。

南海、カスケード、メキシコなどでVLFEの規格化エネルギーが推定されている。その値は多くの場合、10^{-9}から10^{-10}の範囲におさまる[29]。これは、通常の地震の規格化エネルギーの約10^{-5}より4桁以上小さい。また、長期間のSSEと同時に発生した微動の総エネルギーを用いて規格化エネルギーを推定しても、ほぼ同様の値になる[30]。したがってVLFEより大きなスロー地震の規格化エネルギーは、地震同様、スケールにあまり依存しない。

まとめると、ふつうの地震でもスロー地震でも、応力降下量と規格化エネルギーはほぼスケール不変量と考えられる。応力降下量は1、2桁しか違わないが、規格化エネルギーは4桁以上異なる。静的な変形よりも、動的なエネルギー放出の点で、2つの現象の違いは大きい。

14-2-6 頻度統計

ある現象について頻度統計を考えるには、そもそも何の頻度を計測するか、検討する必要がある。スロー地震の何を1イベントとして定義するかは、簡単でない。ふつうの地震は継続時間が短く、まれにダブレットなどがあるものの、個々のイベントの定義に困難はない。しかし断続的に続く微動のような現象を、どこで区切るのかは自明ではない。ここでは2つのエンドメンバーを紹介するにとどめる。

ある観測点で観測される微動について、数秒ごとに振幅を計測し頻度統計を作成すると、ほぼ指数分布となる[31]（図14-8a）。指数分布は特徴的サイズをもつ分布である。つまり、微動振幅はどこまでも大きくなることはなく、ある特徴的な振幅で頭打ちになる。短周期の微動の振幅は地震波エネルギーレートと関係するので、地震波エネルギーレートが頭打ちになることを意味している。ふつうの地震の地震波エネルギーレートには限界がない[7]ので、これはふつうの地震との大きな違いである。

一方、微動のマイグレーションをひとつのイベントととらえ、その継続時間を大きさとみなすと、規模別頻度分布はべき法則に近いという報告がある[32]。ふつ

....
7 地震発生層の大きさの制約を受けない範囲で、である。

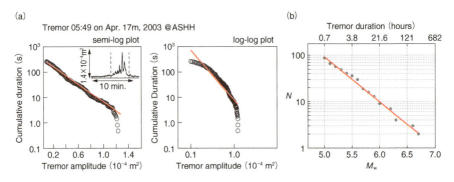

図 14-8 テクトニック微動の規模別頻度分布。(a) 振動振幅（変位の二乗平均平方根に震源距離を乗じたもの。Watanabe et al., 2007[31]を改変）。ほぼ指数分布をしており、片対数プロットでは直線近似されるが、対数プロットでは直線近似できない。(b) 微動クラスターをイベントとみなした場合の規模別頻度分布（Wech et al., 2010[32]を改変）。

うの地震と同じようなGutenberg-Richterの法則が成り立ち、b値も1に近い値になる（図14-8b）。

14-2-7 繰り返し周期

　世界各地のスロー地震発生地域には、ほぼ毎日のように頻繁に微動が発生する場所もあれば、数ヵ月に一度、大規模なSSEと同時に微動のマイグレーションが発生する場所もある。そして繰り返し周期には、ある程度の空間的な固有性がみられる。繰り返し周期に影響する微動の特徴はさまざまである。

　Idehara et al. (2014)[33]は、世界各地の微動を対象に、繰り返し周期と微動の継続時間に正の相関があることを示した。継続時間の長い微動は、繰り返し発生するまでに時間がかかる傾向にある。ただし、逆に短い微動の繰り返し周期が必ず短いとはいえない。微動の継続時間と潮汐応答には負の相関があり[4]、短時間で繰り返す微動は、とくに潮汐によくコントロールされる[8]。

　スロー地震の発生に必要なひずみエネルギーがプレート運動によって蓄積するのであれば、その繰り返し周期は当然プレートの相対速度と関係する。事実、西日本の微動発生帯においては、沈み込み速度の速い西側（四国）が東側（東海）よりも顕著に繰り返し間隔が短い。これ以外にも、微動の振幅（地震波エネ

8　岡山小豆島直下［15］は、このような微動の発生場所である。

ギーレート）やマイグレーション時の継続時間なども繰り返し周期にかかわる要素であり、これらをすべて用いた、繰り返し周期のスケール法則が提案されている[34]。

14-3 スロースリップの物理モデル

14-3-1 震源核の破壊未遂

第11章で、RSF則を用いた地震サイクルのシミュレーションについて説明した。このようなシミュレーションによって、SSEのような長期のゆっくりしたすべり変形が説明できることが、Tse & Rice（1986）[35]以来、さまざまな研究で指摘されている[36]。RSF則の臨界すべり距離Lが大きい、または法線応力が小さいときに、震源核形成プロセスのようなすべりの加速が起きる。この加速は、条件によっては高速には到達せずに、減速に転じることがある。つまり、震源核の破壊未遂が起きる。

11-5節で詳しく扱った2次元RSF則の震源核形成過程を復習する。破壊すべりが高速になり、地震波の放射をともなって広がっていくには、弾性エネルギーの解放量が、断層面周辺の破壊エネルギー消費を超える必要がある。そのためには、クラックはある程度大きくなければならない。

この臨界クラックサイズ（全長）は、RSF則のa、b、L、および剛性率μ、法線応力σ_nを用いて[37]、

$$L_{\mathrm{dyn}} = \frac{2\mu bL}{\pi(b-a)^2\sigma_n} \tag{14-2}$$

と書ける（モードIIIの場合[9]）。

一方でRSF則による震源核形成は、このサイズとは独立に進行可能であり、そのサイズ[10]は

$$L_{\mathrm{nuc}} = \frac{2.8\mu L}{b\sigma_n} \tag{14-3}$$

と見積もられる。

....

9 モードIIの場合、μのかわりに$\mu/(1-\nu)$を用いる。νはポアソン比。

10 ここではクラックの全長を表すことに注意。

319

L_{dyn} と L_{nuc} を比べると、$a/b>0.5$ の場合[11]には $L_{\text{nuc}}<L_{\text{dyn}}$ であり、震源核形成は L_{nuc} サイズの震源核からはじまるものの、その後震源核が拡大する。このとき、臨界クラックサイズに到達、そこからシステム全体に広がる高速のすべりが発生する。もしもシステムのサイズが小さく、震源核が十分大きくなれなければ、高速にならず破壊未遂となる。

スロー地震を発生させる地域の大きさ、つまりシステムサイズ L_{sys} は、上記2つのサイズより大きい場合も小さい場合もある。その大小関係によって、以下の振る舞いが予想できる。

① $L_{\text{sys}}<L_{\text{nuc}}<L_{\text{dyn}}$：システムは常時一定速度ですべり続ける。
② $L_{\text{nuc}}<L_{\text{sys}}<L_{\text{dyn}}$：システムは周期的に、ゆっくりしたすべりの加減速を起こす。
③ $L_{\text{nuc}}<L_{\text{dyn}}<L_{\text{sys}}$：システムは震源核拡大プロセスを経て高速すべりにいたる。

②が震源核の破壊未遂に対応する。実際のRSFを用いたシミュレーションでは、$L_{\text{sys}} \sim L_{\text{dyn}}$ のときに、このSSE的な振る舞いがみられる（図14-9）。

この震源核の破壊未遂は、一見、プレート境界で観察されるSSEをよく説明する。ただし、この条件を達成するためのパラメーター範囲は限られる。世界のさまざまな地域で観察される、大きさや継続時間の異なるSSEのすべてをこの考え方で説明できるかは、疑問である[38]。

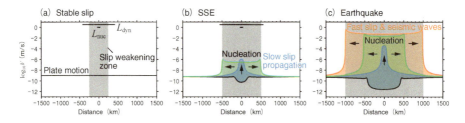

図14-9　震源核の破壊未遂としてのスロースリップイベント（RSF則を用いた数値計算）。(a) システムサイズが小さすぎる場合、すべり弱化領域（灰色領域）でも安定したすべりが発生する。2本の棒は摩擦パラメーターで定義される特徴的な長さを示す。(b) 核形成が可能であるが、臨界クラックサイズに達しない場合、SSEのようにゆっくりとしたすべりが発生し停止する。(c) システムサイズが十分に大きい場合、高速の破壊伝播が起こる。

11　スロー地震発生域では、急激な速度弱化は起きない（$a-b\sim0$）と仮定するならば、これは妥当な設定だろう。

第Ⅳ部 ◆ 地震現象の総合的理解

14-3-2 すべりの抑制メカニズム

RSF則を用いた地震サイクルのシミュレーションで、臨界サイズに達した震源核は高速すべりを引き起こす。しかし、もしなんらかの仕組みで高速なすべりが抑制されるならば、やはり中途半端な速度のすべり運動になるだろう。これが、Shibazaki & Iio (2003)[39]などによって開発されている、一連のSSEモデルである。

RSF則の摩擦則（式(11-7)）の右辺第3項を少しだけ変更して、

$$\mu = \mu_0 + a \ln\left(\frac{V}{V_0}\right) + b \ln\left(\frac{\theta}{\theta_1} + 1\right) \tag{14-4}$$

とすると、状態変数 θ がとても小さいときに、θ の変化が摩擦係数に影響しなくなる。このようなカットオフの存在は、摩擦を熱活性化過程としてとらえたモデル[40]からも示唆されている。

この式をaging則と組み合わせると、定常状態での摩擦係数は

$$\mu^{ss} = \mu_0 + a \ln\left(\frac{V}{V_0}\right) - b \ln\left(\frac{V}{V_{\text{cut-off}} + V}\right) \tag{14-5}$$

となる。ここで $V_{\text{cut-off}} = L/\theta_1 \ll V_0$ は、低速でのカットオフを決める速度である。Shimamoto (1986)[41]がおこなった、岩塩を用いた摩擦実験によると、$V_{\text{cut-off}}$ の値は 10^{-7} から 10^{-5} m/s程度と推定されている。

上式は $V_{\text{cut-off}}$ を境として

$$\mu^{ss} = \mu_0 + (a-b)\ln V + \text{const.}, \qquad V \ll V_{\text{cut-off}} \tag{14-6a}$$

$$\mu^{ss} = \mu_0 + a \ln\frac{V}{V_0}, \qquad V \gg V_{\text{cut-off}} \tag{14-6b}$$

と近似できるので、$a-b<0$ のときには、低速で速度弱化、高速で速度強化となることがわかる。式(14-4)への変更は、震源核形成など低速（$V \ll V_{\text{cut-off}}$）での振る舞いには影響しない。震源核が大きくなり、高速になると、この摩擦則によるブレーキによって、すべりはおさまる。

Shibazaki & Iio (2003)[39]は、カットオフ速度をもつ摩擦則を、沈み込み帯をイメージした3次元の平面断層へ適用した。浅部では速度弱化で断層が固着し、深さ30 kmくらいでSSEを起こすよう、深さ方向に a や b などのパラメーター値を変化させる。こうして、浅部の固着域が、巨大地震として1回すべる間に、その深部延長で何度もSSEが繰り返すような状況を説明することができる（図14-10）。

このように、浅部の固着域と深部のSSEをひとつのモデルで考える場合、固着

域での応力が徐々に蓄積することによって、深部SSEの発生様式に変化が生じる。Matsuzawa et al. (2010)[42]は、南海トラフを模した3次元モデルで、固着域のすべり（巨大地震）の前にSSEの間隔が短くなることを示した（図14-10d）。巨大地震の震源核形成過程がSSEの発生を促進することが、その原因である[12]。

一般に、震源核の破壊未遂モデルには、震源核形成から高速すべりに移行する過程で働く、なんらかのブレーキ役のメカニズムがあればよい。必ずしもRSF則

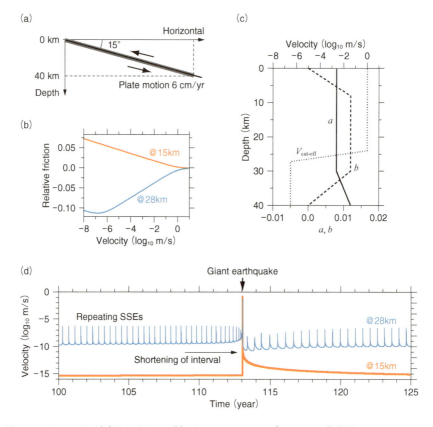

図 14-10　カットオフ速度をふくむRSF則によるスロースリップイベントの計算例。Matsuzawa et al. (2010)[42]を改変。(a) モデル設定。(b) 深さの異なる2地点における定常摩擦係数。基準値からのずれ。(c) パラメータa, bとカットオフ速度$V_{cut\text{-}off}$の深さ依存性。(d) 深さの異なる2地点におけるすべり速度。SSEの間隔は巨大地震の前に減少する。

12　SSEの巨大地震予測への有用性を示唆する結果であるが、モデルはきわめて単純化されているため、そのとおりのことが実際に起こるとは限らない。

第Ⅳ部 ◆ 地震現象の総合的理解

の枠組みで考えなければならないわけではなく、さまざまなメカニズムがブレーキ役になりうる。とくに地下流体が豊富にある場で、ダイラタンシー強化はよく検討されている[43]。低速から高速へ、すべりの進行にともなって、断層周辺でダイラタンシーによる空隙生成が効率的に進むと、その場所の間隙流体圧が下がり、すべりが抑制される[13]。

14-3-3 粘性による応力拡散

ゆっくりとした変形が伝わっていく現象の簡単な例は、粘性摩擦が働く面にインパルス的な応力が作用した後に、その応力が拡散的に緩和していく現象である。このような問題は、1970年代にふつうの地震後の応力緩和のモデルとしてしばしば検討された。同じ問題は、スロー地震の力学を考えるうえでも重要なヒントを与える。

2次元クラックについての解は、第9章の有限長クラックの問題と同様の手法で解くことができる[44]。無限媒質中の x_1 軸上（$x_2=0$）にモードⅢ（$u_1=u_2=0$, $u_3\neq0$）のクラックを考える。$z=x_1+ix_2$ の複素平面を考えると、釣り合いの式を満たす変位場 $u_3(z)$ と応力場 $\sigma_{23}(z)$ は、解析関数 $\phi(z)=\phi_r(z)+i\phi_i(z)$ を用いて、$u_3=\phi_r$ と置くと、

$$\sigma_{23}=\mu u_{3,2}=\mu\frac{\partial\phi_r}{\partial x_2}=-\mu\mathfrak{I}\phi' \tag{9-14再}$$

と表せる。

クラック面上ではニュートン粘性が働いており、釣り合いは準静的に保たれているとする。このとき、すべり $\Delta u(x_1,t)=u_3(x_1+i\epsilon,t)-u_3(x_1-i\epsilon,t)$ の時間微分が応力と釣り合う（$\epsilon\sim0$）。したがって

$$\sigma_{23}=\eta'\Delta\dot{u}(x_1,t) \tag{14-7}$$

とする。ここで $\eta'=\eta/2\epsilon$ は、粘性率 η をもつ薄い断層帯の粘性を表している。

解析関数を、

$$\phi(z,t)=A\ln(z+ibt) \tag{14-8}$$

....

13 実際に発生する可能性のある物理プロセスであり、構造研究との整合性もある。ただ、モデル設定の任意性やパラメターの不確定性を考えると、このモデルでなければならないことを示すのは困難そうである。

323

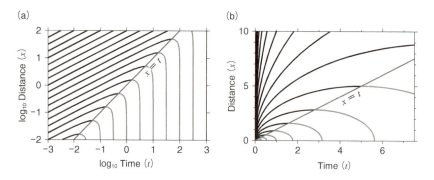

図 14-11　原点にインパルス震源を置いた場合の粘性拡散の時空間的な広がり。(a) 両対数プロット、(b) 線形プロット。式(14-10)の左辺の対数値の等値曲線を表す。時間が短いときには拡散的に広がる。

と置くと、

$$\Delta u(x, t) = 2A \ln(x^2 + b^2 t^2) \tag{14-9}$$

$$\sigma_{23}(x, t) = \frac{\mu A b t}{(x^2 + b^2 t^2)} \tag{14-10}$$

という解が得られる。ここで $b = \mu/4\eta'$ である。

この解は時刻 $t=0$ においては、$x=0$ 以外では応力（とそれに比例するすべり速度）が 0 となる、つまりインパルス状の応力擾乱を意味する。擾乱は周辺に広がっていくが、$t \ll |x|/b$ の範囲では、応力とすべり速度の等値線は $x \propto \sqrt{t}$ の形になる。つまり擾乱が拡散的に広がる（図 14-11）。

Ida (1974)[44] は、当時すでに San Andreas 断層において知られていたクリープイベントに対して、このような単純なモデルが適用できるか議論している。現代ではむしろ、このモデルの拡散的な広がりは、微動のマイグレーションを説明するのに適している。その観点で、ニュートン粘性でない一般的な粘性や、RSF 則的なレオロジーを仮定したマイグレーションの計算例が、Ando et al. (2012)[45] において提示されている。

14-4　広帯域スロー地震のモデル

14-4-1　脆性粘性パッチモデル

14-3節で紹介したRSF則を用いたモデルは、長期の大規模なSSEの振る舞いを説明するが、同じようなモデルの空間解像度を細かくして、微動からVLFE、SSEまで、広帯域の現象を説明するには、計算コストが大きすぎる。そこで、微動による地震波放出やマイグレーションの素過程を説明するモデルとして、粘性をもつ背景領域に分布した脆性パッチのモデル[46, 47]を紹介する。

式(14-7)のようなせん断粘性摩擦の働いている平面すべり面に、小さなパッチ領域を多数設置する（図14-12）。このパッチ領域は、停止（$\Delta \dot{u}=0$）しているときには、パッチ上のせん断応力が一定値 σ_p にならないとすべらない。この値に達すると、粘性摩擦すべりに移行する。つまり、

$$\begin{aligned} \sigma &< \sigma_p \quad (\Delta \dot{u}=0) \\ \sigma &= \sigma_r + \eta\, \Delta \dot{u} \quad (\Delta \dot{u}>0) \end{aligned} \qquad (14\text{-}11)$$

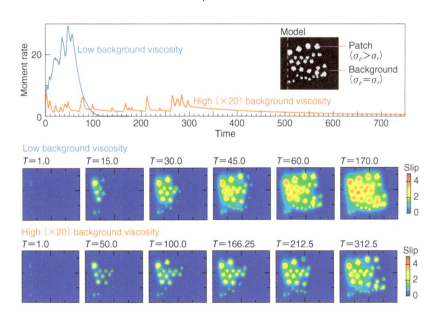

図 14-12　脆性粘性パッチモデル[47]。背景領域の粘性が異なる2つの計算結果を示す。（上）青とオレンジの線はモーメント速度関数。白黒の図はパッチの分布。（下）すべり分布のスナップショット。

第14章 ◆ スロー地震とファスト地震

となる。σ_r は σ_p より小さい定数である。このように、境界条件が動的に変化する問題を解く。

パッチ群の一部を破壊させると、破壊すべりがパッチ領域と背景領域に拡大する。その際、パッチの大きさや間隔、粘性率 η' や脆性強度 σ_p によって、すべりの広がり方は異なる。パッチが密に存在するときや、背景領域の粘性率が小さいときは、複数のパッチが一度に破壊する。すべりの拡大速度は高速で、媒質の地震波速度で律速される。すべりの分布は、一様な応力降下量に対応して半楕円型の分布となる。つまり、ほぼふつうの地震の動的破壊過程（第10章）である。

一方、背景領域の粘性が大きいときや、空間的に離れたパッチが断続的にすべる際には、すべりの拡大は式(14-10)のような背景の粘性応力拡散に支配される。個々のパッチで同じような破壊すべりが断続的に発生し、モーメントレート関数の上限は、粘性で抑えられた個々のパッチのすべり速度となる。

どちらのプロセスでも、脆性破壊から地震波の放射は起こる。ただ、前者では脆性破壊が地震波伝播とカップルして、比較的高速に破壊すべりが広がるのに対し、後者はそのカップリングが起こらないために、粘性的な広がりが支配的になる。この脆性粘性パッチモデルは、スロー地震とふつうの地震の物理プロセスの根本的な違いを、明快に説明している。このモデルの自由度をきわめて大きくすると、次に説明するブラウニアンスロー地震モデルと同様な振る舞いをすると考えられる。

14-4-2 ブラウニアンスロー地震モデル

地震の観測波形（モーメントレート関数）は、ハスケルモデルや佐藤・平澤モデルに代表される、単一のパルス的な破壊すべりで近似できる。スロー地震の場合、微動の複雑な波形を単一のパルスで表現することは不可能である。むしろ多数の小さなパルス的な信号が、ランダムに断続的に続くようなモデルを検討する必要がある（図14-6）。このようなモデルの一例が、ブラウン運動型の震源時間関数をもつスロー地震のモデル、**ブラウニアンスロー地震モデル（Brownian slow earthquake model、BSE model）**[25]である。

破壊開始点から面的に広がる破壊すべり領域の面積は、ほぼ時間の2乗で増え続ける。しかし、長期かつ断続的に続くスロー地震の場合、このような単調な増加は起こりえない。すべり領域は、時間とともに面積の増加減少を繰り返しながら、場所も変化するだろう（図14-13a）。

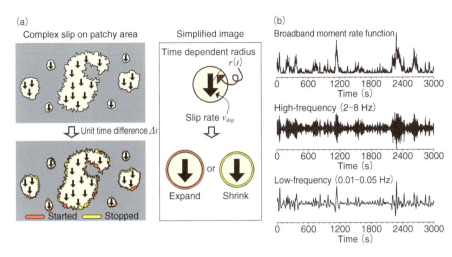

図 14-13　ブラウニアンスロー地震（BSE）モデル[25, 29]。(a) 概念図。すべり領域は時間ステップごとに変化し、モデル内のさまざまな地点ですべり開始とすべり停止を繰り返す。すべり領域を円で近似すると、すべり領域の変化は円の半径の変化で示され、確率微分方程式として表される。(b) BSEモデルのシミュレーション。広帯域モーメントレート関数および高周波数と低周波数のバンドパスフィルターをかけたもの。各トレースは最大値で正規化されている。

　ある瞬間のすべり領域の総面積をCr^2と表す。ここでrは震源の特徴的なサイズで、Cは定数である。すべりは一様に広がっている必要はなく、複雑な形状で進行する。したがって、ある時点でのすべり領域の特徴的サイズをrと規定し、その大きさがランダムに変化すると仮定する。すると、このプロセスの地震モーメントレートは、すべり速度をv_0として[14]、

$$\dot{M}_0 = \mu C v_0 r^2 = C_S r^2 \tag{14-12}$$

となる。
　ランダムな変数rについての単純な仮定として、ブラウン運動に従うとする。つまり、ある時間ステップdtの前後でのrの変化量drが

$$dr = \sigma dB \tag{14-13}$$

となる。dBはウィーナー過程とも呼ばれる確率変数で、平均0、分散dtの正規分布に従う。この場合、r^2の期待値は$E[r^2] = \sigma^2 t$となる。

14　すべり速度も変数とすることが可能だが、ここでは一番簡単な場合を考える。

第14章 ◆ スロー地震とファスト地震

　ブラウン運動は無限遠まで進展するので、有限の範囲におさまるスロー地震の
モデルとして、このままでは適切ではない。そこで、式(14-13)にrに依存する減
衰項を追加すると、

$$dr = -\alpha r dt + \sigma dB \tag{14-14}$$

という形になり、ある程度大きさが抑えられる。これが一番簡単な1次元のブラ
ウニアンスロー地震モデルである。この形の確率過程はOrnstein-Uhlenbeck過
程とも呼ばれる[15]。減衰項の係数αが、空間的なスロー地震領域の広がりを制約
する。現実のSSEの場合、たとえば発生領域の幅がαと関係するはずである。

　式(14-14)は数値的に解くことができて、図14-13(b)のようなモーメントレー
ト関数を生み出す。このモーメントレート関数は広帯域周波数帯の成分をふくむ
ので、その高周波数成分だけを観察すれば微動のように、中間的周波数帯では
VLFEのように、プロセス継続時間より長い時定数ではSSEのように観察される。

　式(14-12)(14-14)より、このモデルの地震モーメントレートの期待値は

$$E[\dot{M}_0] = \frac{C_s \sigma^2}{2\alpha} \tag{14-15}$$

と得られる。地震波エネルギーの計算には、このプロセスがブラウン運動とみな
せる最小時間ステップ[16]が必要で、それをΔtとすると、エネルギーレートの期待
値として、

$$E[\dot{E}_s] = \frac{C_s^2 \sigma^4}{5\pi \rho \beta^5 \alpha \Delta t} \tag{14-16}$$

が得られる。

　このモデルはスペクトル形状の期待値も提供する。継続時間Tのスロー地震の
モーメントレート関数のフーリエスペクトルは、f_Hより高周波ではfの2乗で減
少する[17]と仮定すると、

$$\widetilde{M}_0(f) = \frac{M_0'}{\sqrt{1 + \left(\dfrac{f}{f_L}\right)^2}\sqrt{1 + \left(\dfrac{f}{f_H}\right)^2}} \tag{14-17}$$

となることが期待される[4]。ここで$f_L = \alpha/\pi$、$f_H = 1/\pi\Delta t$である。スペクトルをと

---

[15] 確率過程と確率微分方程式の取り扱いに関しては、たとえばØksendal (1999)［48］などを参照のこと。

[16] この値は、物理学的にはランダムな変動の相関長に相当する。

[17] ふつうの地震と同様という意味。傾きが1.5乗より大きくないとエネルギーの積分が発散することは5-7節で示し
た。Δtに相当するものがなければ、この条件を満たさない。

328

る期間をTとすると、$M_0' = 2E[\dot{M}_0]\sqrt{T/2\alpha}$ となり、これは、この期間の地震モーメント $M_0 = E[\dot{M}_0]T$ と一致しない[18]。

ブラウニアンスロー地震モデルのモーメントレートスペクトルは、2つのコーナー周波数をもつ。このコーナーが一致すると、ふつうの地震の代表的なスペクトルである、オメガ2乗モデルとなる。図14-14は、$\dot{M}_0 = 10^{12}$ Nm/s で $T = 10{,}000$ s のスペクトルをふつうの地震のスペクトルと重ねて表示したものである。このような設定では、微動帯域（>1 Hz）においてはその振幅はM_w2のふつうの地震よりかなり小さく、VLFEの帯域（0.01-0.05 Hz）ではおおむねM_w3程度になることがわかる。

1次元モデルは数学的に単純であるが、直感的に理解しにくい。より視覚的にわかりやすい、セルオートマトン[19]を用いた2次元モデルが、Ide & Yabe (2019)[49]によって提案されている。このモデルも、式(14-14)のような確率微分方程式で記述される。2次元空間に広がったセル空間で、個々のセルの状態が

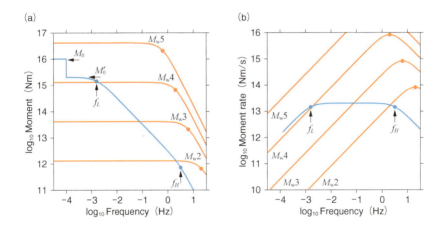

図14-14　スロー地震とファスト地震のスペクトル。(a) 青線はBSEモデルとオレンジ線はM_w2–5地震に対するオメガ2乗モデルの地震モーメントスペクトル。(b) 同じく地震モーメントレートスペクトル。BSEモデルのパラメターは $\alpha^{-1} = 200$秒、$\Delta t = 0.1$秒、$T = 10{,}000$秒、$M_0 = 10^{16}$ Nm。円はコーナー周波数の位置。

---

[18] 式(14-14)の解はウィーナー過程を$W(t)$という形で表すと、$r(t) = CW(e^{2\alpha t})e^{-\alpha t}$ となり、r^2の自己相関関数は $E[r^2(t)r^2(t+\tau)] = C^4(1 + 2e^{-2\alpha|\tau|})$ となる。このフーリエ変換がパワースペクトル密度に対応し、$C^4(2\pi\delta(\omega) + 8\alpha/(4\alpha^2 + \omega^2))$ となる。$0 < \omega \ll 2\pi f_H$ においては、この式にTをかけ平方根をとったものが式(14-17)に対応する。しかし$\omega = 0$では異なる値をとり、これは式(14-15)にTをかけたものになる。

[19] 空間を有限個数のセルに分割し、個々のセルの状態が周辺のセルの状態によって決定されるとして時間発展を計算するモデル（12-5節参照）。

「すべり」か「停止」か確率的に変化するモデルである。空間の一点ではじまったすべり領域はランダムに広がったり、縮んだり、ときにはマイグレーションのような振る舞いを示す。このように空間的なすべり状態の変化が、ランダムと区別できないような複雑さで拡散的に進展していくプロセスが、スロー地震の基本的なメカニズムだと考えられる。

14-4-3　さまざまなスロー地震モデル

VLFEからSSEまでの現象は、RSF則を用いたシミュレーションで、空間的にa、b、L、σ_nを不均質に与えることで、ある程度は説明できる[50]。たとえばMatsuzawa et al. (2010)[42]では、四国西部で起きるさまざまなSSEと、その中で発生する微動から、VLFEのような小規模なすべりを再現した。ただし、微動やLFEによる地震波放射、大規模SSEの内部で起きる各種マイグレーションまで再現するには、計算機リソースが不足している。

空間的な不均質を仮定すると、スロー地震を再現することは難しくはない。RSF則を用いた地震サイクルのモデルで、$a-b$が正と負の領域を空間的に適切に分布させるだけで、スロー地震をふくむさまざまなすべりの振る舞いを再現できる[51]。その原因は、おもに14-3節で説明した、震源核サイズL_{nuc}と動的破壊の臨界サイズL_{dyn}、システムサイズL_{sys}の関係で説明できる。さらに、システム全体で平均した$a-b$がほぼ0のとき、$a-b$が負の場所で、不規則なすべりが連続して発生する。このような断続的なすべりは、脆性粘性パッチモデルのパッチ間の連鎖とよく似ており、微動のモデルになりうる。

$a-b$が0に近い、つまり速度に対するせん断応力の変化が小さいという性質は、微動を説明するために本質的である。RSF則でない、クリープ型のレオロジーを仮定して、動的な積分方程式を解いて微動とそれがつくり出すSSEを説明したのが、Ben-Zion (2011)[52]のモデルである。彼らは、このほぼ0の応力変化でのすべり状態をcritical depinningと表現している。2つのすれ違う面どうしがピン止め（pinning）されているのが、外れることによって動くということである。このような運動は、Fisher et al. (1997)[53]などによって統計物理学的によく研究されており、そのスケール法則がスロー地震にある程度適用できる。

RSF則そのものではなく、RSF則にふくまれるヒーリングと震源核形成、すべり進展による応力解放を近似的に計算するツール、Rate-State-Quake-Simulator (RSQSim)[54]を用いたSSEのシミュレーションがおこなわれている[55]。このモデ

ルでは、明示的にすべり速度の上限を $1\ \mu m/s$ と定め、大小さまざまな低速すべ
りを実現している。カスケードにおいて、SSEの繰り返しや、小スケールでのマ
イグレーション、その頻度分布やスケーリングなどを効率よく説明できている。

　微動のような小さな攪乱が大規模なSSEも引き起こす、広帯域スロー地震のモ
デルに共通する特徴をいくつか挙げることができる。まず、局所的なすべりの影
響が遠方に伝わらないこと。応力の変化が小さければ、この条件は満たしやす
い。そして、応力やすべりが周辺に伝わる際に、波動としては伝わらないこと。
最近接作用として、拡散的に伝わる場合には、さまざまな速度のマイグレーショ
ンを引き起こす。このプロセスを一般化したものが、前項のブラウニアンスロー
地震モデルである。

第**15**章　地震の予測

　地震研究の重要な目標は、将来の地震について予測することである。現在、大地震の直前に避難や警戒のための警報を発出することは、現実的ではない。これが「地震予知は不可能」という意味である。一方、地震活動や震源の時間空間的な広がりについての知識をもとに、定量的に将来の地震の発生確率を示すことはできる。そして地震の発生確率から地震動の予測へつなげるのも、地震学の役割である。また、破壊すべりが開始した直後には、緊急地震速報を発出することで災害軽減に貢献することもできる。最終章では、これらの将来の地震についての予測の現状と、震源に対する知識との関連についてみていく。

15-1　　　　　　　　　　　　　　　　　地震予知と前兆現象

15-1-1　地震の予測と地震予知

　本書では「地震の予測」を、将来の地震についてなんらかの評価をおこなうこと一般、として説明する。それに対して「地震予知」という言葉は、警報を出すに値するような短期間におこなわれる、大きな地震の予測に限って用いる。定量的ではないが、「社会的な規制をするのに意味がある程度に、短期の大規模地震の予測」ということもできるだろう。

　地震予知はつねに高い関心が集まる話題であるが、理学だけで解決可能な問題ではない。歴史的には期待と失望を繰り返しながら、研究者の地震予知への態度は変化してきた。地震研究の未来を考えるうえで、関係する過去の重要な出来事は知っておくべきである。そこで本節では、まず日本における戦後の地震予知の簡単な歴史をまとめ、地震予知に対する研究者の現状認識と、これまでに提示された興味深い仮説、そして関連する前兆現象について紹介する。より詳細な地震予知の歴史については、泊（2015）[1]を参考にされたい。

15-1-2　日本の地震予知小史

図15-1に日本のおもな被害地震と、地震研究の重要トピックをまとめた。

地震学は明治維新後の日本で大きく進展した。地震予知は当初から研究者の夢であったが、1891年の濃尾地震後に設立された震災予防調査会や、1923年の関東大震災後に設立された東京帝国大学地震研究所は、地震現象の科学的な理解と災害軽減を目標にしており、必ずしも地震予知のみを目指した組織ではなかった。第二次世界大戦中には1944年東南海地震、1945年三河地震、戦後1946年には南海道地震など巨大地震と震災が続いたが、戦後の混乱を経て、地震研究体制が本格的に整うのは、1960年代を待たなければならなかった。

1960年代、地震学界の有志が地震予知についての「**ブループリント**」と呼ばれ

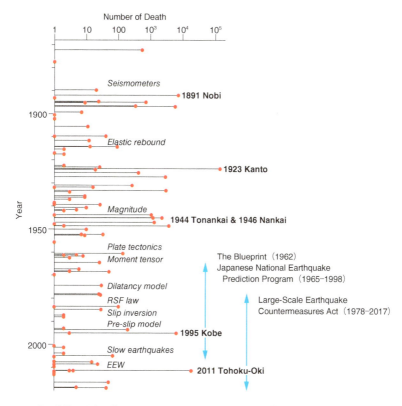

図 15-1　日本の地震の歴史。注目すべき巨大地震は太字で表示。科学の進歩は小さな斜体で示す。日本の地震予知計画や大規模地震対策特別措置法が有効であった時期を青い矢印で示す。

る文書を公表した。地震予知を実現させるための観測計画を提案したこの文書は、その後の地震研究計画の柱となった。ただし、その将来展望については、10年後には予知の実現可能性が明らかになるだろうという、楽観的なものであった。地震予知に対する政界からの後押しもあり、1965年から地震予知研究計画がスタートした。1969年には研究の文字をとって、第2次地震予知計画となり、日本は国を挙げて地震予知に取り組むことになった。当時は弾性波動としての地震現象の理解（第2-4章）が完成する時期であり、同時期に発生した1964年の新潟地震や、松代群発地震（図12-5）の解明に貢献するなど、学術研究面では多くの成果があり、将来への展望も明るかった。地震予知計画はその後第7次、1998年まで続く。

1970年代は、地震予知バラ色の時代といえる。後述するダイラタンシーモデル[2]や、中国における海城地震の予知成功[3]などの影響もあり、世界中で、地震予知のための研究が活発におこなわれた。国内でも東海地震説[4]1が提唱され、社会的不安を受けて大規模地震対策特別措置法（通称大震法）が成立し、日本は東海地震を待ち構える体制を整えた。ただし1960年代-1980年代は、図15-1からも明らかなように、日本の歴史的には被害地震が相対的に少ない時期であり、予知の実現にむけてというよりむしろ、惰性的に計画が継続されていた。それでも地震予知への国民の期待は根強く、1992年におこなわれた政府の第5回技術予測調査によれば、地震予知は2010年に実現すると考えられていた。

1995年の阪神淡路大震災が状況を一変させた。当時すでに、本書で説明した地震物理の基礎的な理解が進み、地震の予測が簡単でないことが明らかになりつつあった。地震予知計画は第7次で終了した。大震法にも厳しい目が向けられたが、同法が運用停止になり、東海地震の予知体制が廃止されたのは、その後2011年の東日本大震災を経て、ようやく2017年のことである。現在日本では、国家プロジェクトとしての地震予知の研究は進められておらず、地震予知を前提にした防災対策はおこなわれていない。

15-1-3　前兆現象のレビューとIASPEI決議

地震予知への期待が高いのは、日本だけではない。そして地震予知に対する期

1　南海トラフの東端には1944年の東南海地震のすべり残しがあり、長期継続的な地殻変動が観測されるため、そこで巨大地震が発生するという考え。その仮想地震を東海地震という。東海地震がいつ起きても不思議がないという仮説は、社会に大きな影響を与えた。

待が、不幸な事態を引き起こしたこともある。2009年のイタリア、L'Aquilaの地震では、地震研究者が地震発生可能性を否定した後で、地震が発生し、震災で多くの人が亡くなった。そして震災後に地震研究者が訴追された。これは、研究者と社会のミスコミュニケーションの典型例で、さまざまな論考がなされている[5]。

地震物理学的に重要なのは、この地震後に結成された、地震予知に関する国際コミッション（International Commission on Earthquake Forecasting for Civil Protection）の総合レポート[6]である。この文書では、さまざまな前兆についての検討がおこなわれ、現時点で地震予知に役立てられるレベルの前兆はない、と結論されている。検討された前兆現象には、ひずみ（もしくはひずみ速度）、地震波速度、電気伝導度、ラドン濃度、地下水位変化、電磁気信号、熱異常、動物異常行動、地震活動パターンなどがふくまれる。

この文書への支持が2011年の**国際地震学・地球内部物理学連合（IASPEI）**の総会において決議された（IASPEI決議）。すなわち、この内容が世界中の地震研究者の共通見解となっている。日本地震学会も、この決議を受けて、地震予知がきわめて困難だと認め、地震予知の具体的な体制の構築を目指す活動は現在おこなっていない。

15-1-4　ダイラタンシーモデル

地震予知に関する仮説はたくさんある。奇想天外で物理学的な根拠がないものも多いが、**ダイラタンシーモデル（dilatancy model）**については触れておく価値がある。これは、断層の科学の第一人者であるScholz[2]によって提唱されたものであり、本書で説明してきたさまざまな物理プロセスや環境条件とも関係する。

ダイラタンシーモデルでは、地震時に順を追って、いくつかのプロセスが進行する（図15-2）。まず長期的なローディングによって、岩盤中の弱面にかかる応力が次第に増加していく。岩盤中の間隙は地下水で満たされており、有効法線応力は間隙流体圧分だけ下がっている（第8章）。応力が弾性変形の限界近くまで高まると、岩盤にダイラタンシーが生じ、マイクロクラックの生成によって、一時的に体積が膨張する。このとき、新しく増えたクラックには、間隙流体がふくまれていないので、一時的に有効法線応力が上がり、摩擦力も上がる。したがって、この時点では破壊は起きにくい。その後、周囲の岩盤からマイクロクラックの中へ水が拡散し、有効法線応力が再び下がったのちに、震源核形成過程が進行し地震が起きる。

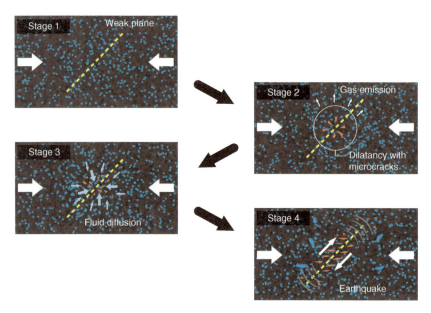

図 15-2　Scholz et al.（1973）[2]のダイラタンシーモデルの概念図。

　この仮説が正しければ、地震の直前には、マイクロクラックの増加や水の移動によって、地震波速度、電気伝導度、ラドン濃度、地下水位などに変化が引き起こされると期待される。1970年代には、この仮説にもとづいた多数の観測がおこなわれ、実際に前兆の発見報告が相次いだ。しかし精査をしてみると、多くの研究で、測定の信頼性が低かったり、統計的な評価が不足していたりして、検証に耐える結果はなかった。その結果が、前述のIASPEI決議による、前兆にもとづく地震予知の全否定へとつながったのである。

　ダイラタンシーモデルには、個々の素過程として、物理学的に妥当なものがいくつもふくまれている。それなのに、なぜ役に立たなかったのか？　理由はさまざまだが、一番の理由は、地震の震源にある階層構造（第13章）や、地震が臨界現象であること（第12章）であろう。つまり、地下でダイラタンシーモデルのようなことは起こっていても不思議はないが、それが引き起こす地震のサイズと関係せず、大地震につながるとは限らないということである。

第Ⅳ部 ◆ 地震現象の総合的理解

15-1-5　プレスリップモデル

　1990年代から、ダイラタンシーモデルに代わってポピュラーになったのが、プレスリップモデルである。この移り変わりは、1990年代にRSF則が確立して、地震前にはプレスリップが起きる（第11章）ことが理論的にはっきりしたことも、一因となった。プレスリップが大きければ、地殻変動観測で検出できるだろう。実際に、気象庁は東海地震の仮想震源域に多数の地殻変動観測機器を設置し、2017年まではプレスリップの検出による地震予知体制を整えていた。

　プレスリップモデルに強い影響を与えた観測がある。1944年の東南海地震直前に御前崎でおこなわれた水準測量の結果である。Mogi (1984)[7]によって再評価されたその測量結果は、地震直前の数cmの水準変化を示していた。この規模の変化は現代的なひずみ観測で十分測定可能である。しかしこの観測結果の信頼性は、鷺谷（2016）[8]によって疑問視されている。

　プレスリップモデルもダイラタンシーモデル同様に、メカニズムとしては十分ありうるが、必ずしも大地震に結びつくとは限らない。ただし、2000年代からのスロー地震研究の進展によって、巨大地震の前にスロー地震が発生する例が報告されている。地震予知への実用性はともかく、科学的には引き続き検討を要する仮説である。

15-1-6　地震活動の前兆

　地震活動を使って巨大地震発生を直前に予知できるか？　という研究も、長年おこなわれてきた。多くの地震の前に前震（第12章）が起きるが、現時点で実用的地震予知に役立つ、前震固有の特徴は見つかっていない。それでも地震物理学の知見に照らして、興味深い現象の報告例はいくつかある。

　ひとつは、地震直前のGR則のb値の変化である。第12章で紹介したように、b値は応力と関係するパラメーターだと考えられている。Nanjo et al. (2012)[9]は、東北沖地震の直前に破壊開始点近傍のb値が減少したと報告している。同様の観察は2004年のスマトラ地震でも報告されている。これらの観察は、破壊開始点近傍の応力の上昇を意味するだろう。

　別の観察として、東北沖地震とスマトラ地震の前には、地震活動の潮汐応答が変化したという報告がある。Tanaka (2010; 2012)[10]によれば、普段は地震活動と潮汐に明らかな関係はないが、地震直前にだけ、地震活動発生のタイミングと

潮汐（固体地球潮汐と海洋潮汐の和）の最大せん断応力のタイミングに相関が生じた。

スロー地震の一種、低周波地震の活動パターンが、2004年のParkfield地震の直前に変化したという報告もある[11]。低周波地震のマイグレーションは、断層に沿って両方向に進展するが、M_w6の地震の直前には一方向だけになったという事実は、震源核形成過程の際に特徴的な応力の空間分布パターンを反映しているかもしれない。

15-1-7 前兆と確率ゲイン

もし実用的地震予知を目指すのであれば、なんらかの警報発令と一緒に考えなくてはいけない。警報はある条件が満たされたとき、もしくは特定のパラメターが閾値を超えたときに出す。したがって、この条件や閾値の設定が重要である。条件や閾値を緩め、警報を乱発すれば、その警報発令中に地震が起きることが増える。ただし、同時に多数の空振り（誤報）を生み出すことになる。一方、条件・閾値を厳しく設定し警報を出すのを控えれば、見逃しが増える。地震予知が意味のあるものかどうかは、この警報の発令数（もしくは発令中の時間空間体積）、および警報発令中の地震（成功）と見逃しの比率次第である。

この関係をわかりやすく示すものに、Molchanのerror diagram[12]がある（図15-3）。時間空間領域を細かくセルに分け、そのうち、警報発令（On）中の体積の全体（All）に対する比を**警報率（alarm rate）**

$$\tau = \frac{P(\mathrm{On})}{P(\mathrm{All})} \tag{15-1}$$

と置く。一方で、セルにイベントがあっても見逃した（Yes & Off）ものの体積を、イベントがある（Yes）セルの体積で割ったものを**失敗率（miss rate）**

$$\nu = \frac{P(\mathrm{Yes} \cap \mathrm{Off})}{P(\mathrm{Yes})} \tag{15-2}$$

と置く。τとνはどちらも0から1の間の値なので、横軸と縦軸にとって、ダイアグラムに示すことができる。閾値を変えることでτは変わることになる。まったく情報がない場合には、$\tau = 1 - \nu$である。意味ある予測はこの線より下にないといけない。Aki (1981)[13]は有効性のひとつの尺度として、$(1-\nu)/\tau$を**ゲイン（gain）**と呼んだ。実用的予測はゲインが大きくなければならない。

Nakatani (2020)[14]によれば、提案されているさまざまな前兆のうち、ゲイン

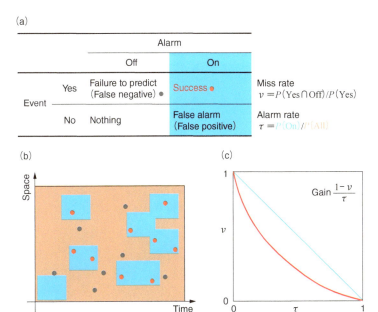

図 15-3　Molchanのerror diagram[12]。(a) 4つの可能な状況の表。(b) 警報率 τ と失敗率 ν の時空間表現。(c) τ を0から1に増加させることにより、τ と ν の間の図を書くことができる。

が10を超えるものは、地震活動以外には知られていない。ゲイン10とは、何も情報がない場合に比べて10倍の確率上昇を意味する。それでも、平常時の地震発生確率の低さを考えれば、10倍程度上昇しても、警報の基準としては意味がない。たとえば、日本[2]では毎月のようにM6の地震が起きるが、この規模の地震で生じる地震動が影響する範囲は、せいぜい距離50 km（100 km×100 km）の範囲である。この場合、1週間のうちにある場所に影響を与えるような地震が起きる確率は、約0.06％にしかならない。ETASモデルを用いた予測で、100のゲインが得られたとしても、確率は6％にとどまる。これは、大地震後の余震予測などの場合には意味があるが、10％以下では、避難行動を指示できるか疑問である。

2　海まで入れて、EEZはだいたい2000 km×2000 km。

第15章 ◆ 地震の予測

15-2　　　　　　　　　　　　地震と地震動の確率予測

15-2-1　基本的考え方

　前兆による地震予知がきわめて困難な状況で、科学的に意味があり、社会にとって有用な情報を出すことができるだろうか？　地震の破壊すべりの時間空間分布を地震物理学の知見にもとづいて仮定し、地震波の伝播に関する知見と合わせて、全国各地点で、どれくらい強い地震動が、どの程度の確率で発生するか、算定することはできる。それが**確率論的地震ハザード評価（probabilistic seismic hazard analysis, PSHA）**と呼ばれる分析法で、その評価のために世界各地でさまざまな研究がおこなわれている。

　確率情報の伝え方や、利用の仕方について、社会学的な検討が必要な問題ではあるが、本書ではそこまで踏みこまず、技術的な可能性について述べる。以下ではおもに、国が2005年から公表している、**全国地震動予測地図（National Seismic Hazard Maps for Japan）**[15]を念頭に説明する。なお予測地図作成手法の細部は、年々改良が続いているので、その正確な紹介を目指すものではない。

15-2-2　震源についての仮定

　震源については、場所と時間と規模を指定する必要がある。この際、震源の固有性（第13章）を活用できる場合と、ランダムに近い地震の発生（第12章）の両方を考慮する必要がある。

　固有的な地震として、同じ規模の地震が同じ場所で一定時間ごとに繰り返すことを考える。この場合の将来の発生確率計算は後述する。沈み込むプレート境界を区域に分け、また全国的に活断層調査を実施し、繰り返し地震になりそうな区域を特定し、それぞれの区域について、過去の地震活動や地質調査の結果から活動周期を推定している。区域分けや周期の推定には、評価者の主観の果たす役割も大きく、その不確定性は残る。

　ランダムな地震発生確率はポアソン過程を仮定して計算する。地震がいつ発生するかはまったくわからない。単位時間あたりの発生レートλのみが、時間によらない定数として定義できる。空間的にもランダムと仮定できるが、むしろ過去の活動を参照して、λを空間的な関数$\lambda(\mathbf{x})$として与えたほうが明らかに有用で

340

第Ⅳ部 ◆ 地震現象の総合的理解

ある。また規模については、Gutenberg-Richterの法則を利用することで、発生率を時間とマグニチュードの関数として、$\lambda(\mathbf{x}, M)$と仮定できる。さらに積極的に、時間空間的に過去の地震の影響を取り入れれば、ある時点での発生確率を、時刻t以前の地震履歴$\mathcal{H}(t)$の関数として、$\lambda(\mathbf{x}, M, \mathcal{H}(t))$と表すことができる。そのもっとも進んだ形は、第12章で紹介したETASモデルの拡張版である、階層時空間ETAS（HIST-ETAS）モデル[16]である。

　固有的な地震とランダムな地震、この2つの極端な現象を結びつけることが、地震学の最先端の課題になっている。繰り返し地震は完全な繰り返しではなく、階層的な構造を利用して中途半端に繰り返す（第13章）。幅広いスケールの階層的構造や、地震間の応力の伝達などを評価していくと、結局はETASとGutenberg-Richterの法則の組み合わせに帰着するかもしれない。

　社会的に意味のある地震動予測を実現するためには、この両極端の間で起こりうる最悪のシナリオが想定できている必要がある。残念ながら、2011年以前の地震動予測地図では、地域的な固有性による繰り返し地震しか仮定しておらず、階層的な固有性によって、東北地方に$M_w 9$の超巨大地震が発生することが想定できていなかった[3]。現在では、南海トラフ、日本海溝などでは、地域的な固有性を超えた超巨大地震になるシナリオが、想定にふくまれている。

15-2-3 　固有地震の発生確率評価

　同じ規模の地震が、同じ場所で、ほぼ同じ間隔で繰り返すと仮定した予測について考えよう。日本では地震調査研究推進本部（HERP）が2000年頃から、日本周辺の沈み込み帯や内陸の特定の活断層について、そこで発生する地震の大きさとだいたいの発生間隔を仮定したうえで、数十年期間の地震発生確率を算出している。固有地震の確率予測の例として、この算出法を紹介する。

　ある現象が、互いに独立で、同一の発生間隔分布で発生するような確率過程を更新過程（renewal process）と呼ぶ。固有地震の繰り返しは、更新過程で表される。ある場所での固有地震の発生間隔が、ある確率変数tで与えられていると考える。この場合、任意の時刻において、将来のある時刻までの地震発生確率を

---

3 2011年の1月には、宮城県沖で$M_w 7.5$前後の地震が2041年までの30年間に発生する確率を99%と算出していた。結果的には、3月11日の$M_w 9$の地震が、$M_w 7.5$前後の想定地域もふくめて、より広い範囲で破壊すべりを起こした。地震がひっ迫していることは数字に表れていたが、その規模については、大きく予想を外した。これは、先述の不完全な繰り返し地震の問題とも関係している。

341

数学的に算出できる。確率分布が$f(t)$のとき、累積分布$F(t)$を

$$F(t) = \int_0^t f(t')\,dt' \tag{15-3}$$

と置くと、時刻Tまでに地震が発生せず、その後ΔTの間に、つまり$T+\Delta T$までに発生する確率は、

$$P(T, \Delta T) = \frac{F(T+\Delta T) - F(T)}{1 - F(T)} \tag{15-4}$$

となる。

　固有地震は一定の発生間隔を仮定するので、$f(t)$として、発生間隔に依存する確率分布が用いられる。HERPの確率算出には、Matthews et al. (2002)[17]を参考にして、Brownian Passage Time（BPT）分布（モデル）が用いられている[4]。ほかにも、固有の周期をもつような分布としては、対数正規分布、ワイブル分布、ガンマ分布などが検討されている。

　BPTモデルは、時間に依存する確率変数Xを仮定する。時刻$t=0$において$X=0$であり、時間tとともにXは増大し、$X=1$になったら地震が発生する。マクロな破壊基準が適用できる場合に、強度1で破壊する断層の応力のようなイメージである。これだけだと、第13章で説明した時間も規模も予測可能なモデルである。ここでは、Xは一定のレートλで増加するとともに、同時にブラウン運動型の擾乱σをもつと仮定する（図15-4a）。プレート運動のような一定のローディングが作用しているものの、ほかの地震やテクトニックなプロセスによって、応力は常時擾乱されている状況を考えるとわかりやすい。式に表せば、$W(t)$をブラウン運動（ウィーナー過程）[5]として$X(t)$は

$$X(t) = \lambda t + \sigma W(t) \tag{15-5}$$

と表される。このようなモデルでの地震発生時刻tの確率分布は、

$$f(t;\mu,\alpha) = \sqrt{\frac{\mu}{2\pi\alpha^2 t^3}} \exp\left(-\frac{(t-\mu)^2}{2\mu\alpha^2 t}\right) \tag{15-6}$$

で与えられる（図15-4b）。$\mu = 1/\lambda$は擾乱がないときの繰り返し時間、$\alpha = \sigma/\sqrt{\lambda}$である。累積分布も解析的に与えられる（図15-4c）ので、繰り返し周期μを適当に仮定すれば、$P(T, \Delta T)$を計算することができる。

4　同じ分布は逆ガウス分布と呼ばれることもある。

5　$W(t)$は平均0、分散tの正規分布に従う。

第Ⅳ部 ◆ 地震現象の総合的理解

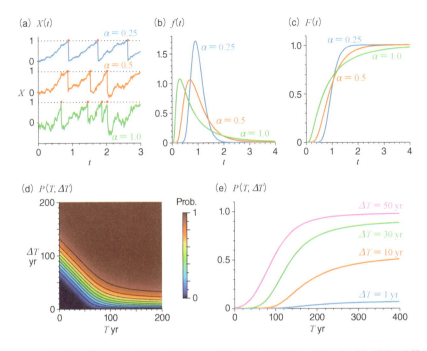

図 15-4 更新過程を用いた確率的予測。(a) $X(t)$ の変化。赤丸は地震のタイミング。(b) 確率密度関数 $f(t)$。(c) 累積密度関数 $F(t)$。(d) 時間 T までに地震が発生しなかった場合の継続時間 ΔT における地震発生確率。発生間隔は $\mu=100$ 年、$\alpha=0.24$ とする。(e) (d) の時間変化を異なる ΔT の場合に示す。

　図 15-4d は、繰り返し周期を 100 年、$\alpha=0.24$ としたときの $P(T, \Delta T)$ の分布を示す。時間 T の増加とともに発生確率は上昇し、また ΔT を大きくとるほど確率は大きい。ただし $\Delta T=30$ 年の確率はある程度上昇するものの、たとえば $\Delta T=1$ 年では、確率の値はあまり大きくはならない（図 15-4e）。さらに短く、たとえば $\Delta T=1$ 週間程度では、ほとんど意味ある確率を示さない。この意味で、更新過程のモデルの予測能力は、あまり高いとはいえない。

15-2-4　有限の震源とすべりの分布

　上記のような確率モデルで算出される地震の発生場所は、点に限られる。巨大地震の場合、周囲の地震動を予測するには、破壊開始点の位置だけでなく、破壊すべりの時間空間分布が重要となる。時空間分布には、複数のサブイベントや、複雑な破壊伝播プロセスがふくまれることがわかっている（第 7 章）。具体的な

断層幾何学や、実験と整合的な摩擦則を仮定して、動的な破壊すべりの進展を計算することもできる（第10章）。このような科学的な知見を、防災に役に立つレベルで利用するには、ある程度の単純化が不可欠である。

地震動予測地図では、Irikura & Miyake (2011)[18]などで提案されている「震源断層を特定した地震の強震動予測手法」を用いて、震源の単純化をおこなっている。その中では、まずプレート境界や活断層の一部に、長さと幅で記述される長方形断層を設定する。その長方形の一部に平均すべりの倍程度の大きなすべりをもつ小さな領域（アスペリティ[6]と呼ぶ）を設置し、アスペリティ以外のすべりは一様とする（図15-5）。

アスペリティの端の一点から、一定の破壊伝播速度で破壊フロントを伝播させ、各地点では破壊フロント到達時から、一様なすべり時間関数[19]をもつすべりが、最終的なすべり量に達するまで進行する。この時間関数の形は、第10章で紹介した動的なクラック伝播のすべり時間関数を単純化したものである。断層の長さ、幅、アスペリティのすべり量などは、さまざまな既往研究の値を参照して決

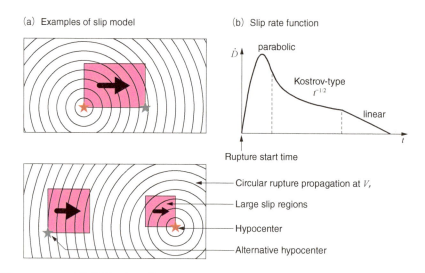

図15-5　HERPの地震動予測地図で使用するすべりモデルの例。(a) 1つか2つの大きなすべり領域を除いて、すべりは均一である。破壊は大きなすべり領域の端にある所定の震源位置からはじまり、一定の破壊伝播速度V_rで円形に拡大する。(b) 断層上の各点におけるすべり速度は、中村・宮武 (2000)[19]によって提案された関数に従う。

6　この用語の問題点については13-1-1項で触れた。この定義はオリジナルな定義とは異なるが、混乱を招くのでそのまま使う。強震動生成域と呼ばれることもある。

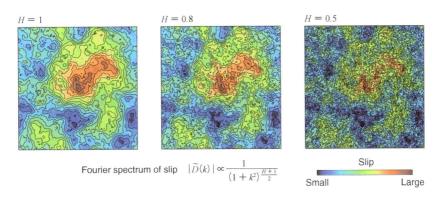

図 15-6　確率論的手法を用いて生成されたさまざまな「すべり分布」。空間パターンはスペクトル振幅のハースト指数 H に依存する。

定する。また、破壊開始点を何ヵ所か仮定して計算することが提案されている。

上記の震源は、やや単純化されすぎているかもしれない。複雑な震源を表す方法は、ほかにもさまざまに考案されている。さまざまなすべりインバージョンの結果にもとづいて、Somerville et al. (1999)[20] や Mai & Beroza (2002)[21] は、スペクトルが高波数側でべき関数となるランダムなすべり空間分布が適当だと提案している。たとえば、長さ方向と幅方向の波数をそれぞれ k_L と k_W、その方向の特徴的な波数スケールを k_{L0} と k_{W0} として、すべりのフーリエスペクトル振幅が、

$$|\tilde{D}(k_L, k_W)| \propto \frac{1}{1 + \left(\frac{k_L}{k_{L0}}\right)^2 + \left(\frac{k_W}{k_{W0}}\right)^2} \tag{15-7}$$

となるようなモデルである。図 15-6 に、Turcotte (1993; 1997)[22] によるランダム場の計算方法で、このようなすべり分布を計算した例を示す。ここではハースト指数（13-3 節）を変えた例を示している。式(15-7)は $H=1$ の場合である。

仮定したすべり分布を用い、同様に破壊力学にもとづいて、ある程度のランダムさを、各点での破壊開始時刻とライズタイムに仮定することで、地震動予測のためのすべりの時空間分布を与える手法も提案されている[23]。ランダムな場は多数計算してアンサンブル平均をとることで、予測の不確かさもふくむ地震動評価をおこなう。

15-2-5 地震動予測式

震源の仮定から観測地点の地震動を予測するひとつのやり方は、地震のマグニチュードや震源からの距離をもとに、各地点での周波数ごとの振動の最大加速度振幅（peak ground acceleration, PGA）、最大速度振幅（peak ground velocity, PGV）などを評価する方法である[24]。これには**地震動予測式（ground motion prediction equation, GMPE）**と呼ばれる式を用いる。

たとえば、地震モーメント M_0 の震源から距離 r だけ離れた地点の i 成分、周波数 f の PGA を計算する式は、第 5 章の結果を用いて、

$$|\ddot{u}_i(r,f)| \approx \frac{|R_i^S|}{4\pi\rho\beta^3 r} \frac{(2\pi f)^2 M_0}{1+(f/f_c)^2} e^{-\frac{\pi f t}{Q}} S(f) \tag{15-8}$$

となる。第 5 章の説明では出てこなかった、地震波動の伝播経路中の減衰が減衰定数 Q として、また、地点ごとのサイト増幅係数が $S(f)$ の形でふくまれている。この式、もしくはその対数をとった形、

$$\log|\ddot{u}_i(r,f)| \approx \log(|R_i^S|M_0) - \log r - \frac{\pi f r}{Q\beta}$$
$$+ \log S(f) + \log\left(\frac{f^2}{1+(f/f_c)^2}\right) + \mathrm{const.} \tag{15-9}$$

が GMPE として用いられる[7]。上記のサイト増幅係数や減衰を、過去の多くの地震の観測結果から推定すれば、経験的な予測が可能である。

より簡便には、震源を点と仮定し、マグニチュードや距離の情報から、周波数に依存しない最大地震動を算出する経験式も用いられている。地震動予測地図では、たとえば内陸浅部の地殻内地震について司・翠川（1999）[25]が推定した、地震のマグニチュード M_w と、震源深さ D

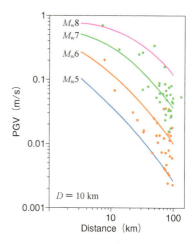

図 15-7 司・翠川（1999）[25]による地震動予測式による PGV の予測。深さ $D=10$ km、モーメントマグニチュード $M_\mathrm{w}=5$-8 で計算した。丸印は熊本地方で発生した地震（20160415 00:03（橙、$M_\mathrm{w}6.0$）、20160416 01:25（緑、$M_\mathrm{w}7.0$））の PGV 観測値。

---

7 これは実体波を仮定した式の例。計算する震源距離や地震のタイプによっては、距離依存性や減衰について異なる形式の式が適切な場合もある。

（km）、震源からの距離 X（km）から PGV（m/s）を計算する式

$$\log_{10} PGV = 0.58 M_{\mathrm{w}} + 0.0038 D - 3.29 - \log_{10}(X + 0.0028 \times 10^{\frac{M_{\mathrm{w}}}{2}}) - 0.002X$$

$$(15\text{-}10)$$

を用いている（図15-7）。式(15-9)との間に大雑把な対応が確認できる。実際の観測値は、かなりばらつくことも事実である。実用上はさらにプレート間、プレート内地震による違いや、一部で地域的な補正もおこなわれる。

15-2-6　震源近傍の地震波動の予測

　地震動予測式は、ある程度震源から離れた場所で有効である。一方でとくに大きな地震の場合、震源断層とその上のすべりの時空間分布から、震源近傍もふくめた強震動を予測することが重要である。さらにその震源から周囲に伝わる地震波動の伝播を、適当な地下構造を仮定し、計算することが可能である。地震動予測地図では、大規模弾性波探査や地震波速度構造推定[26]の結果から推定される3次元速度構造[27]に対して、有限差分法を用いた波動計算をおこなっている。

　一般にこのような計算は、地震波の低周波数成分（おおむね1秒以下）を説明するものの、高周波の地震動は説明できない。破壊すべりの時間的空間的広がりは仮定できても、その時間空間微分までを正確に記述することは不可能であり、また、すべり分布や散乱に支配された波動伝播プロセスの不確定さも考えると、そもそもすべり分布を用いた正確な高周波波動計算には意味がない。

　地震動予測地図では、高周波数成分は、統計的グリーン関数法[28]という手法を用いて計算する（図15-8）。まず標準正規分布するノイズを作成し、仮定した適当なウィンドウ関数と掛け合わせた時系列を作成する。これをフーリエ変換し、周波数領域において式(15-8)のようなスペクトル振幅を掛け合わせ、逆フーリエ変換する。この結果、ランダムな位相をもち、かつ時間領域で有限長になるような、模擬地震波形＝統計的グリーン関数が得られる。

　このような波形が、断層上の多数の点から放射されると仮定し、各地点のすべり分布やライズタイムにもとづいた補正をおこない、総和をとることで、地震波の高周波数成分を予測する。最終的な広帯域地震波動は、地震波の低周波数成分（有限差分法の計算結果）と高周波数成分（統計的グリーン関数）それぞれの帯域で、バンドパスフィルターを通したのちに和をとることで得られる。

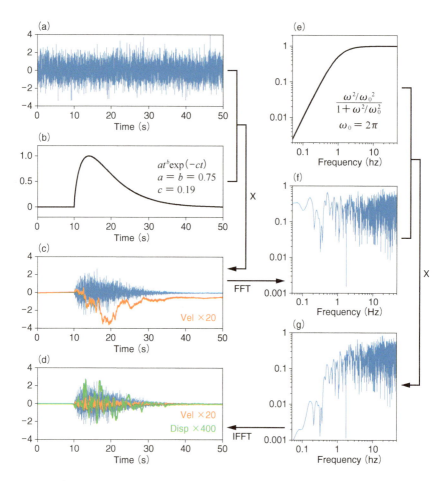

図 15-8 統計的グリーン関数のつくり方。(a) ガウス分布に従う時系列。(b) 窓関数。(c) (a) と (b) の積。オレンジの線は積分（速度相当）を20倍したもの。(d) 最終的なグリーン関数、または (g) の逆 FFT。オレンジと緑の線はそれぞれ積分（速度相当）を20倍と二重積分（変位相当）の400倍を示す。(e) オメガ2乗スペクトル（加速度）。(f) (c) のFFT。(g) (e) と (f) の積。

15-2-7　サイト増幅

地震波は地表付近の地盤の構造によって、振幅が大きく変わる。GMPEや差分法による地震波形の計算は、**地震基盤（seismological bedrock）**（S波速度が3 km/s程度まで）、またはその上の**工学的基盤（engineering bedrock）**（S波速度400 m/s程度まで）までの地震波の伝播を扱い、それより浅部の影響はサイト

第Ⅳ部 ◆ 地震現象の総合的理解

の増幅特性として考慮される。式(15-9)において、単純に$S(f)$とした部分である。この表層の増幅特性が防災的には重要な意味をもつ。

地震動予測地図に必要な情報として、全国的に、地震基盤、工学的基盤からさらに地表まで、浅部の地震波速度構造を約30層に分け、それぞれの深度を推定する作業がおこなわれている。この構造は、ボーリングデータをふくめた多数の地盤探査データや地質情報を用いて推定されており、将来の地震の確率やすべり分布の仮定に比べると、はるかに正確である。「ゆれやすさマップ」などの名称で情報が公開されているので、身近な地震対策を考えるうえで参考になる。

15-2-8 地震動予測地図

上記のような複雑な手続きによる計算の結果、最終的に公表されているのが、地震動予測地図である。図15-9は2020年1月の時点で、今後30年間に、全国の各地点が気象庁震度6弱以上の地震動に見舞われる確率である。南海トラフや千島海溝沖の地震発生確率を反映して、それらの地域で確率が比較的高い。また内陸では、おもな活断層沿いに確率が高まっている。ただし、それ以上に地域的には地下構造、もしくはサイト増幅特性の影響が強く表れている。

逆に言えば、このような図を最終的な目標として、さまざまな地震学的な知見を集積した、ということもできる。さまざまな経験式が用いられており、その物理的な意味を明らかにすることは簡単でない。また、用いられているパラメーター値の不確定性も大きく、最終的な確率はこれらの不確定性の影響も受ける。この図は決して完成形でなく、今後も科学的な知見のアップデートによって修正されていくものであることは、強調したい。

15-3　　　　　　　　　　　　　　　　　　緊急地震速報

15-3-1 基本原理

地震予知をふくむ前兆による地震の予測は難しいが、すでに発生した地震について、その地震がどの程度危険か、評価することはできる。そして、その評価はデータ取得後ただちに、場合によっては、地震の破壊すべりが継続している最中でも可能である。地震動のうちでも、とくに危険な地震動が到達する以前に予測

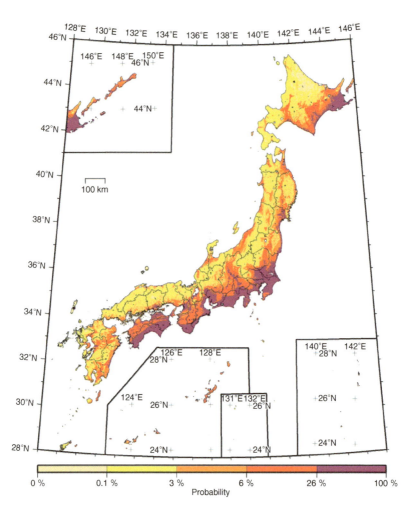

図 15-9　日本の全国地震動予測地図の例[29]。2020年1月1日から30年間に気象庁震度6弱以上の揺れが発生する確率を色で示す。

をおこない、警報を発出し、減災に役立つ対策をとることの社会的意義は大きい。

地震動を検知したときには、地震の破壊すべりはある程度進行しているので、予測の不確定性は小さい。震源の破壊すべりと地震波の伝播についての科学的知見を総動員して、近未来の時間空間的な地震動の正確な予測が可能である。これをシステム化したものが、国際的には**早期地震警報**（earthquake early warning, **EEW**）と呼ばれる警報システムである。わが国では世界に先駆けてEEWの開発

が進んでいる。1980年代には、当時国鉄の新幹線を減速停止させるシステム、ユレダス[30]が導入され、また2007年から、気象庁によって緊急地震速報として、全国的に運用されている。

　システムとしてのEEWは、国や地域単位で、それぞれの事情に合わせて開発されており、現在でも効率的運用のためのさまざまな改良が続けられている。必ずしも理学的な側面ばかりでなく、さまざまなステークホルダーの間の調整が、システム改良に本質的に重要である。本書ではその詳細について踏み込まない。日本の緊急地震速報についてはHoshiba et al. (2008)[31]、その他海外もふくめたEEWの発展についてはAllen & Melgar (2019)[32]やその引用文献を参照されたい。以下では、短時間で地震動を推定するために重要な、科学的な基本原理について説明する。

　現在のEEWは、とくに危険なS波地震動の伝播速度（約3.5 km/s）より、P波の伝播速度（約6 km/s）が速く、情報を伝達する電気信号はさらに速い（約30万km/s）という事実に依存している。その基本原理は、震源近傍の観測点に到達するP波から、それ以外の場所に到達するS波および表面波による地震動を推定するというものである。その際に、いったん震源を推定してから、その震源からの地震波伝播を考える方法と、震源を推定せずに直接地震動を推定する手法がある。それぞれの手法にとって重要な原理と、さらに地震波データに依存しない手法の可能性について順に説明する。

15-3-2　震源を推定する緊急地震速報

　EEWは多くの場合、地震の震源とマグニチュードを決定してから、その情報からGMPEなどを用いて想定される各地の震度を計算し、それがある一定値を超える場合に警報を発出する。したがってまず、震源とマグニチュードの決定を即時におこなう必要がある。震源位置（緯度、経度、深さ）を推定するには、3地点での実体波の到達時刻を必要とする。3点以上で実体波が観測されている場合には、ほぼ通常の震源決定問題になる。即時性を突き詰めると、一番最初に得られる情報は、P波が到達した1観測点のみの情報となる。この情報だけで震源決定をすることは、震源物理学的に興味深い問題をふくむ。

　まず、最初にP波が到達した観測点において、震源の方位を推定する。P波が縦波であることを利用すると、3成分の地震データを用いて、最初数秒の振動の方向を主成分分析などで推定し、震源の方向を推定できる。あとは震源までの距

第15章 ◆ 地震の予測

離がわかれば、震源位置がわかる。振動の大きさ推定のためには、マグニチュードも必要である。

マグニチュードと震源距離には明瞭な関係（第1章）があるので、どちらかが決まれば、もう一方はその値から導出できる。Nakamura (1988)[30] は、P波の最初数秒の卓越周波数に着目し、それからマグニチュードを導出、それをもとに震源距離を推定した。震源スペクトルはコーナー周波数の情報をふくむ（第5章）から、数秒の時間で決まる周波数の測定範囲に、コーナー周波数がふくまれれば、このような推定法が可能である。ただし第13章で説明したように、一般に地震の立ち上がりは、ほとんど最終的な大きさによらないので、たとえば最初の1秒で M_w7 か M_w9 かを判定することはできない。

一方で、気象庁の緊急地震速報に採用されたのは、加速度波形の立ち上がり情報である。やはり最初数秒の地動加速度のエンベロープ $|\ddot{u}(t)|$[8] を、

$$|\ddot{u}(t)| \approx Bt \exp(-At) \tag{15-11}$$

という関数形で近似すると、そのパラメーターBの対数と震源距離は線形関係にあることが経験的に知られている[33]。$\log B$ と距離 Δ（またはP波走時）の線形関係を経験的に推定し、Bから震源距離を求めるのが、**B-Δ法**という手法である。距離がわかれば、マグニチュードは振幅と震源距離から、通常の方法で計算できる。図15-10 にその例を示す。ここでは、震源距離でなくP波走時を用いている。各Bに対応するP波走時の95％信頼区間は約1桁であり、このままでは確度の高い情報とはいえない。

上記2つの手法は、どちらも数秒（3-4秒）の記録を必要とする。マグニチュード推定には、破壊すべり継続時間程度の情報が本質的に必要なのに対し、後者の距離推定に必要なのは、シグナル検出からノイズレベルを十分超える程度まで、1秒以下の情報に過ぎない。地震波形の立ち上がりについてよい近似を与える佐藤・平澤モデルでは、加速度波形の立ち上がりはほぼステップ関数になる（第6章）。伝播とともに振幅が小さくなり、形状は伝播途中の減衰や散乱の影響を受けてなまる。式(15-11)は、このステップ関数が、途中の波動伝播によってなまる様子を表している。

1点での推定は、誤差も大きい。地震の到来方向や、途中の減衰、観測点近傍

---

8 一般に時系列$f(t)$のエンベロープとは、$f(t)$とそのヒルベルト変換$H(f(t))$の幾何平均だが、Odaka et al. (2003) [33] では、ある時刻までの最大値と定義している。なお、式(15-11)がオメガ2乗モデルの時間領域表現（第5章）と同じであることは興味深い。P波到着の直後に限れば、式(15-11)は単にBtでよい。

第Ⅳ部 ◆ 地震現象の総合的理解

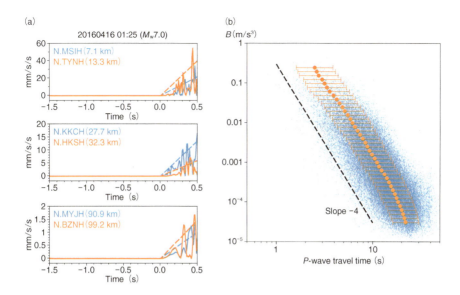

図15-10　B–Δ法[33]の原理。(a) 加速度信号の絶対振幅は、地震直後にほぼ直線的に増加する。破線はその包絡線に一次関数 Bt を当てはめたもの。例は熊本地震をHi-net地震計で観測したもの。(b) 傾き B とP波の到達時間（距離 Δ の代用）との比較。NIED MT解が決定された全地震について、気象庁検測値が利用可能なHi-net観測点における地震波の最初の0.2秒を用いた。平均値と標準偏差をオレンジ色で示す。

の構造によって、推定値が影響を受けるからである。同じ1点でも、それが密な観測網の中の1点であれば、ある点に地震波が到達し、ほかの点には到達していないという情報を用いることができる[34]。いずれ複数の観測点の情報が入手できるようになれば、不確かな1点での推定値に頼る必要はなくなる。増え続ける情報から、どのようにEEWを更新していくか、というアルゴリズムは進化し続けている。

　震源位置が求められても、マグニチュードが決定できなければ、震度の予測は不可能である。そして第13章で説明したように、地震のはじまりは大地震と小地震でほとんど変わらないようである。その場合、マグニチュードは少なくとも、破壊すべりが止まりかけるまで決定することができない。EEWのためのさまざまなマグニチュード推定アルゴリズムが開発されているが、この制約は逃れられない。したがってマグニチュードは、刻一刻推定し続ける必要がある。そのうえで、マグニチュードが2秒以上、5秒以上、20秒以上増加し続けるのであれば、それぞれ M_w6、M_w7、M_w8 以上になる可能性が高いという判断はできる。

15-3-3　震源を推定しない緊急地震速報

　もともとの気象庁の緊急地震速報では、震源を推定して警報を出していた（図15-11ab）。これに加え、2018年から緊急地震速報に導入されているのが、Propagation of Local Undamped Motion（**PLUM**）法[35]という震源を推定しないEEWである。この手法が導入された背景には、2011年東北沖地震の余震活動時に多数の誤警報を発出したという経験がある。誤警報の中には、多数の地震が短時間に連発したために、観測点ごとの地震検出情報をそれぞれの地震と結びつけることができず、規模を誤って推定した例が多かった。また東北沖地震の際には、数百kmにおよぶ震源を宮城沖の1つの点震源で代表させたために、とくに関東地方での揺れを過小評価するという問題もあった。震源における破壊すべりの広がりをEEWに取り入れる試みは多数おこなわれているが、実用に耐えるほど高速かつ正確な手法は開発されていない。

　PLUM法の原理はきわめて単純である。簡単にいえば、震源からある程度離れた場所では、ある地点の地震動は、近傍の観測地点の地震動と大差がないということである。近傍の観測地点の情報が利用できることが前提なので、密度の高い地震観測網が必要になる。予測は震度を基準としておこなわれ、ある瞬間のある地点での震度の予測値は、その点から半径R以内にある観測点での震度の最大値とする[9]（図15-11c）。Kodera et al. (2018)[35]は現在の日本国内の地震観測点の平均間隔20 kmを参考に、Rを30 kmとしている。

　大きな地震が発生すると、大きな震度を観測する観測点が増え、その都度周囲

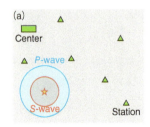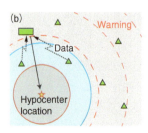

図15-11　緊急地震速報の概念図。(a) 地震が発生したが、観測点に波が届いていない。(b) いくつかのP波が到達した後、センターにデータが送信され、震源が特定され、その情報にもとづいて警報が発令される。(c) 各観測観測点では、強い揺れの到達後、揺れに関する情報をもとに観測点ごとに警報を出す。情報や警報は、データが増えるにつれて逐次更新される。

9　観測点ごとの震度のバイアスの補正をしたうえで、予測値が計算される。

の震度の予測がアップデートされる。震源の範囲が広ければ、自動で大きな震度の範囲が拡大するので、震源サイズが大きいために、点震源で予測を過小評価したような問題は起きない。

　PLUM法の短所は、予測が直前にならないとできないことである。各予測地点で予測震度になるまで、最大でも R/β の時間しかない。S波速度 β が 3 km/s の場合、10秒に過ぎない。それでも多くの場合、震源を推定する緊急地震速報と同等以上の予報が出せると報告されている。さらに、誤検知が起きにくいとか、震源を推定する必要はないので、常時震度をモニターしていれば連続的な運用も可能である、という点でもメリットがある。震源を推定する手法を併用することで、効果的なEEWが可能になると期待されている。

15-3-4　重力観測による地震速報

　EEWは基本的に、弾性波動である地震波の情報を用いている。したがって最

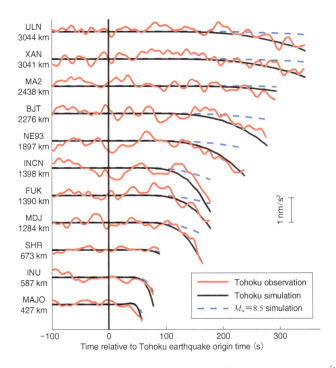

図 15-12　地震波よりも早い重力シグナルの東北沖地震における観測例（Vallée et al., 2017[36]を改変）。赤い曲線は異なる観測点での観測結果、黒い曲線は合成信号。

355

初の観測点で地震波が検出されるまでは、一切の予測ができない。この原則に対する挑戦が、重力シグナルを用いて提案されている。地震時には震源において物体の位置が変化し、その変化は周囲の重力場に影響する。重力信号は空間を光の速さで伝播するので、重力変化をとらえられれば、従来の弾性波動によるEEWより早く予報を発出できる可能性がある[36]（図15-12）。

ただしこのシグナルはとても小さく、最大でも1 nm/s^{2}程度と考えられている。ノイズの小さな広帯域地震計で観測されるが、M_w8以上の地震でないと、実用は難しい。EEWが重要になるのは、まさにこのような巨大地震の即時推定である。低ノイズの観測機器の開発や検出アルゴリズムの高度化など、今後の手法開発によっては、地震観測より早い警報発出の可能性がある。

あとがき

　2002年に東京大学（東大）の大学院理学系研究科に着任し、地震の震源に関する講義をはじめて以来、いずれ教科書を書きたいと思っていた。最初の数年に下書きをしてみたが、業務が忙しくなるにつれて、それどころではなくなった。それでも、やや簡単な読み物という趣旨で『絵でわかる地震の科学』を2017年に刊行し、本を書くことのイメージは把握できた。

　そして2020年、新型コロナウイルス感染症騒動のなか、講義をすべてオンライン化しなければならなくなり、講義内容や資料の大幅な見直しが必要となった。この見直しを契機に教科書の構想ができあがり、さらに2022年秋から約半年間、パリでの在外研究という好機を得て一気に執筆が進んだ。帰国後に原稿をとりまとめ、査読・校正を経て刊行にいたり、20年来の仕事を果たした思いである。

　私は東大において「地震物理学」という講義を開講している。この名前の講義を松浦充宏先生から引き継いだのは2004年。それ以来、20年で内容はかなり変わった。松浦先生には学部生時代に「地震物理学」を教わり、学部4年生時には特別演習で、その後も長く「地震発生論」セミナーで、そして最後は上司と部下の関係でお世話になった。本書に関してとくに松浦先生に感謝する。

　もちろん大学院生時代の指導教員、阿部勝征先生と武尾実先生にも感謝は尽きない。阿部先生には論文執筆の重要性を、武尾先生には研究技術だけでなく、研究者・教員としての行動規範も教わった。

　本書では教科書として一般的な記述を心がけたが、それでも一部の内容は、地震現象に対する私のオリジナルな考えが表れている。その基礎は、東大地震研究所で過ごした大学院生・助手時代に、教員・学生との議論で醸成された。菊地正幸先生と宮武隆先生には、震源過程解析の肝を教わった。

　先輩のなかでも、中谷正生氏との議論は昔も今もつねに刺激的である。中谷氏には一時期、「地震物理学」講義の後半部分を担当していただき、おかげで本書第8章の内容が格段に改善された。第7章で扱う波形インバージョンを手ほどきしてくれたのは吉田康宏氏であり、第15章には束田進也氏に啓発された内容をふくむ。

　地震についてともに学んだ同級生、竹内希氏、望月公廣氏、古屋正人氏、隅田

育郎氏、是永淳氏、Fenglin Niu氏、松林弘智氏からは、いまも大いに刺激を受け続けている。後輩では、長年の共同研究者であり、パリ滞在でもお世話になった青地秀雄氏にもっとも感謝している。第13章後半の内容は、青地氏との20年間にわたる共同研究がもとになっている。亀伸樹氏、深畑幸俊氏、今西和俊氏、呉長江氏、加藤愛太郎氏、八木勇治氏の重要な研究は本書でも引用させていただいた。教科書といえば、林能成氏、功刀卓氏、伊藤渉氏らと一緒に安芸敬一先生から、Aki & Richards複製の許可をいただいたのもよい思い出である。中山渉氏、西冨一平氏、青山裕氏とも面白い研究をした。

　2001年頃のStanford大学での在外研究は、地震についての考えを熟成させるよい機会になった。在外研究でお世話になり、その後も長く共同研究を続けているGregory Beroza氏には深く感謝する。当時聴講したBeroza氏の講義は私の講義内容にも反映されており、長年の共同研究の成果は本書の各所に現れている。またWilliam Ellsworth氏、Stephanie Prejean氏との共同研究は、私の地震エネルギーの理解を大いに深めた。当時一緒に議論したPaul Spudich氏、Martin Mai氏、Xyoli Pérez-Campos氏、Jeffrey McGuire氏、青井真氏、三宅弘恵氏にも大変感謝している。在外研究を機会にはじめた共同研究のために、その後訪日したDavid Shelly氏とAnnemarie Baltay氏とは、それぞれスロー地震と東北沖地震について重要な成果を挙げることができた。

　東大理学系では、多くの優秀な学生相手に講義をしてきた。十分に準備をしたつもりで講義に臨んだものの、学生から誤りを指摘されたことは数知れない。最初の学生、内出崇彦氏をはじめ、中村祥氏、桑野修氏ら初期の優秀な学生からは、教える一方でずいぶん教わった。続く世代、太田和晃氏、麻生尚文氏、矢部優氏、西川友章氏は、現在の日本地震学界の若手ホープとして活躍中であり、本書の原稿も読んで有益なコメントをくれた。彼らとの研究成果は、それぞれ本書の重要なパートを構成している。田村慎太朗氏、栗原義治氏、奥谷翼氏、荒諒理氏、菊地淳仁氏、奥田貴氏、麻生未季氏、金子りさ氏、植村堪介氏、水野尚人氏、張大維氏、Raymundo Plata-Martinez氏、増田滉己氏との研究成果も、さまざまな形

で本書にふくまれている。

　特任助教だった鈴木岳人氏、藤亜希子氏は学生指導にも貢献してくれた。彼らおよびポスドクだった松澤孝紀氏、山田卓司氏、出原光暉氏、Julie Maury氏、Pierre Romanet氏、中田令子氏はみな重要な研究成果を残している。

　東大理学系の他研究室の教員からも多くの影響を受けた。Robert Geller先生の地震予知に関する厳しい意見は、学部時代から私の地震学への興味を駆り立てた。木村学先生からは、異分野交流の重要性を学んだ。並木敦子氏とはおもしろい共同研究ができた。武井康子氏、安藤亮輔氏、河合研志氏、田中愛幸氏をはじめ、固体地球科学講座の教員には現在進行形でとてもお世話になっており、感謝の度を測るには早い。

　そして何より現在、本書の執筆もふくめ大量の仕事を私が何とかこなし、研究室を崩壊させずに済んでいるのは、利根川奈美氏の機転の利いたサポートのおかげにほかならない。

　本書の内容には、国内外の共同研究者との成果もふくまれる。とくに木村先生に誘っていただいて以来、科学研究費の領域研究では、国内の多くの研究者との交流を通じて、俯瞰的な視座を養うことができた。「超深海掘削KANAME」「スロー地震学」そして現在進行中の「SF地震学」において得た経験は、本書の守備範囲を広げている。スロー地震学を成功に導いた領域長小原一成氏の卓越したマネジメント、ともに班長を務めた、廣瀬仁氏、望月公廣氏、氏家恒太郎氏、波多野恭弘氏の協力に感謝している。現在SF地震学では、あまりにたくさんの人々にお世話になっており、とても書ききれない。とくに伊藤喜宏氏、吉岡祥一氏には、KANAMEからSF地震学までの長い協働に感謝する。

　国際的活動でお世話になった研究者も多い。長期の共同研究を続けているメキシコのVictor Cruz-Atienza氏、Vladimir Kostoglodov氏、そしてそのきっかけをつくってくれた三雲健先生には大変感謝している。やはり長期の共同研究を続けているフランスでは、青地氏はもちろん、Alexandre Schubnel氏とHarsha Bhat氏にお世話になっている。半年間の在外研究中の彼らとの議論は、本書の内容を

359

充実させるのに役立った。Raul Madariagas氏と一緒にプロジェクトを進めるという幸運も得た。台湾のKate Huihsuan Chen氏と学生たち、チリのSergio Ruiz氏と学生たちとも、実りある共同研究が続いている。ほかにも、Yihe Huang氏、Allan Rubin氏、Emily Brodsky氏、John Vidale氏、Heidi Houston氏、Yehuda Ben-Zion氏、German Prieto氏、Rachel Abercrombie氏、Seok Goo Song氏、Jessica Hawthorne氏、Simone Cesca氏、Fabrice Cotton氏、平貴昭氏にもお世話になった。

　そして海外の研究者の中ではとりわけ、金森博雄先生に深く感謝する。金森先生は1997年に私のカリフォルニア工科大学短期滞在を受け入れ、地震のエネルギー論について、議論を通じて私の理解を深めてくれた。その内容はとくに第10章に反映されている。

　本書の草稿は、中原恒氏、金子善宏氏に査読していただくという幸運を得た。お二人はそれぞれ東北大と京大で、地震学の先端的な研究を進めている研究者で、私がとくに感想をいただきたかった方々である。多忙にもかかわらず、お二人からは多数の誤記の指摘をふくむ、有益なコメントをいただいた。おかげで誤記はだいぶ減ったと考えられるが、なかなかゼロにはならない。この査読プロセスもふくみ、企画から構成まで、適切にサポートしていただいた講談社サイエンティフィクの渡邉拓氏にも深く感謝する。ほかにも感謝するべき人が多すぎるが、紙幅の都合で書ききれず申し訳ない。

　日々の充実した研究教育活動は家族に支えられている。地震物理学の講義をはじめたころには幼児だった娘たち、春佳、瑞穂の成長からは多くの元気をもらい、妻の保恵からはつねに力強いサポートをもらってきた。それがなければ本書は執筆できなかっただろう。そしてなにより、今があるのは父母のおかげである。

井出哲

引 用 文 献

　書籍や論文を区別せず列挙している。紙幅の関係で、情報は最小限にとどめた——著者名（苗字あるいはファミリーネームのみ、著者が3名以上いる場合は筆頭著者のみ）、刊行年のほかは、論文はDOI（DOIが付与されていない論文については、掲載誌、巻数、掲載ページ）、書籍はISBN（13桁）、逐次刊行物などはISSNのみ示した。

第1章

[1]　Scherbaum 2001, ISBN: 9780792368359

[2]　e.g., Larson et al. 2003, 10.1126/science.1084531

[3]　Obara et al. 2005, 10.1063/1.1854197

[4]　Aoi et al. 2020, 10.1186/s40623-020-01250-x

[5]　Peterson 1993, 10.3133/ofr93322

[6]　Nishida 2017, 10.2183/pjab.93.026

[7]　e.g., Yabe et al. 2020, 10.1186/s40623-020-01298-9

[8]　Omori 1918, *震災予防調査会報告*, **88甲**, 1-6.

[9]　Kennett 1991, 10.1111/j.1365-3121.1991.tb00863.x

[10]　Richter 1935, 10.1785/BSSA0250010001

[11]　坪井 1954, 10.4294/zisin1948.7.3_185

[12]　渡辺 1971, 10.4294/zisin1948.24.3_189

[13]　勝間田 2004, *験震時報*, **67**, 1-10; 舟崎 2004, *験震時報*, **67**, 11-20.

[14]　Kanamori 1977, 10.1029/JB082i020p02981

[15]　Ide & Takeo 1997, 10.1029/97JB02675

[16]　e.g., Ide et al. 2011, 10.1126/science.1207020; Suzuki et al. 2011, 10.1029/2011GL049136; Yokota et al. 2011, 10.1029/2011GL050098; Yagi et al. 2012, 10.1016/j.epsl.2012.08.018

[17]　Bird 2003, 10.1029/2001GC000252

[18]　Gutenberg & Richter 1944, 10.1785/BSSA0340040185

[19]　和達 1927, 10.2151/jmsj1923.5.6_119

[20]　Benioff 1949, 10.1130/0016-7606 (1949) 60[1837:SEFTFO]2.0.CO;2

[21]　Hayes et al. 2018, 10.1126/science.aat4723

[22]　e.g., Hasegawa et al. 1978, 10.1016/0040-1951 (78) 90150-6

[23] e.g., Hirose et al. 1999, 10.1029/1999GL010999; Miyazaki et al. 2006, 10.1029/2004JB003426; Dragert et al. 2001, 10.1126/science.1060152; Lowry et al. 2001, 10.1029/2001GL013238

[24] e.g., Katsumata & Kamaya, 2003, 10.1029/2002GL015981

[25] e.g., Ide et al. 2007a, 10.1029/2006GL028890

[26] e.g., Shelly et al. 2006, 10.1038/nature04931

[27] Aso et al. 2011, 10.1029/2011GL046935

[28] Obara 2002, 10.1126/science.1070378

[29] Shelly et al. 2007, 10.1038/nature05666

[30] Aso et al. 2013, 10.1016/j.tecto.2012.12.015

[31] Aso & Ide 2014, 10.1002/2013JB010681

[32] Ito et al. 2007, 10.1126/science.1134454

[33] Ide 2019, 10.1029/2019JB017643

[34] Araki et al. 2017, 10.1126/science.aan3120

[35] Nakano et al. 2018, 10.1038/s41467-018-03431-5

[36] Ide et al. 2007b, 10.1038/nature05780; Ide & Beroza 2023, 10.1073/pnas.2222102120

[37] Nishikawa et al. 2019, 10.1126/science.aax5618

[38] Nishikawa et al. 2023, 10.1186/s40645-022-00528-w

[39] Beroza & Ide 2011, 10.1146/annurev-earth-040809-152531

[40] Obara & Kato 2016, 10.1126/science.aaf1512

[41] Behr & Bürgmann 2021, 10.1098/rsta.2020.0218

第2章

[1] Aki & Richards 1980; 2002, ISBN: 9781891389634

[2] 板場ほか 2011, *地震予知連絡会会報*, 第85巻, p.295.

[3] Townend & Zoback 2000, 10.1130/0091-7613 (2000) 28<399:HFKTCS> 2.0.CO;2

[4] Dziewonski & Anderson 1981, 10.1016/0031-9201 (81) 90046-7

第3章

[1] Aki & Richards 1980; 2002（第2章の [1]）

[2] Stokes 1849, *Transactions of the Cambridge Philosophical Society*, **9**, 1-62.

[3] 長谷川ほか 2015, ISBN: 9784320047143

[4] e.g., Eisner & Clayton 2001, 10.1785/0120000222

[5] e.g., Dahlen 1977, 10.1111/j.1365-246X.1977.tb01298.x; Tanimoto & Okamoto

2000, 10.1029/1999GL011122

［6］　Kennett 2009, 10.26530/OAPEN_459524

［7］　纐纈 2018, ISBN: 9784764905443

［8］　Zhu & Rivera 2002, 10.1046/j.1365-246X.2002.01610.x

［9］　Cotton & Coutant 1997, 10.1111/j.1365-246X.1997.tb05328.x

［10］　e.g., Graves 1996, 10.1785/BSSA0860041091; Gokhberg & Fichtner 2016, 10.1016/ j.cageo.2015.12.013; Maeda et al. 2017, 10.1186/s40623-017-0687-2

第4章

［1］　Aki & Richards 1980; 2002（第2章の［1］）

［2］　Burridge & Knopoff 1964, 10.1785/BSSA05406A1875

［3］　Aki 1966, 10.15083/0000033586

［4］　Kanamori 1977（第1章の［14］）

［5］　Maruyama 1963, 10.15083/0000033709

［6］　Fialko et al. 2001, 10.1029/2001GL013174

［7］　e.g., Martel 1999, 10.1016/S0191-8141 (99) 00054-1

［8］　e.g., Freund 1974, 10.1016/0040-1951 (74) 90064-X

［9］　e.g., Frohlich 1994, 10.1126/science.264.5160.804; Julian et al. 1998, 10.1029/ 98RG00716; Miller et al. 1998, 10.1029/98RG00717

［10］　e.g., Kuge & Kawakatsu 1993, 10.1016/0031-9201 (93) 90004-S

［11］　Kanamori & Given 1982, 10.1029/JB087iB07p05422

［12］　Backus & Mulchahy 1976, 10.1111/j.1365-246X.1976.tb04162.x

［13］　Takei & Kumazawa 1994, 10.1111/j.1365-246X.1994.tb04672.x

［14］　Knopoff & Randall 1970, 10.1029/JB075i026p04957

［15］　e.g., Ekström 1994, 10.1016/0012-821X (94) 90184-8; Sandanbata et al. 2021, 10.1029/2021JB021693

［16］　Hudson et al. 1989, 10.1029/JB094iB01p00765

［17］　e.g., Aso et al. 2016, 10.1186/s40623-016-0421-5

［18］　Ford et al. 2009, 10.1029/2008JB005743

第5章

［1］　e.g., Buland & Chapman 1983, 10.1785/BSSA0730051271

［2］　e.g., Um & Thurber 1987, 10.1785/BSSA0770030972

［3］　志田 1929, 10.11501/3559493.

［4］　Aki & Richards 1980; 2002（第2章の［1］）

［5］ Hardebeck & Shearer 2002, 10.1785/0120010200

［6］ Hardebeck & Shearer 2003, 10.1785/0120020236

［7］ Ekström et al. 2012, 10.1016/j.pepi.2012.04.002

［8］ Kikuchi & Kanamori 1991, 10.1785/BSSA0810062335

［9］ Menke 2012, ISBN: 9780128100486

［10］ e.g., Takemura et al. 2018, 10.1029/2018GL078455

［11］ Kanamori 1993, 10.1029/93GL01883

［12］ Kanamori & Rivera 2008, 10.1111/j.1365-246X.2008.03887.x

［13］ Dziewonski et al. 1981, 10.1029/JB086iB04p02825

［14］ Kubo et al. 2002, 10.1016/S0040-1951 (02) 00375-X

［15］ e.g., Vallée et al. 2011, 10.1111/j.1365-246X.2010.04836.x

［16］ Vallée & Douet 2016, 10.1016/j.pepi.2016.05.012

［17］ Kanamori 1972, 10.1016/0031-9201 (72) 90058-1

［18］ Aki 1967, 10.1029/JZ072i004p01217

［19］ Brune 1970, 10.1029/JB075i026p04997; correction in 1971

［20］ Gutenberg & Richter 1942, 10.1785/BSSA0320030163

［21］ Choy & Boatwright 1995, 10.1029/95JB01969

［22］ e.g., Ide & Beroza 2001, 10.1029/2001GL013106

第6章

［1］ Haskell 1964, 10.1785/BSSA05406A1811

［2］ e.g., Thatcher et al. 1997, 10.1029/96JB03486; Song et al. 2008, 10.1785/0120060402

［3］ e.g., Furumura & Koketsu 1998, 10.1029/98GL50418

［4］ Kostrov 1964, 10.1016/0021-8928(64)90010-3

［5］ Sato & Hirasawa 1973, 10.4294/jpe1952.21.415

［6］ Imanishi & Takeo 1998, 10.1029/98GL02185

［7］ Kanamori & Anderson 1975, 10.1785/BSSA0650051073

［8］ Brune 1970; 1971（第5章の［19］）

［9］ e.g., Kaneko & Shearer 2014, 10.1093/gji/ggu030

［10］ Selvadurai 2019, 10.1029/2018JB017194

［11］ Ide & Beroza 2001（第5章の［22］）

［12］ L12: Lay et al. 2012, 10.1029/2011JB009133; V04: Venkataraman & Kanamori 2004, 10.1029/2003JB002549; M96: Mayeda & Walter 1996, 10.1029/96JB00112; B11: Baltay et al. 2011, 10.1029/2011GL046698; I04: Ide et al. 2004, 10.1186/

BF03352533; I03: Ide et al. 2003, 10.1029/2001JB001617; A05: Abercrombie & Rice 2005, 10.1111/j.1365-246X.2005.02579.x; I06: Imanishi & Ellsworth 2006, 10.1029/170GM10; Y07: Yamada et al. 2007, 10.1029/2006JB004553; O22: Oye et al. 2005, 10.1785/0120040170; K11: Kwiatek et al. 2011, 10.1785/0120110094

[13] e.g., Romanowicz 1992, 10.1029/92GL00265; Scholz 1994, 10.1785/ BSSA0840010215

[14] Fujii & Matsu'ura 2000, 10.1007/PL00001085

[15] Shaw & Scholz 2001, 10.1029/2000GL012762

第7章

[1] Kikuchi & Kanamori 1982, 10.1785/BSSA0720020491

[2] Kikuchi & Kanamori 1991（第5章の［8］）

[3] Lay et al. 2013, 10.1016/j.pepi.2013.04.009

[4] Harada et al. 2013, 10.1002/grl.50808

[5] Ishii et al. 2005, 10.1038/nature03675

[6] Meng et al. 2012, 10.1126/science.1224030

[7] Kiser & Ishii 2013, 10.1002/2013JB010158

[8] Fukahata et al. 2014, 10.1093/gji/ggt392

[9] e.g., Ide 2015, 10.1016/B978-0-444-53802-4.00076-2

[10] Yagi & Fukahata 2011, 10.1111/j.1365-246X.2011.05043.x

[11] Olson & Apsel 1982, 10.1785/BSSA07206A1969; Hartzell & Heaton 1983, 10.1785/BSSA07306A1553

[12] e.g., Beroza & Spudich 1988, 10.1029/JB093iB06p06275; Vallée & Bouchon 2004, 10.1111/j.1365-246X.2004.02158.x

[13] e.g., Graves & Wald 2001, 10.1029/2000JB900436; Lee et al. 2014, 10.1785/0220140093

[14] Okada 1985, 10.1785/BSSA0750041135

[15] e.g., Wang et al. 2003, 10.1016/S0098-3004 (02) 00111-5

[16] e.g., Kyriakopoulos et al. 2013, 10.1002/jgrb.50265

[17] Hartzell 1978, 10.1029/GL005i001p00001

[18] e.g., Dreger et al. 2007, 10.1029/2007GL031353; Uchide & Ide 2010, 10.1029/2009JB007122

[19] Menke 2012（第5章の［9］）

[20] Yabuki & Matsu'ura 1992, 10.1111/j.1365-246X.1992.tb00102.x

[21] 深畑 2009, 10.4294/zisin.61.103

［22］ Ide & Takeo 1997（第1章の［15］）

［23］ e.g., Yoshida et al. 1996, 10.4294/jpe1952.44.437; Wald 1996, 10.4294/jpe1952.44.489; Horikawa et al. 1996, 10.4294/jpe1952.44.455; Sekiguchi et al. 1996, 10.4294/jpe1952.44.473

［24］ Mai & Thingbaijam 2014, 10.1785/0220140077

［25］ Chi et al. 2001, 10.1785/0120000732; Ma et al. 2001, 10.1785/0120000728; Wu et al. 2001, 10.1785/0120000713

［26］ Beresnev 2003, 10.1785/0120020225

［27］ Geller 1976, 10.1785/BSSA0660051501

［28］ Heaton 1990, 10.1016/0031-9201 (90) 90002-F

［29］ Guatteri & Spudich 2000, 10.1785/0119990053; Konca et al. 2013, 10.1785/0120120358

［30］ e.g., Spudich & Frazer 1984, 10.1785/BSSA0740062061; Bernard & Madariaga 1984, 10.1785/BSSA0740020539

［31］ Kakehi & Irikura 1996, 10.1111/j.1365-246X.1996.tb06032.x; Nakahara et al. 1998, 10.1029/97JB02676

［32］ Ide et al. 2011（第1章の［16］参照）; Yagi et al. 2012, 10.1016/j.epsl.2012.08.018

［33］ Lay et al. 2012（第6章の［12］参照）

［34］ Sato et al. 2012, 10.1007/978-3-642-23029-5

［35］ Takemura et al. 2009, 10.1111/j.1365-246X.2009.04210.x

第8章

［1］ Wang 2021, 10.1785/0220200242

［2］ Ortlepp 2000, 10.1016/S1365-1609 (99) 00117-3

［3］ Lockner et al. 1991, 10.1038/350039a0

［4］ Lockner et al. 1992, 10.1016/S0074-6142 (08) 62813-2

［5］ Brace & Byerlee 1966, 10.1126/science.153.3739.990

［6］ Yamashita et al. 2021, 10.1038/s41467-021-24625-4

［7］ Scholz 2019, ISBN: 9781316615232

［8］ Byerlee 1978, 10.1007/978-3-0348-7182-2_4

［9］ Engineering ToolBox 2004, Friction – Friction Coefficients and Calculator. [online] Available at: https://www.engineeringtoolbox.com/friction-coefficients-d_778.html (Accessed Oct. 28, 2022)

［10］ e.g., Moore & Lockner 2004, 10.1029/2003JB002582; Moore & Rymer 2007, 10.1038/nature06064

[11] Bowden & Tabor 1950; 2001, ISBN: 9780198507772

[12] Dieterich & Kilgore 1994, 10.1007/BF00874332

[13] Anderson 1905, 10.1144/transed.8.3.387

[14] Bokelmann & Beroza 2000, 10.1029/2000JB900205

[15] Mai & Thingbaijam 2014（第7章の［24］）

[16] Angelier 1979, 10.1016/0040-1951 (79) 90081-7

[17] e.g., Michael 1984, 10.1029/JB089iB13p11517; Gephart & Forsyth 1984, 10.1029/JB089iB11p09305; Terakawa & Matsu'ura 2008, 10.1111/j.1365-246X.2007.03656.x

[18] Terakawa & Matsu'ura 2010, 10.1029/2009TC002626; Uchide et al. 2022, 10.1029/2022JB024036

[19] Wallace 1951, 10.1086/625831; Bott 1959, 10.1017/S0016756800059987

[20] Das & Scholz 1981, 10.1029/JB086iB07p06039

[21] e.g., Gupta 2002, 10.1016/S0012-8252 (02) 00063-6

[22] Ellsworth 2013, 10.1126/science.1225942

[23] Kim et al. 2018, 10.1126/science.aat6081

[24] e.g., Lachenbruch & Sass 1980, 10.1029/JB085iB11p06185

[25] e.g., Scholz 2000, 10.1130/0091-7613 (2000) 28<163:EFASSA>2.0.CO;2

[26] McKenzie & Brune 1972, 10.1111/j.1365-246X.1972.tb06152.x

[27] Fulton et al. 2013, 10.1126/science.1243641

第9章

[1] Broberg 1999, ISBN: 9780121341305

[2] Lawn 1993, ISBN: 9780521409728

[3] Poliakov et al. 2002, 10.1029/2001JB000572

[4] Griffith 1921, 10.1098/rsta.1921.0006

[5] Orowan 1949, 10.1088/0034-4885/12/1/309

[6] Scholz 2019（第8章の［7］）

[7] Barenblatt 1959, 10.1016/0021-8928 (59) 90157-1

[8] Ida 1972, 10.1029/JB077i020p03796

第10章

[1] Kostrov 1964（第6章の［4］）

[2] Broberg 1999（第9章の［1］）

[3] Kostrov 1974, *Izv. Acad. Sci. USSR. Phys. Solid Earth*, **1**, 23-44.

[4]　Rudnicki & Freund 1981, 10.1785/BSSA0710030583

[5]　Sato & Hirasawa 1973（第6章の［5］）

[6]　Ide 2002, 10.1785/0120020028

[7]　Dahlen 1974, 10.1785/BSSA0640041159

[8]　Virieux & Madariaga 1982, 10.1785/BSSA0720020345

[9]　Cochard & Madariaga 1994, 10.1007/BF00876049

[10]　Andrews 1976, 10.1029/JB081i032p05679; Andrews 1985, 10.1785/BSSA0750010001

[11]　Barenblatt 1959（第9章の［7］）; Ida 1972（第9章の［8］）

[12]　Andrews 1985（［10］参照）; Dunham 2007, 10.1029/2006JB004717

[13]　Madariaga 2015, 10.1016/B978-0-444-53802-4.00070-1

[14]　Madariaga 1976, 10.1785/BSSA0660030639; Kaneko & Shearer 2014（第6章の［9］）

[15]　e.g., Bernard & Baumont 2005, 10.1111/j.1365-246X.2005.02611.x; Dunham & Bhat 2008, 10.1029/2007JB005182

[16]　Xia et al. 2004, 10.1126/science.1094022

[17]　e.g., Geller 1976（第7章の［27］）

[18]　Archuleta 1984, 10.1029/JB089iB06p04559

[19]　Bouchon et al. 2000, 10.1029/2000GL011761

[20]　Bouchon & Vallée 2003, 10.1126/science.1086832

[21]　Dunham & Archuleta 2004, 10.1785/0120040616; Ellsworth et al. 2004, 10.1193/1.1778172

[22]　e.g., Bao et al. 2019, 10.1038/s41561-018-0297-z; Socquet et al. 2019, 10.1038/s41561-018-0296-0

[23]　e.g., Jia et al. 2023, 10.1126/science.adi0685; Abdelmeguid et al. 2023, 10.1038/s43247-023-01131-7

[24]　Olsen et al. 1997, 10.1126/science.278.5339.834

[25]　Ando & Kaneko 2018, 10.1029/2018GL080550

[26]　Fukuyama et al. 2003, 10.1785/0120020123

[27]　Hamling et al. 2017, 10.1126/science.aam7194

[28]　e.g., Harris & Day 1993, 10.1029/92JB02272; Kase & Kuge 1998, 10.1046/j.1365-246X.1998.00672.x; Duan & Oglesby 2006, 10.1029/2005JB004138

[29]　e.g., Aochi et al. 2000, 10.1029/2000GL011560; Kame et al. 2003, 10.1029/2002JB002189; Bhat et al. 2007, 10.1029/2007JB005027

[30]　e.g., Aochi et al. 2000, 10.1007/PL00001072; Duan & Oglesby 2005, 10.1029/

2004JB003298

[31] e.g., Dunham et al. 2011, 10.1785/0120100076; Shi & Day 2013, 10.1002/jgrb.50094

[32] Aochi & Fukuyama 2002, 10.1029/2000JB000061

[33] Guatteri & Spudich 1998, 10.1785/BSSA0880030777

[34] e.g., Guatteri & Spudich 2000, 10.1785/0119990053; Tinti et al. 2005, 10.1029/2005JB003644

[35] e.g., Lapusta et al. 2000, 10.1029/2000JB900250

[36] Hubbert & Rubey 1959, 10.1130/0016-7606 (1959) 70[115:ROFPIM]2.0.CO;2

[37] e.g., Andrews 2002, 10.1029/2002JB001942; Bizzarri & Cocco 2006, 10.1029/2005JB003862

[38] e.g., Suzuki & Yamashita 2008, 10.1029/2008JB005581

[39] e.g., Andrews 2005, 10.1029/2004JB003191; Ben-Zion & Shi 2005, 10.1016/j.epsl.2005.03.025; Gabriel et al. 2013, 10.1002/jgrb.50213

[40] e.g., Shibazaki & Matsu'ura 1992, 10.1029/92GL01072; Uenishi & Rice 2003, 10.1029/2001JB001681

[41] e.g., Festa & Vilotte 2006, 10.1029/2006GL026378; Bizzarri 2010, 10.1785/0120090179

[42] Ide & Aochi 2005, 10.1029/2004JB003591

[43] e.g., Oglesby et al. 1998, 10.1126/science.280.5366.1055; Ma & Beroza 2008, 10.1785/0120070201

[44] e.g., Andrews & Ben-Zion 1997, 10.1029/96JB02856; Ampuero & Ben-Zion 2008, 10.1111/j.1365-246X.2008.03736.x

第11章

[1] e.g., Dieterich 1972, 10.1029/JB077i020p03690; Marone 1998, 10.1146/annurev.earth.26.1.643; Marone & Saffer 2015, 10.1016/B978-0-444-53802-4.00092-0

[2] Dieterich & Kilgore 1994 (第8章の [12])

[3] Nagata et al. 2008, 10.1029/2007GL033146

[4] Brechet & Estrin 1994, 10.1016/0956-716X (94) 90244-5; Nakatani & Scholz 2004, 10.1029/2003JB002938

[5] e.g., Blanpied et al. 1998, 10.1029/97JB02480

[6] Marone et al. 1990, 10.1029/JB095iB05p07007; Ohnaka 2003, 10.1029/2000JB000123

[7] Dieterich 1979, 10.1029/JB084iB05p02161

［8］ Ruina 1983, 10.1029/JB088iB12p10359

［9］ e.g., Perrin et al. 1995, 10.1016/0022-5096 (95) 00036-I; Kato & Tullis 2001, 10.1029/2000GL012060; Nagata et al. 2012, 10.1029/2011JB008818

［10］ Lapusta et al. 2000（第10章の［35］）

［11］ Di Toro et al. 2011, 10.1038/nature09838

［12］ Gu et al. 1984, 10.1016/0022-5096 (84) 90007-3

［13］ Tse & Rice 1986, 10.1029/JB091iB09p09452

［14］ Rice 1993, 10.1029/93JB00191

［15］ Blanpied et al. 1991, 10.1029/91GL00469

［16］ Scholz 1998, 10.1038/34097

［17］ Hyodo & Hori 2013, 10.1016/j.tecto.2013.02.038

［18］ Dieterich 1992, 10.1016/0040-1951 (92) 90055-B

［19］ Rubin & Ampuero 2005, 10.1029/2005JB003686

［20］ Ampuero & Rubin 2008, 10.1029/2007JB005082

第12章

［1］ e.g., Jones & Molnar 1976, 10.1038/262677a0; Abercrombie & Mori 1996, 10.1038/381303a0; Tamaribuchi et al. 2018, 10.1186/s40623-018-0866-9

［2］ Ando & Imanishi 2011, 10.5047/eps.2011.05.016; Kato et al. 2012, 10.1126/science.1215141; Ito et al. 2013, 10.1016/j.tecto.2012.08.022

［3］ Dodge et al. 1995, 10.1029/95JB00871

［4］ Kato et al. 2012, 10.1126/science. 1215141

［5］ King et al. 1994, 10.1785/BSSA0840030935

［6］ Toda et al. 1998, 10.1029/98JB00765

［7］ e.g., Mendoza & Hartzell 1988, 10.1785/BSSA0780041438; Wetzler et al. 2018, 10.1126/sciadv.aao3225

［8］ Dieterich & Smith 2009, 10.1007/s00024-009-0517-y; Ozawa & Ando 2021, 10.1029/2020JB020865

［9］ Hill et al. 1993, 10.1126/science.260.5114.1617

［10］ e.g., Brodsky et al. 2000, 10.1029/2000GL011534; Gomberg et al. 2001, 10.1038/35078053; Velasco et al. 2008, 10.1038/ngeo204

［11］ Miyazawa 2011, 10.1029/2011GL049795

［12］ van der Elst & Brodsky 2010, 10.1029/2009JB006681; Brodsky & van der Elst 2014, 10.1146/annurev-earth-060313-054648

［13］ 気象庁 1968, 気象庁技術報告, **62**, ISSN: 0447-3868.

[14] Toda et al. 2002, 10.1038/nature00997

[15] Hirose et al. 2014, 10.1002/2014GL059791

[16] e.g., Holtkamp & Brudzinski 2011, 10.1016/j.epsl.2011.03.004; Nishikawa & Ide 2017, 10.1002/2017JB014188

[17] Gutenberg & Richter 1944（第1章の[18]）

[18] Aki 1965, 10.15083/0000033631

[19] e.g., Wiemer & Wyss 1997, 10.1029/97JB00726; Scholz 2015, 10.1002/2014GL062863

[20] Schorlemmer et al. 2005, 10.1038/nature04094

[21] Goebel et al. 2013, 10.1002/grl.50507

[22] Nishikawa & Ide 2014, 10.1038/ngeo2279

[23] Omori 1895, 10.15083/00037562

[24] 宇津 1957, 10.4294/zisin1948.10.1_35

[25] Narteau et al. 2009, 10.1038/nature08553

[26] 宇津 1999, ISBN: 9784130607285

[27] e.g., Kagan & Knopoff 1978, 10.1111/j.1365-246X.1978.tb04748.x; Jones & Molnar 1979, 10.1029/JB084iB07p03596

[28] Dieterich 1994, 10.1029/93JB02581; Dieterich 2015, 10.1016/B978-0-444-53802-4.00075-0

[29] e.g., Toda et al. 1998, 10.1029/98JB00765

[30] Zaliapin & Ben-Zion 2013, 10.1002/jgrb.50179

[31] e.g., Kagan 1991, 10.1111/j.1365-246X.1991.tb04606.x; Corral 2004, 10.1103/PhysRevLett.92.108501

[32] Ogata 1988, 10.1080/01621459.1988.10478560

[33] Guo & Ogata 1997, 10.1029/96JB02946

[34] Helmstetter & Sornette 2002, 10.1029/2001JB001580

[35] Ogata 2017, 10.1146/annurev-earth-063016-015918

[36] Ogata 1992, 10.1029/92JB00708

[37] e.g., Llenos et al. 2009, 10.1016/j.epsl.2009.02.011; Okutani & Ide 2011, 10.5047/eps.2011.02.010

[38] Helmstetter et al. 2003, 10.1029/2002JB001991

[39] e.g., Ogata 1998, 10.1023/A:1003403601725; Ogata 2004, 10.1029/2003JB002621

[40] Mandelbrot 1982, ISBN: 9780716711865

[41] Turcotte 1993; 1997, ISBN: 9780521567336

[42] Burridge & Knopoff 1967, 10.1785/BSSA0570030341

[43] Carlson & Langer 1989, 10.1103/PhysRevA.40.6470

[44] Stauffer & Aharony 1994, ISBN: 9780748402533

[45] Olami et al. 1992, 10.1103/PhysRevLett.68.1244

[46] Bak & Tang 1989, 10.1029/JB094iB11p15635

[47] Tse & Rice 1986（第11章の［13］）

[48] Rice 1993（第11章の［14］）; Ben-Zion & Rice 1995, 10.1029/94JB03037

第13章

[1] Lay & Kanamori 1981, 10.1029/ME004p0579

[2] Uyeda & Kanamori 1979, 10.1029/JB084iB03p01049

[3] Ando 1975, 10.1016/0040-1951 (75) 90102-X

[4] Yokota et al. 2016, 10.1038/nature17632

[5] e.g., Yamanaka & Kikuchi 2003, 10.1186/BF03352479; Kobayashi et al. 2021, 10.1029/2020JB020585

[6] e.g., Hashimoto et al. 2009, 10.1038/ngeo421; Loveless & Meade 2010, 10.1029/ 2008JB006248

[7] Bakun & Lindh 1985, 10.1126/science.229.4714.619

[8] Shimazaki & Nakata 1980, 10.1029/GL007i004p00279

[9] Murray & Langbein 2006, 10.1785/0120050820

[10] Nadeau & Johnson 1998, 10.1785/BSSA0880030790

[11] 飯尾ほか 2003, 10.4294/zisin1948.56.2_213

[12] Igarashi 2020, 10.1186/s40623-020-01205-2

[13] Shimamura et al. 2011, 10.1785/0120100295

[14] Uchida & Bürgmann 2019, 10.1146/annurev-earth-053018-060119

[15] Chen et al. 2007, 10.1029/2007GL030554

[16] Uchida 2019, 10.1186/s40645-019-0284-z

[17] Sammis & Rice 2001, 10.1785/0120000075

[18] Chen & Lapusta 2009, 10.1029/2008JB005749

[19] Hatakeyama et al. 2017, 10.1002/2016JB013914

[20] Schaff et al. 1998, 10.1029/1998GL900192

[21] Cattania & Segall 2019, 10.1029/2018JB016056

[22] e.g., Nadeau & McEvilly 1999, 10.1126/science.285.5428.718; Uchida et al. 2003, 10.1029/2003GL017452

[23] Yamada et al. 2005, 10.1029/2004JB003221

［24］ Ide 2014, 10.2183/pjab.90.259

［25］ Sato & Hirasawa 1973（第6章の［5］）

［26］ Uchide & Ide 2010（第7章の［18］参照）

［27］ e.g., Allen & Kanamori 2003, 10.1126/science.1080912; Olson & Allen 2005, 10.1038/nature04214

［28］ Meier et al. 2016, 10.1002/2016GL070081

［29］ Rydelek & Horiuchi 2006, 10.1038/nature04963; Yamada & Ide 2008, 10.1785/0120080144

［30］ Ide 2019, 10.1038/s41586-019-1508-5

［31］ Chang & Ide 2021, 10.1029/2021JB021991

［32］ e.g., Brown & Scholz 1985, 10.1029/JB090iB14p12575; Power et al. 1987, 10.1029/GL014i001p00029

［33］ Candela et al. 2012, 10.1029/2011JB009041

［34］ Ide & Aochi 2005, 10.1029/2004JB003591

［35］ Aochi & Ide 2009, 10.1029/2008JB006034

［36］ Noda et al. 2012, 10.5047/eps.2011.10.005

［37］ Ide & Aochi 2013, 10.1016/j.tecto.2012.10.018

第14章

［1］ e.g., Brudzinski & Allen 2007, 10.1130/G23740A.1; Obara 2010, 10.1029/2008JB006048

［2］ Mizuno & Ide 2019, 10.1186/s40623-019-1022-x

［3］ e.g., Kao et al. 2007, 10.1029/2006GL028430; Shelly et al. 2007, 10.1029/2007GC001640

［4］ Ide 2010, 10.1038/nature09251

［5］ Shelly 2017, 10.1002/2017JB014047

［6］ Gibbons & Ringdal 2006, 10.1111/j.1365-246X.2006.02865.x

［7］ Shelly et al. 2007（第1章の［29］）

［8］ Nishikawa et al. 2023（第1章の［38］）

［9］ Houston 2011, 10.1038/ngeo1157

［10］ Ito et al. 2007（第1章の［32］）

［11］ Obara & Sekine 2009, 10.1186/BF03353196

［12］ Gombert & Hawthorne 2023, 10.1029/2022JB025034

［13］ e.g., Nakata et al. 2008, 10.1038/ngeo288; Rubinstein et al. 2008, 10.1126/sciencc.1150558

［14］ Hawthorne & Rubin 2010, 10.1029/2010JB007502

［15］ Ide & Tanaka 2014, 10.1002/2014GL060035; Ide 2021, 10.1029/2021JB022498

［16］ e.g., Thomas et al. 2012, 10.1029/2011JB009036; Ide et al. 2015, 10.1002/
2015GL063794; Yabe et al. 2015, 10.1002/2015JB012250

［17］ e.g., Nakata et al. 2008（［13］参照）; Thomas et al. 2012（［16］参照）

［18］ Ader et al. 2012, 10.1029/2012GL052326

［19］ e.g., Ide et al. 2007, 10.1029/2006GL028890; Royer & Bostock 2014, 10.1016/
j.epsl.2013.08.040; Imanishi et al. 2016, 10.1002/2015GL067249

［20］ e.g., Sekine et al. 2010, 10.1029/2008JB006059; Nishimura et al. 2013, 10.1002/
jgrb.50222

［21］ e.g., Gomberg et al. 2016, 10.1002/2016GL069967; Hawthorne et al. 2016,
10.1002/2016GC006489

［22］ Ide & Beroza 2023, 10.1073/pnas.2222102120

［23］ Ide et al. 2007, 10.1038/nature05780

［24］ Ide & Aochi 2005, 10.1029/2004JB003591

［25］ Ide 2008, 10.1029/2008GL034821

［26］ Kaneko et al. 2018, 10.1002/2017GL076773; Ide 2019（第1章の［33］）; Masuda
et al. 2020, 10.1186/s40623-020-01172-8

［27］ Gao et al. 2012, 10.1785/0120110096

［28］ Ide et al. 2008, 10.1029/2008GL034014

［29］ Ide & Maury 2018, 10.1002/2018GL077461

［30］ Maeda & Obara 2009, 10.1029/2008JB006043

［31］ Watanabe et al. 2007, 10.1029/2007GL029391

［32］ Wech et al. 2010, 10.1029/2010GL044881

［33］ Idehara et al. 2014, 10.1186/1880-5981-66-66

［34］ Ide & Nomura 2022, 10.1186/s40645-022-00523-1

［35］ Tse & Rice 1986（第11章の［13］）

［36］ e.g., Liu & Rice 2005, 10.1029/2004JB003424; Rubin 2008, 10.1029/2008JB005642

［37］ Rubin & Ampucro 2005（第11章の［19］）

［38］ Rubin 2008（［36］参照）

［39］ Shibazaki & Iio 2003, 10.1029/2003GL017047

［40］ Estrin & Bréchet 1996, 10.1007/BF01089700

［41］ Shimamoto 1986, 10.1126/science.231.4739.711

［42］ Matsuzawa et al. 2010, 10.1029/2010JB007566

［43］ e.g., Suzuki & Yamashita 2009, 10.1029/2008JB006042; Segall et al. 2010,

10.1029/2010JB007449; Liu & Rubin 2010, 10.1029/2010JB007522

[44] Ida 1974, 10.1016/0031-9201 (74) 90060-0

[45] Ando et al. 2012, 10.1029/2012JB009532

[46] Ando et al. 2010, 10.1029/2010GL043056

[47] Nakata et al. 2011, 10.1029/2010JB008188

[48] Øksendal 1999, ISBN: 9784431708049

[49] Ide & Yabe 2019, 10.1007/s00024-018-1976-9

[50] e.g., Ariyoshi et al. 2009, 10.1016/j.gr.2009.03.006; Matsuzawa et al. 2013, 10.1002/grl.51006; Peng & Rubin 2018, 10.1029/2018GL078752

[51] e.g., Skarbek et al. 2012, 10.1029/2012GL053762; Dublanchet et al. 2013, 10.1002/jgrb.50187; Yabe & Ide 2017, 10.1002/2016JB013132; Yabe & Ide 2018, 10.1186/s40645-018-0201-x; Luo & Ampuero 2018, 10.1016/j.tecto.2017.11.006

[52] Ben-Zion 2011, 10.1111/j.1365-246X.2012.05422.x

[53] Fisher et al. 1997, 10.1103/PhysRevLett.78.4885

[54] Dieterich & Richards-Dinger 2010, 10.1007/978-3-0346-0500-7_15

[55] Colella et al. 2012, 10.1029/2012GL053276

第15章

[1] 泊 2015, ISBN: 9784130603133

[2] Scholz et al. 1973, 10.1126/science.181.4102.803

[3] Raleigh et al. 1977, 10.1029/EO058i005p00236

[4] 石橋 1977, *地震予知連絡会会報*, **17**, 126-132.

[5] e.g., 纐纈・大木 2015, *科学技術社会論研究*, **11**, 50-67.

[6] Jordan et al. 2011, 10.4401/ag-5350

[7] Mogi 1984, 10.1007/BF00876383

[8] 鷺谷 2016, *地震ジャーナル*, **62**, 13-25.

[9] Nanjo et al. 2012, 10.1029/2012GL052997

[10] Tanaka 2010, 10.1029/2009GL041581; Tanaka 2012, 10.1029/2012GL051179

[11] Shelly 2009, 10.1029/2009GL039589

[12] Molchan 1990, 10.1016/0031-9201 (90) 90097-H

[13] Aki 1981, 10.1029/ME004p0566

[14] Nakatani 2020, 10.20965/jdr.2020.p0112

[15] 藤原ほか 2009, *防災科学技術研究所研究資料*, 336.

[16] Ogata 2011, 10.5047/eps.2010.09.001

[17] Matthews et al. 2002, 10.1785/0120010267

［18］ Irikura & Miyake 2011, 10.1007/s00024-010-0150-9

［19］ 中村・宮武 2000, 10.4294/zisin1948.53.1_1

［20］ Somerville et al. 1999, 10.1785/gssrl.70.1.59

［21］ Mai & Beroza 2002, 10.1029/2001JB000588

［22］ Turcotte 1993; 1997（第12章の［41］）

［23］ Guatteri et al. 2004, 10.1785/0120040037; Liu et al. 2006, 10.1785/0120060036

［24］ e.g., Boore et al. 1997, 10.1785/gssrl.68.1.128; Atkinson & Boore 2006, 10.1785/0120050245

［25］ 司・翠川 1999, 10.3130/aijs.64.63_2

［26］ e.g., Matsubara et al. 2008, 10.1016/j.tecto.2008.04.016

［27］ e.g., Koketsu et al. 2012, *Proc. 15th WCEE.*

［28］ Boore 1983, 10.1785/BSSA07306A1865

［29］ 地震調査研究推進本部, 全国地震動予測地図2020年版, https://www.jishin.go.jp/evaluation/seismic_hazard_map/shm_report/shm_report_2020/

［30］ Nakamura 1988, *Proc. 9th WCEE*, VII-673-678.

［31］ Hoshiba et al. 2008, 10.1029/2008EO080001

［32］ Allen & Melgar 2019, 10.1146/annurev-earth-053018-060457

［33］ Odaka et al. 2003, 10.1785/0120020008; 束田ほか 2004, 10.4294/zisin1948.56.4_351

［34］ Horiuchi et al. 2005, 10.1785/0120030133

［35］ Kodera et al. 2018, 10.1785/0120170085

［36］ Vallée et al. 2017, 10.1126/science.aao0746

地 震 名 等 索 引

Denali 地震（2002年）　222

Hector Mine 地震（1999年）　84

Imperial Valley 地震（1979年）　222

İzmit 地震（1999年）　157, 222

Kaikoura 地震（2016年）　223, 225

Kunlun 地震（2001年）　222

Landers 地震（1992年）　223, 226, 254, 256, 258

L'Aquila 地震　335

Loma Prieta 地震（1989年）　291

New Madrid 地震群（1811-12年）　32

Palu 地震（2018年）　222

Parkfield 地震（2004年）　287, 338

Pohang 地震（2017年）　183

San Francisco 地震（1906年）　21, 129, 141

アラスカ地震（1964年）　31, 140

伊豆諸島の群発地震（2000年）　35, 259

岩手宮城内陸地震（2008年）　102

小笠原西方沖の深発地震（2015年）　113

釜石繰り返し地震　289, 297

グアテマラ地震（1976年）　144

熊本地震（2016年）　11, 22, 35, 102, 141, 142

三陸沖の地震（2012年）　145

昭和三陸地震（1933年）　31

スマトラ地震（2004年）　31, 141, 147, 148, 263, 337

スマトラ地震（2012年）　31

集集地震（1999年）　22, 157

チベット地震（1950年）　31

チリ地震（1960年）　31, 141, 283

チリ Maule 地震（2010年）　263

東海地震　284, 334

東海地震（1096年）　284

東海地震（1854年）　284

東北沖地震（2011年）　25, 31, 140, 148, 162, 254, 258, 263, 291, 302, 337, 354

東北地方太平洋沖地震（2011年）　25（→東北沖地震）

東南海地震（1944年）　284, 333, 334, 337

十勝沖地震（1952年）　285

十勝沖地震（2003年）　107, 284

鳥取県西部地震（2000年）　162, 225, 255

鳥島 CLVD 地震（1996年）　107

トルコ・シリア地震（2023年）　142, 222

那賀沖の繰り返し地震　297

南海地震　284, 285

南海地震（1099年）　284

南海地震（1854年）　284

南海道地震（1946年）　284, 333

新潟地震（1964年）　83, 334

濃尾地震（1891年）　21, 265, 266, 333

能登半島地震（2024年）　107

兵庫県南部地震（1995年）　16, 25, 107, 130, 155, 157, 256

宝永地震（1707年）　284

北海道胆振東部地震（2018年）　179

松代群発地震（1965-67年）　259, 260, 334

三河地震（1945年）　333

三宅島噴火（2000年）　259

明治三陸地震（1896年）　115

事 項 索 引

欧文

A

acceleration　3
acoustic emission　137（→AE）
active fault　23
adhesion theory　174
AE　137, 167, 170
aftershock　34
aging則　235, 239, 247, 321
alarm rate　338
Alpine断層　30
Anatolia断層　30
anthropogenic noise　13
anti-plane problem　187
apparent source time function　152
array　146
asperity　173
asperity model　282
auxiliary plane　97
AXITRA　77
azimuth　100

B

back projection　146
Bayesian inference　154
B-Δ法　352, 353
beachball　106
bend　226
Benioff, Hugo　33
Bettiの定理　72
bilateral　26

B

BKモデル　276, 280
body wave magnitude　20
bookshelf型断層運動　84, 85
borehole　10
boundary integral method　215
BPT分布　342
branch　225
branching ratio　274
breakdown stress drop　218
brittle　166
broadband seismometer　9
broadband slow earthquake　40, 315
Brownian Passage Time分布　342（→BPT
　　分布）
Brownian slow earthquake model　326
　　（→BSEモデル）
BSEモデル　326
bulk modulus　56
b-value　261（→b値）
Byerlee's law　172
b値　261, 263, 264, 318, 337

C

centroid　112
centroid moment tensor inversion　112
characteristic angular frequency　7
characteristic frequency　7
characteristic period　7
clay mineral　172
cluster　306

CLVD 90, 108
CLVD成分 90, 91
CMTインバージョン 112
CMT解 112
coda wave 14
coherent signal 161
cohesive force 171
collision zone 28
compensated linear vector dipole 90
　　（→CLVD）
conjugate 175
constitutive relation 54
constraints 154
continental plate 28
continuum 45
convergent margin 28
convolution integral 65
corner frequency 117
coseismic period 245
Coulomb failure function 256
Coulomb failure stress 256
Coulomb fracture（failure）criterion 170
crack 187
crack-like rupture 26
critical crack length 202
critical depinning 330
criticality 278
critical slip distance 233
c値 266

D

damped least square解 155
damping coefficient 7
deep-focus earthquake 33
deviatoric strain 47
deviatoric stress 49
Dieterich則 235

differential stress 51
dilatancy 170
dilatancy model 335
dip 103
direct effect 233
directivity 127
dislocation 79
dispersive wave 15
displacement 3, 45
displacement spectrum 116
divergent margin 28
DONET 10
double couple 82
double seismic zone 34
doublet earthquake 142
ductile 166
dyke 89
dynamic friction coefficient 172
dynamic overshoot 221
dynamic triggering 258

E

earthquake cycle 229
earthquake early warning 350（→EEW）
earthquake fault 22
earthquake swarm 36
Earth's background free oscillations 12
EEW 350, 351, 353-355
effective normal stress 182
elastic constant 54
elasticity 54
elastic strain energy 54
empirical Green's function 152
energy release rate 199
energy sink 213
engineering bedrock 348
epicenter 18

379

epidemic type aftershock sequence モデル
272 (→ETAS モデル)
equation of equilibrium　59
equation of motion of linear elastic material
57
equivalent body force　81
error diagram　338, 339
ETAS パラメター　273
ETAS モデル　272, 274, 341
evolution law　233

F

family　307
far-field term　69, 94
fault　2
fault motion　2
fault plane vector　75
finite difference method　215
fk法　77
focal mechanism　23
focal sphere　70
foot wall　23
force couple　82
foreshock　34
fracture criterion　168
fracture surface energy　198
Fraunhofer approximation　124
friction coefficient　169
friction law　169

G

gain　338
Gauss divergence theorem　67
Global CMT Project　112, 260
GMPE　346
GNSS　10, 149, 283, 312
gouge　175

GPS　10, 157
GR則　261, 262, 273, 275, 280, 337
Green's function　64
Green's tensor　67
Griffith's fracture criterion　199
ground motion prediction equation　346
(→GMPE)
ground shaking　2
Gutenberg-Richter の法則　32, 33, 260,
318, 341 (→GR則)

H

hanging wall　23
Haskell model　125
Headquarters for Earthquake Research
Promotion　286 (→HERP)
HERP　286, 341
Hi-net　10
HIST-ETAS モデル　341
Hopf bifurcation　241
hotspot　32
Hudson ダイアグラム　91, 92
Hurst exponent　298
hydrofracturing　183
hypocenter determination　18

I

IASP91　16
IASPEI　335
IASPEI決議　335
incoherent signal　161
indentation hardness　174
infinitesimal rotation tensor　46
infinitesimal strain tensor　46
in-plane problem　187
InSAR　149
instrumental seismic intensity　4

intact 167

intensity 4

International Commission on Earthquake
    Forecasting for Civil Protection 335

intermediate depth earthquake 33

intermediate term 94

internal friction coefficient 171

interplate earthquake 31

interseismic period 244

intersonic 219

intraplate earthquake 31

inverse Omori's law 267

inverse problem 18

isochron 160

isotropic component 87

isotropic elasticity 55

iterative deconvolution method 144

J

JMA magnitude 20

joint inversion 150

K

KiK-net 10

kink 226

K-NET 10

L

Lambert azimuthal equal area projection
    101

Lame's constants 55

Laplace's equation 189

least-square method 18

left-lateral fault 23

LFE 37, 307, 311, 312, 315

LiDAR 298

limit cycle 240

linear elastic material 54

lithosphere 27

lithostatic pressure 53

loading 5, 237

local magnitude 19

lock-up angle 177

log t healing 230

Love wave 15

low-frequency earthquake 37 (→LFE)

M

Mach cone 221

magnitude 4

matched filter 307

MEMS 9

microcrack 170

micro electromechanical systems 9
    (→MEMS)

microseism 12

mid-ocean ridge 28

migration 308

miss rate 338

mode 187

—— I 187

—— II 187

—— III 187

Modified Mercalli intensity scale 4

Mohr circle 175

moment 82

moment magnitude 21

moment rate function 65

moment rate spectrum 116

moment tensor inversion 109

moving dislocation model 125

MTインバージョン 109, 111

MT図 35

multiplet earthquakes 142

multi-time-window method　151

N

National Earthquake Prediction Evaluation
　　Council　287　(→NEPEC)
National Seismic Hazard Maps for Japan
　　340
Navier's equation　59
near-field ramp　94
near-field term　69, 94
NED座標系　100
NEPEC　287
nodal plane　70
nodal point　71
non-double couple component　87
non-volcanic tremor　38
normal fault　23
normal strain　45
null axis　87　(→N軸)
Nyquist frequency　9
N軸　87

O

observation equation　111
oceanic plate　28
OFCモデル　278
omega-square model　117
Omori's law　265
Omori–Utsu law　266
open crack　89, 187
optimum angle　176
Ornstein–Uhlenbeck過程　328
outer rise earthquake　31

P

Parsevalの定理　121
peak ground acceleration　11, 346 (→PGA)

peak ground displacement　294
peak ground velocity　11, 346　(→PGV)
permanent deformation　94
PGA　11, 346
PGV　11, 346
phyllosilicate　172
plane strain　190
plane stress　190
plastic　166
plate　28
plate boundary　28
plate tectonics　4
PLUM法　354
point dislocation　79
point process　270
Poissonian material　56
Poisson's ratio　56
pole　8
pore　181
pore fluid　181
pore fluid pressure　181
postseismic period　245
Preliminary reference Earth model　57
PREM　57
preseismic period　245
pre-slip　249
pressure axis　87　(→P軸)
principal axis　51
principal strain　51
principal stress　51
principal value　51
prior information　154
probabilistic seismic hazard analysis　340
　　(→PSHA)
process zone　204
Propagation of Local Undamped Motion法
　　354　(→PLUM法)

pseudotachylite 185
PSHA 340
pulse-like rupture 26
P軸 87, 89
p値 267
P波 13, 14, 27, 101
P波速度 209, 219
P波パルス 113

Q

quasi-repeating earthquake 296

R

radiation pattern 65, 94
rake 103
rate and state dependent friction law 233
　　（→RSF則）
Rate-State-Quake-Simulator 330
　　（→RSQSim）
Rayleigh function 208
Rayleigh wave 15
ray-path 99
real contact 173
real contact area 173
reflectivity法 77
renewal process 341
repeater 288
repeating earthquake 288
representation theorem 64
reverse fault 23
Richter scale 19
rift 28
right-lateral fault 23
rigidity 55
rise time 26
RSF則 227, 233, 235, 239, 242, 245, 247–
　　249, 267, 319, 325, 330, 337

RSQSim 330
Ruina則 235
Runge-Kutta法 240
rupture 2
rupture duration 26
rupture front 24
rupture initiation point 18
rupture propagation 24
rupture propagation velocity 26

S

San Andreas断層 21, 24, 30, 129, 168,
　　178, 286, 307
sandpile model 279
Sato & Hirasawa model 131
saturation of magnitude 139
scaled energy 122
scale invariant 293
scaling 134
SCARDEC 115
segment 305
seismic energy 4
seismic energy magnitude 120
seismic intensity 3
seismicity 5
seismic moment 4, 82
seismic moment density 85
seismic moment rate function 94
seismic moment tensor 86
seismic nucleation process 247
seismic nucleus 245
seismic source 2
seismic source process 2
seismic wave 2
seismological bedrock 348
self-affin 298
self-organized criticality 278 （→SOC）

383

self-similar 298

serpentine 172

shear crack 187

shear deformation 45

shear modulus 55

shear strain 45

shear strength 174

short-period seismometer 8

SH波 15

sill 89

sinc関数 128

single couple 82

single force 69

Skempton定数 256

slide-hold-slideテスト 229, 230

slip則 235, 251

slip inversion 149

slip predictable 287

slip rate 24

slip weakening 218

slow earthquake 40

slow slip event 36（→SSE）

S-net 10

SOC 278, 280, 302

SOFAR channel 13

source mechanism 23

spatial reciprocity 74

SRCMOD 156, 179

SSE 36, 37, 305, 310–312, 315, 319, 321, 328

stacking 311

static friction coefficient 172

static triggering 256

steady state 234

step 225

stick-slip 168

stopping phase 133

strain 44

strainmeter 10

strength 169

stress 47

stress corrosion 182

stress intensity factor 195

stress parameter 136

stress shadow 257

strike 103

strike-slip fault 23

strong-motion seismometer 9

subduction zone 28

subevent 143

summation convention 46

supershear 219

surface rupture 22

surface wave 15

surface wave magnitude 20

SV波 15

S波 13, 14, 27

S波スプリッティング 105

S波速度 209, 219

S波パルス 113

T

take-off angle 100

tectonic tremor 38

tensile strength 170

tension axis 87（→T軸）

terminal velocity 207

thermal pressurization 227

thrust fault 23

tiltmeter 10

time predictable 287

time to failure 248, 250

traction 47

transfer function 8

transform fault 28
travel time 99
tribology 175
trigger 255
triggered earthquake 255
triplet earthquake 142
tsunami earthquake 115
tsunamigenic earthquake 115
T軸 87, 89
T波 13

U

unilateral 26
uniqueness theorem 60
USGS 20

V

vault 10
velocity 3
velocity stepテスト 232

velocity strengthening 233
velocity weakening 233
very low-frequency earthquake 40
　　　（→VLFE）
viscous 166
VLFE 40, 311, 312, 315, 317, 328
volcanic low-frequency earthquake 38
volumetric strain 47

W

Wadati-Benioff zone 33
Wallace-Bott仮説 180
wing crack 197
Wood-Anderson地震計 19
W-phase 112

Y

yield stress 170
Young's modulus 56

和文

あ

アウターライズ型地震 31
アコースティックエミッション 137, 167,
　　　264（→AE）
アスペリティ 173, 174, 181, 231, 282,
　　　289, 303, 344
アスペリティモデル 282, 283
アモントンの法則 171
アレイ 146
アンダーソン理論 109, 178, 179, 264
伊勢湾 305
一意性定理 60, 158
1次元ばねブロック 237, 247, 267
移動転位モデル 125

移動点震源 125
イベント間隔 270
インコヒーレント信号 161
インターサイスミック期 244
インタクト 167, 198
インバージョン 18, 109
インバージョンテクトニクス 180
ウィーナー過程 327, 342
ウイングクラック 197
上盤 23
運動方程式 6
永久変位 11, 94, 257
エネルギー解放率 199-201, 206, 208,
　　　250

385

エネルギーシンク　213
円形クラック　220
円形の震源モデル　160
円形パッチ　300, 303
延性　166
延性変形　166
遠地S項　69
遠地S波　97
遠地項　69, 94, 113, 119
遠地地震波　123
遠地P項　69
遠地P波　96
遠方誘発地震　258
応力　47, 48, 51, 54, 171
応力インバージョン　226
応力拡大係数　195, 196, 201, 250
応力降下　213
応力降下量　135, 241, 315
応力テンソル　49
　　──の対称性　49
応力テンソルインバージョン　183
応力パラメター　136
応力腐食　182
大地震　19, 262
大森・宇津法則　266, 269, 272
大森則　265-268, 280
大森房吉　265
オメガ2乗スペクトル　139
オメガ2乗スペクトルモデル　117 (→オメ
　　ガ2乗モデル)
オメガ2乗モデル　117, 118, 120, 159, 329
オメガn乗モデル　120

か

外核　16
開口クラック　89, 90, 187, 197
階層円形パッチモデル　300, 301

階層時空間ETASモデル　341
階層震源モデル　302
階層的固有構造　299
階層的破壊モデル　227
海洋潮汐　52
海洋プレート　28
ガウジ　175
ガウスの発散定理　67, 72
角周波数　117
拡大型境界　28, 29
拡張大森則　266
確率論的地震ハザード評価　340 (→PSHA)
火山　259
火山性低周波地震　38
カスケード　36
加速度　3, 11
加速度計　9
加速度波形の立ち上がり　352
活断層　24
カットオフ速度　321
カルデラ　259
間隙　181
間隙流体　181
間隙流体圧　181, 227
観測方位　100
観測方程式　111, 143, 150, 153, 161
関東大震災　333
貫入硬度　174
ガンマ分布　271
紀伊水道　305
機械式地震計　6, 8
規格化エネルギー　122, 138, 316
気象庁　3
気象庁マグニチュード　20, 139
基底　151
基底関数展開　151, 153
基底モーメント成分　143

基底モーメントテンソル 109
規模別頻度分布 260
逆大森則 267
逆断層 23, 28, 103, 106
　——型の地震 30, 178
逆問題 18, 154（→インバージョン）
境界積分法 215-218
境界波 15
強震計 9, 157
強震動生成域 344
凝着力 171, 204
凝着理論 174, 181, 229, 230
共役 175
極 8
巨大地震 19, 284, 321, 337
亀裂 167
緊急地震速報 351, 352, 354
金鉱山 167, 293
近地項 69, 94
近地ランプ 94, 114
空間相反性 74
偶力 82
クーロンの破壊応力 256
クーロンの破壊関数 256
クーロンの破壊基準 170, 175, 176, 256
矩形断層 102
屈曲 226, 298
クラスター 306, 308
クラック 187-189, 191, 198, 205, 206,
　208, 210, 218, 319
クラック先端 194
クラック的破壊すべり 26, 158
クリープ 287, 324
クリープメーター 291
グリーン関数 64, 66-68, 73, 114, 150,
　152
　1次元—— 77

3次元—— 77
グリーンテンソル 67
繰り返し地震 288-292, 296, 302
　中途半端な—— 296, 297
グリフィスの破壊基準 198, 199, 201,
　207
クロネッカーのデルタ 47
群発地震 36, 259
経験的グリーン関数 152, 153
傾斜 103
傾斜角 178, 179
傾斜計 10, 149, 312
計測震度 4
警報 338
警報率 338
ゲイン 338
減衰機構 7
減衰定数 7, 8, 346
高圧破壊実験 167
高角断層 103
工学的基盤 348
高感度地震計 9, 10
鉱山 137
高周波地震動 159, 161, 162
更新過程 341, 343
合成開口レーダー 149
構成関係 54, 59
剛性率 55, 57
拘束条件 154
高速すべり 234
後続波 162
広帯域地震計 9, 315
広帯域スロー地震 40, 315
降伏応力 170
コーシー三角錐 48
コーシー-リーマンの関係 192
コーダ波 14, 162

387

コーナー角周波数　117

コーナー周波数　117, 128, 135, 140

国際地震学・地球内部物理学連合　335

誤警報　354

誤差　154

コサイスミック期　245

固体地球潮汐　52

固着　158, 242

固着領域（固着域）　244, 286

古典的摩擦則　171, 172

コヒーレント信号　161

固有角周波数　7

固有周期　7

固有周波数　7

固有値　50, 51

固有ベクトル　50, 51

コンボリューション　115（→畳み込み積分）

さ

載荷　237（→ローディング）

最近接イベント　272

最小圧縮主応力　175, 178

最小二乗法　18, 111, 143

最大圧縮主応力　175, 178

最大加速度振幅　11, 346（→PGA）

最大速度振幅　11, 346（→PGV）

最適角　176, 178

サイト増幅係数　346

サイトの増幅特性　348

最尤法　111, 261

差応力　51

佐藤・平澤モデル　131-133, 160, 213, 214, 294

サブイベント　143, 157

サブイベント解析　144

散逸源　213（→エネルギーシンク）

サンプリング周波数　9

散乱　162

シェール資源開発　183

時間予測可能　287

時間予測モデル　287

自己アフィン　298

事後確率分布　154

自己相似　136, 298

自己組織臨界　278（→SOC）

地震　2

　　——の予測　332

地震活動　5, 254

　　——の活発化　254

　　——の静穏化　257

　　——の静穏期　275

地震基盤　348

地震計　6, 312

地震サイクル　229, 242, 245

地震サイクルシミュレーション　226, 302, 319

地震調査研究推進本部　284, 286, 341（→HERP）

地震動　2, 3, 6

地震統計学　254

地震動予測式　346（→GMPE）

地震動予測地図　349, 350

地震波　2, 13, 27

　　——の立ち上がり　133, 294, 301

地震波エネルギー　4, 119, 121, 122, 127, 138, 211, 212, 214, 316

地震波エネルギーマグニチュード　120, 262

地震波エネルギーレート　317

地震波振幅　294

地震波速度構造推定　347

地震発生層　140, 141, 317

地震波パルス　114

地震波放射エネルギー　119

地震モーメント　4, 79, 82, 83, 87, 93,
　　114, 116, 122, 138, 139, 312, 313,
　　316
地震モーメント関数　93
地震モーメントテンソル　86
地震モーメント密度　85
地震モーメントレート　313, 327
地震モーメントレート関数　94
地震予知　332
地震予知計画　334
地震予知研究計画　334（→地震予知計画）
地震予知に関する国際コミッション　335
指数分布　317
静かな過去　71
システムサイズ　320
システムの安定性　239, 243, 287
地すべり　280
沈み込み帯　28, 31, 33, 108, 138, 264,
　　282, 296, 303, 321
事前確率分布　154
下盤　23
実体波　13-15
実体波パルス　113
実体波マグニチュード　20, 139
失敗率　338
弱面　172, 177
射出角　100
蛇紋石　172
重合　311
修正メルカリ震度階　4
収束型境界　28, 30
終端速度　207
シュードタキライト　185
自由表面　228
重力シグナル　355, 356
主応力　51
主軸　51

主値　51
主ひずみ　51
主要動　13
瞬間ヒーリング　158
ジョイントインバージョン　150
衝撃波　221
条件付き不安定　241
小地震　19, 262
常時地球自由振動　12
衝上断層　23
衝突帯　28
初期微動　14
初期微動継続時間　14
初動極性　101, 104
シル　89
人為起源ノイズ　13
震央　18
シングルカップル　82, 83
　　――の放射パターン　97
シングルフォース　68-70, 88
震源　2, 3, 18, 340
　　狭義の――　18
　　広義の――　18
震源位置　99
震源核　218, 227, 245, 247, 249, 301
　　――の破壊未遂　319, 320
震源核形成過程　247, 249, 319, 330
震源過程　2, 64
震源球　70, 101, 105, 107
震源決定　18, 351
震源時　18
震源時間関数　110, 113, 116, 124
震源断層　22
震源メカニズム　23
震源メカニズム解　99（→メカニズム解）
人工地震　183
震災の帯　130

震災予防調査会 333
真実接触 173
真実接触面積 173, 174, 181, 229, 230
震度 3
深発地震 33, 115, 138
水圧破砕 183
数値シミュレーション 223, 227
スーパーシア 219
スーパーシア破壊 221, 222, 301
スケーリング 123, 134
スケール不変量 136, 138, 293
スケール法則 314
スタガードグリッド 216
スティックスリップ 168
ステップ 225, 298
ストッピングフェーズ 133
ストレスシャドウ 257
砂山モデル 279
スペクトル要素法 77
すべりインバージョン 147, 149, 151, 152, 155, 156
すべり角 103
すべり時間関数 344
すべり弱化 218
すべり弱化距離 300
すべり弱化摩擦則 216, 219, 220, 223, 300
すべり速度 24
すべり速度弱化 227
すべり分布 257
すべりモデル 149, 151, 156, 158
すべり予測可能 287
すべり予測モデル 287
すべりレート 151
スロー地震 40-42, 305, 308-310, 312-314, 316, 329, 337
スロースリップ 39, 254, 259

スロースリップイベント 36, 37, 320, 322 (→SSE)
静岩圧 53, 226, 264
正弦関数 202
静止摩擦係数 172, 229, 230, 234
脆性 166
脆性粘性パッチモデル 325, 326
脆性破壊 167, 326
脆性パッチ 325
脆性変形 166 (→脆性破壊)
正断層 23, 28, 103, 106
　　——型の地震 29, 178
静的誘発 256, 257
ゼータ関数 262
セグメント 284, 305
絶対応力レベル 183, 226
節点 71
節面 70, 96, 105, 108
セルオートマトン 278, 279, 329
零点 8
遷移プロセス 233
全球測位衛星システム 10 (→GNSS)
線形最小二乗法 144
線形弾性体 54
　　——の運動方程式 57
　　——の釣り合いの式 59
先験的情報 154, 155
全国地震動予測地図 340
前震 34, 254, 255, 267, 337
線状構造 307
せん断応力 54, 55, 226
せん断クラック 187
せん断弾性率 55
せん断波 13
せん断破壊 137, 173
　　マクロな—— 170
せん断破壊強度 174

せん断ひずみ　45, 47, 55
せん断変形　45
前兆現象　335
セントロイド　112
セントロイドモーメントテンソルインバージョン　112（→CMTインバージョン）
早期地震警報　350（→EEW）
走向　103
走時　99
層状ケイ酸塩　172（→フィロケイ酸塩）
速度　3, 11
速度型地震計　8（→短周期地震計）
速度強化　233
速度弱化　233, 249
速度および状態依存摩擦則　227, 233（→RSF則）
塑性　166
塑性変形　227
疎密波　13

た

対角化　50
大規模弾性波探査　347
大規模地震対策特別措置法　334（→大震法）
ダイク　89
大地震　19, 262
大震法　334
体積弾性率　56
体積ひずみ　47
第二種完全楕円積分　206
ダイラタンシー　170, 323
ダイラタンシーモデル　334-336
大陸プレート　28
畳み込み積分　65, 115
脱水　182
縦波　13

ダブルカップル　79, 82-84, 89
　――による変位場　92, 93
　――の放射パターン　97
ダブルカップル点震源　92
ダブレット　142
短周期地震計　8
弾性　54
弾性体力学　3, 44
弾性定数　54-56, 59, 203, 210
弾性反発説　242
弾性ひずみエネルギー　54
弾性変形　237
断層　2, 21, 22
断層運動　2, 23, 24, 103, 105
断層弱化　182
断層すべり　75
断層セグメント　223, 225
断層パラメター　102
断層面　75
断層面ベクトル　75
小さな地震　19
車籠埔断層　22
地殻　16
地下水　181
地下流体　323
地溝帯　28
千島海溝　284
地熱増産システム　183
地表地震断層　22, 149
中央海嶺　28, 108
中間項　94
中間主応力　175, 178
中規模な地震　19
超巨大地震　19, 31, 283, 341
潮汐　52, 310, 318, 337
潮汐応力　310
潮汐変形　53

潮汐力　42
超低周波地震　40（→VLFE）
調和関数　192
直達波　162
直ひずみ　45, 47
チリ型　283
津波をともなう地震　115
津波地震　115, 138, 314
坪井の式　20
強い断層仮説　184
低角断層　103
停止情報　133
低周波地震　37, 338（→LFE）
定常状態　234
定常動摩擦係数　232
テクトニック微動　38, 305-307, 310-312
デコンボリューション　114
デルタ関数　66
転位　79, 125
展開係数　110, 151
点過程　270
電磁式地震計　8
点震源　15, 119, 123
点すべり　79, 80, 82, 88, 92
テンソル　51
　　——の回転の法則　175
伝達関数　8
テンプレート　307
テンプレートマッチング　307
東海地震説　334
等価体積力　81, 82
東京帝国大学地震研究所　333
統計的グリーン関数法　347, 348
統計物理学　275
等時線　160
動的オーバーシュート　221
動的破壊モデル　180

動的誘発　258
等方成分　87, 90, 91, 108
等方弾性　55
等方弾性体　55
　　——の弾性定数　55
動摩擦係数　172, 229, 232, 234
動摩擦レベル　218
特異点　194
ドップラー効果　126
トポグラフィー　298
トライボロジー　175
トラクション　47-49
トランスフォーム断層　28, 29, 108
トリガ　255（→誘発）
トリプレット　142
トルク　82

な

内核　16
ナイキスト周波数　9
内部摩擦係数　171
内陸地震　21
ナビエの方程式　59, 67
南海トラフ　36, 246, 284, 286, 305, 334
南海トラフ地震臨時情報　284
二重深発地震面　34
日本海溝　288
日本地震学会　335
根尾谷断層　21
熱活性化過程　231
粘性　166
粘土鉱物　172, 182
ノイズ　12, 111
野島断層　25
ノンパラメトリック推定　146

は

パーコレーション　278
ハースト指数　298
背景応力場　180, 226
バイラテラル　26
破壊　166, 169
　　──までの時間　248
破壊エネルギー　203, 204, 207, 212, 214,
　　218, 227, 300, 303
破壊開始点　18, 24, 297
破壊核　245（→震源核）
破壊基準　168
破壊強度　169
　　マクロな──　170
破壊継続時間　26
破壊すべり　2, 4, 24, 27, 130, 226, 227
破壊伝播　24
破壊伝播速度　26
破壊表面エネルギー　198, 202
破壊フロント　24, 27, 157, 160, 221
破壊力学　3
はぎ取り法　144
パスカル（単位）　48
ハスケルモデル　125, 127, 129
波線　99
バックグラウンド　272
バックプロジェクション　146, 147
バックプロジェクション法　222
バックプロジェクト　146
発震機構　23, 99
発生レート　270
発展則　233-235, 239, 251
波動伝播　64
バヤリーの法則　172, 184
パラメトリック推定　146
パルス的破壊すべり　26, 157
パワースペクトル　298, 299

阪神淡路大震災　334
半無限媒質　228
ビーチボール　101, 106-108
ビーチボール表示　106
ヒーリング　330
比較沈み込み帯学　283
非火山性微動　38
東日本大震災　334
光弾性物質　221
微小回転テンソル　46
微小地震　19
微小ひずみテンソル　46
ひずみ　44, 51, 52, 54, 59
ひずみエネルギー解放量　213
ひずみ計　10, 149, 312
ひずみテンソル　46
非ダブルカップル成分　87, 90
左横ずれ断層　23
非弾性変形　166, 227
引張強度　170
引張破壊　170
微動　305, 308, 310, 312, 315, 317, 318,
　　325, 328
微分記号の省略　46
ヒマラヤ　31
表現定理　64, 72, 74-76, 79, 85, 150
表面波　15, 258
表面波マグニチュード　20, 139
ヒルベルト変換　133
頻度統計　317
ファスト地震　41, 42, 314, 329
　　（→ふつうの地震）
ファミリー　307, 311
フィリピン海プレート　284
フィロケイ酸塩　172, 182
フーリエ変換　7
布田川断層　22

393

ふつうの地震　37, 41, 42, 314
　　（→ファスト地震）
ブラウニアンスロー地震モデル　315,
　　326, 327
　1次元の──　328
ブラウン運動　327, 342
フラウンホーファー近似　124
フラクタル　226, 275, 298
フラクタル次元　272
ブループリント　333
ブレークダウン応力　250
ブレークダウン応力降下量　218
プレート　28
　──の年齢　265
プレート境界　28, 282, 303
プレート境界型地震　31
プレートテクトニクス　4, 27
プレート内部型地震　31
プレサイスミック期　245
プレスリップ　249, 251, 337
プレスリップモデル　337
プロセスゾーン　204
分岐　225, 298
分岐断層　225
分岐モデル　274
豊後水道　36
分散性波動　15
米国地質調査所　20（→USGS）
ベイズ推定　154
平面応力　190
平面ひずみ　190
ベータ関数　121
べき分布　277
べき法則　265, 275, 317
変位　3, 11, 45
変位スペクトル　116, 118
偏差応力　49

偏差ひずみ　47
ポアソン過程　270, 272
ポアソン媒質　56
ポアソン比　56, 196, 201
ポアソン分布　270
ポアソン方程式　66
ボアホール　10
方位依存性　123, 126, 133
防災科学技術研究所　10
放射ダンピング項　244
放射パターン　65, 94, 96, 101, 114, 120
法線応力　226
包絡線　128
ボーツの法則　262
補助面　97
ポストサイスミック期　245
ボックスカー関数　126, 129
ホットスポット　32
ホップ分岐　241
本震　254

ま

マイグレーション　308, 309, 312, 317,
　　324, 325, 338
マイクロクラック　170, 204
マグニチュード　3, 4, 19, 261, 352, 353
　──の飽和　139
マグマダイク　259
摩擦　169
摩擦係数　169, 172, 229
摩擦則　169, 216, 233–237, 247, 251, 321
摩擦の物理学　3
摩擦発熱　184, 212
マッチドフィルター　307
マッハコーン　221
マリアナ型　283
マルチタイムウィンドウ法　151, 158

394

マントル　16
見かけ震源時間関数　152
見かけの接触面　173
見かけの接触面積　181
右横ずれ断層　23
ミクロな接触　173
脈動　12
脈動ノイズ　315
無限媒質　228
メカニズム解　104, 263
面外問題　187
面内問題　187
モード　187, 188
　——I　187, 189, 195, 201
　——II　187, 189, 195, 197, 201, 208,
　　　216, 219-221
　——III　187, 188, 191, 194, 200, 205,
　　　206, 215, 219, 220, 242, 244
モーメント　82
モーメント加速度関数　120
モーメントテンソル　79, 88, 89, 91, 93,
　　　106, 107, 109, 111, 112
モーメントテンソルインバージョン　109
　　　（→MTインバージョン）
モーメントテンソルダイアグラム　92
モーメントマグニチュード　20, 83, 139
モーメントレート関数　65, 113, 118, 124,
　　　126, 132, 142, 315
　——の観測点依存性　124
モーメントレートスペクトル　116, 118
モール円　175, 176

や

山はね　137
やや深発地震　33
ヤング率　56, 203
有限差分法　77, 215, 216, 347

有限長クラック　191, 193, 201
有限要素法　216
有効法線応力　182, 227
誘発　255（→トリガ）
誘発地震　255
誘発プロセス　272
ゆっくりすべり　291
ユニラテラル　26
ユレダス　351
ゆれやすさマップ　349
横穴　10
余効変動　245
横ずれ境界　29
横ずれ地震　29
横ずれ断層　23, 103, 106, 129, 222
横ずれ断層地震　178
横波　13
余震　34, 255, 265, 280
余震分布　255

ら

ライズタイム　26, 127, 128, 158
ラブ波　15
ラプラス変換　8
ラプラス方程式　189, 192
ラメ定数　55
ランプ関数　127
ランベルト正積方位図法　101
リソスフェア　27
リピーター　287
リニアベクトルダイポール　85
リミットサイクル　240
臨界クラックサイズ　202, 319
臨界状態　277
臨界すべり距離　218, 233, 241, 319
レイリー関数　208
レイリー波　15

395

レイリー波速度　209, 219
連続体　45, 280
連発地震　142
ローカルマグニチュード　19
ロータリーシア方式　236
ローディング　5, 27, 237
log t ヒーリング　230

ロックアップ角　177, 178

和達清夫　33
和達・ベニオフ帯　33
渡辺の式　20
和の規約　46

著者紹介

井出　哲　博士（理学）

1997 年　東京大学大学院理学系研究科地球惑星物理学専攻 博士課程修了

現　在　東京大学大学院理学系研究科地球惑星科学専攻 教授

NDC453　414p　21cm

地震学

2024 年 11 月 20 日　第 1 刷発行

著　者　井出　哲
発行者　篠木和久
発行所　株式会社　講談社
　　　　〒 112-8001　東京都文京区音羽 2-12-21
　　　　　　販売　（03）5395-5817
　　　　　　業務　（03）5395-3615
編　集　株式会社　講談社サイエンティフィク
　　　　代表　堀越俊一
　　　　〒 162-0825　東京都新宿区神楽坂 2-14　ノービィビル
　　　　　　編集　（03）3235-3701
本文データ制作　美研プリンティング株式会社
印刷・製本　株式会社 KPS プロダクツ

落丁本・乱丁本は購入書店名を明記の上，講談社業務宛にお送りくださ
い。送料小社負担でお取替えいたします。なお，この本の内容について
のお問い合わせは講談社サイエンティフィク宛にお願いいたします。定
価はカバーに表示してあります。
© Satoshi Ide, 2024

本書のコピー，スキャン，デジタル化等の無断複製は著作権法上での例
外を除き禁じられています。本書を代行業者等の第三者に依頼してス
キャンやデジタル化することはたとえ個人や家庭内の利用でも著作権法
違反です。

Printed in Japan
ISBN978-4-06-535639-5

講談社の自然科学書

絵でわかる 地震の科学
井出 哲・著
A5・192頁・定価2,420円

日本人ならだれもが経験しているが、ほとんど理解されていない地震。どこで起こる？　発生メカニズムは？　予知はなぜ難しい？　地震の科学の最新成果をカラー図版で解説する。変動し続ける地球のしくみに迫る！

絵でわかる プレートテクトニクス
是永 淳・著
A5・192頁・定価2,420円

地球科学の最重要テーマを、カラーイラストを交えてわかりやすく解説。プレートテクトニクスは、水と生命の惑星の進化の謎につながっている！

新版 絵でわかる 日本列島の誕生
堤 之恭・著
A5・240頁・定価2,530円

6億年前にタイムスリップ！　日本列島はいつ・どこで・なぜ生まれ、どうして現在の形になったのか？　その歴史は、岩石や鉱物が記憶していた。

絵でわかる 地球温暖化
渡部雅浩・著
A5・192頁・定価2,420円

地球は本当に温暖化しているのか？　何が温暖化をもたらすのか？　温暖化は何をもたらすのか？　現代科学が明らかにした温暖化のメカニズムを、豊富なカラー図版とともに平易に解説。

絵でわかる 地図と測量
中川雅史・著
A5・192頁・定価2,420円

原理・原則から最新技術まで、地図の材料集めと編集を豊富なカラー図版とイラストで解説。測量学や空間情報工学の入門に最適。数式に抵抗がある人でも読みやすい。

宇宙地球科学
佐藤文衛／綱川秀夫・著
A5・352頁・定価4,180円

地球、太陽系、銀河、そして全宇宙――。この広大な世界と多様性豊かな天体は、いかにして誕生し、進化してきたのか？　新しい観測と理論との結びつきを重視し、さまざまな時空間スケールの自然像を解説する。

海洋地球化学
蒲生俊敬・編著
A5・272頁・定価5,060円

化学が拓く海洋研究の基礎から最前線まで！分析技術の向上により、海洋における微量な化学物質の循環が見えてきた。地球という一つのシステムにおいて海洋が果たす重要な役割を明らかにする。

耐震工学 教養から基礎・応用へ
福和伸夫／飛田 潤／平井 敬・著
B5・304頁・定価3,630円

生涯役立つ教科書の決定版！　第1部では、数式を使わずに誰もが知るべき幅広い教養を記した。第2部は本書の核であり、簡潔明瞭な記述を心掛けた。第3部では地震動の予測などについて解説。

※表示価格には消費税（10％）が加算されています。　　　　「2024年10月現在」

講談社サイエンティフィク　https://www.kspub.co.jp/